新世纪全国高等中医药院校创新教材

药用植物遗传育种学

（供中草药栽培与鉴定专业、中药学专业用）

主　编　任跃英（吉林农业大学）

副主编　白根本（北京中医药大学）

　　　　郭巧生（南京农业大学）

　　　　钱子刚（云南中医学院）

　　　　董玉芝（新疆农业大学）

主　审　庄文庆（吉林农业大学）

U0337012

中国中医药出版社

·北　京·

图书在版编目（CIP）数据

药用植物遗传育种学/任跃英主编. –北京：中国中医药出版社，2010.7（2018.1重印）
新世纪全国高等中医药院校创新教材
ISBN 978 – 7 – 80231 – 990 – 5

Ⅰ. ①药…　Ⅱ. ①任…　Ⅲ. ①药用植物–遗传育种–中医学院–教材　Ⅳ. ①S567.032

中国版本图书馆 CIP 数据核字（2010）第 092447 号

中国中医药出版社出版
北京市朝阳区北三环东路 28 号易亨大厦 16 层
邮政编码　100013
传真　010 64405750
赵县文教彩印厂印刷
各地新华书店经销
*
开本 850×1168　1/16　印张 25.75　字数 660 千字
2010 年 7 月第 1 版　　2018 年 1 月第 3 次印刷
书　号　ISBN 978 – 7 – 80231 – 990 – 5
*
定价　68.00 元
网址　www.cptcm.com

新世纪全国高等中医药院校创新教材
《药用植物遗传育种学》编委会

前　言

目前，我国大多数中医药院校均已开设中药学专业，其培养方向主要立足于能进行中药单味药及复方的化学、药理、炮制和鉴定的生产、教学、科学研究等工作，就业方向主要是中医院、中药研究机构、药检所和制药企业。随着中药现代化及产业化的飞速发展，特别是国家颁布了《中药材生产质量管理规范》（GAP）以后，为了满足专业的课程设置和所培养学生的知识结构适应社会需求，解决中药材栽培的知识空缺，规范化生产的技术问题，在吉林农业大学、南京农业大学、西北大学已开设的药用植物专业的基础上，甘肃中医学院于2000年获国家教育部批准，设立了中草药栽培与鉴定本科专业。至今约有近20多所高等院校开设了此类专业，其专业目录大体为"中药材栽培与鉴定"、"中药材资源与利用"等。

该类专业是中药学、农学、生物学结合的一门交叉边缘性技术学科，旨在培养从事中草药的科学栽培与解决中药商品流通过程中，中草药原材料的质量问题、实施GAP和实现中药材规范化生产和管理等高级专门人才，因而课程设置以中药学、农学和生物技术为基础，使学生系统掌握中草药栽培和鉴定的基础理论、基本知识和技能，并养成创新意识和能力，以培养适应21世纪社会主义现代化建设和中药现代化发展需要，德、智、体全面发展，系统掌握中草药资源分布、栽培、科学采收加工及鉴定领域的基本理论、基本知识和基本技能，能胜任中草药栽培和鉴定方面的生产、科研、开发、研究和经营等方面的高级实用型人才。

由于中草药栽培与鉴定专业属国家教育部颁布的高等学校专业目录外专业，是中药学、农学、生物学交叉的一门新兴边缘学科，系国内首创，因而，国内外没有现成的适用教科书。而教学计划中含有较多的新型特色课程，其教学内容大多需通过将现有不同学科的专业知识和技能合理撷取、有机整合，从而自成体系。鉴于这一现实，根据教育部关于普通高等教育教材建设与改革的有关精神，由全国中医药高等教育学会、全国高等中医药教材建设研究会负责组织，甘肃中医学院牵头，20多所高等中医药院校和农业大学等100余名专家、教师联合编写了这一套"新世纪全国高等中医药院校创新教材——中草药栽培与鉴定专业系列教材"，计有《中药材鉴定学》《中药材加工学》《中药养护学》《中药成分分析》《药用植物生态学》《药用植物栽培学》《药用植物遗传育种学》《药用植物组织培养学》等 8 部教材。

中草药栽培与鉴定专业的新世纪创新教材编写的指导思想与目标是：以邓小平理论为指导，全面贯彻国家教育方针和科教兴国战略，面向现代化、面向世界、面向未来；深化教材改革，全面推进素质教育；实施精品战略，强化质量意识，抓好创新，注重配套，力争编写出具有世界先进水平，适应 21 世纪中药现代化人才培养需要的高质量教材。编写原则和基本要求是：①更新观念，立足改革。要反映教学改革的成果，适应多样化教学需要，正确把握新世纪教学内容和课程体系的改革方向。教材内容和编写体例要体现素质教育和创新能力与实践能力的培养，为学生在知识、能力、素质等方面协调发展创造条件。②树立质量意识、特色意识。从教材内容结构、知识点、规范化、标准化、编写技巧、语言文字等方面加以改革，从整体上提高教材质量，编写出"特色教材"。③注意继承和发扬、传统与现代、理论与实践、中医药学与农学的有机结合，使系列教材具有继承性、科学性、权威性、时代性、简明性、实用性，同时注意反映中医药科研成果和学术发展的主要成就。

本系列教材的出版，得到了全国高等中医药教材建设研究会、中国中医药出版社领导的诚心帮助，全国高等中医药院校和吉林农业大学在人力、物力上的大力支持，为教材的编写出版创造了有利条件。各高等院校，既是教材的使用单位，又是教材编写任务的承担单位，在本套教材建设中起到了主体作用。在此一并致谢。

由于本教材属首次编写，加之时间仓促和水平有限，教材中难免存在一些缺点和不足，敬请读者和兄弟院校在使用过程中提出批评和建议，以便修订完善。

中草药栽培与鉴定专业系列教材编审委员会

编 写 说 明

　　《药用植物遗传育种学》是"新世纪全国高等中医药院校创新教材",是由国家中医药管理局宏观指导,全国中医药高等教育学会、全国高等中医药教材建设研究会主办,全国高等中医药院校及部分开设中药学、中药资源与加工专业的农业大学联合编写的中国中医药出版社出版的高等中医药院校及相关中药学专业本科系列教材。

　　本书系统地阐述了药用植物遗传育种学的理论原理,涉及在药用植物遗传育种中的常规技术、生物技术的方法学及在生产中的应用等内容,将理论与实践有机地结合。将药用植物遗传学与育种学紧密结合,融科学性、实用性于一体,力求反映药用植物遗传育种研究的前沿和成果,又适应教学改革及当前市场经济对高质量人才培养的需求。《药用植物遗传育种学》是中药专业、中药资源开发与栽培、药用植物专业等本科教学的专用教材,同时,又是从事药用植物栽培生产的专业技术人员适用的参考书。

　　《药用植物遗传育种学》教材的主要内容涵盖细胞与分子的遗传学基础,遗传的三大规律即分离规律、独立分配规律、连锁遗传规律等遗传的基本理论,数量性状的遗传、染色体数目变异、药用植物繁殖习性、育种特点及育种目标、种质资源的育种基本理论,并阐述了选择育种、引种、常规杂交育种、杂种优势育种、突变与诱变育种、倍性育种、无性繁殖植物芽变及营养系育种、生物技术育种芽育种途径及良种繁育等内容。本教材共设定二十一章,总教学时数100学时,每章后附有思考题。

　　为了保证教材质量,吸收了多年从事药用植物遗传育种教学有丰富经验的教授和科研专业技术人员参加。本教材绪论、第五章、第七章、第九章、第十章、第十八章、第十九章由吉林农业大学任跃英编写;第一章、第二章由新疆农业大学董玉芝编写;第三章、第十六章、第十七章由北京中医药大学白根本编写;第四章、第八章由南京农业大学郭巧生编写;第六章由北京中医药大学魏胜利编写；第十一章、第十二章、第二十一章由甘肃中医学院杜弢编写；第十三章、第十四章、第十五章由四川农业大学吴卫编写；第二十章由云南中医学院钱子刚编写。

在本书编写过程中进行了广泛的调研并查阅了大量的资料，为本教材内容和体系结构的构成奠定了基础。同时也得到了各参编单位的积极配合，特别是得到了主审庄文庆教授的认真审阅和指导。在此一并致以由衷的谢意。

《药用植物遗传育种学》为第一次编写，由于编写者水平有限，加之本教材是首次编写出版，且积累的资料不足，时间仓促，难免有不足和遗漏，恳请广大师生和读者提出宝贵意见。

《药用植物遗传育种学》编写委员会

2010 年 4 月

目　　录

绪 论

　　中医药不仅是我国灿烂文明与传统医学的宝贵遗产，而且也是世界人民共同的宝贵财富。发展药材生产，提高人类的健康水平，是关系国计民生的大事。几千年来，中药为人类的健康事业做出了巨大的贡献。近年来，在人类崇尚自然、回归自然的潮流中，中药显现了疗效明确、副作用小的优势，发展成集预防、保健、治疗为一体的现代中药体系，越来越受到人们极大的关注，并有着广阔的市场空间。药用植物遗传育种是提升中药材生产水平的核心，是当前中药材生产技术发展的前沿科学之一。本教材《药用植物遗传育种学》将全面系统地介绍药用植物遗传育种的基本原理、方法和技术。

一、遗传育种学的基本概念

（一）遗传学的概念

1. 基因与表现

　　基因叫做脱氧核糖核酸（deoxyribonucleic acid，DNA），一个基因相当于 DNA 分子上的一定区段，每个基因中可以包含成百上千个核苷酸。核苷酸按照各种特定的顺序排列。基因是主要的遗传物质，是决定生物体各种性状发育信息的功能单位，它可以从上一个世代传递到下一个世代，并能够稳定保持物种的种属特性。细胞内与数种蛋白质结合形成所谓的染色体（chromosome），高等真核生物的每一个细胞都含有多条染色体，每一条染色体上都载有很多基因，沿纵长方向分布在每一条染色体上，所以基因是染色体中的功能单位。

　　基因可以自发或经人工诱变发生变异。一旦基因发生变异后，由其决定的性状也会发生变化，并且这种变异可以传递给子代。

　　基因可以进行重组，高等真核生物在形成生殖细胞时，基因可以打破其在染色体上的原有状态，通过精、卵细胞融合使源于父亲和母亲的双亲的某些基因组合在一起，因此，发育成的个体既有同其双亲相似的一面，也有与其双亲不同的一面，并且不同个体间也都有差别。

　　基因作用的直接产物蛋白质是构成细胞或生物体的结构蛋白，或者是催化细胞内某种生化反应过程的酶。因此，基因所含的遗传信息是通过编码出蛋白质而决定生物体的个体发育和性状表现的。

　　细胞内外的环境条件对基因所决定的生化合成过程提供了原料，因而也对基因控制个体发育和性状表现起作用。任何生物只有从环境中摄取营养，通过新陈代谢进行生长、发育和繁殖，并有必要的环境条件满足才能表现出其性状的遗传和变异。基因通过与环境互作，共同决定生物体的性状表现。

表型（phenotype）是生物体所表现出来的所有形态特征、生理特征和行为特征的总和。基因型（genotype）是个体能够遗传的所有基因。某一群体中在一个基因位点内某一等位基因所占该位点上全部等价基因的比例为基因频率，某种基因型个体在该群体的全部个体中所占的比例为基因型频率。

个体的基因型在整个生命过程中保持稳定，不因环境条件的变化而变化，保证了性状的遗传。由于环境条件的作用，绝大多数表型在生物体的生命过程中是不断变化的，但是由环境条件引起的表型变异通常是不遗传的。只有某些特殊环境条件引起的基因突变（gene mutation）、染色体变异，可在后代中得以表现。

2. 遗传与变异

遗传（heredity）是指生物亲代繁殖产生与其相似的后代的现象；变异（variation）则是指后代个体发生了变化，与其亲代不相同的现象。遗传是相对的、保守的，没有遗传，不可能保持物种性状的延续。生物有遗传特性，才能繁衍后代，保持物种的相对稳定性。但是遗传并不意味着是一成不变的，事实上变异总是在发生，也就是说变异是绝对的、发展的，没有变异，不会产生新的性状，也就不可能有物种的进化。变异是品种选育的基础，生物有变异特性，才能使物种不断发展和进化。所以说，遗传、变异和选择是生物进化的三大因素。人类在生产活动中就是利用遗传与变异的矛盾，并通过人工调控来培育符合生产需要的新品种。

达尔文在其《物种起源》一书中，概括出生物进化的三个基本因素：变异、遗传和选择。一切生物都能发生变异，而选择的基础是生物的变异和遗传，变异、遗传是进化的内因和基础，选择决定进化的发展方向。在众多的变异中，有的变异能遗传，有的变异不能遗传，只有广泛存在的可遗传的变异才是选择的对象。

遗传和变异的表现都与环境具有不可分割的关系。生物与环境的统一，这是生物科学中公认的基本原则。因为任何生物的存在都必须具有必要的环境，并从环境中摄取营养，通过新陈代谢进行生长、发育和繁殖，从而表现出性状的遗传和变异。所以，研究生物的遗传和变异，必须密切联系其环境，因此，为了引起可遗传的变异，人类所采用的一些改变植物生存环境的措施，便成为育种的主要技术方法及途径。

3. 遗传学

遗传与变异是生命的基本现象，性状是怎样一代一代传下去的，变异又是如何发生的，基因上怎样组织和排列并在个体或群体中得以表达的等等，这些问题的聚合就组成了一门生命科学的中心学科——遗传学（genetics）。遗传学是以基因（gene）为中心，研究基因的传递、基因的结构、基因的组织、基因的表达、基因的变异等问题，其主要任务是研究各种生物的遗传信息传递及遗传信息如何决定各种生物学性状发育；研究遗传信息从细胞到细胞、从亲代到子代的传递机制；研究遗传的变异，研究各种变异现象和变异的起源；研究基因与实际性状表现之间的关系，探明基因决定性状发育的机制。遗传学是生物科学中的基础理论学科，它直接涉及生命的起源和生物的进化，同时又紧密联系生产实际，是指导药用植物育种的理论基础。

（二）育种学的概念

1. 植物进化

生物接受环境给予的刺激而产生形态和性状的改变，以适应现有的生境，这种演变发展的过程称为进化过程。进化是生物界的基本特征，也是生物界运动的总规律。现在生存的生物都是由过去生活过程的生物演变而来，现在栽培的各种作物都是从野生植物演变而来的。

达尔文引进了"生存斗争"的概念，他认为在生存斗争中，那些对生存有利的变异会得到保存，而那些对生存有害的变异会被淘汰，这就是自然选择，或叫适者生存。达尔文认为自然选择过程是一个长期的、缓慢的、连续的过程。正如达尔文所说："自然选择只能通过累积轻微的、连续的、有益的变异而发生作用，所以不能产生巨大的或突然的变化，它只能通过长而慢的步骤发生作用。"

现代综合进化论丰富了进化论的内容：第一，认为自然选择决定进化的方向，使生物向着适应环境的方向发展。认为生物进化发展是在生物内的遗传与变异一对矛盾运动的动力推动下不断变化发展的。第二，认为种群（population）是生物进化的基本单位，种群中能进行生殖的个体所含有的全部遗传信息的总和，称为基因库（gene pool）；进化的实质就在于种群内基因频率和基因型频率的改变，并由此引起生物类型的逐渐演变。第三，认为突变和杂交所实现的基因重组是进化的基本原因，没有基因重组，就没有生物的进化。认为结构基因中的点突变为生物进化提供了原始素材，是生物变异的源泉。虽然大多数突变是有害的，但通过自然选择可以淘汰不利变异，而保留对个体生存和繁衍后代有利的突变。第四，物种是隔离的种群，新物种主要是由亚种在一定隔离条件下形成的。自然选择下群体基因库中基因频率的改变，并不意味着新种的形成，还必须通过隔离，首先是空间隔离（地理隔离或生态隔离），使已出现的差异逐渐扩大，达到阻断基因交流的程度，即生殖隔离的程度，最终导致新种的形成。第五，选择的基础在于差别繁殖，造成种群内基因频率发生改变。可见，进化论的基本观点是指导植物育种的重要理论基础，但还可以通过人工合成创造新作物，实现作物的遗传改良。

2. 自然进化和人工进化

自然进化的原因是自然发生的突变和基因重组，自然进化是自然变异和自然选择的进化，自然进化过程中选择的主体是人以外的生物和非生物的自然条件，自然进化的方向决定于自然选择，选择保存和积累对生物种群的生存和繁衍有利的变异。自然进化一般较为缓慢，创造一个新的变种、种平均需要几万年或几十万年的历史进程。

人工进化除了利用自然发生的突变和基因重组的变异外，还人为地通过各种诱变手段，提高突变频率和按人类需要促成各种在自然界很难甚至不可能发生的基因重组，如通过生物技术导入一些外源基因，从而推进和丰富生物的进化。人工进化则是人工创造变异并进行人工选择的进化，其中也包括有意识地利用自然变异及自然选择的作用。人工进化的方向则主要是选择保存和积累对人类有利的变异，并使其后代得到发展，促使野生类型向栽培类型转化，或者培育出生产上所需要的植物新品种。随着科学技术的进步，人工创造变异能力的增强，人工进化可在短短几年、十几年中创造出若干个新的生物类型或新品种。因此，植物育种实际上就是植物的人工进化。

3. 遗传改良

遗传改良是指通过改良植物的遗传性，使之更加符合人类生产和生活的需要。从野生植物驯化为栽培作物，显示出初步的、缓慢的遗传改良作用。除了野生植物经驯化发展为新作物外，还可以通过人工合成创造新作物。随着遗传育种理论与方法的深入研究和生物技术的应用，遗传改良的效率得到进一步提高，通过对现有作物的遗传改良，可以提高品种的适应性和改良其农艺性状，从而扩大该作物的种植区域，提高作物单位面积产量，改进品质，增强抗逆性等，从而更有效地促进生产的发展。

4. 植物育种学

植物育种学（plant breeding）是各类植物人工进化的科学，是一门以遗传学进化论为基础的综合性应用科学，是研究选育和繁殖植物优良品种的理论与方法的科学。其主要任务是根据植物性状遗传变异规律及各地区的育种目标，采用适当的育种途径和方法，对原有植物种质资源进行发掘、改良和利用，选育符合生产发展需要的高产、稳产、优质、抗逆、熟期适当和适应性广的优良品种，甚至新的作物，并通过行之有效的良种繁育措施，进行繁殖及推广，从而保持并提高种性，提供优质足量、成本低的生产用种，实现生产用种良种化、标准化，促进高产、优质、高效农业的发展。

促进农业技术的进步，可以利用各种技术手段，人工创造变异，促进基因重组和交换。在自然选择的基础上，逐渐增强了目标意识，发展了人工选育技术，使植物育种的速度远远超过了自然进化。现代植物育种工作，要求掌握有关基础理论，综合运用多学科知识，采用各种先进的技术，从而有针对性和预见性地选育新品种。

随着遗传育种理论与方法的深入研究和生物技术的应用，遗传改良的效率得到了进一步提高，从而更有效地促进了生产的发展。在科学技术突飞猛进的 21 世纪，随着新的理论、知识和方法技术的不断创新和应用，植物遗传改良将会发挥愈来愈重要的作用。

（三）药用植物遗传育种学研究的任务

药用植物遗传育种学是研究药用植物遗传与变异，以及品种改良的理论科学和技术方法。其主要任务是研究药用植物的遗传规律，培育具有优良特征特性的药用植物新品种，为中药材生产提供良种，以及提供符合中医用药标准的优质药材。

药用植物遗传育种学包括遗传学及育种学两个部分，药用植物遗传学（medicinal plant genetics）是研究药用植物的遗传和变异规律，阐明遗传和变异产生的物质基础及其原因，药用植物遗传学对于提高药用作物育种工作的预见性，有效地控制有机体的遗传变异，加速育种进程，开展品种选育和良种繁育工作及其相关的一系列科学研究将起到直接的指导作用。药用植物育种学（medicinal plant breeding）是研究选育和繁育优良药用植物品种的理论和方法的科学，其利用自然变异或人工创造变异的方法来改良植物的遗传特性，创造新类型、新物种、新品种，从而满足人类对药材产量品质等特征、特性的要求，更好地为人类健康福利事业服务。此外，它还涉及如何加速繁育新品种和对新品种的推广，并在新品种推广过程中，防止品种的混杂退化，保持和提高种性的良种繁育内容。

二、药用植物遗传育种研究现状

中药材的产量和品质一直是育种工作者追求的两个重要目标。提高药用植物产量和品质，一方面依靠科学的栽培技术，从外部环境对植物生长进行调控，另一方面可通过品种选育，从内部改变其遗传的特性。可见，品种选育是提高产量及品质的关键。20 世纪 90 年代以前，药用植物育种进展很慢，但随着中药现代化的推进，生物技术的发展，近年来药用植物的遗传育种得到了一定的发展，不仅加强了药用植物种质资源的搜集、整理、保存、研究、利用，同时也拓展和改进了药用植物育种途径，使药用植物的遗传育种、品种改良等得到了较大的促进，目前国内外药用植物有关研究工作主要有以下几个方面。

1. 细胞学基础研究

细胞是构成一切生命有机体的基本形态学和生理学单位，也是最高级组织的基础。李桂兰等人 1994 年研究了川谷（*Coix lacryma jobi* L.）×薏苡（*C. lacryma jobi* L. var. *friumentacea* Makino），F_1 花粉母细胞减数分裂中出现了落后染色体的异常现象，F_1 花粉败育率高达 79.5%。同时观察到薏苡花粉母细胞减数分裂开始及四分体形成与叶露尖的关系，不同花序部位发生减数分裂的顺序，四分体的类型。1995 年薛妙男等人细胞学观察发现罗汉果 [*Siraitia grosvenorii*（Swingle）C. *Jeffrey* ex lu et Z. Y. zhang] 双受精过程属有丝分裂前配子融合类型，观察授粉后花粉管进入胚囊，雌雄核融合、初生胚乳核分裂、双受精过程发生等时间。1996 年刘焰等人对金银花，2000 年王祖秀等人对三叶半夏 [*Pinellia temata*（Thunb.）Breit] 雄配子败育的遗传分析发现三叶半夏减数分裂异常，多数同源染色体能配对形成二价体，部分同源染色体呈单价体形式或配对成多价体。

2. 染色体核型

染色体是植物遗传基因的载体，其数目和形态是植物体内比较稳定的重要特征，染色体研究为揭示药用植物遗传育种奠定了理论基础。张乔松等人 1984 年对萱草（Hemerocallis. fulva L.）及其两个变种（长管萱草和重瓣萱草）的核型观察表明染色体数目分别为，萱草 2n = 33；长管萱草 2n = 22；重瓣萱草 2n = 33。三者的核型相似，可概括为 x = 11 = 7m + 3sm + 1st。初步认为萱草是同源三倍体。三种萱草的演变过程为：长管萱草→萱草→重瓣萱草。程式君等人 1985 年研究了国产石斛属 22 个种和 6 个杂交种的染色体，研究表明石斛属染色体的基数为 x = 19 或 20，并常发现有多倍体。Kawakami 和 Kodama 都报道过苦参（*Sophora flavescens* Ait.）的染色体数目为 2n = 18，但 Nag 却报道为 2n = 28。1985 年施拱生等人按 Levan 标准将山茱萸（*Cornus officinalis* Sieb. et Zucc）染色体核型组成确定为 K（2n）= 18 = 8M + 2M$_8^{sat}$ + 8SM；按 Kato 系统确定为 K（2n）= 18 = 8V + 2V$_8^{sat}$ + 8J。1988 年顾德兴等人报道了枸杞的核型，根据 LeVan 等分类标准，其核型公式为 K（2n）= 2x = 24 = 24m。按郭幸荣等以染色体相对长度系数分为 2n = 24 = 2L + 8M$_2$ + 14M$_1$。枸杞核型为"对称核型"，在演化上处于原始的类群。1988 年崔秋华等人研究发现枸杞体细胞染色体数目 2n = 24，核型公式为 2n = 24 = 22m（2SAT）+ 2Sm。1998 年杨九艳等人对桔梗（*Platycodon grandiflorum*（Jacq.）A. DC）、1993 年王丰等人对北美车前、1996 年陈学森等人对我国银杏属植物进行了研究，1995 年高信芬等人报道了葫芦科绞股蓝属（*Gynostemma* Bl.），1997 年庄伟建等人对罗汉果、1997年熊治廷等人对萱草属植物、1997年永兴等人对野生枸杞进行了研究，1999年杜维俊等人研究了中国薏苡属植物，2000年赵东利等人报道了中宁枸杞（*Lycium barbarum* L.），2001年王年鹤等人对台湾白芷和雾灵当归、2002年李国泰对东北细辛进行了研究，2005年王飞等人观察分析忍冬属两种药用植物金银花和金银忍冬均对染色体数和核型进行了研究。

3. 性状遗传变异研究

遗传物质的可变性使生物可以发生变异，而且遗传物质的变化引起的生物性状的改变是可以传递给后代的。从遗传物质发生各种各样的变异中选出对人类有益的变异类型进行定向选育，就有可能得到作物的新品种，变异奠定了新品种培育的基础。1992年汪丽虹等人对比分析了枸杞胚状体发生和器官发育过程中培养物内染色体变异的程度，表明由二条途径诱导的再生植株都有一定程度的染色体变异，但和器官发生途径相比，胚状体发育的再生植株中，染色体变异程度稍低，较为稳定。1994年唐巍等人研究发现平贝母（*Fritillaria ussuriensis* Maxim）愈伤组织在继代过程中存在着广泛的染色体变异。随着继代培养的进程，二倍体细胞频率逐渐减少，亚二倍体和超二倍体细胞频率逐渐增多，同时也出现有单倍体和四倍体细胞。不同培养基对染色体变异的效应是：2.4 – D2.5 + KT1.0 > IAA2.5 + KT1.0 > IBA2.5 + KT1.0 > NAA2.5 + KT1.0。1994～1997年于漱琦等以6个品系为考种资料，用方差分析方法估算广义遗传力，其遗传力大小顺序为：生育期 > 单果粒数 > 千粒重 > 株高 > 株果数 > 株粒重 > 株分枝数。生育期、单果粒数、千粒重、株高的遗传力在75%以上，其余性状受环境条件影响较大。株果数和株籽粒重的遗传变异系数较大，为30%以上，说明两性状具有一定的选择潜力。1995年贾玉广等人根据16个红花品种的农艺性状进行方差分析，选出差异显著的农艺性状进行主成分分析，评述少数主成分及其相应各农艺性状对主成分的影响，并确定其对目标性状的贡献。陈万生等人从全国各产地采集的知母进行种内变异研究发现知母植株形态存在差异，叶表面显微及超微特征也存在梯度变异。2004年陈中坚等人对云南、广西两产区的52个产地进行采样，测定株高、茎粗、复叶数、叶长、叶宽、叶面积及单株根重，进行相关和通径分析，结果表明叶面积对三七单株根重的贡献最大。三七的高产栽培应以提高叶面积为主攻方向，育种应注重对叶面积、特别是对宽叶性状的选择，同时综合株高和茎粗的协调。1999年吴卫等人对原产于32个国家的48份红花材料主要农艺性状表现、产量及其相关性状间的关系进行了相关、通径、主成分分析，采用高效液相色谱（HPLC）法对红花活血化瘀的主效成分红花黄色素A（safflor yellow A）进行了含量测定，并利用ISSR标记进行了遗传多样性分析，结果表明红花各材料主要农艺性状变异极大，15个性状的变异系数顺序：单株无效果（花）球数 > 单株粒重（籽粒产量） > 单株粒数 > 单株有效果（花）球数 > 分枝高 > 平均每果粒数 > 单株花球数 > 单株总分枝数 > 一级分枝数 > 单株花产量 > 百粒重 > 株高 > 顶花球直径 > 盛花期 > 始花期。2001年邢世岩等人对银杏种子数量遗传分析、1994年赵寿经等人、2001年魏建和等人、2003年任跃英等人对不同品种类型人参的数量性状的综合比较分析和植株田间混杂情况进行调查及研究。

4. 无融合生殖

植物无融合生殖是一种特殊的无性生殖方式，它不经过精卵融合即可繁殖后代，其二倍体子代基因型与母本精确相同，可以固定杂种优势，对于植物育种等工作具有巨大的经济意义。1995 年臧巩固对植物无融合生殖的类型、意义、研究现状及其在作物育种中的应用进行介绍和评论，同时论述苎麻无融合生殖的研究现状及前景。1997 年晏春耕等人观察发现化学药剂诱导苎麻孤雌生殖后代染色体数目变化很大，有单倍体、混倍体和非整倍体细胞。单倍体细胞在 52.5% ~ 62.5% 之间，并伴有不均等分裂、落后染色体、小染色体等有丝分裂异常现象。另外对天然雄性不育孤雌生殖的结实率及其后代植株倍性进行了观察，并对染色体数目变化的原因进行了初步分析。

5. 选择育种

选择育种是对大部分野生药用植物群体所进行的选择，由于其群体内是一个自然形成的混杂群体，存在着各种遗传变异类型，因此，选择是育种初期的主要有效的育种方法。四川省中医药研究所采用多次单株混合选择法，经数年优选，从简阳县的红花群体中，选育出了"川红一号"地方品种，该品种植株高度适中，生长健壮、分枝低，分枝多，花序多，产量为原群体的 3.6 倍。1986 年李晓铁从银杏中筛选出 11 个优良品种和单株，后实生苗经嫁接定植后，1996 年新选育的品种大部分挂果累累。1968 年杭州药物试验场在大田中根据单株形态的差异，从浙贝母中选出了"新岭一号"，其产量比原群体增加了 11%。该场还从元胡大田中选择优良单株，经过七年的分离提纯培育出了新品种"大叶元胡"，其增产幅度在10% 以上。2001 年孙立晨等人从野生月见草经系统选择培育出株型较矮、分支少、生育期中熟品系 C5，种子产量 3.7 ~ 19.5 kg/m^2，含油率 26.58%，γ - 亚麻酸 14.3%。此外，延胡索、枳壳、木瓜、益母草、附子、人参、山药、瓜蒌、金荞麦、地黄、山茱萸等种类的系统选育工作，也取得了较好的效果。

6. 杂交育种

有性杂交可以实现不同亲本的基因交换和重组，创造新的基因组合，在掌握各种类的基本遗传规律之后，人类可以有目的培育更加符合需要的新品种。浙江海门县曾用薄荷的两个品系 687 和 409 杂交育成新品种"海香 1 号"，兼有亲本生长旺及品质好的优点，亩产鲜草3000kg，精油薄荷脑含量达 85% 以上。王志安进行浙贝母品种间及其与近缘种种间杂交，获得了浙贝母品种间及其与 3 个近缘种种间杂种 F$_1$。北京采用地黄的两个品种新状元和武陟 1 号杂交育成北京 1 号，用小黑英和大青英杂交育成北京 2 号，大面积亩产鲜草 700 ~ 1250kg，已在北京郊区推广生产。宁夏中宁县以圆果枸杞为父本，小麻叶枸杞为母本进行杂交，经连续 7 年先选育，72007 号株鲜果千粒重达 800.2g，超出大麻叶枸杞 138.88%。此外，经杂交选育出的品种还有"金白 1 号"地黄、天麻、薏苡等。

7. 诱变育种

诱变育种可有效提高变异率、变异幅，增加新品种和新性状选育的机会，同时具有点突变特点，对于存在个别缺点的品种，可以实现品种改良。四川省中医药研究所从巴县薏苡群体中选择符合育种目标的材料，用 CO_2 激光器照射种子 5 周，处理的材料在当代即出现性状变异，第 2 代分离较大，至第 4 代已基本稳定，所选"川激苡 78 - 1"具有茎秆粗壮，果实多而大，抗黑粉病等特点。叶力勤等人应用 ^{60}CO γ 射线播前辐照甘草风干种子，对甘草植株当代生长和产量有较大影响。一定剂量范围内 γ 射线辐照能提高种子发芽率，并使幼苗生长速度提高 39.7% ~ 71.8%，主根上部粗度增加 1.5% ~ 31.1%，长度增加 49.8% ~ 91.5%，鲜重增加 64.2% ~ 144.2%，而且横生根茎条数明显增多。此外，进行诱变育种的还有伊贝母、红花、桔梗、薄荷、黄芩、银杏等。

8. 倍性育种

根据染色体遗传理论，开展了多倍体和单倍体育种研究。通过单倍体途径选育的新品种能使来自父母本的显隐性状在当代表现，经染色体加倍可以获得纯合的二倍体，这对于培育自交系和新品种是进程较快的育种方法。我国首先用地黄花粉诱导出植物，并对获得的植株进行了单倍体鉴定。1980 年又报道了用乌头的花药成功培养出完整植株的方法。同年，用薏苡花粉孢子体也培养出植株，并对花粉植株进行了染色体鉴定。1981 年，用宁夏枸杞花药培养成功，获得了花粉植株。1985 年，用宁夏枸杞未授粉的子房培养，获得了再生植株，还从中鉴定出了同源四倍体新类型，为选育枸杞新品种、新类型奠定了基础。1986 年，人参、平贝母的花药培养成功，获得了再生植株，为选育新品种、新类型奠定了基础。

染色体组承载了植物的全套遗传基因，染色体组数变化也是导致植物产生较大遗传变异、产生新品种的重要方面。多倍体育种的巨型性、抗逆性强，对于提高中药材产量和药用成分含量极为有利。日本学者还育出了甘菊的四倍体品种，其甘菊环酯含量是二倍体的 1.2 倍，花体积是二倍体的 2.3 倍，因此日本把多倍体育种作为药用植物的重要育种方法之一，并广泛应用。我国高山林等人应用组织培养技术，先后对丹参、黄芩、桔梗和白术进行人工诱导多倍体育种技术的研究，已经培育出了产量高、药材质量好、化学成分高的优良丹参品系。吕世民等用秋水仙碱处理牛膝萌芽种子，获得了染色体加倍的变异株，表现为根部肥大，植株矮、叶片短而宽，木质化少，产量和质量显著提高。还有学者对当归、牛膝、板蓝根进行了多倍体育种，获得了新品种，取得了较好的增产效益。另外，党参、丹参、大蒜、菘蓝、薄荷、当归、延胡索等种类的多倍体诱导均获得了成功。

此外，胚乳培养、体细胞突变育种，原生质体的培养、融合和植物生物技术基因工程、优良种苗的快速繁殖和脱毒苗生产技术等现代生物技术都可以应用于药用植物品种培育的方面，其研究面宽，方法技术也较多。其中有些技术已经比较成熟，可以尽快在药用植物研究和生产上应用，但有些技术尚处于基础理论研究和逐步完善的过程中，有待于进一步研究。

虽然我国在药用植物的遗传育种方面做了一些工作，但只是零星的、浅显的，尤其在药用植物的遗传基础方面的研究还很薄弱。例如，很多药用植物的遗传规律还不清楚，大多数植物还是混杂群体，优良品种选育还十分欠缺。采用常规育种方法与现代生物技术有机结合的途径，培育出新的药用植物品种，造福于人类，是今后工作的重点。

三、药用植物遗传育种学研究的地位及发展

中药材是中药生产的基础，中药材的质量可直接影响到中医用药和临床疗效。要生产合格的现代中药，不仅要有先进的提取工艺、生产设备，最关键是要有合格的中药材原料。建立中药材生产质量管理规范（GAP）基地，发展中药材纯正品种、解决中药材生产过程中影响药材质量的关键技术，是实现中药材生产现代化、标准化和产业化的重要实践，也是实现中药材质量安全、稳定、可控的重要环节。

　　种源是地理变异的产物，是道地药材的遗传物质基础。种源混杂的结果，将会造成中药材质量低劣、不稳定、产量低下，导致中成药的有效性和稳定性差，有的甚至出现副作用，因此，种源选择是中药材育种手段之一。尤其是那些具有独特的优良性状和抵抗自然灾害的特性的野生品种，更是宝贵的资源财富和品种改良的源泉，对此，应给予充分的重视。

　　中药材有效成分含量是衡量药材质量的一项重要指标，特别是以获取有效成分为目的的药材育种来讲更是如此，这体现了中药材育种目标的多样性。由于中药材大多源于野生，未经过品种选育及性状的分离纯化，多为高度混杂群体，群体内的个体间遗传基础差异较大，导致中药材质量不稳定，主要有效成分含量不可控。因此，必须通过筛选实现中药材生产的良种化及规范化，以保证中药材有效成分含量的稳定性、临床用药的有效性和安全性。

　　随着中药现代化的快速发展，对中药材需求量日益增加，野生资源已远远不能满足需求，有许多药用植物资源目前已面临资源枯竭的威胁，同时鉴于野生驯化和人工栽培过程中药用植物物种退化和濒危灭绝的棘手问题，长期以来没有得到解决，因此，保护濒危和紧缺中药材资源的修复和再生，防止退化和灭绝，是保障药用植物资源的可持续利用和中药产业的可持续发展的关键措施。深入开展其基础理论和技术的研究，促进药用植物遗传育种自身理论体系的建立已是当务之急。

四、药用植物遗传育种的展望

　　药用植物遗传育种是中药材生产中十分重要的研究领域。通过大量的调研、查新和对近年来我国药用植物遗传育种所取得的主要进展的回顾分析，结合我国中药材生产发展的需要，提出我国药用植物遗传育种研究存在的问题和今后的主要研究方向。

（一）药用植物遗传育种研究的问题分析

　　1. 可供药用植物育种利用的基因资源较为丰富，这是药用植物育种的优势条件，但对大部分种质资源的考查、搜集、整理、保存、鉴定工作研究还不够到位，致使其繁殖习性、遗传规律研究不清晰，加强其整理和利用可以加快药用植物育种的步伐。

　　2. 由于药用植物育种基础薄弱，群体一致性差，可供应用的稳定品种太少，从而限制了进一步的诱变和杂交育种实践的创新应用，严重影响了育种的工作进程，致使难以获得突破性成就。

　　3. 目前在我国常用的中药材有 1000 多种，其中人工栽培的中药材有 400 余种，但是真正已经选育过的优良品种也只有几十种，可见育种工作任重道远。

（二）今后的对策

　　1. 重视药用植物遗传基本理论和育种方法的研究。药用植物基础遗传理论研究十分薄弱，很多药用植物的遗传规律研究不明确，这无疑将影响其育种进程。应重视药用植物遗传基本理论的研究，同时应针对药用植物的自身特性，寻找适宜对路的育种方法。

　　2. 加强种质资源的遗传规律研究，积极引进和创造新的优异育种原始材料，通过筛选和创新加强种质资源的利用。同时，根据资源的不同性质采用与之相适应的育种策略。

3. 选择育种将是近一时期药用植物的主要研究内容，加大选择整理力度，从混杂群体中分离选择品种是药用植物育种的简单快捷且有效的途径。

4. 创造更多的稳定品种，满足生产对品种的需求，获得大量供诱变、杂交的药用植物的核心亲本或骨干亲本。通过诱变及杂交育种进一步培育出适合国内外市场需要的材料。

5. 在充分发掘药用植物基因库现有遗传资源的同时，注意将传统遗传育种研究与现代生物技术相结合，从分子水平上认识药用植物遗传变异机理，利用基因工程技术打破生殖隔离，转化利用其他物种的有益基因，创造更为丰富的遗传变异，培育性状更加全面、生产性能更好的药用植物新品种。

6. 目前从事药用植物育种的科研力量不足，研究目标分散，尚没有专门从事药用植物育种研究的机构；一些基层单位采用系统选育法选育出的优良品系在生产上有一定面积的推广，而科研单位采用生物技术等方法选育出的新品系，大部分还没有很好地推广，既没有产生经济效益，也没有产生社会效益。这除了受科研单位的体制影响外，还与药用植物种子产业不发达有关。因此，应该全面加强多学科合作，提高育种水平，建立稳定的育种及良种繁育基地，扩大育种人才队伍，使更多的人来从事药用植物育种工作，联合攻关。

7. 改革育种体制，扩大育种规模，加快育种与良种繁育的产业化进程。我国现有的育种体制和格局是在计划经济体制下形成的，不适应市场经济发展和21世纪农业持续发展的需要。随着改革开放的步伐加快，我国的药用植物育种工作也面临着新的机遇和挑战。我们要树立市场观念、效益观念、信息观念、风险观念和法制观念，走科研、生产、经营一体化，育种、繁育、加工、销售一条龙的路子，逐步实现产业化。

21世纪将迎来前所未有的发展机遇，同时亦将面临日趋严峻的挑战。建立中药种质基因库、加速药用植物新品种选育是未来发展的重要课题。目前，在我国已经种植的大宗药用植物约有200种，随着野生资源的日渐枯竭，今后转入人工种植的野生药用植物还会更多。伴随着中药现代化进程的发展，人们对高产优质药用植物新品种的需求也会越来越多，对品种也会提出更多、更高的要求。为了提高药用植物的产量和质量，药用植物的遗传研究和品种改良工作必将成为中药材生产的核心。

思考题

1. 什么是遗传学？什么是遗传、变异、基因？
2. 生物进化的基本因素是什么，它们在生物进化中的作用及相互间的关系如何？
3. 什么是育种学？什么是药用植物遗传学？什么是药用植物育种学？
4. 药用植物遗传育种学研究的任务是什么？
5. 今后药用植物遗传育种学发展的对策是什么？

第一章
遗传的细胞学基础和遗传物质

生物界除了病毒等最简单的生物，所有的生物体都是由细胞组成的。细胞（cell）是生物体结构和生命活动的基本单位。生命之所以能够延续，是因为遗传物质能够绵延不断地向后代传递，遗传物质 DNA（或 RNA）存在于细胞中，其贮存、复制、表达、传递与重组等重要功能都是在细胞中实现的。

根据细胞的复杂程度，可以将细胞分为两类：原核细胞（prokaryotic cell）和真核细胞（eukaryotic cell）。由原核细胞构成的生物体称为原核生物（prokaryote），如支原体、细菌、放线菌和蓝藻等，通常是单细胞生物。由真核细胞构成的生物称为真核生物（eukaryote），如真菌、高等动物、植物、人类和原生动物等。多数真核生物是多细胞生物，也有单细胞生物。主要区别见表 1－1。

表 1－1 　　　　　　　　　　　　　原核细胞和真核细胞的主要区别

特性	原核生物	真核生物
细胞大小	较小（1~10μm）	较大（10~100μm）
染色体	由裸露的 DNA 组成	由 DNA 和蛋白质连接在一起
细胞核	DNA 集中的区域称拟核，无核膜、核仁	形成细胞核结构，称真核，有核膜、核仁
细胞器	有简单的内膜系统	有复杂的内膜系统、线粒体、质体、内质网、细胞骨架等
细胞增殖	无丝分裂	以有丝分裂为主
转录与翻译	同一时间与地点	转录在细胞核，翻译在细胞质

第一节　细胞的基本结构及功能

动物细胞与植物细胞的基本结构相似，只是动物细胞没有细胞壁、质体（叶绿体）和大液泡，大部分动物细胞具有中心粒和桥粒，细胞之间有细胞间质存在；而植物细胞有细胞壁、质体和大液泡，一般无中心粒和桥粒，细胞之间主要是胞间连丝联系。现以植物细胞为例，介绍细胞的基本结构和功能。

一、细胞壁

细胞壁由纤维素、半纤维素和果胶质构成，其功能是为细胞提供一个细胞外网架，坚固细胞，对细胞起着定型的作用，对整个植株起支撑作用。

二、细胞膜

细胞膜是由脂质和蛋白质组成的生物膜,是细胞的边界结构。它具有选择透性,控制细胞内外的物质交换,使细胞外营养物质和水分进入细胞,将细胞内的废物和分泌物排出。

三、细胞质

细胞质由细胞质基质和细胞器组成。细胞与环境、细胞器之间的物质运输、能量交换、信息传递、重要的中间代谢反应等都是通过细胞质基质来完成。

叶绿体是植物细胞特有的细胞器,是光合作用的场所。线粒体是细胞氧化和呼吸作用的中心,产生腺嘌呤核苷三磷酸(ATP),是细胞的动力工厂。叶绿体和线粒体内分别含有叶绿体 DNA(mtDNA)和线粒体 DNA(ctDNA),其构成细胞质遗传体系。核糖体是由约40%蛋白质和60%的 rRNA 组成,分为附着核糖体和游离核糖体,是细胞中合成蛋白质的"车间"。内质网由封闭的膜系统及其围成的腔形成相互沟通的网状结构。有核糖体附着的为粗面内质网,是合成蛋白质的场所;无核糖体附着的为光面内质网,是脂类合成的重要场所。

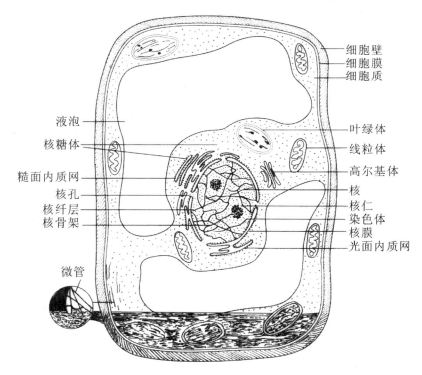

图 1-1　植物细胞模式图

(引自翟中和、王喜忠等,《细胞生物学》,高等教育出版社,2000)

四、细胞核

细胞核一般为圆球形,由核膜包被,核膜上有与内质网通讯的核膜孔,核膜内含有核液、核仁和染色质，是遗传物质集聚的主要场所。

1. 核液

核内充满着核液，有人认为它与核内蛋白质合成有关。

2. 核仁

在细胞分裂时，核仁有短时间的消失。核仁的功能目前还不清楚，一般认为与核糖体的合成有关，是核内蛋白质合成的重要场所。

3. 染色质和染色体

在尚未进行细胞分裂的细胞核中，可以看见许多碱性染料染色较深的纤细网状物，这就是染色质（chromatin）。当细胞分裂时，核内的染色质便卷缩而呈现为一定数目和形态的染色体（chromosome）。在细胞分裂结束进入间期时，染色体又逐渐松散而回复为染色质。事实上，染色质和染色体是同一物质在细胞分裂过程中所表现的不同形态。染色体是核中最重要而稳定的成分，它具有特定的形态结构和一定的数目，是遗传物质的主要载体。染色体具有自我复制的能力，在细胞分裂过程中能出现连续而有规律性的变化。

第二节　染色体的形态、结构和数目

一、染色体的形态特征和类型

在细胞分裂过程中的不同时期，染色体的形态是不同的，会表现出一系列规律性的变化，其中以有丝分裂中期染色体的表现最为明显和典型。因为这个时期染色体收缩到最粗最短的程度，并且从细胞的极面上观察，可以看到它们分散地排列在赤道板平面上，所以通常都在中期进行染色体形态的认识和研究。

（一）染色体的形态

据细胞学观察研究，有丝分裂中期的染色体是由 2 条相同的染色单体（chromatid）构成的，它们彼此以着丝粒相连，互称为姊妹染色单体（sister chromatid）。姊妹染色单体是在细胞分裂间期经过复制形成的。它们携带相同的遗传信息。在形态上，染色体一般由着丝点（centromere）、染色体臂（arm）、次缢痕（secondary constriction）、随体（satellite）和端粒（telomere）几部分组成（图 1-2）。

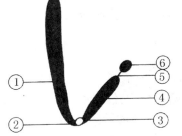

图 1-2　中期染色体形态示意图
①长臂　②主缢痕　③着丝点
④短臂　⑤次缢痕　⑥随体

1. 着丝点

每个染色体都有 1 个着丝点，主要由蛋白质构成，其位置是恒定的。当经过碱性染料染色处理后，在光学显微镜下可以看到着丝点所在的区域着色浅，并表现缢缩，因此又被称为主缢痕（primary constriction）。着丝粒是细胞分裂过程中纺锤丝（spindle fiber）微管结合的区域，对细胞分裂过程中染色体向两极的正确分配具有决定性作用。如果某一染色体发生断裂而形成染色体的断片，则缺失了着丝粒的断片将不能正常地随着细胞分裂而分向两极，经常会丢失，而具有着丝粒的断片将不会丢失。

在电镜下观察，在着丝点区会发现一个纺锤体附着的特殊结构。因此，目前的观点认为，着丝点是指两个染色单体保持连接在一起的初缢痕区。着丝粒只限于染色体上纺锤体微管附着的精细结构。所以，着丝点泛指初缢痕区，不含明显的超微结构，光镜下可见，适于光镜下描述染色体使用。着丝粒仅指纺锤体微管附着于染色体的特殊结构，仅在电镜下描述染色体的超微结构时使用。

染色体臂是指由着丝粒将染色体分成的 2 个臂。通常称为长臂（q）和短臂（p）。长短臂之比称为臂比（q/p）或臂率（arm rate）。不同染色体的染色体臂的大小、形态和臂比各不相同，故根据这些特征可以识别各种染色体。

2. 次缢痕、核仁组织区（nucleolar organizing region，NOR）和随体（satellite）

在一些植物（尤其是大染色体的植物）的一个细胞染色体中，至少有一对染色体除有着丝点外，还有一个不发生卷曲的、染色很淡的区域，这个区域称作次缢痕，主要位于染色体短臂上。

核仁组织区是负责组织核仁的区域，含有 rDNA 基因，能合成 RNA。次缢痕与核仁组织区几乎可作同义词，只是在使用上有差别。通常在对染色体一般形态描述时用次缢痕，表明是染色体的一个构件，而在讨论其功能时常用核仁组织区，表明次缢痕具有组织核仁的特殊功能。因此，一个真核生物细胞中至少有一对染色体具有核仁组织区，没有核仁组织区的细胞不能成活。一个核仁组织区可以组织一个核仁，但核仁数目常少于核仁组织区数，因为核仁极易发生融合。

随体是指次缢痕区至染色体末端所具有的圆形或略呈长形的突出体。它主要由异染色质组成，是高度重复的 DNA 序列。

3. 端粒（telomere）

端粒是指染色体的自然末端。它不一定有明确的形态特征，只是对染色体起封口作用，使 DNA 序列终止。端粒是染色体不可缺少的组成部分，保持染色体在遗传上的独立性。无端粒的染色体往往与其他无端粒染色体连接起来，造成后期染色体的缺失或重复。研究表明，端粒的功能可能有：①防止染色体末端被 DNA 酶酶切；②防止染色体末端与其他 DNA 分子结合；③使染色体末端在 DNA 复制中保持完整。

（二）染色体的类型

通常着丝点在每条染色体上只有 1 个，且位置恒定，常用作描述染色体的一个标记。根据着丝点的位置，可以将染色体划分为不同的类型（图 1－3）。

1. 中间着丝粒染色体

着丝粒基本在染色体的中部，两臂大致相等，臂比为 1.00～1.67。在细胞分裂后期，纺锤丝牵引时呈"V"字形，故称为"V"型染色体。

2. 近中着丝粒染色体

染色体两臂不等，臂比为 1.68～3.00。在细胞分裂后期，染色体被纺锤丝牵引时呈"L"型，故称"L"型染色体。

3. 近端着丝粒染色体

着丝粒远离染色体中部，两臂长短差异很大，臂比为 3.1～7.00。在细胞分裂后期，染色体被纺锤丝牵引时为近似于"I"型，故称"I"型染色体。

4. 端着丝粒染色体

着丝粒在染色体的一端，臂比在 7.00 以上，因为只有一条臂，故称棒状染色体。

5. 粒状染色体

两臂都很短，染色体呈颗粒状。

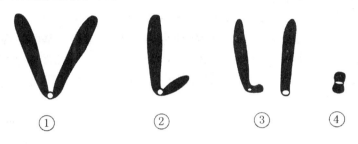

图 1-3　**染色体的形态**

①V 型染色体　②L 型染色体　③棒状染色体　④粒状染色体

二、染色体的结构模型与核型

（一）染色体的结构模型

生物化学和电子显微镜观察已证实，除了个别多线染色体外，细胞有丝分裂中期染色体是由一条染色质线折叠压缩而成。染色质是染色体在细胞分裂的间期所表现的形式，呈纤细的丝状结构。在真核生物中，它是脱氧核糖核酸（DNA）、蛋白质和少量的核糖核酸（RNA）组成的复合物。1974 年，Kornberg 等人发现核小体是染色质包装的基本结构单位，提出染色体结构的"串珠"模型。这个模型认为：染色质的基本单位是核小体（nucleosome）、连接丝（linker）和一个分子的 H1。每个核小体的核心是由 H2A、H2B、H3 和 H4 4 种组蛋白各两个分子组成的八聚体。据测定，一般一个核小体及其连接丝的 DNA 含有 180～200 个碱基对，其中 146bp（碱基对）的核心 DNA 超螺旋盘绕核小体表面 1.75 圈，其余碱基对则为连接丝，其长度变化很大，从 8～114bp 不等（图 1-4）。

根据染色反应，间期细胞核中的染色质可以分为两种：常染色质（euchromatin）和异染色质（heterochromatin）。对碱性染料着色浅、螺旋化程度低，处于较为伸展状态的染色质为常染色质。对碱性染料着色深，螺旋化程度高，处于凝聚状态的染色质为异染色质。

在同一染色体上，既有常染色质，又有异染色质，它们在结构上是连续的，既有染色浅的区域，又有染色深的区域，这种差异现象称为异固缩（heteropycnosis）现象。染色体的这种结构与功能关系密切，常染色质其基因具有转录和翻译的功能，是活性区域。异染色质一般不编码蛋白质，只对维持染色体结构的完整性起作用，是惰性区域。放射自显影实验显示，异染色质的复制时间总是迟于常染色质。异染色质又分为结构异染色质（constitutive heterochromatin）和兼性异染色质（facultative heterochromatin）。结构异染色质指的是各种类型的细胞，除复制期以外，整个细胞周期均处于聚缩状态。在间期核中，结构异染色质聚集形成多个染色中心（chromocenter）。结构异染色质有如下特征：①在中期染色体上多定位于着丝粒区、端粒、次缢痕及染色体臂的某些节段；②由相对简单、高度重复的 DNA 序列构成，如卫星 DNA；③具有显著的遗传惰性，不转录也不编码蛋白质；④在复制行为上与常染色质相比表现为晚复制早聚缩；⑤占有较大部分核 DNA，在功能上参与染色质高级结构的形成，导致染色质的区间性，作为核 DNA 的转座元件，引起遗传变异。兼性异染色质是指在某些细胞类型或一定的发育阶段，原来的常染色质聚缩，并丧失基因转录活性，变为异染色质。这类兼性异染色质的总量随不同细胞类型而变化，一般胚胎细胞含量很少，而高度特化的细胞含量较多，说明随着细胞分化，较多的基因渐次以聚缩状态而关闭，从而再也不能接近基因活化蛋白。因此，染色质通过紧密折叠压缩可能是关闭基因活性的一种途径。例如，雄性哺乳类细胞的单个 X 染色体呈常染色质状态，而雌性哺乳类体细胞的核内，两条 X 染色体之一在发育早期随机发生异染色质化而失活，即属于兼性异染色质。

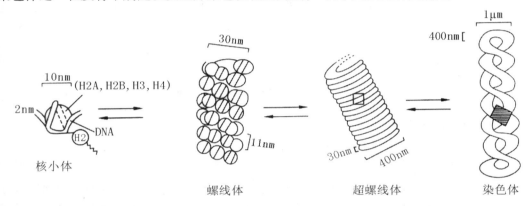

图 1-4　由染色质到染色体的 4 级结构模型

（引自浙江农业大学，1984）

　　关于染色质如何进一步螺旋化形成染色体，一般认为它们是由于染色质线反复盘绕卷缩形成的。现在认为染色体的形成至少存在多层次的卷缩：首先是 DNA 分子超螺旋化，核小体彼此连接形成串珠结构，产生直径约为 10nm 的间期染色线，在此过程中，组蛋白 H2A、H2B、H3 和 H4 参与作用；其次是核小体的长链进一步螺旋化形成直径约为 30nm 的超微螺旋，在有组蛋白 H1 存在的情况下，由直径 10nm 的核小体串珠结构螺旋盘旋，每圈 6 个核小体形成外径 30nm、内径 10nm、螺距 11nm 的螺线管（solenoid），组蛋白 H1 对螺线管的稳定起着重要作用；最后染色体螺线管进一步卷缩，并附着于非组蛋白形成的骨架上，形成直径为 0.4μm 的圆筒状结构，称为超螺线管。这种超螺线管进一步螺旋折叠，形成长 2~10μm 的染色单体（图 1-4，图 1-5）。由于染色体本身是细胞分裂期间染色质的卷曲压缩，所以染色体也会像染色质一样，出现常染色质区和异染色质区，不同的生物各个染色体所出现的异染色质区的分布是不同的。

　　　　　　压缩 7 倍　压缩 6 倍　压缩 40 倍　压缩 5 倍

DNA ——→核小体——→螺线管——→超螺线管——→染色单体

图 1-5　染色体的形成过程

（二）染色体组核型

每一种生物的染色体的形态特征和数目的多少都是特异的，这种特定的染色体组成称为染色体组型或核型（karyotype）。按照染色体的数目、大小、着丝粒位置、臂比、次缢痕及随体等形态特征，对生物核内的染色体进行配对、分组、归类、编号和分析的过程称为染色体组型分析或核型分析（karyotype analysis）。在进行核型分析的过程中，将一个染色体组的全部染色体逐个按其特征绘制下来，再按长短形态等特征排列起来的图像称为核型模式图（idiogram），它代表一个物种的核型模式。随着染色体显带技术的建立和发展，人们可以利用特殊染料对染色体进行处理，使染色体在不同的部位呈现出大小和颜色深浅不同的带纹，所形成的带型不仅具有种、属特征，而且相对稳定。因而，根据带型，结合染色体的其他形态特征，能更确切地区分细胞内的各个染色体。

染色体核型分析技术已在医学上得到广泛应用，可用来诊断由于染色体异常而引起的遗传性疾病。该技术在动植物育种、研究物种间的亲缘关系、探讨物种进化机制、鉴定远缘杂种、追踪鉴别外源染色体或染色体片段等方面都具有十分重要的利用价值。

为便于研究，目前国际上已根据染色体的形态特征和带型，将人类染色体统一划分为A、B、C、D、E、F和G 7个组，并分别予以排队、编号。该核型分析结果如表1-2所示，图1-6显示各对染色体的形态特征。

表1-2　　　　　　　　　　　人类染色体组型分类

类别	染色体编号	染色体长度	着丝点位置	随体
A	1～3	最长	中间，近中	无
B	4～5	长	近中	无
C	6～12，X	较长	近中	无
D	13～15	中	近端	有
E	16～18	较短	中间，近中	无
F	19～20	短	中间	无
G	21～22，Y	最短	近端	有

三、染色体的数目

（一）染色体的数目特征

1. 恒定性

同种生物染色体不仅形态特征是稳定的，而且数目也是恒定的。

2. 染色体在体细胞中成双，在性细胞中成单

染色体在体细胞和性细胞中的数目通常用2n和n表示，如芍药2n=10，n=5。体细胞中成对的染色体形态、结构和遗传功能相似，一个来自于父本，一个来自于母本，它们被称为同源染色体。

3. 不同物种染色体数目差异很大

如菊科Haplopappus gracillis植物的染色体只有2对，而隐花植物瓶儿小草属的一些物种

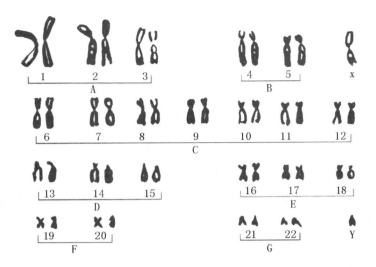

图1-6　正常男性的染色体核型

（引自 Russell，2000）

含有400~600对以上的染色体。

　　一般被子植物常比裸子植物的染色体数目多。然而，染色体数目的多少一般与物种的进化程度无关。某些低等生物比高等生物具有更多的染色体，但是染色体的数目和形态特征对于鉴定物种间的亲缘关系，特别是对于植物近缘类型的分类，具有重要意义。一些常见药用的植物的染色体数目，见表1-3。

表1-3　　　　　　　　　　一些常见药用植物的染色体数目

种类	染色体数目	种类	染色体数目
银杏	2n＝24	洋葱	2n＝16
芍药	2n＝10	麻黄	2n＝14
百合	2n＝24	郁金香	2n＝2x，3x，4x＝24，36，48
荷花	2n＝16	菊花	2n＝2x，4x，6x，8x，10x＝18，36，54，72，90
大麻	2n＝20	山荆子	2n＝34
桑	2n＝14	稠李	2n＝32

（二）A 染色体和 B 染色体

　　有些生物的细胞中除了具有正常恒定数目的染色体外，还常出现额外染色体。通常把正常恒定数目的染色体称为 A 染色体；把这种额外的染色体统称为 B 染色体，也称为超数染色体或副染色体。

　　目前已在640多种植物和170多种动物中发现 B 染色体，最常见的有玉米、黑麦、山羊草等。B 染色体一般比 A 染色体小，多由异染色质组成，不载有基因，但能自我复制并传给后代。染色体一般对细胞和后代生存没有影响，但当增加到一定数量时就会产生影响。玉米含有5个以上 B 染色体时，不利于生存。

第三节　细胞的分裂

　　植物的生长和发育，主要是植物体内细胞数目的增多、增大和分化的结果。细胞的繁殖是以分裂方式进行的，生命的连续、亲子代遗传物质的传递，全依赖于细胞分裂。细胞分裂是指细胞通过分裂产生子细胞的过程。它是植物进行繁殖和遗传的基础。分裂方式有有丝分裂、减数分裂和无丝分裂。其中前两种方式最主要、最普遍，有着重要的遗传学意义。

一、细胞的有丝分裂

　　高等生物的细胞增殖和个体生长是通过细胞的多次有丝分裂完成的。从细胞上一次分裂结束到下一次分裂完成的整个过程称为细胞周期（cell cycle）。有丝分裂过程是一个连续的动态变化过程。为了方便表述，人为地将其划分为一个间期（interphase）和一个分裂期（mitosis，M）。

（一）有丝分裂过程

1. 间期

　　间期是指细胞两次有丝分裂的中间时期。在间期，用光学显微镜观察，可看到细胞核均匀一致，看不到染色体，因为此时染色体伸展到最大限度，处于高度水合、膨胀的凝胶状态。其折射率与核液大体相似，从细胞外表看来，似乎是静止的，但实际上，细胞化学的研究证明，间期的核处于高度活跃的生理、生化的代谢状态。细胞核在间期进行着染色体DNA的复制和组蛋白的加倍合成。同时，核在间期的呼吸作用很低，有利于在分裂期到来之前储备足够多的能量。其次，细胞在间期进行生长，使核体积和细胞质体积的比例达到最适的平衡状态，有利于细胞分裂。

　　间期又可分为3个时期：G1是DNA合成前期（pre－DNA synthesis，1st Gap），是细胞分裂的第一个间隙，它主要是进行细胞体积的增长，并为DNA合成做准备。不分裂的细胞则停留在G1期。S期是DNA合成期（period of DNA synthesis），此时进行DNA复制，染色体数目加倍，由原来的一条变成两条并列的染色单体。G2是DNA合成后期（post DNA synthesis，2nd Gap），是DNA合成后至细胞分裂前的第二个间隙。此时，DNA含量不再增加，只有少量蛋白质合成。完成了细胞分裂前准备，引导细胞进入分裂期。这3个时期持续时间的长短因物种、细胞种类和生理状态的不同而不同。一般S期的时间较长，且较稳定；G1和G2期时间较短，变化也较大。在整个周期中，细胞大部分时间都处于间期，分裂期占的时间很短，大约只有5%～10%的细胞处于分裂期。

　　细胞分裂是一个连续的过程，为了便于说明，根据细胞变化的特征，人为将其划分为：前期（prophase）、中期（metaphase）、后期（anaphase）和末期（telophase）四个时期（图1－7，图1－8）。

2. 前期

　　前期核内的染色丝由于螺旋化程度的不断增加，在光学显微镜下能看到细长而卷曲的染色体，每条染色体含有两条染色单体，但着丝点未分裂，核仁核膜逐渐模糊不清，两极逐渐出现纺锤丝。

3. 中期

核仁与核膜均已消失，细胞核质间已无界线，细胞内出现清晰可见的向两极牵引的纺锤体，各染色体的着丝点均排列在纺锤体中央的赤道板上，而其两臂则自由伸展在赤道面的两侧。由于此时染色体具有典型形状，故中期是染色体制片、计数和鉴别的最佳时期。

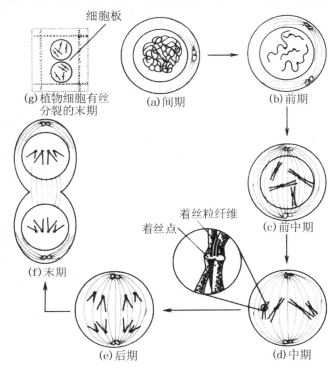

图 1-7　细胞有丝分裂模式图

（引自戴思兰，《园林植物遗传学》，中国林业出版社，2005）

前期　　　　　　中期　　　　　　后期　　　　　　末期

图 1-8　黑麦根尖细胞的有丝分裂

（引自李惟基，《遗传学》，中国农业出版社，2007）

4. 后期

每个染色体的着丝粒纵向分裂为二，这时各染色单体可称为一个染色体。随着纺锤体的收缩，每条染色体分别向两极移动。由于着丝点位置不同，使染色体形成具有 V 形、L 形和棒状等各种形态。两极染色体数目与原来细胞相同。

5. 末期

当染色体到达两极时，便进入末期。在两极染色体的螺旋化逐渐消失，又变得松散细长，核膜、核仁重新出现，于是在一个母细胞中形成2个子核，接着细胞质也分裂，由2个子核中间赤道板区域残留的纺锤丝等形成细胞板，植物细胞在细胞板两侧还会积累多糖，最后形成细胞壁。一个细胞变成两个子细胞。分裂结束，每一个子细胞又处于下一个细胞周期的间期状态。

有丝分裂所经历的时间，因物种和外界条件不同而不同。一般前期的时间最长，可持续1~2小时，中期、后期和末期的时间较短，约5~30分钟。

（二）有丝分裂的遗传学意义

有丝分裂的主要特点是染色体复制一次，细胞分裂一次，染色体精确地分配到2个子细胞中，使子细胞含有与母细胞质量和数量相同的遗传信息。因此，有丝分裂既维持了个体的正常生长和发育，也保证了物种的连续性和稳定性。植物由无性繁殖所获得的后代能保证其母本的遗传特性，就是在于它们是通过有丝分裂而产生的。

对细胞质来说，在有丝分裂的过程中，虽然线粒体、叶绿体等细胞器也能复制，增加数量，但是它们原先在细胞质中分布是不均匀的，数量也是不恒定的，因而在细胞分裂时，它们是随机而不均等地被分配到两个子细胞中去。由此可知，任何由线粒体、叶绿体等细胞器所决定的遗传表现，不可能与染色体所决定的遗传表现具有相同的规律性。

二、减数分裂

减数分裂又称成熟分裂（maturation division），是性母细胞成熟后所发生的一种特殊方式的有丝分裂。其特点是染色体复制一次，而细胞连续分裂两次，结果细胞染色体数目由2n减为n，故称减数分裂。经过减数分裂而形成的子细胞，将发育成性细胞。

减数分裂持续的时间比有丝分裂的时间长得多，从十几个小时（矮牵牛）到十几天（小贝母）、数月（松树）甚至数年（人的卵母细胞）不等。

（一）减数分裂过程

减数分裂的主要特点是，首先，各对同源染色体在细胞分裂前期进行配对（pairing），称联会（synapsis）。其次，是细胞在分裂过程中进行两次分裂，第一次减数，第二次等数。第一次分裂的前期较为复杂，分为5个时期。其过程概述如下（图1-9，图1-10）。

1. 第一次分裂

（1）前期 I （prophase I）

①细线期（leptotene）：核内出现细长如线的染色体，由于染色体在间期已复制，每个染色体都是由共同的一个着丝点联系的两条染色单体组成，呈细线状盘绕成团，因此，光学显微镜下无法看出两条染色单体，核体积增大，核仁也较大。

②偶线期（zygotene）：各同源染色体分别配对，出现联会现象。2n染色体经过联会成为n对染色体。各对染色体的对应部位相互紧密并列，逐渐沿着纵向连接在一起，这样联会

的一对同源染色体，称为二价体（bivalent）。根据电子显微镜的观察，同源染色体经过配对在偶线期已经形成联会复合体（synaptonemal complex）。联会复合体是同源染色体配对连接在一起的一种特殊的固定结构，具有固定同源染色体的作用。每一个二价体实际上包括 4 条染色单体，其中由同一着丝点连接的 2 条染色单体互称为姊妹染色单体，由不同的着丝点连接的染色单体互称为非姊妹染色单体。

③粗线期（pachytene）：二价体逐渐缩短加粗，同源染色体联会紧密，在非姊妹染色单体之间发生某些片段的交换（crossing over），因而造成遗传物质的重组。

④双线期（diplotene）：染色体继续缩短变粗，联会的染色体因非姊妹染色单体的相互排斥而分离，联会复合体开始解体。非姊妹染色单体粗线期的交换，使不同二价体的不同部位出现数目不等的交叉（chiasma），同源染色体在交叉处仍然维持在一起。交叉是交换的结果。交叉现象的出现是进入双线期的一个明显标志。

⑤终变期（diakinesis）：染色体螺旋化程度更高，浓缩粗短，交叉端化（terminalization）。端化是指二价体中的交叉点随着同源染色体的相斥分离而沿着染色体向两端移动，交叉数目减少，且逐渐接近末端的过程。此时二价体在核内最为分散，是鉴定染色体数目的好时机。

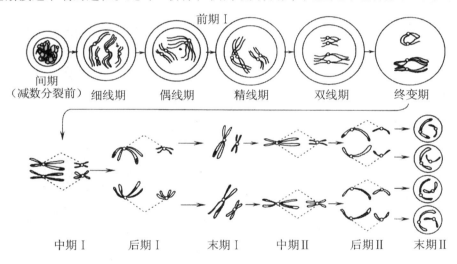

图 1 - 9　减数分裂模式图
（引自王亚馥等，《遗传学》，高等教育出版社，1999）

（2）中期Ⅰ（metaphase Ⅰ）

核仁、核膜消失，细胞质里出现纺锤体。纺锤丝与各染色体的着丝点连接。各二价体排列在赤道板上，但不像有丝分裂中期那样，着丝点在赤道板上，每个二价体的 2 个着丝粒分别朝向细胞的两极。二价体的每条染色体在赤道面上的定位取向是随机的，于是决定了同源染色体的 2 个成员分向细胞两极的去向也是随机的，此时，非姊妹染色体的交叉点排列在赤道板上。

（3）后期Ⅰ（anaphase Ⅰ）

由于纺锤丝的牵引，各二价体的 2 个同源染色体分别被拉向两极，每一极只分到同源染色体的一个，即每一极只获得 n 个染色体，染色体的数目减半，但每个染色体仍包含 2 个染

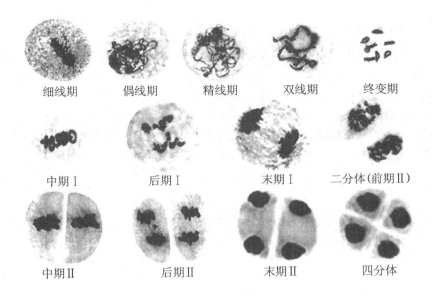

细线期	偶线期	精线期	双线期	终变期
中期Ⅰ	后期Ⅰ	末期Ⅰ	二分体(前期Ⅱ)	
中期Ⅱ	后期Ⅱ	末期Ⅱ	四分体	

图 1 - 10　黑麦花粉母细胞减数分裂 2n = 14

（引自李惟基，《遗传学》，中国农业出版社，2007）

色单体，因为着丝粒未分裂，所以 DNA 量并没有减少。

（4）末期Ⅰ（telophase Ⅰ）

染色体到达两极后，便进入末期Ⅰ，染色体松散变为细丝状，核膜、核仁重新出现，逐渐形成子核，同时，细胞质也分为两部分，形成 2 个子细胞，称为二分体（dyad）。

从末期Ⅰ结束到第 2 次分裂开始，一般有一个短暂的间期，但不进行 DNA 复制，这个间期称为减数中间期（interkinesis）。有些生物几乎没有中间期，而是在末期Ⅰ完成后紧接着进入减数第 2 次分裂。

2. 第二次分裂

（1）前期Ⅱ（prophase Ⅱ）

染色体又开始浓缩，每个染色体有两条染色单体，由同一着丝粒连接在一起，但染色单体彼此散得很开。

（2）中期Ⅱ（metaphase Ⅱ）

核膜再次解体，纺锤体再次形成，每一个染色体的着丝粒整齐地排列在细胞的赤道板上，着丝粒开始分裂。

（3）后期Ⅱ（anaphase Ⅱ）

着丝点分裂为 2 个，各个染色单体由纺锤丝拉向两极。

（4）末期Ⅱ（telophase Ⅱ）

拉向两极的染色体形成新的子核，同时细胞质也分成两部分。经过 2 次分裂，一个孢母细胞形成 4 个子细胞，称为四分体（tetrad）或四分孢子（tetraspore）。各细胞核内只有最初细胞的半数染色体，从 2n 减数为 n。

（三）减数分裂的遗传学意义

在生物的生活周期中，减数分裂是配子形成过程中的必要阶段，在遗传学上具有重要意义：①减数分裂是保证染色体数目稳定的重要机制，减数分裂使染色体减半，而受精作用使染色体数目倍增，一增一减，维持了原来物种体细胞染色体数目不变。染色体数目的恒定，是物种性状遗传稳定的来源。②减数分裂的中期，染色体排列在赤道板上，各同源染色体的两个成员在后期 I 被纺锤体随机拉向两极，各个非同源染色体之间可以自由组合在一个配子里，n 对染色体就可能有 2^n 个组合，它为生物的变异提供了极为广泛的物质基础。③减数分裂前期 I 发生在非姊妹染色体片段的交换，打破了性状受基因连锁的控制，使得在一条染色体上的连锁基因获得重组机会。

总之，由减数分裂带来的变异，为自然选择和人工选择，以及物种的适应和进化提供了丰富的材料。

第四节　高等植物、动物的生活周期

一、雌雄配子的形成

生物的生殖包括无性生殖（asexual reproduction）和有性生殖（sexual reproduction）。无性生殖是不经过生殖细胞结合，直接由母体产生后代的生殖方式。例如，有些植物利用块根、块茎、鳞茎、球茎、芽眼和枝条等营养体产生后代。无性生殖或无性生殖产生的后代称为"克隆"。

有性生殖是通过亲本的雌雄配子（gametes）受精（fertilization），形成合子，再由合子进一步分裂、分化和发育产生后代的生殖方式。无性生殖生物，在一定条件下，也可进行有性生殖。

（一）高等动物的配子形成

高等动物都是雌雄异体的，它们的生殖细胞分化很早，在胚胎发育过程中就已形成，这些细胞藏在生殖腺里，在雌性生殖腺里的为卵原细胞（oogonia），雄性生殖腺里有精原细胞（spermatogonia）。性原细胞都是通过有丝分裂产生的，所以，其染色体数目和其他体细胞相同。性原细胞在经过多次有丝分裂后停止分裂，开始长大，在雌性和雄性个体的性腺中分别形成初级卵母细胞（primary oocyte）和初级精母细胞（primary spermatocyte）。初级卵母细胞进行减数分裂，结果形成 1 个充满卵黄的卵细胞和 3 个次级极体。通过进一步生长和分化，卵细胞成为成熟的雌配子，即卵子。初级精细胞经过减数分裂，结果形成 4 个精细胞。精细胞在成熟过程中转化为带鞭毛的雄配子，即精子。

（二）高等植物的配子形成

高等植物不存在早期分化了的生殖细胞，而是到个体发育成熟后，才从体细胞中分化形成。高等植物的有性生殖过程都在花器里进行，由雌蕊和雄蕊内的孢原细胞经过一系列有丝分裂和分化，最后经过减数分裂产生大、小孢子，再进一步发育成为雌性配子（卵细胞）和雄性配子（精子）。

　　被子植物的雄配子是从雄蕊的花药里产生的。其在花药中分化出孢原组织，进一步分化出花粉母细胞（2n），经过减数分裂形成四分孢子（n），从而发育成 4 个小孢子（microspore），并进一步发育成 4 个单核花粉粒。在花粉粒的发育过程中，经过一次没有胞质分裂的有丝分裂（核分裂），形成营养细胞和生殖核的双核花粉粒，生殖核再经过一次有丝分裂，形成两个精细胞。营养核不分裂，称为管核（tube nucleus）或营养核，3 个核在遗传上应该完全相同。这样一个成熟的花粉粒在植物学上称为雄配子体（图 1 - 11）。

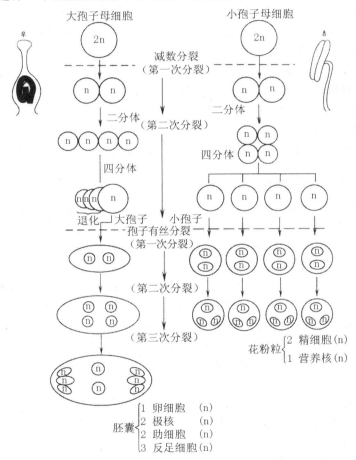

图 1 - 11　高等植物雌雄配子形成的过程

（引自朱军，《遗传学》，中国农业出版社，2002）

　　被子植物的雌配子体是从雌蕊的子房里产生的。胚珠着生在子房里，在胚珠的珠心组织里分化出胚囊母细胞（也称大孢子母细胞），一个大孢子母细胞（2n）经过减数分裂形成 4 个染色体数目减半的大孢子（megaspore），即四分孢子。其中，3 个大孢子发生退化，其养分被吸收利用，只有远离珠孔的大孢子继续发育，进行没有胞质分裂的有丝分裂（核分裂），形成一个具有 8 个单倍体核的大细胞（未成熟的胚囊）。其中，3 个核定位于珠孔端；1 个发育成卵核（egg nucleus）；另 2 个核变成能吸引花粉管物质的助细胞（synergid）；另 3 个核移植到相反的一端，变成 3 个反足细胞（antipodal）；剩余 2 个核称为极核（polar nucleus），移至胚囊中央并融合，形成 1 个二倍体的融合核（fusion nucleus）。这样由 8 个核（实际是 7 个细胞）所组成的胚囊，在植物学上称为雌配子体（female gametophyte）。

（三）受精

雌雄配子融合成一个合子的过程称为受精。下面以被子植物为例，了解其受精过程。花粉粒从花药中释放出来传递给雌蕊的柱头上的过程称授粉。授粉后，花粉粒在柱头上萌发，形成花粉管，花粉管穿过花柱、子房和珠孔，到达胚囊。花粉管延伸时，营养核在 2 个精核的前端。一旦接触到助细胞，花粉管就破裂，助细胞也同时解体。2 个精细胞进入胚囊，一个与卵细胞结合形成合子（2n），以后发育成种子胚；另一个与 2 个极核（n＋n）结合，形成胚乳核（3n），将来发育成胚乳。这一过程称为双受精。

胚（2n）、胚乳（3n）、种皮（2n）组成了种子，胚、胚乳是受精的产物，而种皮（或果皮）由母本花朵的营养组织，如胚珠的珠被、子房壁等发育而来。因此，从遗传组成上来讲，一个正常的种子是由胚、胚乳和母体组织三方面密切结合而成的嵌合体。

二、高等植物的生活周期

生活周期（life cycle）是指个体发育的全过程。一般有性生殖的动物和植物的生活周期就是指从合子到个体成熟和死亡所经历的一系列发育阶段。各种生物生活周期是不相同的。深入了解各种生物生活周期的发育特点及时间的长短，是研究和分析生物遗传和变异的一项必要的前提。大多数植物的生活周期都有两个显著不同的世代，即二倍体的孢子体世代（sporophytic）和单倍体的配子体世代（gametophytic）。孢子体世代也称无性世代，配子体世代又叫有性世代。无性世代和有性世代交替发生，称世代交替（alternation of generations）。低等植物如苔藓，配子体是非常明显的独立生活世代，孢子体小，而且依赖配子体。在高等植物（蕨类、裸子植物、被子植物）中，孢子体是独立、明显的世代，而配子体则不明显。裸子植物和被子植物的配子体则是完全寄生于孢子体内。

高等植物的一个完整的生活周期是从种子胚到下一代的种子胚，它包括无性世代和有性世代两个阶段。现以玉米为例，说明高等植物的生活周期。玉米是一年生禾本科植物，它是雌雄花序同株异花，在雌花和雄花中分别产生大孢子和小孢子，所以它是雌雄同株异花的孢子体（图 1-12）。

雄蕊花药的表皮下出现孢原细胞，孢原细胞经过几次分裂，成为小孢子母细胞（2n），小孢子母细胞经过一次减数分裂，形成 4 个小孢子（n），小孢子经过一次有丝分裂，产生 2 个单倍体核，其中一个核不再分裂，形成管核或营养核（n），另一个核再进行一次有丝分裂，形成 2 个雄核（n），这样雄配子体（成熟的花粉粒）含有 3 个单倍体核。

在雌花序的子房中出现孢原细胞，经过几次分裂形成大孢子母细胞（2n），大孢子母细胞经过减数分裂，产生 4 个大孢子（n），其中 3 个退化，留下来的大孢子经过 3 次有丝分裂，形成具有 8 个单倍体核的雌配子体（胚囊），位于顶端的 3 个核称为反足细胞，移至中央的 2 个核称为极核，还有 3 个核心移至胚囊底部构成 2 个助细胞和 1 个卵核。

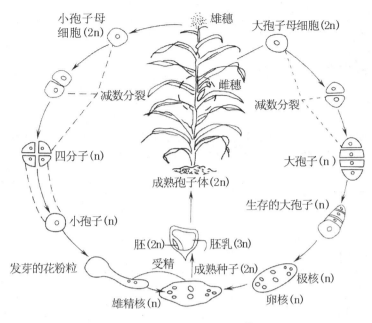

图 1-12 玉米的生活周期

(引自朱军,《遗传学》,中国农业出版社,2002)

授粉后,花粉在柱头上萌发,花粉管沿着花柱长到胚囊。在此,一个跟卵核结合,形成 2 倍体核(2n),另 1 个雄核与 2 个极核结合,产生 1 个 3 倍体(3n)核。2 个雄核分别与胚囊中的卵核和极核结合的过程叫双受精(double fertilization)。

通过多次有丝分裂,2 倍体核形成胚,3 倍体核形成胚乳。胚和胚乳合在一起就构成种子,种子萌发,长成新的植株,继续上述生长发育的过程。

第五节 遗传物质的分子基础

1900 年孟德尔遗传规律的重新发现标志着遗传学的诞生。此后,在 20 世纪上半叶,人们对生物的遗传规律进行了深入研究。但经典遗传学的研究并没有对基因的化学本质做出回答。无论基因的本质如何,其必须表现三种基本的功能:①遗传功能即基因的复制。遗传物质必须贮藏遗传信息,并能精确地复制且一代一代传递下去。②表型功能及基因的表达。遗传物质必须控制生物体性状的发育和表达。③进化功能即基因的变异。遗传物质必须发生变异,以适应外界的变化,没有变异就没有进化。

一、染色体的化学成分

基因载于染色体上,从化学分析上看,生物的染色体是核酸和蛋白质的复合物。核酸主要是脱氧核糖核酸(DNA),在染色体上平均占 27%;其次是核糖核酸(RNA),约占 6%;蛋白质约占 66%,主要是组蛋白和非组蛋白;此外,还含有少量的拟脂和无机物质。

20 世纪 50 年代以来，随着分子遗传学的诞生和发展，人们进一步认识了基因的化学本质和基因对性状的控制。

二、DNA 是主要遗传物质

（一）DNA 作为主要的遗传物质的间接证据

遗传物质在理论上应当具备连续性、稳定性和自主性，只有这样，才能满足生物遗传变异的特性。目前发现大多数生物的细胞中只有 DNA 具备这些性质。DNA 是遗传物质的推测基于以下事实。

1. DNA 是一切具有染色体的生物所共有的。从病毒、细菌到人类的染色体中都含有 DNA。

2. DNA 在代谢上是稳定的。试验证明，一种元素一旦成为 DNA 的组分后，在细胞分裂之前，它一直是稳定的，没有发现元素替代现象。

3. 用不同波长的紫外线诱发性状突变时，其最有效的波长是 2600μ，而此波长正是 DNA 的最大吸收光谱，这说明基因的突变恰与 DNA 有关。

4. 孟德尔、摩尔根论证的遗传物质在性细胞中成单，在体细胞中成双，这恰好符合 DNA 含量在体细胞中倍增，在性细胞中减半的变化。

（二）DNA 作为主要的遗传物质的直接证据

1. 细菌不同类型的转化

肺炎双球菌（Diplococcus pneumoniae）有两种。一种是光滑型（Smooth，S 型），被一层多糖类的荚膜所保护，具有毒性，在培养基上形成光滑的菌落；另一种是粗糙型（Rough，R 型），没有荚膜和毒性，在培养基上形成粗糙的菌落。

1928 年，英国医生格里菲斯（F. Griffith）首次将 R 型的肺炎双球菌转化为 S 型，实现了细菌遗传性状的定向转化。首先将活的 R 型细菌和高温杀死的 S 型细菌分别注射到小鼠体内，两者都不会引起败血症；但若将活的 R 型细菌和高温杀死的 S 型细菌一起注射到小鼠体内，小鼠就会患败血症死亡（图 1-13）。进一步分析发现，死的小鼠血液中有活的 S 型细菌，这一试验表明，被加热杀死的 S 型肺炎双球菌必然含有某种活性物质使 R 型细菌转化为活的 S 型细菌，这种活性物质必然具有遗传物质的特性。但当时并不知道这种物质是什么。16 年后，阿委瑞（O. T. Avery）等用生物化学的方法证明这种活性物质是 DNA。他们不仅成功地重复了上述试验，而且将 S 型细菌的 DNA 提取物与 R 型细菌混合在一起，在离体培养基的条件下成功地使少数 R 型细菌定向转化为 S 型细菌。之所以确认导致转化的物质是 DNA，是因为该提取物不受蛋白酶、多糖酶和核糖核酸酶的影响而只能为 DNA 酶所破坏。

2. 噬菌体感染试验

噬菌体是判断遗传物质为 DNA 还是蛋白质的优良试验材料，因为它是非常简单的生命类型，只由蛋白质和 DNA 两种成分组成。蛋白质构成它的外壳，分为多角形的头部和管状的尾部。头部外壳包裹着一条线形 DNA。管状尾部具有收缩能力，用以附着在细菌表面。T_2 噬菌体的 DNA 在大肠埃希菌内，不仅能够利用大肠埃希菌合成 DNA 的材料复制自己的 DNA，而且能够利用大肠埃希菌合成蛋白质的材料来建造它的蛋白质外壳和尾部，因而形成

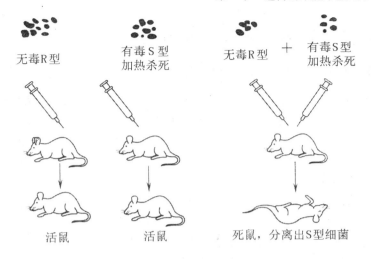

图 1 - 13 Griffith 的试验

（引自 Russell, 2000）

完整的新生噬菌体。

　　Hershey 等将 T_2 噬菌体分为两组，一组用放射性同位素 ^{35}S 标记（标记蛋白质外壳，因为蛋白质含有 S），另一组用放射性同位素 ^{32}P 标记（标记 DNA，因为 DNA 含 P）。然后用以上两组标记了的噬菌体分别去感染培养的大肠埃希菌，经 10 分钟后，用搅拌器甩掉附着于细胞外面的噬菌体外壳。结果发现，标记了 ^{32}P 的那一组，放射性物质全部存在于细菌内而不被甩掉，并可传递给后代；标记了 ^{35}S 的这一组，放射性物质大部分存在于被甩掉的外壳中，细菌内只有较低的放射性剂量，但不能传递给子代（图 1 - 14），由此看来，主要是由于 DNA 进入细胞内才产生完整的噬菌体，所以说 DNA 是具有连续性的遗传物质。

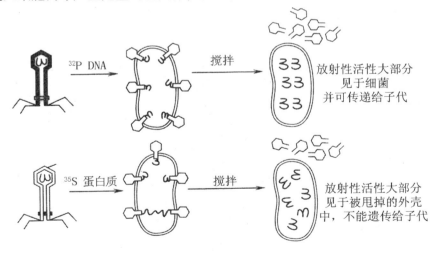

图 1 - 14 Hershey - Chase 证明 DNA 是 T_2 的遗传物质

（引自 Russell, 2000）

三、DNA、RNA 化学组成及其分子结构

(一) DNA、RNA 的化学组成及分布

核酸（nucleic acid）是一种高分子的化合物，它的构成单元是核苷酸（nucleotide），它是核苷酸的多聚体。每个核苷酸包括三部分：五碳糖、磷酸和环状的含氮碱基。这种碱基包括双环结构的嘌呤（purine）和单环结构的嘧啶（pyrimidine）。两个核苷酸之间由 3′ 和 5′ 位的磷酸二酯键相连。

核酸有两种：脱氧核糖核酸（DNA）和核糖核酸（RNA）。两种核酸的主要区别是：DNA 含的糖分子是脱氧核糖，RNA 含的是核糖；DNA 含有的碱基是腺嘌呤（A）、胞嘧啶（C）、鸟嘌呤（G）和胸腺嘧啶（T），RNA 含有的碱基前 3 个与 DNA 完全相同，只有最后一个胸腺嘧啶被尿嘧啶（U）所代替（图 1 - 15）；DNA 通常是双链，RNA 主要为单链；DNA 的分子链一般较长，而 RNA 分子链较短。

真核生物的绝大部分 DNA 存在于细胞核内的染色体上，它是构成染色体的主要成分之一，还有少量的 DNA 存在于细胞质中的叶绿体、线粒体等细胞器内。RNA 在细胞核和细胞质中都有，核内则更多地集中在核仁上，少量在染色体上。细菌也含有 DNA 和 RNA。多数噬菌体只有 DNA；多数植物病毒只有 RNA；动物病毒有些含有 RNA，有些含有 DNA。

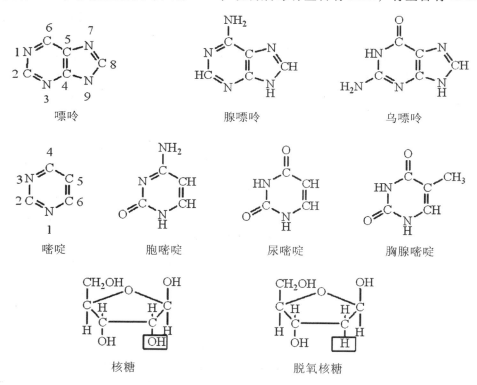

图 1 - 15　组成 DNA 和 RNA 分子的核糖和碱基的结构式

（二）DNA、RNA 的分子结构

1. DNA 的分子结构

DNA 分子是脱氧核苷酸的多聚体。因为构成 DNA 的碱基通常有四种，所以脱氧核苷酸也有四种，即脱氧腺嘌呤核苷酸（dATP）、脱氧胸腺嘧啶核苷酸（dTTP）、脱氧鸟嘌呤核苷酸（dGTP）、脱氧胞嘧啶核苷酸（dCTP）（图 1 – 16）。

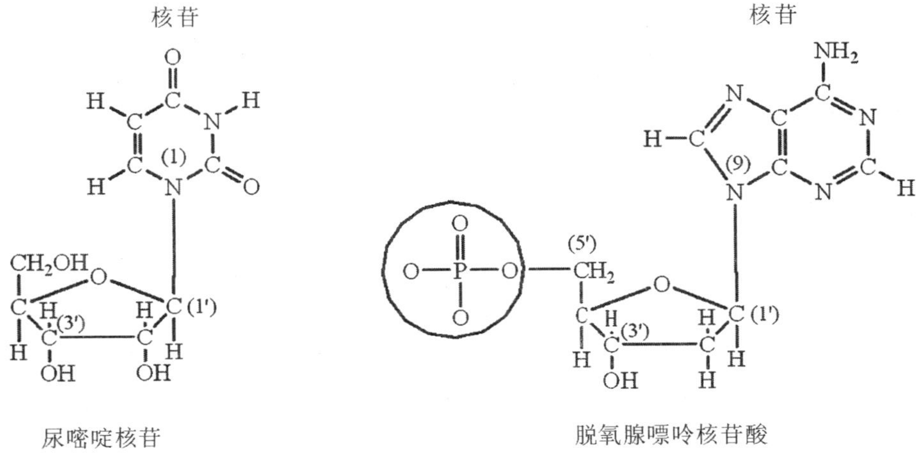

核苷 核苷

尿嘧啶核苷 脱氧腺嘌呤核苷酸

图 1 – 16 核苷和脱氧核糖核苷酸示意图

1953 年，瓦特森（Watson, J. D.）和克里克（Crick, F.）根据碱基互补配对的规律和对 DNA 分子的 X 射线衍射研究的成果，提出了著名的 DNA 双螺旋结构模型（图 1 – 17A）。这个模型已被以后拍摄的电镜直观形象所证实。这个空间构型满足了分子遗传学需要解答的许多问题，如 DNA 的复制、DNA 对于遗传信息的贮存及其改变和传递等，从而奠定了分子遗传学的基础。

瓦特森（Watson, J. D.）和克里克（crick, P.）模型最主要的特点有：①两条多核苷酸链以右螺旋的形式，彼此以一定的空间距离，平行地环绕于同一轴上，很像一个扭曲起来的梯子。②两条多核苷酸链走向为反向平行（antiparallel），即一条链磷酸二酯键为 $5' \rightarrow 3'$ 方向，而另一条为 $3' \rightarrow 5'$ 方向，二者刚好相反。亦即一条链对另一条链是颠倒过来的，这称为反向平行。③每条长链的内侧是扁平的盘状碱基，碱基一方面与脱氧核糖相联系，另一方面通过氢键与它互补的碱基相联系，相互层叠宛如一级一级的梯子横档。互补碱基对 A 与 T 之间形成两对氢键，而 G 与 C 之间形成三对氢键（图 1 – 17B）。上下碱基对之间的距离为 0.34nm。④每个螺旋为 3.4nm 长，刚好含有 10 个碱基对，其直径约为 2nm。⑤在双螺旋分子的表面，大沟（major groove）和小沟（minor groove）交替出现。

在 DNA 分子中，每一个碱基对是遵循贾格夫（Chargaff, E.）定则的，即 A – T、G – C 配对，但碱基的前后排列不受任何限制，对于有 n 个碱基的核苷酸长链，则这段 DNA 分子就有 4^n 种不同的排列组合方式，反映出来的是 4^n 种不同性质的基因（图 1 – 18）。这对于解释生物性状的多样性、信息贮藏能力的丰富性具有深刻意义。

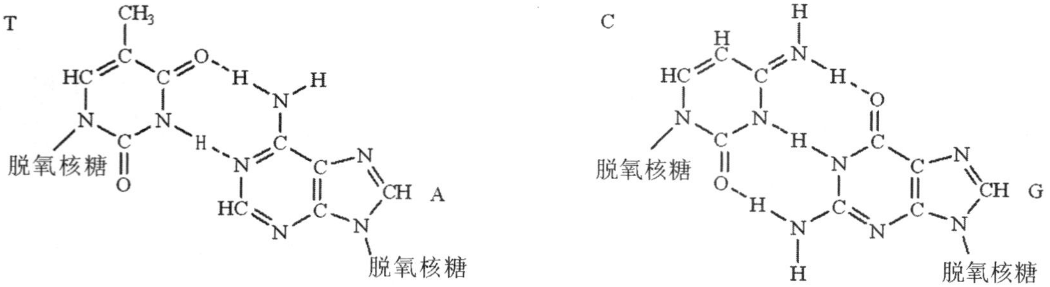

图 1-17 A. DNA 双螺旋 B. 碱基配对

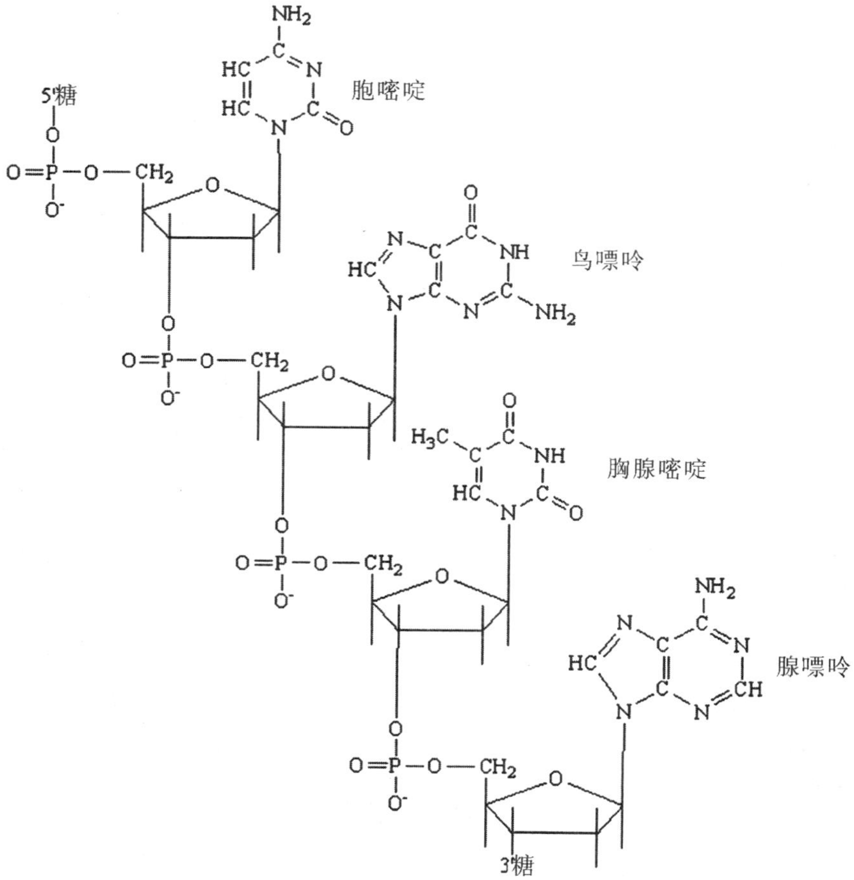

图 1-18 DNA 分子的一级结构

2. RNA 的分子结构

RNA 的分子结构，就其化学组成上看，也是由四种核苷酸组成的多聚体。它与 DNA 的不同，首先在于以 U 代替了 T，其次是用核糖代替了脱氧核糖，此外，还有一个重要的不同点，就是绝大部分 RNA 以单链形式存在，但可以折叠起来形成若干双链区域，在这些区域内，凡互补的碱基对间可以形成氢键（图 1－19）。但有一些以 RNA 为遗传物质的动物病毒含有双链 RNA。

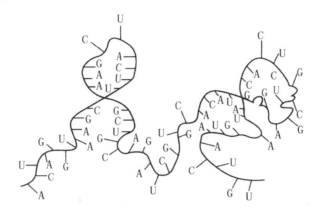

图 1－19　一个 RNA 分子的图式

四、遗传信息的贮存、复制和表达

（一）DNA 的半保留复制

DNA 既然是主要的遗传物质，必然具备自我复制的能力。Watson 和 Crick 根据 DNA 分子的双螺旋结构模型，认为 DNA 分子的复制，遵循半保留复制的原则。在开始复制时，由专职的 DNA 解旋酶、拓扑异构酶等解开 DNA 双螺旋，DNA 双链分子的一小部分双螺旋松开，碱基间的氢键断裂，拆开为两条单链，而其他部分仍保持双链状态，一个 DNA 聚合酶就同时与这两条单链 DNA 结合，以它们为模板，根据碱基互补配对的原则，选择相应的脱氧核苷酸与模板链形成氢键。随着 DNA 聚合酶在模板链上不断移动，合成与模板链互补的一条新链。当 DNA 聚合酶遇到特定的复制终点时，从 DNA 链上脱落下来，新合成的互补链与原来的模板单链互相盘旋在一起，恢复了 DNA 的双分子链结构。DNA 的这种复制方式称为半保留复制，通过复制所形成的新 DNA 分子，保留了原来亲本 DNA 双链分子的一条单链（图 1－20）。DNA 的这种复制方式对保持生物遗传的稳定是重要的保证。

在复制中把相邻核苷酸连在一起的 DNA 聚合酶，只能在 5′→3′的方向发挥作用，这样一来，DNA 只能使双链之一严格按照 Watson 和 Crick 的 DNA 双螺旋结构模型连续合成。另一条从 5′→3′方向的链上，新链的合成就不能采取同样方法了。冈崎（Okazaki）等人在 1968 年经过研究解决了这一矛盾。他们发现，在 3′→5′方向上，新链的合成也是按照从 5′→3′的方向，一段一段地合成 DNA 单链小片段——"冈崎片段"（1000～2000 个核苷酸长），这些不相连的片段再由 DNA 连接酶连接起来，形成一条连续的单链，完成 DNA 的复制（图

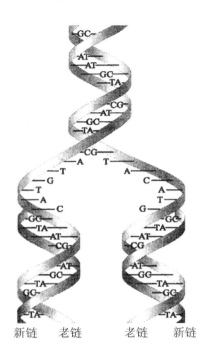

图 1 - 20　DNA 半保留复制模式
（引自 Klug 和 Cumming，2000）

1 - 21）。冈崎等人（1973）的研究还发现，DNA 的复制与 RNA 有密切的关系，在合成 DNA 片段之前，先由一种特殊类型的 RNA 聚合酶以 DNA 为模板，合成一小段的含几十个核苷酸的 RNA，这段 RNA 起"引物"（primer）的作用，称为引物"RNA"。然后，DNA 聚合酶才开始起作用，按 5′→3′的方向合成 DNA 片段，也就是引物 RNA 的 3′端与 DNA 片段的 5′→3′端接在一起，然后，DNA 聚合酶 I 将引物 RNA 除去，并且弥补上引物 RNA 的 DNA 片段，最后由 DNA 连接酶将 DNA 片段连成一条连续的 DNA 链。

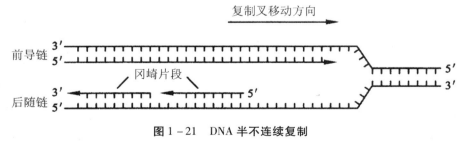

图 1 - 21　DNA 半不连续复制
（引自戴思兰，《园林植物遗传学》，中国林业出版社，2005）

　　DNA 复制的基本条件：①复制所需要的 DNA 双链模板；②DNA 复制酶；③4 种脱氧核糖核苷酸；④引物；⑤一定量镁离子；⑥适宜的温度。在生物体内这些条件是可以满足的。因此，生物体内有序的 DNA 复制保障了生物的繁殖。目前，可以人工体外合成 DNA。这一技术为 DNA 序列分析、目的基因的分离和转基因操作奠定了基础。

（二）DNA 与遗传密码

DNA 分子是由 4 种核苷酸组成的多聚体。这 4 种核苷酸的不同在于所含碱基的不同，即 A、T、C、G 4 种碱基的不同。用 A、T、C、G 分别代表 4 种密码符号，则 DNA 分子中将含有 4 种密码符号。以一个 DNA 含有 1000 对核苷酸来说，这 4 种密码的排列组合就可以有 4^{1000} 种形式，可以表达出无限信息。

基因的表达分为转录和翻译。首先是以 DNA 的模板链按碱基互补原则合成 mRNA。然后再按 mRNA 上的密码翻译成氨基酸。氨基酸有 20 种，而遗传密码符号只有 4 种，因此在翻译上首先碰到的问题是译成一个氨基酸要用几个密码符号（碱基）。

1. 三联体密码

碱基与氨基酸两者之间的密码关系，显然不可能是一个碱基决定一个氨基酸。因此，一个碱基的密码子（codon）是不能成立的。如果是 2 个碱基决定 1 个氨基酸，那么 2 个碱基的密码子可能的组合将是 4^2 等于 16 种。这比现存的 20 种氨基酸还差 4 种，因此不敷应用。如果是每 3 个碱基决定一种氨基酸，这 3 个碱基的密码子可能的组合将是 4^3 等于 64 种。这比 20 种氨基酸多出 44 种。之所以产生这种过剩的密码子，可以认为是由于每个特定的氨基酸是由一个或一个以上的三联体（triplet）密码所决定的，这种现象称为简并（degeneracy）。

2. 三联体密码翻译

每种三联体密码译成什么氨基酸呢？从 1961 年开始，全球科学家经过大量的试验，分别利用 64 个已知三联体密码，找出了与它们对应的氨基酸。1966 ~ 1967 年，全部完成了这套遗传密码的字典（表 1 - 4）。

表 1 - 4　　　　　　　　　　　　20 种氨基酸的遗传密码字典

第一碱基	第二碱基				第三碱基
	U	C	A	G	
U	UUU ⎫苯丙氨酸 UUC ⎭ phe UUA ⎫亮氨酸 UUG ⎭ leu	UCU ⎫ UCC ⎬丝氨酸 UCA ⎬ ser UCG ⎭	UAU ⎫酪氨酸 UAC ⎭ try UAA—终止信号 UAG—终止信号	UGU ⎫半胱氨酸 UGC ⎭ cys UGA—终止信号 UGG—色氨酸 trp	U C A G
C	CUU ⎫ CUC ⎬亮氨酸 CUA ⎬ leu CUG ⎭	CCU ⎫ CCC ⎬脯氨酸 CCA ⎬ pro CCG ⎭	CAU ⎫组氨酸 CAC ⎭ his CAA ⎫谷氨酰胺 CAG ⎭ gln	CGU ⎫ CGC ⎬精氨酸 CGA ⎬ arg CGG ⎭	U C A G
A	AUU ⎫异亮氨酸 AUC ⎬ ile AUA ⎭ AUG—甲硫氨酸 表示起点 Mot	ACU ⎫ ACC ⎬苏氨酸 ACA ⎬ thr ACG ⎭	AAU ⎫天冬酰胺 AAC ⎭ asn AAA ⎫赖氨酸 AAG ⎭ lys	AGU ⎫丝氨酸 AGC ⎭ ser AGA ⎫精氨酸 AGG ⎭	U C A G
G	GUU ⎫ GUC ⎬缬氨酸 GUA ⎬ val GUG—表示起点	GCU ⎫ GCC ⎬丙氨酸 GCA ⎬ ala GCG ⎭	GAU ⎫天冬氨酸 GAC ⎭ asp GAA ⎫谷氨酸 GAG ⎭ glu	GGU ⎫ GGC ⎬甘氨酸 GGA ⎬ gly GGG ⎭	U C A G

（注：第一个碱基、第二个碱基、第三个碱基的符号顺次组成一个密码子。例如，UUU 与该栏的氨基酸苯丙氨酸对应，其余类推。）

从表 1-4 中可以看出，大多数氨基酸都有几个三联体密码，多则 6 个，少则 2 个，这就是上面提到过的简并现象。只有色氨酸与甲硫氨酸例外，每种氨基酸只有 1 个三联体密码。此外，还有 3 个三联体密码 UAA、UAG、UGA 是表示蛋白质合成终止的信号。三联体密码 AUG 与 GUG 兼有合成起始密码子的作用。

在分析简并现象时可以看到，当三联体密码的第一个、第二个碱基确定之后，有时不管第三个碱基是什么，都可以决定同一个氨基酸。例如，脯氨酸是由下列的 4 个三联体密码决定的：CCU、CCC、CCA、CCG。也就是说，在一个三联体密码上，第一个、第二个碱基比第三个碱基更为重要，这就是产生简并现象的基础。

简并现象对生物遗传的稳定性具有重要的意义。同义的密码子越多，生物遗传稳定性越大。因为一旦 DNA 分子上的碱基发生突变时，突变后所形成的三联体密码，可能与原来的三联体密码翻译成同样的氨基酸，因而在多肽链上就不会表现任何变异。

除 1980 年以来发现某些生物的线粒体 tRNA 在解读个别密码子时，有不同的翻译方式外，整个生物界，从病毒到人类，遗传密码都是通用的，即所有的核酸都是由 4 个基本的碱基符号所编成，所有的蛋白质都是由 20 种氨基酸所编成，它们用共同的语言写成不同的文章（生物种类和生物性状）。共同语言说明了生命的共同本质和共同起源；不同的文章说明了生物变异的原因和进化的无限历程。

（三）蛋白质的生物合成

蛋白质是由 20 种不同的氨基酸组成的，每种蛋白质都有其特定的氨基酸序列。DNA 是由 4 种不同的核苷酸组成的，每种生物的 DNA 也各有其特定的核苷酸序列。核苷酸序列的不同，表现为碱基（遗传密码）的不同，因为它们的骨架——脱氧核糖与磷酸根是完全一样的。大量的试验证明，DNA 的碱基序列决定氨基酸序列的过程，即蛋白质的合成过程，这个过程实际上包括遗传密码的转录（transcription）和翻译（translation）两个步骤。

1. mRNA、tRNA 和 rRNA

转录就是以 DNA 为模板合成 RNA 的过程。目前已经知道所合成的 RNA 主要有 3 类：mRNA（messenger RNA）、tRNA（transfer RNA）和 rRNA（ribosomal RNA）。mRNA 的功能是准确转录 DNA 上的遗传信息，作为指导蛋白质合成的根据。tRNA 的功能是将氨基酸转运到核糖体上。rRNA 是组成核糖体的主要成分，而核糖体则是合成蛋白质的主要场所。mRNA、tRNA、rRNA 都是以 DNA 为模板合成的。

真核细胞中的 DNA 主要存在于细胞核的染色体上，而蛋白质的合成场所却位于细胞质中的核糖体。通常 DNA 分子不能通过核膜进入细胞质内，因此，它需要一种中介物质，才能把 DNA 上控制蛋白质合成的遗传信息传递给核糖体。这种中介物质就是 mRNA，因而称其为信使 RNA（mRNA）。

mRNA 的第一个功能是把 DNA 上的遗传信息精确地转录下来。这一过程如下：一个 RNA 聚合酶分子沿 DNA 分子移动，引起双链的局部解链（图 1-22）。在 RNA 聚合酶分子范围内，游离的核糖核苷三磷酸以其中的一条 DNA 链为模板，按照 C-G、A-U 的配对原则产生了一段与模板 DNA 链互补的 RNA 短链，随着 RNA 聚合酶的不断移动，这条 RNA 短链得以延伸，最后，当 RNA 聚合酶转移至适当的位置时，新生的 mRNA 分子从它的模板

DNA 分子上解链脱离，形成 mRNA，而 DNA 的两条单链又重新恢复成双链（图 1-22）。

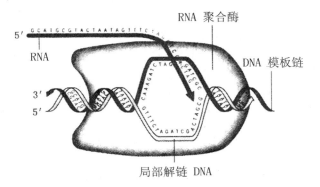

图 1-22　RNA 链的延伸

（引自 Snustad 等，1997）

新合成的 mRNA 称为初级转录本，还不能行使其传递遗传信息的功能。经过一系列转录后加工，即戴帽（在特定位点加上被修饰了的鸟嘌呤 G）、加尾（含有许多腺嘌呤 A 的一段核苷酸序列）、剪切掉不含有实际遗传信息的部分片段（切除内含子），成为具有生物学功能的 mRNA。

mRNA 的另一个功能是负责将它携带的遗传信息在核糖体上翻译成蛋白质。

如果说 mRNA 是合成蛋白质的蓝图，则核糖体是合成蛋白质的工厂。但是，合成蛋白质的原材料——20 种氨基酸与 mRNA 的碱基之间缺乏特殊的亲和力，因此，必须用一种特殊的 RNA——转运 RNA（tRNA）把氨基酸搬运到核糖体上。tRNA 能根据 mRNA 的遗传密码依次准确地将它携带的氨基酸联结成多肽链。每种氨基酸各与一种或者一种以上的 tRNA 相结合，现在已知的 tRNA 在 20 种以上。

tRNA 是最小的 RNA 分子，也是 RNA 中构造被了解得最清楚的。这类分子含 80 个左右的核苷酸，而且具有稀有碱基。稀有碱基除假嘧啶苷与次黄嘌呤外，主要是甲基化了的嘌呤和嘧啶，这类稀有碱基一般是 tRNA 在 DNA 模板转录后，经过特殊酶的修饰而成。

rRNA 即核糖体 RNA，它是组成核糖体的主要成分，而核糖体则是合成蛋白质的场所。在大肠埃希菌中，rRNA 占细胞总 RNA 的 75%～85%，tRNA 占 15%，mRNA 仅占 3%～5%。rRNA 一般与核糖体蛋白质结合在一起，形成核糖体。rRNA 是单链，它包含不等量的 A 与 U，以及 G 与 C，但是有广泛的双链区域，在那里，碱基由氢键相连，表现为发夹式螺旋。

在合成蛋白质的过程中，rRNA 与核糖体蛋白质按照一定的方式搭配组合，形成核糖体，沿着 mRNA 的 5′端向 3′端移动。核糖体小亚基中 16S 的 rRNA 3′端有一段核苷酸顺序是与 mRNA 的前导顺序互补的，这有助于 mRNA 与核糖体的结合，找到翻译的起始位点。

核糖体是 rRNA 与核糖体蛋白质结合起来的小颗粒，直径为 15～25nm。在高等生物细胞中，所有正在进行蛋白质合成的核糖体都不是在细胞质内自由漂浮的，而是直接或间接与细胞骨架结构有关联或者与内质网膜结构相连。核糖体包含不同的两个亚基，由 Mg^{2+} 辅助结合起来。这些亚基常用它们的沉降系数 S 值表示。例如，细菌型的较大的 50S 亚基与较小的 30S 亚基结合起来形成 70S 的核糖体；高等生物型的较大的 60S 与较小的 40S 亚基结合起来形成 80S 型的核糖体。Mg^{2+} 的浓度变化使这些亚基解离或结合，当 Mg^{2+} 浓度高时，发生结合；当 Mg^{2+} 离子浓度低时，发生解离。在蛋白质合成过程中，它们是以 70S（80S）的形式存在，因为只有这种状态才能维持它们生理上的活性。

一般来说，核糖体在细胞内远较 mRNA 稳定，可以反复用来进行蛋白质的合成，而且核糖体本身的特异性小，同一核糖体由于它结合的 mRNA 不同，可以合成不同种类的多肽。通常 mRNA 必须与核糖体结合起来，才能合成多肽。而且，在绝大多数情况下，一个 mRNA 要同 2 个以上的核糖体结合起来，形成一串核糖体，称为多聚核糖体（polysome）。这样，许多核糖体可以同时翻译一个 mRNA 分子，这就大大提高了蛋白质合成的效率。

2. 蛋白质的生物合成

首先，以 DNA 分子双链中之一为模板，合成出与它互补的 mRNA 链，在这一过程中实现了 DNA 遗传信息的转录。随后的翻译就是 mRNA 携带着转录的遗传密码附着在核糖体（ribosome）上，把由转运核糖核酸（tRNA）运来的各种氨基酸，按照 mRNA 的密码顺序，相互连接起来成为多肽链，并进一步折叠起来成为有活性的蛋白质分子。当 mRNA 由细胞核进入细胞质附着在核糖体上时，由 ATP 活化的氨基酸与特定的 tRNA 相互识别并结合在一起，这种与特定的氨基酸结合的 tRNA 称为氨基酰 – tRNA。运送各种氨基酸的氨基酰 – tRNA 带着自己所运的氨基酸，用它们自己的反密码子依次分别与附着在核糖体上的 mRNA 的互补密码子相结合，并卸下它们运送的氨基酸，在转肽酶的催化下，在核糖体上形成多肽键，随着核糖体逐渐移出 mRNA，一条长长的多肽链就逐渐被释放出来。其他尚未完全通过 mRNA 的核糖体，则带着尚未完成的较短多肽链（图 1 – 23）。可见，核糖体在这里既起装配员的作用（将氨基酸装配成多肽），又起了翻译员的作用。mRNA 如不附着于核糖体上，就不能执行翻译的使命。

在核糖体上合成多肽链，经过链的卷曲或折叠，成为具有立体结构的、有生物活性的蛋白质。它们或者成为结构蛋白，作为细胞的组成部分；或者成为功能蛋白，如血红蛋白等；或者成为控制细胞各种生物化学反应的酶。

3. 中心法则及其发展

蛋白质合成的过程，是遗传信息从 DNA→RNA→蛋白质的转录和翻译的过程，以及遗传信息从 DNA→DNA 的复制过程，这就是分子生物学的中心法则。由此可见，中心法则阐述的是基因的两个基本属性：自我复制与蛋白质合成。关于这两个属性的分子水平的分析，对于深入理解遗传和变异的实质具有重要的意义。这一法则被认为是从噬菌体到真核生物的整个生物界共同遵循的规律。

进一步的研究发现，在许多 RNA 的肿瘤病毒及艾滋病病毒中，存在反转录酶（reverse transcriptase），它可以用 RNA 为模板，合成 DNA。当病毒 RNA 进入寄主细胞后，在反转录酶的催化作用下，以 RNA 为模板，合成一段 RNA – DNA 双螺旋，然后在其他酶系统的作用下，转化为 DNA – DNA 双螺旋，并整合到寄主细胞的染色体上。迄今，不仅在几十种由 RNA 致癌病毒引起的癌细胞中发现了反转录酶，甚至在正常细胞（如胚胎细胞）中也存在。

这一发现增加了中心法则中遗传信息的原有流向，丰富了中心法则的内容。另外，还发现大部分 RNA 病毒可以把 RNA 直接复制成 RNA。鉴于这些新的发展，可以把遗传信息传递的方向增添如图 1 – 24。

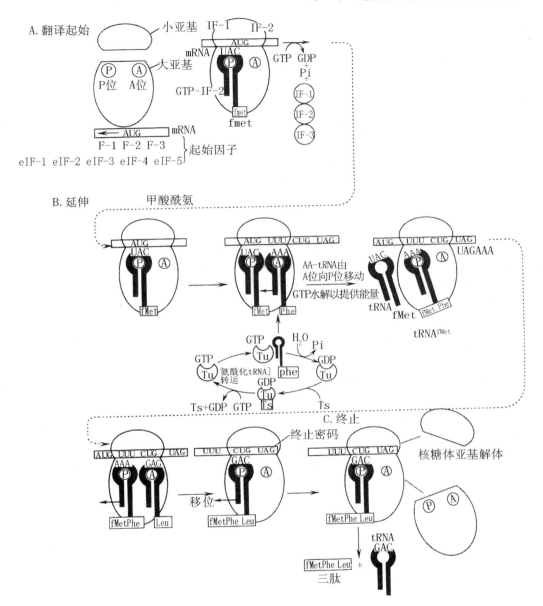

图 1 - 23 蛋白质合成过程的示意图

（引自戴思兰，《园林植物遗传学》，中国林业出版社，2005）

图 1 - 24 中心法则示意图

思考题

1. 列出本章主要名词术语，并予以解释。

2. 一般染色体的外部形态包括哪几部分？染色体有几种类型？

3. 简述细胞的有丝分裂和减数分裂的异同点及其遗传学意义。

4. 植物的 5 个花粉母细胞可以形成几个花粉粒，几个精核，几个管核？5 个卵母细胞可以形成几个胚囊，几个卵细胞，几个极核，几个助细胞，几个反足细胞？

5. 芍药体细胞中有 10 条染色体，写出其下列各组织细胞中的染色体数目：

（1）根　（2）茎　（3）叶　（4）胚　（5）胚乳　（6）卵细胞　（7）助细胞（8）反足细胞　（9）花药壁　（10）花粉管核　（11）大孢子母细胞　（12）种皮

6. 某生物有 2 对同源染色体，其中一对为中间着丝粒染色体，另一对为近端着丝粒染色体。请画出以下各期的模式图：（1）有丝分裂中期。（2）减数第 1 次分裂中期。（3）减数第 2 次分裂中期。

7. 假定一个杂种细胞里含有 3 对染色体，其中 A、B、C 来自父本，A′、B′、C′来自母本（每个字母代表一个染色体），通过减数分裂能形成几种配子？写出各种配子的染色体组成。

8. 某植物，当染色体组型为 aa 的个体给染色体组型为 AA 的个体授粉后，其种子将有什么样染色体组型的胚和胚孔？

9. 如何证明 DNA 是主要的遗传物质？

10. 简述 DNA 双螺旋结构及其特点。

11. 在双链 DNA 分子中 A + T/G + C 是否与 A + C/G + T 的比例相同，为什么？

第二章

遗传的三大规律

遗传学的伟大创始人孟德尔（Gregor Johann Mendel，1822~1884）出生在奥地利一个农民的家庭。他的父亲擅长园艺技术，孟德尔受家庭影响，自幼酷爱园艺。他于 1851 年在维也纳大学学习，这为他后来从事的植物杂交工作奠定了坚实的基础。从 1856 年起，孟德尔在他工作的修道院后院种植多种植物并进行杂交试验。其中"豌豆杂交试验"进行了 8 年，1865 年发表了试验结果，但当时并未引起科学界的注意。35 年后的 1900 年，属于不同国家的 3 位科学家几乎同时得到了与孟德尔相同的试验结果，在收集资料引用文献时，才发现了孟德尔的论文。该论文反映了遗传物质在世代相传中的基本规律，后人将这些规律称为孟德尔规律，即分离规律（law of segregation）和自由组合规律（law of independent assortment）。后来，摩尔根以果蝇为试验材料，发现了生物界的另一个遗传规律——连锁遗传规律（law of linkage），连同孟德尔规律，这三个规律被称为遗传学三大规律。

第一节　分离规律

一、单位性状及相对性状

孟德尔选用严格自花授粉的豌豆（Pisum sativum）为试验材料，从中选取了 7 对稳定的、易于区分的性状作为观察分析对象。生物体所表现的形态特征和生理特性在遗传学上称为性状（character）。孟德尔在进行豌豆等植物性状的遗传研究时，把植株所表现的总体性状区分为各个单位作为研究对象，这些被区分开的每一个具体的性状称为单位性状（unit character），如豌豆的花色、种子的形状、子叶的颜色等。不同个体在单位性状上常有不同的表现，如豌豆的红花和白花、种子的圆粒和皱粒、子叶的黄色和绿色等。遗传学上将同一单位性状的相对差异称为相对性状（contrasting character）。

二、孟得尔的豌豆杂交试验

孟德尔在进行豌豆杂交试验时，选用具有明显差别的 7 对相对性状的品种作为亲本，分别进行杂交，并且按照杂交后代的系谱进行详细记载，采用统计学的方法计算杂交后代表现相对性状的植株，最后分析其比例关系。豌豆品种中，有开白花和开红花的，开白花的植株自花授粉后代都开白花，开红花的植株自花授粉后代都开红花，即白花植株和红花植株的花色是真实遗传的。如果把红花植株和白花植株进行杂交，那么这两个植株就叫亲代，用 P 表示。试验时在花蕾显色的植株上选择一朵或几朵花，在花粉未成熟时，将花瓣瓣开，将全部雄蕊剔除，注意不要伤害雌蕊，然后套袋。一天后，从开另一颜色的植株上取下成熟的花粉，授到去雄植株的柱头上，继续套袋。花朵完全萎蔫，即可取下套袋，但要做好标记。这个豆荚结的种子就是子一代（first filial generation，F₁）种子。将它种下去，长成的植株就是 F₁ 植株。

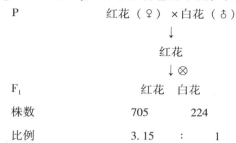

图2-1　孟德尔的杂交试验

（引自季道藩，1991）

在图 2-1 中，P 表示亲本（parent），♀ 表示母本，♂ 表示父本，× 表示杂交。在杂交时，先完全摘除母本的雄蕊（称为去雄），再将父本的花粉授到母本柱头上（称为人工授粉）。去雄和人工授粉后的母本花朵仍然套袋隔离，防止其他植株通过昆虫传粉。F（filial generation）表示杂种后代，F₁ 即表示杂种第 1 代，指杂交当代所结的种子及由它所长成的植株。⊗表示自交（selfing），是指雌雄配子来源于同一植株或同一花朵的繁殖方式。F₂ 表示杂种第 2 代，是指由 F₁ 自交产生的种子及由它所长成的植株，依此类推。

在花色的杂交中，F₁ 全部为红色。F₁ 自交，得到的 F₂ 代，开红花的有 705 株，开白花的有 224 株，两者的比例接近 3：1（图 2-1）。孟德尔发现，当用红花和白花杂交时，无论谁做母本，F₁ 植株全部开红花。在其他的 6 对相对性状的试验中，得到同样的结果（表 2-1）。

根据 7 对相对性状的结果（表 2-1），孟德尔发现：①F₁ 一致表现双亲中一个亲本的性状。如果用红花做母本、白花做父本进行的杂交设为正交，那么，反过来，白花做母本、红花作父本的杂交就叫反交。无论正交或反交，F₁ 表现的性状叫显性性状（dominant character），F₁ 没有表现的性状叫隐性性状（recessive character）。在上述试验中，红花对白花而言是显性性状，白花对红花来说是隐性性状。②F₂ 植株分别表现了两个亲本的性状，这种现象叫分离现象（character segregation）。③显性性状个体和隐性性状个体在 F₂ 群体中的分离比例大致是 3：1。

表2-1　　　　　　　孟德尔豌豆1对相对性状杂交试验的结果

性状	杂交组合	F₁表现的显性性状	F₂显性性状数量（株）	F₂隐性性状数量（株）	F₂显性：隐性
花色	红花×白花	红花	705 红花	224 白花	3.15：1
种子形状	圆粒×皱粒	圆粒	5474 圆粒	1850 皱粒	2.96：1
子叶颜色	黄色×绿色	黄色	6022 黄色	2001 绿色	3.01：1
豆荚形状	饱满×不饱满	饱满	882 饱满	299 不饱满	2.95：1
未熟豆荚色	绿色×黄色	绿色	428 绿色	152 黄色	2.82：1
花着生位置	腋生×顶生	腋生	651 腋生	207 顶生	3.14：1
植株高度	高的×矮的	高的	787 高的	277 矮的	2.84：1

（引自季道藩，1991）

三、遗传因子的分离和组合

孟德尔对上述分离现象进行了以下解释。

1. 性状是由遗传因子决定的,一对遗传因子决定一对性状。他所说的"遗传因子",后来被定名为"基因"。

2. 基因在体细胞中成对存在,在配子中成单存在。因为在植物形成配子时,成对的基因彼此分开,每个配子(精子或卵细胞)中,只含有成对基因的一个。

3. F_1 产生的带有显性基因或隐性基因的雌雄配子,在受精过程中随机结合。

以豌豆红花×白花的杂交试验为例:以 C 表示显性的红花基因,c 表示隐性的白花基因。根据上述解释,红花亲本具有红花基因 CC,白花亲本具有白花基因 cc,红花亲本减数分裂产生配子只有一种 C,同理,白花亲本也只能产生一种配子 c。受精时,雌雄配子结合形成 F_1 基因型是 Cc,由于 C 对 c 具有显性作用,所以 F_1 的表现型为红花。在 F_1 形成配子时,由于等位基因 C 和 c 分别分配到不同的配子中去,所以产生的雌雄配子各有两种:一种具有 C 基因,另一种具有 c 基因,2 种配子比例相等。F_1 自交,其雌雄配子随机结合,产生的 F_2 基因型有 3 种:CC,Cc,cc,其比例为 1:2:1;其中 CC 和 Cc 都开红花,其表现型为红花株:白花株 = 3:1(图 2-2)。

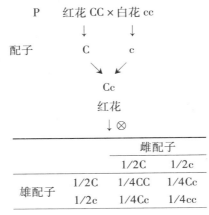

图 2-2 孟德尔对分离现象的解释

四、表现型和基因型的概念

在遗传学上,等位基因的组合方式称为基因型(genotype),如上述 CC、cc 等。它表示的是遗传基础,不能直接观测,只能根据杂交试验的结果进行推断。遗传学上将同质的等位基因组合称为纯合基因型(homozygous genotype),也叫纯合体,如 CC 为显性纯合体、cc 为隐性纯合体。将异质的等位基因组合称为杂合基因型(heterozygous genotype),如 Cc,也叫杂合体。

在遗传学上,可以直接观察到的性状表现称为表现型(phenotype),简称表型。表现型是基因型和环境共同作用的结果。

当表现型为隐性性状时,基因型肯定是纯合的,和表现型肯定是一致的。例如,表现型为白花，基因型肯定是 cc。但是当表现型为显性性状时，基因型有可能是纯合的，也可能是杂合的。例如，表现型是红花，基因型可能是 CC，也可能是 Cc。

五、分离规律的验证

分离规律完全建立在一种假设的基础上，这个假设的实质是成对的等位基因在形成配子时，彼此分离，互不干扰。每个配子中只有等位基因的一个，而且各类配子数相等（1：1）。孟德尔用独创的方法，验证了基因分离假说。

1. 测交法

测交法（testcross）是指被测个体与隐性纯合体的杂交，测交所得的后代称为测交子代，用 Ft 表示。根据测交子代所出现的表现型种类和比例，可以确定被测个体的配子类型和比例，从而确定被测个体基因型。因为隐性纯合体只能产生一种含隐性基因的配子，它和任何基因的另一种配子结合，其子代都只能表现出另一种配子所含基因的表现型，即隐性纯合体产生的含隐性基因的配子不起掩盖作用。因此，测交后代表现型的种类和比例正是被测个体的配子类型和比例。现以红花豌豆和白花豌豆的 F_1 植株为例，说明孟德尔如何对分离现象的解释进行验证。

孟德尔用开白花的豌豆对开红花的 F_1 进行测交，如果该 F_1 的基因型是 Cc，它将产生比例相等的 C 和 c 两种配子；而作为测交种的白花植株 cc 只能形成一种配子 c，所以该雌雄配子结合产生的后代，预期表现为 1 红花 CC：1 白花 cc（表 2-2）。由于孟德尔的试验结果和这种预期一致，于是，F_1 杂合体的 C-c 基因彼此分离，并且产生比例相等的 2 种配子的假设得到验证。

表 2-2   豌豆 F_1 植株的测交

被测个体	红花 Cc
被测个体的配子	C c
测交亲本	白花 cc
测交亲本的配子	c
测交子代	1 红花 Cc：1 白花 cc

2. 自交法

自交法是让 F_2 植株自交产生后代，然后根据后代的性状表现，证实他所推论的 F_2 的基因型。

如果 F_1 植株是杂合体 Cc，F_2 的红花植株应有 1/3 的 CC 纯合体，2/3 的 Cc 的杂合体。采用自交法将 100 株 F_2 的红花植株分别自交，所得种子分别以植株为单位进行播种，每一个植株的种子为一个株系，结果其中 36 个株系全部表现为红花株，说明它们为纯合基因型；另外 64 个株系的每个株系都出现了 3/4 红花和 1/4 白花的分离，说明它们是杂合基因型。这两类 F_2 植株的比例为 2：1。F_2 的白花植株自交只产生白花的 F_3 植株，说明它们为纯合基因型。由此证实 F_2 红花植株确实有 1/3 的 CC 纯合体和 2/3 的 Cc 杂合体。从而也进一步证实了杂合体 F_1 的 Cc 基因彼此分离，产生等比例的 2 种配子的假设。

六、分离规律的应用

分离规律是遗传学中最基本的一个规律，它从本质上阐明了控制生物性状的遗传物质是以基因的形式存在的。基因作为遗传单位在体细胞中是成双的，在遗传上具有高度的独立性，因此，在减数分裂的配子形成过程中，成对的基因在杂种细胞中能够彼此互不干扰、独立分离，通过基因重组在子代继续表现各自的作用。分离规律阐明了生物杂交发生性状分离的原理，指出了纯合体稳定遗传，杂合体经过有性繁殖性状发生分离的遗传规律。

根据分离规律，必须重视表现型和基因型之间的联系和区别，在杂交育种工作中，要严格选择合适的亲本，才能得到正确的试验资料，做出可靠的结论。如果双亲是杂合体，F_1就会发生分离；如果双亲是纯合体，F_2才会发生分离。

分离规律表明，杂种通过自交将产生性状分离，同时也导致基因纯合。在杂交育种中，通过杂种后代的连续自交和选择，就可以使个体基因纯合化，可以准确预计后代的分离比及其出现的频率，可以有计划地种植杂交后代，提高选择效果。

在生产上要防止品种天然杂交而发生退化，因此要加强良种繁育工作，注意品种保纯，做好去杂去劣，注意隔离繁殖，从而保证良种的增产作用。

第二节 独立分配规律

孟德尔在研究了 7 对相对性状的遗传行为之后，提出了性状遗传的分离规律。如果同时考虑两对相对性状的差异时，其遗传规律又将是怎样呢？孟德尔在分析一对相对性状的遗传规律的同时，用具有两对相对性状的豌豆植株进行杂交试验，总结出了遗传学第二规律——自由组合规律（law of independent assortment），也称独立分配规律。

一、两对相对性状的遗传实验

为了研究两对相对性状的遗传，孟德尔选取了具有 2 对相对性状差异的纯合亲本进行杂交。一个亲本是黄色子叶、圆粒种子，另一个亲本是绿色子叶、皱粒种子。杂交后代 F_1 植株都是黄色子叶、圆粒种子，这表明，黄色子叶、圆粒种子都是显性性状。再让 F_1（共 15 株）自交，得到 556 粒 F_2 种子，这时性状出现了分离，分离出 4 种表现型，其中两种类型和亲本相同，另两种类型为亲本性状间的相互组合，4 种表现型间有一定的比例关系（图 2 - 3）。

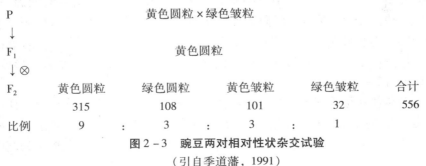

图 2 - 3 **豌豆两对相对性状杂交试验**
（引自季道藩，1991）

如果只对一对性状进行分析：

黄色：绿色＝（315＋101）：（108＋32）＝416：140≌3：1

圆粒：皱粒＝（315＋108）：（101＋32）＝423：133≌3：1

虽然两对相对性状是同时由亲代遗传子代，但是每对相对性状的 F_2 分离仍然符合 3：1 的比例，说明它们是彼此独立地从亲代传给子代的，没有发生任何相互干扰的情况。在 F_2 群体内两种重组型个体的出现，说明两对性状的基因在从 F_1 遗传给 F_2 时，是自由组合的。按照概率定律，两个独立事件出现的频率为分别出现的概率的乘积。因此，黄色圆粒同时出现的概率应为 3/4×3/4＝9/16；黄色皱粒应为 3/4×1/4＝3/16；绿色圆粒应为 1/4×3/4＝3/16；绿色皱粒应为 1/4×1/4＝1/16。所得的实际结果与该比例推算的理论数值基本一致。

二、自由组合现象的解释

孟德尔假设大写字母表示显性基因，小写字母表示隐性基因。Y 和 y 分别决定子叶黄色和绿色，R 和 r 分别决定圆粒和皱粒；亲本黄子叶圆粒种子的基因型为 YYRR，另一亲本绿子叶皱粒种子的基因型为 yyrr。F_1 的基因型为 YyRr，它们产生的雌雄配子有 4 种，分别为 YR、yr、Yr、yR，其中 YR、yr 是亲型配子，Yr、yR 是重组型配子，并且比例相等。当 F_1 自交时，雌雄配子共有 16 种组合，从图 2－4 不难看出，F_2 群体共有 9 种基因型，4 种表现型，表现型的比例为 9：3：3：1。

P　　黄、圆（YYRR）×绿、皱（yyrr）

配子　　YR　↓　yr

F_1　　黄、圆（YyRr）

↓ ⊗

		♀			
	♂	YR	Yr	yR	yr
F_2	YR	YYRR（黄、圆）	YYRr（黄、圆）	YyRR（黄、圆）	YyRr（黄、圆）
	Yr	YYRr（黄、圆）	YYrr（黄、皱）	YyRr（黄、圆）	Yyrr（黄、皱）
	yR	YyRR（黄、圆）	YyRr（黄、圆）	yyRR（绿、圆）	yyRr（绿、圆）
	yr	YyRr（黄、圆）	Yyrr（黄、皱）	yyRr（绿、圆）	yyrr（绿、皱）

图 2－4　豌豆 2 对性状独立分配现象解释

从细胞学角度解释，Y 和 y 位于一对同源染色体上，R 和 r 位于另一对同源染色体上。当发生减数分裂形成配子时，Y 和 y 因同源染色体而彼此分离，R 和 r 也因同源染色体的分离而分离；异源染色体彼此结合，Y 有同等的机会与 R 和 r 进入同一配子，y 也有同等的机会与 R 和 r 进入同一配子，由此可形成 4 种比例相等的配子。雌雄配子结合，形成 16 种组合，4 种表现型（图 2－4，2－5）。

由于非同源染色体在形成配子时的自由组合，带来了遗传因子的自由组合。所以自由组合规律的实质是：控制两对性状的两对等位基因分别位于不同的同源染色体上，在减数分裂形成配子时，每对同源染色体上的等位基因发生分离，而位于非同源染色体上的基因可以自由组合。

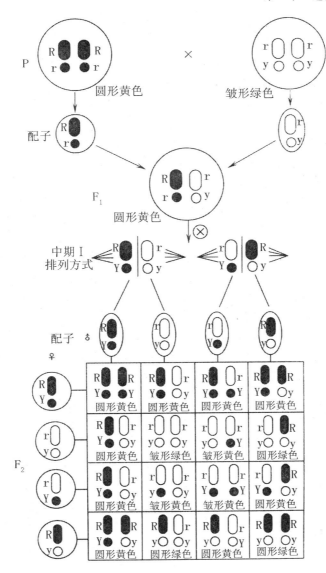

图2-5　2对染色体及负载基因的自由组合

（引自李惟基，《遗传学》，中国农业出版社，2007）

三、自由组合规律的验证

1. 测交法

孟德尔也用测交法验证了他对自由组合规律的解释。即将杂合体 F_1 与双隐性亲本绿子叶皱粒进行测交，按自由组合假说，F_1 应产生 RY、Ry、rY、ry 4 种配子，而双隐性亲本只可能产生一种配子 ry，因而 ry 能使与之交配的任何基因的性状得以表现。测交后代的表现和比例，应该反映 F_1 所产生的配子基因的种类和比例。

通过测交法证实，测交后代果真是数目相等的 4 种表现型。这恰好说明 F_1 形成配子时，是根据基因自由组合的假说进行的，形成了 4 种配子，其分离比例也为 1∶1∶1∶1，与孟德尔所设想的假说完全一致（表 2 - 3）。

表 2 - 3　　　　　　　　　豌豆 2 对性状的测交结果

F_1　黄色、圆粒 YyRr × 绿色、皱粒 yyrr

♀		♂			
		YR	Yr	yR	yr
	yr	YyRr	Yyrr	yyRr	yyrr
理论期望的测交后代	表现型种类	黄、圆	黄、皱	绿、圆	绿、皱
	表现型比例	1	1	1	1
孟德尔的实际测交结果	F_1 为母本	31	27	26	26
	F_1 为父本	24	22	25	26

2. 自交法

按照分离和独立分配规律的理论推断，由纯合的 F_2 植株（如 YYRR、yyRR、YYrr 和 yyrr）自交产生的 F_3 种子，不会出现性状的分离，这类植株在 F_2 群体中应各占 1/16。由一对基因杂合的植株（如 YyRR、YYRr、yyRr 和 Yyrr）自交产生的 F_3 种子，一对性状是稳定的，另一对性状将分离为 3∶1 的比例。这类植株在 F_2 群体中应各占 2/16。由两对基因都是杂合的植株（YyRr）自交产生的 F_3 种子，将分离为 9∶3∶3∶1 的比例。这类植株在 F_2 群体中应占 4/16。孟德尔所作的试验结果，完全符合预定的推论，现摘列于下。

F_2		F_3
38 株（1/16）YYRR		全部为黄、圆，没有分离
35 株（1/16）yyRR		全部为绿、圆，没有分离
28 株（1/16）YYrr		全部为黄、皱，没有分离
30 株（1/16）yyrr		全部为绿、皱，没有分离
5 株（2/16）YyRR		全部为圆粒，子叶颜色分离 3 黄∶1 绿
68 株（2/16）Yyrr		全部为皱粒，子叶颜色分离 3 黄∶1 绿
60 株（2/16）YYRr		全部为黄色，子粒形状分离 3 圆∶1 皱
67 株（2/16）yyRr		全部为绿色，子粒形状分离 3 圆∶1 皱
138 株（4/16）YyRr		分离 9 黄、圆∶3 黄、皱∶3 绿、圆∶1 绿、皱

从 F_2 群体基因型的鉴定，也证明了独立分配规律的正确性。

四、分枝法分析遗传比率

在基因数目较少的情况下，可以应用棋盘法（图 2 - 5）进行遗传分析，较为方便，但是对于多对基因杂交后代的分析就相当繁琐。为了简便，可以将多对基因遗传型的交配式分解成单对基因遗传型交配式，然后将所求的各对基因的基因型或表型用分枝法进行推算。

（一）基因型及其比例

分析 RRYycc × rrYyCc 后代的基因型及比例。

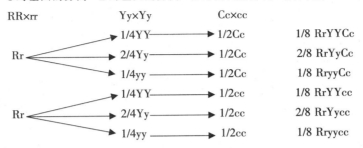

杂交结果产生 6 种组合的基因型，其分离比为 1∶2∶1∶1∶2∶1。

（二）表现型及其比例

分析 RRYycc × rrYyCc 后代的表现型及比例。

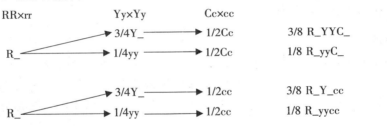

杂交结果产生 4 种表现型，其分离比 3R_ YYC_∶1R_ yyC_∶3 R_ Y_ cc∶1R_ yycc。

五、多对相对性状的遗传规律

具有 3 对或 3 对以上性状差异的植株杂交时，只要控制各对性状的基因分别位于非同源染色体上，它们的遗传都符合自由组合规律即可。现以豌豆杂交为例：用黄色、圆粒、红花植株和绿色、皱粒、白花植株进行杂交，F_1 全部为黄色、圆粒、红花。F_1 的 3 对杂合基因分别位于 3 对染色体上。减数分裂过程中，这 3 对染色体有 $2^3 = 8$ 种可能的分离方式，因而产生 8 种雌雄配子（YRC、YrC、yRC、YRc、yrC、Yrc、yRc 和 yrc），并且各种配子的数目相等。由于各种雌雄配子之间的结合是随机的，F_2 将产生 64 种组合、8 种表现型、27 种基因型。当 F_1 杂合基因为 n 对时，F_1 配子种类为 2^n，F_2 基因型种类为 3^n，F_2 的表现型种类和比例为 $(3∶1)^n$。归结如表 2-4。

表2－4　　　　　　　　　杂种杂合性基因对数与 F_2 表现型和基因型种类的关系

F_1 杂合的基因对数	F_1 形成的配子种类	F_2 雌雄配子组合数	F_2 基因型种类	F_2 纯合基因型种类	F_2 杂合基因型种类	F_2 完全显性时表型种类	F_2 表型比例
1	2	4	3	2	1	2	$(3:1)^1$
2	4	16	9	4	5	4	$(3:1)^2$
3	8	64	27	8	19	8	$(3:1)^3$
4	16	256	81	16	65	16	$(3:1)^4$
…	…	…	…	…	…	…	…
n	2^n	4^n	3^n	2^n	$3^n - 2^n$	2^n	$(3:1)^n$

（引自季道藩，1991）

六、基因的互作

继孟德尔之后，很多遗传学家继续进行杂交试验，有些与孟德尔试验结果相同，也有很多不同，这些结果不同的试验都不是对孟德尔法则的否定，而是从各个方面不断地丰富了孟德尔的思想，使其日臻完善。从现代基因论观点出发，基因和性状一对一的关系极少，而多基因共同影响一个性状是更为普遍的现象。

（一）等位基因间相互作用

1. 完全显性

从孟德尔的豌豆杂交试验结果可以看出，表现1对相对性状差异的2个纯合亲本杂交后，F_1 只表现出1个亲本的性状。这样的显性表现被称为完全显性（complete dominance）。孟德尔研究了典型化的例子，得出了3∶1和9∶3∶3∶1的分离比例，这是分析其他基因互作的出发点。

2. 不完全显性

在研究纯系紫茉莉红花品种同白花品种杂交时，F_2 分离比例出现异常现象。红花×白花，F_1 为粉红色花，不同于任何一个亲本。表面上看起来好像红花与白花基因发生混合，但当粉红色的 F_1 植株自交产生 F_2 时，出现1/4红花，1/2粉红花，1/4白花。F_2 的粉红花植株在 F_1 中继续按 F_2 的1∶2∶1的比例分离，完全符合孟德尔的分离律，所不同的仅是在Cc杂合体中显性表现得不完全，这叫做不完全显性（incomplete dominance）。从这个例子看，F_2 出现粉红花，好像是C与c混合，而实际上，红花和白花在 F_2 中重新出现，因此并没有发生混合。

3. 共显性

一对等位基因的两个成员在杂合体中都表达的遗传现象叫做共显性（codominance）遗传。人类ABO血型中的AB型是典型的例子。

4. 致死基因

致死基因（lethal genes）指那些使生物体不能存活的等位基因。出生较晚才导致死亡的基因称为亚致死或半致死基因。隐性致死基因在杂合时不影响个体的生活力，但在纯合状态下具有致死效应。例如，植物中的白化基因c，在纯合状态cc时，幼苗缺乏合成叶绿素的能力，子叶中的养料耗尽就会死亡。显性致死基因杂合状态即表现致死基因的作用。致死基因的作用可以发生在个体发育的不同阶段，也与个体所处的环境条件有关。

5. 复等位基因

遗传学早期研究只涉及一个基因的两种等位形式。进一步研究发现，在动物、植物或人类群体中，一个基因可以有很多种等位形式。但就一个二倍体生物而言，最多只能占有其中的任意两个，而且分离的原则同一对等位基因完全一样。在群体中占据某同源染色体同一座位的两个以上的、决定同一性状的基因定义为复等位基因（multiple alleles）。

（二）非等位基因间相互作用

根据独立分配规律，F_2 出现 9∶3∶3∶1 的分离比例，表明这是由两对等位基因自由组合的结果。但是，两对等位基因的自由组合却不一定会出现 9∶3∶3∶1 的分离比例。研究表明，这是由于非等位基因间相互作用的结果。这种现象称为基因互作（interaction of genes）。下面就两对独立遗传的非等位基因的各种互作方式，举例予以简介。

1. 互补作用（分离比为 9∶7）

两对独立遗传基因分别处于纯合显性或杂合状态时，共同决定一种性状的发育。当只有一对基因是显性，或两对基因都是隐性时，则表现为另一种性状。这种基因互作的类型称为互补作用（complementary effect）。发生互补作用的基因称为互补基因（complementary gene）。例如，在香豌豆（Lathyrus odoratus）中有两个白花纯合体杂交后，F_1 开紫花。F_1 自交，其 F_2 群体分离为 9/16 紫花∶7/16 白花。对照独立分配规律，可知该杂交组合是两对基因的分离。从 F_1 和 F_2 群体的 9/16 植株开紫花，说明两对显性基因的互补作用。如果紫花所涉及的两个显性基因为 C 和 P，就可以确定杂交亲本、F_1 和 F_2 各种类型的基因型。

$$P \qquad 白花（CCpp）× 白花（ccPP）$$
$$\downarrow$$
$$F_1 \qquad\qquad 紫花（CcPp\_\ ）$$
$$\downarrow \otimes$$
$$F_2 \quad 9\ 紫花（C\_\ P\_\ ）∶7\ 白花（3C\_\ pp + 3ccP\_\ + 1ccpp）$$

上述试验中，F_1 和 F_2 的紫花植株表现其野生祖先的性状，这种现象称为返祖遗传（atavism）。这种野生香豌豆的紫花性状决定于两种基因的互补。这两种显性基因在进化过程中，如果显性基因 C 突变成隐性基因 c，会产生一种白花品种；如果显性基因 P 突变成隐性基因 p，又产生另一种白花品种。当这两个品种杂交后，两对显性基因重新结合，于是出现了祖先的紫花。互补作用在很多动物和植物中都有发现。

2. 积加作用（分离比为 9∶6∶1）

有些试验发现两种显性基因同时存在时产生一种性状，单独存在时能分别表现相似的性状，两种显性基因均不存在时又表现第三种性状，这种基因互作称为积加作用（additive effect）。例如，南瓜（Cucubita pepo）有不同的果形，圆球形对扁盘形为隐性，长圆形对圆球形为隐性。如果用两种不同型的圆球形品种杂交，F_1 产生扁盘形，F_2 出现 3 种果形，9/16 扁盘形、6/16 圆球形、1/16 长圆形。它们的遗传行为分析如下。

P　　　　　　　　圆球形（AAbb）×圆球形（aaBB）
　　　　　　　　　　　　　　↓
F₁　　　　　　　　　　扁盘形（AaBb）
　　　　　　　　　　　　　　↓⊗
F₂ 9 扁盘形（A_ B_ ）:6 圆球形（3A_ bb +3aaB_ ）:1 长圆形（aabb）

　　从以上分析可知，两对基因都是隐性时，形成长圆形；只有显性基因 A 或 B 存在时，形成圆球形；A 和 B 同时存在时，则形成扁盘形。

3. 重叠作用（分离比为 15:1）

　　两种显性基因分别存在或同时存在时均决定相同的性状；无显性基因时，表现隐性性状，即重叠作用（duplicate effect）。重叠作用的 F₂ 分离比为 15:1。如大豆的果荚颜色。

P　　　　　　　　绿色（GGyy）×绿色（ggYY）
　　　　　　　　　　　　　　↓
F₁　　　　　　　　　　绿色（GgYy）
　　　　　　　　　　　　　　↓⊗
F₂　　15 绿色（9G_ Y_ +3ggY_ +3G_ yy）:1 黄色（ggyy）

4. 显性上位作用（分离比为 12:3:1）

　　两种显性基因各自都有性状决定作用，但其中一种基因显性时对另一种基因的表现有遮盖作用，即显性上位作用（epistatic dominance）。起遮盖作用的基因称为上位基因。当上位基因处于隐性纯合状态时，下位基因的作用才得以表现。例如黄瓜果皮颜色。

P　　　　　　　　白皮（WWYY）×绿皮（wwyy）
　　　　　　　　　　　　　　↓
F₁　　　　　　　　　　白皮（WwYy）
　　　　　　　　　　　　　　↓⊗
F₂ 12 白皮（9W_ Y_ +3W_ yy）:3 黄皮（wwY_ ）:1 绿皮（wwyy）

　　在这里，显性基因 W 对另一个非等位基因 Y 有抑制作用，只有当 W 基因不存在时，Y 才表现为显性。因此，W 对 Y 有上位作用。

5. 隐性上位基因（分离比为 9:3:4）

　　当性状由两对非等位基因控制时，一对纯合的隐性基因对另一对非等位基因的显性称隐性上位（epistatic recessive）。例如向日葵花色。

P　　　　　　　　黄花（LLAA）×柠檬黄花（llaa）
　　　　　　　　　　　　　　↓
F₁　　　　　　　　　　黄花（LlAa）
　　　　　　　　　　　　　　↓⊗
F₂ 9 黄花（L_ A_ ）:3 橙黄色花（llA_ ）:4 柠檬黄花（3L_ aa +1llaa）

　　在这里，隐性基因 aa 对显性基因 L 有抑制作用，当 aa 存在时，L 无法表达。上位作用和显性作用不同，上位作用发生于两对不同等位基因之间，而显性作用则发生于同一对等位基因的两个成员之间。

6. 抑制基因（分离比为 13∶3）

在两对独立基因中，其中一对显性基因本身并不控制性状的表现，但对另一对基因的表现有抑制作用，称为抑制基因（inhibitor gene）。例如，玉米胚乳蛋白质层颜色杂交试验。

$$P \qquad 白色蛋白质层（CCII）×白色蛋白质层（ccii）$$
$$\downarrow$$
$$F_1 \qquad\qquad 白色（CcIi）$$
$$\downarrow \otimes$$
$$F_2 \qquad 13\ 白色（9C\_\ I\_\ +3ccI\_\ +ccii）∶3\ 有色（C\_\ ii）$$

C_ I_ 表现白色是由于 I 基因抑制了 C 基因的作用，同样 ccI_ 也是白色。ccii 中虽 ii 并不起抑制作用，但 cc 不能使蛋白质层表现颜色，因此也是白色。只有 C_ ii 表现有色。上位作用和抑制作用不同，抑制基因本身不能决定性状，而显性上位基因除遮盖其他基因的表现外，本身还能决定性状。现代遗传学研究结果表明，玉米的抑制基因是一种能够跳跃的DNA 片段，所到之处的邻近基因将失去表达功能。

为了便于描述，以 2 对基因为例进行讨论，事实上基因的互作绝不限于 2 对基因，很多情况下，性状是由 3 对甚至是 3 对以上基因互作造成的，基因与性状的相互关系也是非常复杂的。

以上各种分离类型，都是以 9∶3∶3∶1 为基础的，由于基因间存在互作的缘故，而使杂交分离的类型、比例与典型的孟德尔遗传规律的比例有所不同，但并不能因此而否定孟德尔遗传的基本规律。

7. 多因一效和一因多效

一个基因往往可以影响若干个性状，上面谈到的豌豆的红花基因就不只与一个性状有关。例如，基因 C 不但控制红花，而且还控制叶腋的红色斑点、种皮的褐色或灰色，还控制其他性状，只是没有上述 3 个性状这样明显而已。我们把单一基因可以影响许多性状的发育称之为一因多效（pleiotropism）。一因多效是极为普遍的，几乎所有的基因无不如此。因为生物体发育中各种生理生化过程都是相互联系、相互制约的，基因通过生理生化过程而影响性状，所以基因的作用也必然是相互联系和相互制约的。由此可见，一个基因必然影响若干性状，只不过程度不同罢了。

有时一个性状是受许多不同基因共同作用的结果。许多基因影响同一性状表现的现象称为多因一效（multigenetic effect）。例如，玉米的正常叶绿素的形成与 50 多对不同的基因有关，其中任何一对发生改变，都会造成叶绿素的消失和改变。

8. 外界环境条件与性状表现

基因型与表现型并不总是呈现"一对一"的关系，不同的环境条件可以对相同基因型的植株及某些器官、组织产生不同的表型效应，从而引起性状的变化和显隐性关系的转化。在药用植物中，这种现象比较普遍。例如，中药材的道地性正是反映了外界环境与性状表现的关系。了解到基因型在不同条件下的性状表现，可以选择最适合的自然环境，提供最适合栽培条件，使药用植物的性状、特性有最好的表现。

七、自由组合规律的应用

1. 孟德尔所阐述的遗传因子的自由组合定律，首先揭示了自然界千千万万性状变异的来源，为类型的多样性、变异的丰富性作了科学的解释。自由组合定律是论述两对或两对以上独立基因的分离和重组的定律，是在一对基因分离律基础上的发展。由于多对基因间可以自由组合，又由于控制生物性状的基因对数（n）很多，F_2 表型的分离种类是以 2^n 递增，当基因对数为 2 时，F_2 表型分离种类是 2^2，当基因对数为 4 时，F_2 表型分离种类是 $2^4 = 16$ 种…，以此类推。生物有了这么多的变异，就足以适应变化多样的自然条件，有利于生物的进化。

2. 除了选种以外，自由组合定律向我们揭示了杂交育种是培育新品种的有力武器。通过性状间的自由组合，我们可以得到自然界中所不曾存在的类型，可以获得亲本双方所不兼备的优良性状，可以从性状重组的多样性中，去掉亲本不利性状的糟粕，而取其双方有利性状的精华，取长补短，巧夺天工，使理想的类型得以实现。

3. 根据自由组合规律中各种基因型组合出现的几率，可以确定在杂交育种中应采取何种规模，预见后代中出现新类型的比例，从而对后代群体大小安排适当，更有把握地选出所需要的类型，减少工作的盲目性。如果杂交亲本差异大，要重组的性状多，后代群体就要大些；如两亲本差异小，要重组的性状少，则后代群体就可小些。

4. 由于在有性生殖中性状要进行分离和重组，因此，如何采取措施，注意良种的保纯、防杂、防近交、防止优良性状变质与退化等，在进行良种繁育中是首先应考虑的。

第三节　连锁遗传规律

1900 年孟德尔遗传规律被重新发现以后，引起生物学界的广泛重视。人们以更多的动物和植物为材料进行杂交试验，获得大量可贵的遗传资料。其中属于两对性状遗传的结果，有的符合自由组合规律，有的不符合，因此不少学者对于孟德尔的遗传规律曾一度发生怀疑。就在这个时期，摩尔根以果蝇为试验材料对此问题开展了深入细致的研究，最后确认所谓不符合独立遗传规律的一些例证，实际上不属于独立遗传，而属于另一类遗传，即连锁（linkage）遗传。于是继孟德尔揭示的两条遗传规律之后，连锁遗传成为遗传学中的第三个遗传规律。摩尔根还根据自己的研究成果创立了基因论（theory of the gene），把抽象的基因概念落实在染色体上，大大地发展了遗传学。连锁遗传规律的发现和基因论的创立，是遗传学发展史上的一个里程碑。

一、连锁遗传现象

（一）性状连锁遗传的发现

1906 年，贝特森和庞尼特（W Bateson. 和 R C Punnett）在进行香豌豆的两对性状杂交试验中首先发现性状连锁遗传现象。

试验的杂交亲本一个是紫花、长花粉粒，另一个是红花、圆花粉粒。已知紫花（P）对红花（p）为显性，长花粉粒（L）对圆花粉粒（1）为显性，杂交试验的结果如图2-6。

P   紫花、长花粉粒（PPLL）× 红花、圆花粉粒（ppll）

↓

F_1 紫花、长花粉粒（PpLl）

↓⊗

F_2	9 紫长（P_L_）	3 紫圆（P_ll）	红长（ppL_）	1 红圆（ppll）	合计
实际个体数	4831	390	393	1338	6952
比例	0.69	0.06	0.06	0.19	
理论数（9∶3∶3∶1）	3910.5	1303.5	1303.5	434.5	6952

图2-6 香豌豆的两对性状的连锁遗传（相引组）

首先，从上述结果中可以看到，如按一对相对性状归类，它们的分离都接近3∶1的比例，说明孟德尔的分离律是存在的。

紫∶红 （4831+390）∶（393+1338）=5221∶1731=3.01∶1

长∶圆 （4831+393）∶（390+1338）=5224∶1728=3.02∶1

其次，按孟德尔2对相对性状的自由组合定律，F_2应出现四种类型，其比例应为9∶3∶3∶1，而这里也是出现了四种类型，这说明因子间有重组，但重组不是随机的，不完全遵守孟德尔前述的自由组合定律，其分离比例数与按自由组合的分离比例数相差甚远，亲本类型的性状（紫长、红圆）比理论数多，而重新组合的性状（紫圆、红长）则比理论数少。其中紫与长、红与圆这两个亲本性状，总好似愿意结合在一起，有一同遗传的趋势。而它们的拆开——紫与圆、红与长，总好似很难凑合在一起，即使在一起，其比例数也很低。这种亲型组合数比理论数高，而重新组合数比理论数少的现象，是连锁遗传突出的一个特点。F_2表型分离，不成9∶3∶3∶1的分布，这显然是自由组合律所不能解释的。

贝特逊的第二个试验用的两个杂交亲本品种是紫花、圆花粉和红花、长花粉。两个亲本各具有一对显性基因和一对隐性基因。杂交试验结果如图2-7所示。

P   紫花圆花粉（PPll）× 红花长花粉（ppLL）

↓

F_1 紫花长花粉（PpLl）

↓⊗

F_2	紫长（P_L_）	紫圆（P_ll）	红长（ppL_）	红圆（ppll）	
实际数	226	95	95	1	总数417
理论数（按9∶3∶3∶1）235.8		78.5	78.5	26.2	总数417

图2-7 香豌豆两对性状的连锁遗传（相斥组）

从图2-7中可见，F_2的分离比例不符合9∶3∶3∶1，也是亲型组合（紫圆、红长）的多，实际数高于理论数，而重新组合（紫长、红圆）的少，实际数低于理论数，这与上述相引组是一致的。这种亲本中原来就连在一起的两个性状，在F_2中仍旧还连在一起遗传的现象，叫连锁遗传。

遗传学中把像第一个试验那样，甲乙两个显性性状联系在一起遗传，而甲乙两个隐性性状联系在一起遗传的杂交组合，称为相引组（coupling phase）；把像第二个试验那样，甲显性性状和乙隐性性状联系在一起遗传，而乙显性性状和甲隐性性状联系在一起遗传的杂交组合，称为相斥组（repulsion phase）。

（二）连锁遗传的解释

贝特森和庞尼特从他们的杂交试验结果中发现了性状连锁遗传现象，但当时他们对此并未作出圆满的解释。摩尔根（Morgan T. H. ，1911）和他的同事们以果蝇为试验材料，通过大量遗传研究，对连锁遗传现象作出了科学的解释。

摩尔根对性状连锁遗传现象的解释是，位于同一染色体的2个基因，以该染色体为单位进行传递。他的这种解释，得到了以下实验的证实。

当时已知果蝇红眼对白眼为显性，褐体对黄体为显性，两对基因都位于X染色体，Y染色体不存在它们的等位基因。摩尔根用白眼黄体雌蝇（wwbb）与红眼褐体雄蝇（WB）杂交，结果F_1雌蝇都是红眼褐体（WwBb），雄蝇都是白眼黄体（wb）。再让F_1雌、雄蝇交配（即WwBb×wb，相当于测交），结果测交子代（Ft）出现如下类型和比例：

白眼黄体	白眼褐体	红眼黄体	红眼褐体
wwbb	wwBb	Wwbb	WwBb
49.45%	0.55%	0.55%	49.45%

由此可见，上述F_1的雌蝇在减数分裂形成配子时，WB和wb两种配子所占比例高达98.9%，说明w和b连锁，W和B连锁。wB和Wb两种配子所占比例低，仅有1.1%，说明它们是重组型配子。

以上杂交组合属于相引组。与此同时，他又做了相斥组的杂交，即用白眼褐体的雌蝇（wwBB）与红眼黄体的雄蝇（Wb）杂交，结果F_1雌蝇都是红眼褐体（WwBb），雄蝇都是白眼褐体（wB）。然后，另外选用白眼黄体雄蝇（wb），对该F_1的红眼褐体雌蝇进行测交（即WwBb×wb），结果测交子代（Ft）出现以下类型和比例：

白眼黄体	白眼褐体	红眼黄体	红眼褐体
wwbb	wwBb	Wwbb	WwBb
0.55%	49.45%	49.45%	0.55%

由此可见，上述F_1的雌蝇在减数分裂形成配子时，是w和B连锁，W和b连锁。

以上两组杂交、测交结果证实，在F_1杂合体进行减数分裂时，位于同一条染色体上的基因以染色体为单位进入配子。至此，摩尔根证实了基因的连锁传递，从而使他对于性状连锁遗传现象的解释得以成立。

（三）交换的发生

现在我们知道了位于一对同源染色体的2对基因在传递时表现连锁。不过，既然是连锁，那又如何解释上述连锁遗传试验中出现的重组类型呢？

比利时细胞学家詹森斯（Janssens）根据他对两栖类和直翅目昆虫减数分裂的观察研究，在1909年提出了一个交叉型假说（chiasmatype hypothesis），其要点如下。

1. 减数分裂前期，尤其是双线期，配对的同源染色体不是简单地平行靠拢，而是在非姝妹染色体间某些位点上出现交叉缠结的现象，每一点上这样的图像称为一个交叉（chiasma），这是同源染色体间相对应的片段发生交换（crossing over）的地方（图2-8）。

2. 处于同源染色体的不同座位的相互连锁的基因之间如果发生交换，就会导致这两个连锁基因的重组（recombination）。

这个学说的核心是，交叉是交换的结果，而不是交换的原因，也就是说，遗传学上的交换发生在细胞学上的交叉出现之前。如果交换发生在两个特定的基因之间，则出现染色体内重组（intrachromosomal recombination）形成交换产物；若交换发生在所研究的基因之外，则得不到特定基因的染色体内重组产物。

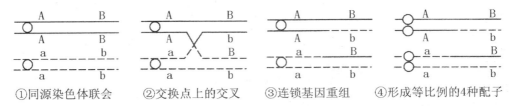

①同源染色体联会　②交换点上的交叉　③连锁基因重组　④形成等比例的4种配子

图2-8　同源染色单体的交换过程中基因重组
（引自朱之悌，《林木遗传育种》，中国林业出版社，1990）

一般情况下，染色体愈长，显微镜下可以观察到的交叉数愈多，一个交叉代表一次交换。图2-8说明了重组类型产生的细胞学机制，F_1 植株的性母细胞在减数分裂时，如交叉出现在 A-B 之间，表示有一半的染色单体在这两对基因间发生过交换，所形成的配子中有一半是亲本型，另一半是重组型。这个假说中关于染色体交换导致基因重组的论点，后来在McClintock（1931）的玉米遗传试验、实验中得到证实。

二、连锁与交换的遗传机制

（一）完全连锁和不完全连锁

完全连锁（complete linkage）是指连锁基因在传递过程中完全不发生重组的现象。它是连锁遗传中的一种特殊的表现，目前仅在雄果蝇和雌蚕中发现，而且机理还不清楚。如果杂种 F_1 的性母细胞在减数分裂过程中位于同一条染色体上的两个连锁基因的位置保持不变，则 F_1 产生的配子只有2种，回交结果只能得到和亲本相同的两种性状组合，不会有新组合出现，测交和自交的后代都不出现重组类型。

不完全连锁（incomplete linkage）广泛存在于生物界，几乎发生在所有二倍体和多倍体生物中。它的遗传表现主要是，同源染色体在连锁基因的区域，发生了非姝妹染色单体交换，因此，所产生的配子中，除有亲本型配子外，还有重组型配子，自交和测交后代也因此出现重组类型。

（二）交换

交换是指同源染色体的非姝妹染色单体之间的对应片段的交换，从而引起相应基因间的交换与重组。那么，连锁基因之间的染色体区域发生的交换，又是怎样导致重组型配子形成的呢？现在以玉米第 9 对染色体上的 Cc 和 Shsh 2 对基因为例加以说明。

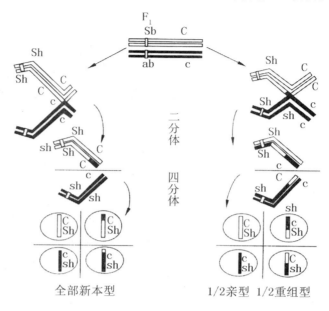

图 2 - 9　交换与重组型配子形成过程的示意图

（引自季道藩，1991）

图 2 - 9 中的 F₁ 为 2 对不完全连锁基因的杂合体。F₁ 在减数分裂时，第 9 染色体上的交换如果发生在 sh 和 c 之外，将形成 ShC 和 shc 两种亲型配子。如果发生在 sh 和 c 基因之间，则将形成 4 种类型配子：亲型配子 ShC 和 shc、重组型配子 Shc 和 shC，其中重组型配子占 50%。但在任何一个 F₁ 植株或 F₁ 群体中，通常以上 2 种情况都存在，所以重组型配子所占的百分率一般总是低于 50%。例外的是，连锁的 2 对基因相距很远时，由于交换几乎都发生在它们之间，所以重组率有可能达到 50%，即杂合体测交子代的表型比例接近 1：1：1：1，出现类似自由组合的假象。假定在杂种 CSh//csh 的 100 个孢母细胞内，交换发生在 Cc 和 Shsh 相连区段之内的有 8 个，在 Cc 和 Shsh 相连区段之内不发生交换的有 92 个，通过下表分析得知，重组型配子数应该是 4%（表 2 - 5）。

表 2 - 5　　　　　孢母细胞在不同区段交换形成亲型配子和重组型配子的分析表

总配子数	亲型配子		重组型配子	
	CSh	csh	Csh	cSh
92 个孢母细胞在连锁区段内不发生交换 92×4 = 368 个配子	184	184		
8 个孢母细胞在连锁区段内发生交换 8×4 = 32 个配子	8	8	8	8
400	192	192	8	8

亲型配子 = [（192 + 192)/400] ×100% = 96%

重组型配子 = [（8 + 8）/400] × 100% = 4%

根据上表分析可知，某两对连锁基因之间发生交换的孢母细胞的百分数，恰恰是重组型配子（又称交换型配子）百分数的 2 倍。这是由孢母细胞减数分裂的规律所决定的。

三、交换值及其测定

（一）重组率

重组型配子在该杂合体产生的全部配子中所占的百分比称为重组率（recombination frequency，简写 RF）。估算重组率的常用方法如下。

1. 测交法

重组率的定义是重组型配子占总配子数的百分比，所以，我们可以通过统计测交子代中重组类型所占的百分比，来求得重组率。

例：玉米绿色花丝（Sm）对橙红色花丝（sm）为显性，正常植株（Py）对矮小植株（py）为显性，已知这 2 对基因连锁，求它们之间的重组率。

以该 2 对性状存在差异的纯合亲本杂交，然后对所得 F₁ 杂合体进行测交。

绿花丝正常株（SmSmPyPy）× 橙红花丝矮小株 smsmpypy

↓

绿花丝正常株（SmsmPypy）× 橙红花丝矮小株（smsmpypy）

↓

SmsmPypy	Smsmpypy	smsmPypy	smsmpypy
绿花丝正常株	绿花丝矮小株	橙红花丝正常株	橙红花丝矮小株
903	105	95	897

（sm – py）重组率 =（105 + 95）/（903 + 105 + 95 + 897）× 100% = 10%

2. 自交法

测交法已被广泛应用于连锁基因的分析。但对一些自花授粉植物来说，由于测交需要进行的去雄操作比较困难，所以往往改用自交法。实际上存在多种估算重组率的自交法，这里只介绍利用 F₁ 自交所得 F₂ 群体中，对双隐性纯合个体的比率进行估算的方法。

例：在贝特森相引相的香豌豆试验中（图 2 – 7），F₂ 群体中双隐性纯合个体 ppll 出现的比率为 1338/6952 = 0.192。而 ppll 个体是由基因型为 pl 的雌、雄配子随机结合而成的，假设 F₁ 杂合体 PpLl 产生 pl 配子的几率为 a，则 a × a = a² = 0.192，a = √0.192 = 0.44，即 44%。在相引相中，pl 配子是亲型配子，理论上它和另一亲型配子 PL 出现的几率相等，均为 44%。两种亲型配子占总配子的比率为 44% × 2 = 88%，那么 2 个重组型配子 Plh 和 pL 总的比率为 1 – 88% = 12%，即 p 和 l 这 2 对基因间的重组率为 12%。

同理，在贝特森相斥相的香豌豆试验中（图 2 – 8），F₂ 群体中双隐性纯合个体 ppll 出现的比率为 a² = 1/419 = 0.002 × 386，a = √(0.002 × 386) = 0.048 × 85 = 4.9%。在相斥相中，pl 配子是重组型配子，理论上它和另一重组型配子 PL 出现的几率相等，均为 4.9%，则两种重组型配子占总配子的比率为4.9%×2=9.8%，即基因间的重组率为9.8%。同相引相的结果进行比较可以看出，这两种杂交方式估算的重组率比较接近，存在差异的原因之一是相斥相F_2群体太小。

（二）交换值

用以上方法估算出来的重组率，可用以计算交换值（crossing over value，简写为COV）。交换值反映的是孢母细胞在连锁基因之间的染色体区域发生交换的机会。

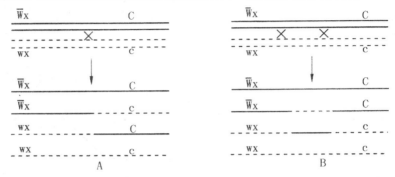

图2-10　单交换A和双交换B产生的配子类型

（引自李惟基，《遗传学》，中国农业出版社，2007）

如果某两对基因之间距离很小，孢母细胞在此处只能出现1个交换（图2-10A），则交换值在数值上与重组率相等；如果距离比较大，部分孢母细胞在该处存在2个交换，即双交换（图2-10B），则交换值高于重组率。这是因为，前一种情况下，所有交换都导致重组型配子的产生，重组率能反映全部交换的发生频率；而后一种情况下，双交换不产生重组型配子，重组率只反映其中单交换的发生频率。

因此，计算交换值的一般公式是：

交换值（%）＝重组率（%）＋双交换值（%）

四、基因定位与连锁图

生物体的各对基因在染色体上的位置是相对恒定的，这个理论的重要证据是特定的2对基因之间交换值恒定，而不同基因之间交换值不同。2对基因之间的染色体区域的交换值大小，与基因在染色体上距离的远近一致。因此，交换值可直接表示基因的距离，两者数值相同。只是作遗传距离时，将交换值的"%"去掉，称之为遗传单位。于是可以根据交换值来确定基因在染色体上的相对位置，包括距离和顺序。这就是遗传学上进行基因定位（gene localization）的传统方法，将其绘制成图，就成为连锁遗传图（linkage map）。两点测验和三点测验是基因定位所采用的主要方法。

（一）两点测验

两点测验（two-point test cross）是基因定位最基本的一种方法。它在确定3对基因的顺序和距离时，需要经过 3 组杂交、3 组测交；在计算交换值时忽略双交换值的存在，将双交换值视为 0。

例：已知玉米胚乳的有色（C）对无色（c）为显性，饱满（Sh）对凹陷（sh）为显性，非糯（Wx）对糯性（wx）为显性，这 3 对基因位于 1 对同源染色体上。试求其在染色体上的顺序和距离。

通过 1 次杂交和 1 次测交求出 Cc 和 Shsh 两对基因的重组率，根据重组率来确定它们是否是连锁遗传的；再通过 1 次杂交和 1 次测交，求出 Shsh 和 Wxwx 两对基因的重组率，根据重组率来确定它们是否属于连锁遗传；2 次杂交和测交能够确定 3 者之间是否具有连锁关系，还需要通过第 3 次的杂交和测交来确定 3 对基因在染色体上的排列顺序。

第一个试验是用有色、饱满的纯种玉米（CCShSh）与无色、凹陷的纯种玉米（ccshsh）杂交，再使 F_1（CcShsh）与无色、凹陷的双隐性纯合体（ccshsh）测交。

第二个试验是用糯性而饱满的纯种玉米（wxwxShSh）与非糯性而凹陷的纯种玉米（WxWxshsh）杂交，再使 F_1（WxwxShsh）与糯性、凹陷的双隐性纯合体（wxwxshsh）测交。

第三个试验是用非糯性、有色的纯种玉米（WxWxCC）与糯性、无色的纯种玉米（wxwxcc）杂交，再使 F_1（WxwxCc）与糯性、无色的双隐性纯合体（wxwxcc）测交。

这 3 个试验的结果列于表 2 - 6。

表 2 - 6　　　　　　　玉米两点测验的 3 个测交结果（引自季道藩，1991）

试验类别	亲本和后代	表现型及基因型		子粒数
		种类	亲本组合或重新组合	
第一个试验 相引组	P_1 P_2	有色、饱满（CCShSh） 无色、凹陷（ccshsh）		
	测交后代	有色、饱满（CcShsh） 无色、饱满（ccShsh） 有色、凹陷（Ccshsh） 无色、凹陷（ccshsh）	亲 新 新 亲	4032 152 149 4035
第二个试验 相斥组	P_1 P_2	糯性、饱满（wxwxShSh） 非糯性、凹陷（WxWxshsh）		
	测交后代	非糯性、饱满（WxwxShsh） 非糯性、凹陷（Wxwxshsh） 糯性、饱满（wxwxShsh） 糯性、凹陷（wxwxshsh）	新 亲 亲 新	1531 5885 5991 1488
第三个试验 相引组	P_1 P_2	非糯性、有色（wxwxCC） 糯性、无色（WxWxcc）		
	测交后代	非糯性、有色（WxwxCc） 非糯性、无色（Wxwxcc） 糯性、有色（wxwxCc） 糯性、无色（wxwxcc）	亲 新 新 亲	2542 739 717 2716

第一个试验结果表明，cc 和 shsh 两对基因是连锁遗传的。因为它们在测交后代所表示

的交换值为[（152＋149）/（4 032＋4 035＋152＋149）]×100%＝3.6%，远远小于50%。就是说，Cc 和 Shsh 这两对基因在染色体上相距3.6个遗传单位。

第二个试验结果指出，Wxwx 和 Shsh 这两对基因也是连锁遗传的。因为它们在测交后代所表现的交换值为[（1 531＋1 488）/（5 885＋5 991＋1 531＋1 488）]×100%＝20%，也小于50%。

这说明 Wxwx 和 Shsh 也是连锁遗传的，Cc 和 Wxwx 自然也是连锁遗传的。但是仅仅根据 Cc 和 Shsh 的交换值为3.6%与 Wxwx 和 Shsh 的交换值为20%，是无法确定它们三者在同一染色体上的相对位置。因为仅仅根据这两个交换值，它们在同一染色体上的排列顺序有两种可能性。

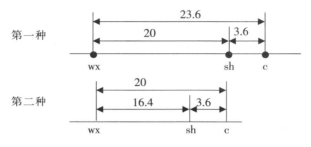

如果是第一种排列顺序，则 Wxwx 和 Cc 间的交换值应该是23.6%；如果是第二种排列顺序，则 Wxwx 和 Cc 之间的交换值应该是16.4%。究竟是23.6%还是16.4%？这要看第三个试验结果。第三个试验结果表明，Wxwx 和 Cc 的交换值为[（739＋717）/（2 542＋2 716＋739＋717）]×100%＝22%，这与23.6%比较接近，与16.4%相差较远。所以，可以确认第一种排列顺序符合这3对连锁基因的实际情况，即 shsh 在染色体上的位置应排在 Wxwx 和 Cc 之间。这样就把这3对基因的相对位置初步确定下来。用同样的方法和步骤，还可以把第四对、第五对及其他各对基因的连锁关系和位置确定下来。不过，如果两对连锁基因之间的距离超过5个遗传单位，难免发生双交换被忽略，准确性差。另外，两点测验必须分别进行3次杂交和3次测交，工作繁琐。因而，它的使用存在局限性。

（二）三点测验

三点测验（three point test cross）是基因定位最常用的方法，它是通过一次杂交和一次隐性亲本测交，同时确定3对基因在染色体上的位置。采用三点测验可以达到两个目的，一是纠正两点测验的缺点，使估算的交换值更加准确；二是通过一次试验同时确定三对连锁基因的位置。现仍以玉米 Cc、Shsh 和 Wxwx 三对基因为例，说明三点测验法的具体步骤。

用子粒有色、凹陷、非糯性的玉米纯系与子粒无色、饱满、糯性的玉米纯系杂交得到 F_1，再使 F_1 与无色、凹陷、糯性的隐性纯合体进行测交，测交的结果如表2－7。为了便于说明，以"＋"号代表各显性基因，其对应的隐性基因仍分别以 c、sh 和 wx 代表。

表 2 – 7 三点测验的测交结果

测交后代的表现型	由测交后代的表现型推知的 F_1 配子类型			粒数	交换类别
饱满、糯性、无色	+	wx	c	2 708	亲本型
凹陷、非糯性、有色	sh	+	+	2 538	亲本型
饱满、非糯性、无色	+	+	c	626	单交换 I 型
凹陷、糯性、有色	sh	wx	+	601	单交换 I 型
凹陷、非糯性、无色	sh	+	c	113	单交换 II 型
饱满、糯性、有色	+	wx	+	116	单交换 II 型
饱满、非糯性、有色	+	+	+	4	双交换型
凹陷、糯性、无色	sh	wx	c	2	双交换型
总　　数					

根据试验结果分析，首先看出这 3 对基因不是独立遗传的，即不是分别位于非同源的 3 对染色体上。因为若是独立遗传，测交后代的 8 种表现型比例就应该彼此相等，而现在的比例相差很远。其次，也可看出这 3 对基因也不是 2 对连锁在 1 对同源染色体上，1 对位于另 1 对染色体上。因为若是这样，测交后代的 8 种表现型就应该每 4 种表现型的比例一样，总共只有两类比例，而现在也不是如此。现在测交后代的遗传比例是每两种表现型一样，总共有 4 类不同的比例值，这正是 3 对基因连锁在一对同源染色体上的特征。

既然这 3 对基因是连锁遗传的，那么，它们在染色体上排列的顺序又是怎样的呢？这首先要在测交后代中找出两种亲本表现型和两种双交换表现型。当 3 个基因顺序排列在一条染色体上时，如果每个基因之间都分别发生了 1 次交换，即单交换（single crossing over），对于 3 个基因所包括连锁区段来说，就是同时发生了两次交换，即双交换（double crossing over）。发生双交换的可能性肯定是较少的，所以在测交后代群体内，双交换表现型的个体数应该最少，亲型的个体数应该最多。在本例中，测交后代群体内的亲型个体（饱满、糯性、无色和凹陷、非糯性、有色）无疑是 F_1 的两种亲型配子（+ wxc 和 sh + +）产生的；而产生双交换个体（饱满、非糯性、有色和凹陷、糯性、无色）的 + + + 和 shwxc 两种配子，就应该是 F_1 的双交换配子。用双交换型与亲本类型相比较，发现改变位置的那个基因一定是处在中间的基因。亲本型 + wx c sh + + 与双交换型 + + + sh wx c 进行比较，只有基因 sh 变换了位置，sh 一定是位于中间的那个基因，因此可以断定这个基因的排列顺序是 wx sh c。

计算交换值，从而确定图距。由于每个双交换都包括两个单交换，所以在估算两个单交换值时，应该分别加上双交换值，才能正确地反映实际发生的单交换频率。在本例中：

双交换值 = [（4 + 2）/6 708] × 100% = 0.69%

wx 和 sh 间的单交换值：[（607 + 626）/6 708] × 100% + 0.09% = 18.4%

wx 和 sh 间遗传距离是 18.4cM（厘摩）

sh 和 c 间的单交换值：[（116 + 113）/6 708] × 100% + 0.09% = 3.5%

sh 和 c 间的遗传距离是 3.5cM

这样，3 对基因在染色体上的位置和距离可以确定图示如下。

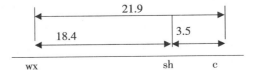

上述试验结果表明，基因在染色体上有一定的位置、顺序和距离，它们是呈线性排列的。

（三）干扰和符合

从理论上讲，除着丝点以外，沿着染色体的任何一点都有发生交换的可能，但是邻近的两个交换彼此间是否会发生影响，即一个单交换的发生是否会影响到另一个单交换的发生。根据概率定律，如果两个单交换的发生是彼此独立的，那么它们就应该是互无影响地同时发生。也就是说，双交换出现的理论值应该是：单交换1的百分率×单交换2的百分率。以上述玉米三点测验为例，理论的双交换值应为 $0.184 \times 0.035 = 0.64\%$，但实际的双交换值为 0.09%，可见一个单交换发生后，在它邻近再发生第二个单交换的机会就会减少，这种现象称为干扰（interference）。对于受到干扰的程度，通常用符合系数或称并发系数（coefficient of coincidence）来表示。

符合系数 = 实际双交换/理论双交换

依此公式，上例的符合系数 = 0.09/0.64 = 0.14

符合系数经常变动于 $0 \sim 1$ 之间。当符合系数为1时，表示两个单交换独立发生，完全没有受干扰。当符合系数为0时，表示发生完全的干扰，即一点发生交换，其邻近一点就不会发生交换。上例的符合系数是0.14，很接近0，这说明两个单交换的发生受到相当严重的干扰。

（四）连锁遗传图

根据连锁遗传理论，生物的每对染色体上都存在着许许多多的基因，遗传学上把位于同一对染色体上的所有基因称为一个连锁群（linkage group）。研究表明，一个生物连锁群的数目和染色体的对数是一致的，如果某生物有 n 对染色体，那么它就有 n 个连锁群。例如，水稻染色体 2n=24，具有12对染色体，则水稻有12个连锁群。在具有2条不同的性染色体的两性生物中，2条性染色体所携带的基因不同，所以，这类生物的连锁群数等于其染色体对数加1。例如，果蝇 2n=8，有4对染色体，连锁群则有5个。同一生物的连锁群的数目是恒定的，它不因染色体数目的变异而变化。

把一个连锁群上的各个基因按确定的顺序和相对距离标示出来，所构成的图形即是连锁图（linkage map）或遗传图（genetic map）。表示2个基因在连锁图上的距离的数量单位称为图距（map distance）。1%交换值去掉百分率符号的数值，定义为1个图距单位（map unit）。后人为了纪念细胞遗传学的奠基人 Morgan T H，将图距单位称为"厘摩"（centimorgan，cM），1 cM = 1个图距单位。

在认识遗传图时应当注意的是，遗传图仅反映的是人们目前已经认识的部分基因，而不是这一染色体上的所有基因，基因在遗传图上有一定的位置，这个位置称为座位。一般以最先端的基因位置为0，但随着研究的进展，发现有基因在更先端位置时，便把0点让给新的基因，其余的基因位置作相应的移动。交换值实际上变动在 $0\% \sim 50\%$ 之间，遗传图上出现的50单位以上的图距是累加的结果，只有邻近基因的图距才代表交换值。

五、连锁遗传规律应用

连锁遗传规律的发现证实了染色体是控制性状遗传的基因的载体。通过交换值的测定可确定基因在染色体上具有一定的距离和顺序，并呈直线排列。这为遗传学的发展奠定了坚实的基础。

（一）交换值与育种群体规模

杂交育种是当前良种选育的重要途径，因为通过杂交可以利用基因重组综合双亲的优良性状，从而选育出理想的新品种。在杂交育种工作中，可以根据交换值确定育种群体的规模。如果交换值大，性状之间发生重组的几率就高，育种群体相应的不必太大，这样，工作量小，可以达到期望的效果。当连锁的性状的交换值小，为了得到目标性状，必须加大育种群体，同时辅助辐射、回交等育种手段，从而培育出具有目标性状的个体。

（二）连锁与间接选择

基因的连锁关系为我们提供了相关选择的可能性。如果某一有益的生理生化性状的基因与某个形态表型性状基因连锁，我们便可以利用性状的遗传相关进行间接选择，从而提高育种效果。被选性状的前期和后期相关，或某一性状的前期与另一性状的后期相关，都可以帮助我们解决早期选择的问题。

六、性别决定和性连锁

（一）性染色体

在生物的许多成对染色体中，直接与性别决定有关的一个或一对染色体，称为性染色体（sex chromosome）。其余各对染色体则统称为常染色体（autosome），通常用 A 表示。常染色体的每对同源染色体一般都是同型的，即形态、结构和大小等都基本相似；唯有性染色体如果是成对的，却往

图 2-11 果蝇的常染色体和性染色体
（引自朱军，《遗传学》，中国农业出版社，2002）

往是异型的，即形态、结构和大小以至功能都有所不同。例如，果蝇有 4 对染色体（2n = 8），其中 3 对是常染色体，1 对是性染色体。雄果蝇除 3 对常染色体之外，有 1 对性染色体，分别称为 Y 染色体和 X 染色体。雌果蝇除 3 对与雄性完全相同的常染色体外，另有一对 X 染色体。因此，雌果蝇的染色体为 AA + XX，雄果蝇的为 AA + XY（图 2-11）。

（二）性别决定

1. 性染色体决定性别
由性染色体决定雌雄性别的方式主要有两种类型。

（1） XX – XY 型性别决定

这是生物界两性生物较为普遍的性别决定类型，人类、哺乳类、某些两栖类鱼类、某些昆虫和雌雄异株植物（大麻、石刁柏等）等的性别决定属于这一类型。这类生物在配子形成时，由于雄性个体是异配子性别（heterogametic sex），可产生含有 X 和 Y 的两种雄配子；而雌性个体是同配子性别（homogametic sex），只产生含有 X 的一种雌配子。因此，当雌雄配子结合受精时，含 X 的卵细胞与含 X 的精子结合形成的受精卵（XX），将发育成雌性；含 X 的卵细胞与含 Y 的精子结合形成的受精卵（XY），将发育成雄性。因而雌性和雄性的比例（简称性比）一般为 1∶1。

人类的性染色体属于 XY 型。在所含有的 23 对染色体（2n = 46）中，22 对是常染色体，1 对是性染色体。女性的染色体为 AA + XX，男性的为 AA + XY。不过人类的 X 染色体在形态结构上显然地大于 Y 染色体。正如以上所述，在配子形成时，男性能产生 X 和 Y 两种精子，而女性只能产生 X 一种卵细胞，由此可见，生男生女是由男方决定的，与女方无关；而且受孕后生男生女的几率总是各占二分之一，即在一个大群体中男女性比总是 1∶1。

与 XY 型相似的还有 XO 型。其雌性的性染色体为 XX；雄性个体的性染色体只有一个 X，而没有 Y，不成对。雄性个体产生含有 X 和不含有 X 两种雄配子，故称为 XO 型。蝗虫、蟋蟀及某些植物（花椒）等就是属于这一类型。

（2） ZZ – ZW 型性别决定

家蚕、鸟类（包括鸡、鸭等）、蛾类、蝶类等属于这一类型。该类跟 XY 型恰恰相反，雌性个体是异配子性别，即 ZW，而雄性个体是同配子性别，即 ZZ。在配子形成时，雌性个体产生含有 Z 和 W 的两种雌配子，而雄性只产生含有 Z 的一种雄配子。在它们结合受精时，所形成的雌雄性比同样是 1∶1。

2. 染色体倍数与环境决定性别

蜜蜂和蚂蚁没有性染色体的分化，性别由染色体的倍数决定，同时受环境影响。在蜜蜂中，蜂皇与雄蜂交配后，雄蜂死亡，蜂皇得到了一生需要的精子。在它产的每窝卵中，有少数没有受精，发育成雄蜂，只有 16 条染色体；而含有 32 条染色体的受精卵，当它获得 5 天蜂皇浆这一特殊营养环境后，将发育成蜂皇（可育雌蜂），而仅获得 2 ~ 3 天蜂皇浆的受精卵将发育成职蜂（不育雌蜂）。

植物的性别分化也受环境条件的影响。例如，雌雄同株异花的黄瓜在早期发育中施用较多氮肥，可以有效地提高雌花形成的数量。适当缩短光照时间，同样也可以达到上述目的。又如降低南瓜夜间温度，会使它的雌花数量增加。

3. 基因决定

玉米的性别由相关基因支配。隐性基因 ba 可使植株不形成雌花序，而仅有雄花序，另一隐性基 ts 可使雄花序发育成雌花序。因此，不同基因型的植株，其花序发育不同。在玉米中，Ba_ Ts_ 为正常雌雄植株，Ba_ tsts 顶部和叶腋均为雌花序，babaTs_ 仅有雄花序，babatsts 仅顶部有雌花序。若用雌性玉米植株（babatsts）与雄性杂合玉米植株（babaTsts）杂交，子代仍然是雌性植株和雄性植株，比例为 1∶1。

4. 性别畸形

性别畸形是指两性生物中由于性染色体的增加、减少或其他因素影响使性别表现不正常的现象。人类性别畸形主要是由于性染色体的增加或减少、性决定的机制受到干扰而引起的。性染色体的增加或减少可产生人类的几种性别畸形：①睾丸退化症（Klinefelter 综合征）。染色体组型为 XXY（47 条），多 1 条 X 染色体，外貌似男性，身体比一般男性高，睾丸发育不全，不育。②卵巢退化症（Turner 综合征）。染色体组型 XO（45 条），缺 1 条 X 染色体，外貌似女性，无生育能力，身体一般较矮，第二性征发育不良。③XYY（47 条）个体，多 1 条 Y 染色体。外貌似男性，比普通人高，性情粗暴孤僻，有的智力较高，多数不育。④多 X 女性。X 染色体在 3 条以上，又称超雌体，组合为 XXX（47）和 XXXX（48）。体形正常，除智力较差和有心理变态外，无其他症状，能正常生育。⑤多 X 男性。染色体组型为 XXXY（48）和 XXXXY（49），智力发育不良，眼距较宽，鼻梁扁平，无生育能力。

性别畸形发生的机理主要是由于亲本生殖细胞在减数分裂过程中，性染色体的不分离而引起的，这种不分离在雌性细胞中产生 XX 卵子和不带性染色体的卵子，在雄性细胞中产生 XY 精子和无性染色体的精子。

七、性连锁

1910 年，摩尔根等在黑腹果蝇的群体中发现一只白眼雄蝇。研究表明，果蝇白眼性状的遗传与性别有关。随后，英国科学家 Doncaster L 发现舞毒蛾体躯颜色（黑色与白色）的遗传也与性别有关。之后，人们相继在家蚕、家鸡等由性染色体决定性别的生物及人类中发现了类似的现象。现在知道，很多两性高等生物具有性染色体，而染色体是基因的载体，于是，不难理解一些控制其他性状的基因分布在性染色体上。我们通常将位于性染色体上的基因所控制的某些性状总是伴随性别而遗传的现象称为性连锁（sex - linked）。其中，基因位于雌雄体共有的性染色体（X 或 Z）的，特称为伴性遗传（sex - linked inheritance）。

性连锁在人类中也是常见的，如色盲、A 型血友病等就表现为性连锁遗传。下面以色盲的性连锁为例来说明。

人类色盲有许多类型，最常见的是红绿色盲。对色盲家系的调查结果表明，患色盲病的男性比女性多，而且色盲一般是由男人通过其女儿遗传给其外孙的。已知控制色盲的基因是隐性 c，位于 X 染色体上，而 Y 染色体上不携带它的等位基因。因此，女人在 X^cX^c 杂合条件下虽有潜在的色盲基因，但不是色盲；只有在 X^cX^c 隐性纯合条件下才是色盲。男人则不然，由于 Y 染色体上不携带对应的基因，当 X 染色体上携带 C 时就表现正常，携带 c 时就表现色盲，所以男性比较容易患色盲。这就是色盲患者总是男性多而女性少的原因。如果母亲患色盲（X^cX^c）而父亲正常（X^cY），其儿子必患色盲，而女儿表现正常。这种子代与其亲代在性别和性状出现相反表现的现象，称为交叉遗传（crisscross inheritance）。如果父亲患色盲（X^cY），而母亲正常（X^cX^c），则其子女都表现正常。如果父亲患色盲而母亲又有潜在的色盲基因，其儿子和女儿的半数都患色盲。有时父母都表现正常，但其儿子的半数可能患色盲，这是因为母亲有潜在色盲基因的缘故。上述 4 种伴性遗传的情况见图 2 – 12。

① P ♀ $(X^c X^c)$ × ♂ $(X^C Y)$
　色盲　　　　　正常
　　　　　↓
F₁ ♀ $(X^C X^c)$　♂ $(X^c Y)$
　正常　　　　　色盲

② P ♀ $(X^C X^c)$ × ♂ $(X^c Y)$
　正常　　　　　色盲
　　　　　↓
F₁ ♀ $(X^C X^c)$　♂ $(X^C Y)$
　正常　　　　　正常

③ P ♀ $(X^C X^c)$ × ♂ $(X^c Y)$
　正常　　　　　色盲
　　　　　↓
F₁ ♀ $(X^C X^c)$ 正常 $(X^c X^c)$ 色盲
　♂ $(X^C Y)$ 正常　$(X^c Y)$ 色盲

④ P ♀ $(X^C X^c)$ × ♂ $(X^C Y)$
　正常　　　　　正常
　　　　　↓
F₁ ♀ $(X^C X^C)$ 正常　$(X^C X^c)$ 正常
　♂ $(X^C Y)$ 正常　$(X^c Y)$ 色盲

图 2 – 12　人类各种婚配下的色盲遗传

　　家养动物的价值有时因性别不同而不同，控制性别有时会产生更大的经济效益。例如，雄蚕吐的丝，品质和产量都比雌蚕的高，所以蚕农喜欢养雄蚕。育种家用 x 射线处理蚕蛹，使蚕第 2 染色体上载有斑纹基因的片段易位到 W 染色体上，因雌蚕为 ZW 型，故有斑纹者为雌蚕，而雄蚕为白色，使蚕农可以在幼蚕期将雄蚕挑出来饲养。

　　性连锁理论在控制人类一些不良的伴性遗传上也有重要意义。例如，人类的红绿色盲、血友病等是由 X 染色体上隐性基因控制的疾病，大多是在男性个体上发病，如果正常男性与患病女性婚配，子女中，女孩将表现正常，男孩将患病。因此，可选择性地生女孩而不生男孩。

思考题

1. 列出本章主要名词术语，并予以解释。

2. 纯种甜粒玉米和纯种非甜粒玉米间行种植，收获时发现甜粒玉米果穗上结有非甜粒的子实，而非甜粒玉米果穗上找不到甜粒的子实。如何解释这种现象？怎样验证解释？

3. 番茄的红果（Y）对黄果（y）为显性，二室（M）对多室（m）为显性。两对基因是独立遗传的。当一株红果、二室的番茄与一株红果、多室的番茄杂交后，子一代（F₁）群体内有 3/8 的植株为红果、二室的，3/8 是红果、多室的，1/8 是黄果、二室的，1/8 是黄果、多室的。试问这两个亲本植株是怎样的基因型？

4. 假定某个二倍体物种含有 4 个复等位基因（如 a_1、a_2、a_3、a_4），试决定下列 3 种情况可能有几种基因组合？①一条染色体②一个个体③一个群体。

5. 光颖、抗锈、无芒（ppRRAA）小麦和毛颖、感锈、有芒（PPrraa）小麦杂交（每个基因分别位于不同的染色体上），希望从 F₃ 选出毛颖、抗锈、无芒（PPRRAA）的小麦 10 个株系，试问在 F₂ 群体中至少应选择表现型为毛颖、抗锈、无芒（P – R – A）的小麦多少株？

6. 试述交换值、连锁强度和基因之间距离三者的关系。

7. 在大麦中，带壳（N）对裸粒（n）、散穗（L）对密穗（l）为显性。今以带壳、散穗与裸粒、密穗的纯种杂交，F_1 表现如何？让 F_1 与双隐性纯合体测交，其后代为带壳、散穗 201 株，裸粒、散穗 18 株，带壳、密穗 20 株，裸粒、密穗 203 株。试问，这两对基因是否连锁？交换值是多少？要使 F_2 出现纯合的裸粒散穗 20 株，至少应种多少株？

8. 纯合的匍匐、多毛、白花的香豌豆与丛生、光滑、有色花的香豌豆杂交，产生的 F_1 全是匍匐、多毛、有色花。如果 F_1 与丛生、光滑、白色花又进行杂交，后代可望获得近于下列的分配，试说明这些结果，求出重组率。

匍、多、有 5%　　丛、多、有 20%

匍、多、白 20%　　丛、多、白 5%

匍、光、有 5%　　丛、光、有 20%

匍、光、白 20%　　丛、光、白 5%

9. 已知柿子椒果实圆锥形（A）对灯笼形（a）为显性，红色（B）对黄色（b）为显性，辣味（C）对甜味（c）为显性，假定这 3 对基因独立分配。现有以下 4 个纯合亲本。

亲本	果形	果色	果味
A	灯笼形	红色	辣味
B	灯笼形	黄色	辣味
C	圆锥形	红色	甜味
D	圆锥形	黄色	甜味

问：（1）利用以上亲本进行杂交，F_2 能出现灯笼形、黄色、甜味果实的植株的亲本组合有哪些？（2）在上述亲本组合中，F_2 出现灯笼形、黄色、甜味果实的植株的比例最高的组合是哪一个，请写出其基因型。这个组合的 F_1 的基因型和表现型如何？这个组合的 F_2 出现的全部表现型有哪些，其中灯笼形、黄色、甜味果实的植株所占的比例是多少？

10. 简述 2 对基因连锁遗传和独立遗传的表现特征。

11. 番茄的 3 个突变基因 o（扁圆果实）、p（茸毛果）、s（复合花序）位于第二染色体上，用这 3 对基因完全杂合的杂种 F_1 个体与 3 对基因隐性纯合的个体进行测交得到了下列结果。

测交子代表现型			数目
+	+	+	73
+	+	s	348
+	p	+	2
+	p	s	96
o	+	+	110
o	+	s	2
o	p	+	306
o	p	s	63
总数			1000

（1）确定这 3 个基因在第 2 染色体上的顺序和距离。

（2）计算符合系数。

第三章

数量性状的遗传

孟德尔之所以能够获得基因分离和独立分配的结果，是因为在他的豌豆研究中所选的性状恰恰都是单一基因决定的。然而，现实中有许多生物的相对性状之间并没有明显的界限，如植株的高矮，种子的大小，产量的高低等。这类性状在一定的范围内都呈数量上的连续变化，对这种性状的研究就不能简单的套用杂交实验的方法来区分，因此，本章将介绍数量性状遗传分析的基本原理与方法。

第一节 数量性状及其遗传学基础

一、数量性状的基本特征

所有可度量的性状都可称为数量性状（quantitative trait），其特点是性状呈连续变异，这与孟德尔性状，如豌豆种子形状圆与皱、花色红与白等明显不同，表现为程度上的差异，而带有这些性状的个体也没有质的差异，只有量的不同。

数量性状的连续性变异主要有以下两方面的原因，一是每个基因型并非只表达一个表型，而是影响一组表型的表现。因而，我们不能将一个特定的表型归属于一个特定的基因型。二是位于不同基因座的等位基因能使某一性状的表型发生改变。例如，某种植物的种子的籽粒数目受4对同等重要的非等位基因的影响，每对等位基因（+或–）都有3种可能的基因型，即 + +、+ –、– –，假设每个"+"表示增加一粒种子，"–"不增加，"+"与"–"没有显隐性关系，则总共有 $3^4 = 81$ 种可能的基因型，但表现型（籽粒数）只有8、7、6、5、4、3、2、1、0共9种，其中出现8个籽粒数（+ + + +//+ + + +）和0个子粒数（– – – –//– – – –）的基因型只有一种，出现7个籽粒数所对应的基因型有8种（见表3 – 1）。

表3 – 1 性状子粒的基因型与表现型

性状	基因型	表现型
籽粒数	+ + + +//– + + + + + + +//+ – + + + + + +//+ + – + + + + +//+ + + – – + + +//+ + + + + – + +//+ + + + + + – +//+ + + + + + + –//+ + + +	7粒种子

可见，对数量性状而言，表现型虽然相同，但对应的基因型可能不同。不同基因型同样在群体当中出现的频率也完全不同，如8个籽粒和没有籽粒在群体中只能1次，7籽粒出现8次等。基因效应的这种规律可简单用数学方法表述，即 $C_N^n = \dfrac{N!}{n!\,(N-n)!}$，其中 N 为等位

基因的数目（＋或－），n 为对子粒数目有贡献的基因（＋）。这就表现为天然群体中含有不同子粒数的个体。

　　环境因素对数量性状也具有重要的影响，如植物药材的产量直接受光照、水分、土壤质地、肥力及管理等方面的影响，即具有相同基因型的个体也有可能具有不同的表现型。相同基因型（无性系）的个体可能由于不同的施肥、灌水等管理措施的不同，生物量的收获也不同，甚至相差很大，这使得基因型与表现型的对应关系更加模糊。所以，对数量性状的研究不能照搬孟德尔杂交试验的方法，而是要根据数量遗传学的原理与方法来研究群体中可连续变异特性的遗传问题。

二、数量性状的遗传学基础

　　1908 年，瑞典学者尼尔逊·埃尔（Nilsson – Ehke）在对小麦籽粒颜色的遗传进行研究时，通过对比孟德尔豌豆试验的结果，提出了多基因遗传的假说，后来又由伊斯特（East）等人的试验研究丰富和发展了这一假说。

（一）小麦籽粒颜色试验

试验一：3∶1 分离

$$P \qquad 红粒 \times 白粒$$
$$\downarrow$$
$$F_1 \qquad 红粒$$
$$\downarrow \otimes$$
$$F_2 \qquad 3\ 红粒 \colon 1\ 白粒$$

在 3∶1 中，进一步观察，红色籽粒颜色又有不同，可细分为 1/4 红粒∶2/4 中红粒∶1/4 白粒。

试验二：15∶1 分离

$$P \qquad 红粒 \times 白粒$$
$$\downarrow$$
$$F_1 \qquad 粉红粒$$
$$\downarrow \otimes$$
$$F_2 \qquad 15\ 红粒 \colon 1\ 白粒$$

在 15∶1 中，还可进一步细分为 1/16 深红粒∶4/16 次深红粒∶6/16 中红粒∶4/16 淡红粒∶1/16 白粒。

试验三：63∶1 分离

$$P \qquad 红粒 \times 白粒$$
$$\downarrow$$
$$F_1 \qquad 粉红粒$$
$$\downarrow \otimes$$
$$F_2 \qquad 63\ 红粒 \colon 1\ 白粒$$

在 63∶1 中，可进一步细分为 1/64 极深红粒∶6/64 深红粒∶15/64 次深红粒∶20/64 中红粒：15/64 中淡红粒：6/64 淡红粒：1/16 白粒。

由上可见，表现型分离符合展开规律，本例中 n = 1、2 或 3。显然小麦籽粒颜色所涉及的基因并非 1 对，而是多对基因同时对颜色起作用。为此，Nilsson - Ehke 提出了多基因假说，并作为数量性状遗传的机理。

（二）微效多基因假说

Nilsson - Ehke 认为，数量性状的遗传同质量性状一样，都有基因控制，但不同的是数量性状受多基因控制，每个基因对性状的贡献相等且微小，整个基因群对性状的贡献等于每个基因效应的和。这些具有加性的、微效的多基因的遗传，仍然遵从孟德尔遗传法则。例如，在试验二中，F_2 的分离为 1∶4∶6∶4∶1，其中在 16 个小麦籽粒中只有 2 个亲本类型。在这一杂交组合中，小麦籽粒颜色可能受两对基因的控制，Nilsson - Ehke 设想其中的遗传机理如下。

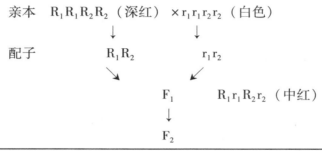

亲本 　$R_1R_1R_2R_2$（深红）×$r_1r_1r_2r_2$（白色）

配子 　　　R_1R_2　　　　　r_1r_2

F_1　　　$R_1r_1R_2r_2$（中红）

F_2

♀\♂	R_1R_2	R_1r_2	r_1R_2	r_1r_2
R_1R_2	$R_1R_1R_2R_2$（深红）	$R_1R_1R_2r_2$（次深红）	$R_1r_1R_2R_2$（次深红）	$R_1r_1R_2r_2$（中红）
R_1r_2	$R_1R_1R_2r_2$（次深红）	$R_1R_1r_2r_2$（中红）	$R_1r_1R_2r_2$（中红）	$R_1r_1r_2r_2$（淡红）
r_1R_2	$R_1r_1R_2R_2$（次深红）	$R_1r_1R_2r_2$（中红）	$r_1r_1R_2R_2$（中红）	$r_1r_1R_2r_2$（淡红）
r_1r_2	$R_1r_1R_2r_2$（中红）	$R_1r_1r_2r_2$（淡红）	$r_1r_1R_2r_2$（淡红）	$r_1r_1r_2r_2$（白）

若对 F_2 出现的基因型、籽粒颜色的深浅及其出现的频率归纳为表 3 - 2，可见理论推测的结果同试验结果一致，说明多基因假说的合理性，贡献基因越多累加效应越大。本例中 R 基因的数目越多，籽粒的颜色就越红，但各个基因的效应是微小的、相等的、可加的。因此，决定这类性状的基因称为加性基因。

表 3 - 2　　　　　　　　　　　　小麦籽粒颜色在 F_2 代的分离

基因型/频数	R 基因数目	表现型/比例
$R_1R_1R_2R_2$/1	4 × R	深红/1
$R_1r_1R_2R_2$/2	3 × R	次深红/4
$R_1R_1R_2r_2$/2		
$R_1R_1r_2r_2$/1	2 × R	中红/6
$R_1r_1R_2r_2$/4		
$r_1r_1R_2R_2$/1		
$R_1r_1r_2r_2$/2	1 × R	淡红/4
$r_1r_1R_2r_2$/2		
$r_1r_1r_2r_2$/1	0 × R	白/1

同样的结果如试验三，F_2 代籽粒颜色的分离为 $63:1$，分离比例为 $1:6:15:20:15:6:1$，表明此例中籽粒颜色受 3 对基因控制。

可见，在 F_2 的分离中，各表现型的分离比例完全符合二项式分布，即 $(a+b)^{2n}$ 的展开式。式中 n 为基因对数，a 与 b 分别为 F_1 中 R 与 r 分配到每一个配子中的机率，并且 $a=b=1/2$。当某性状由一对基因决定时（N=1），F_1 产生相同数目的雌雄配子，即 $(\frac{1}{2}R+\frac{1}{2}r)$。雌雄配子随机结合得到 F_2，其表现型频率为：

$$♀\ (\frac{1}{2}R+\frac{1}{2}r)\ ×♂\ (\frac{1}{2}R+\frac{1}{2}r)\ =\ (\frac{1}{2}R+\frac{1}{2}r)^2=\frac{1}{4}RR+\frac{2}{4}Rr+\frac{1}{4}rr$$

结果与试验一吻合。当某性状由 n 对基因决定时，F_2 表现型频率为：

$$(\frac{1}{2}R+\frac{1}{2}r)^2\ (\frac{1}{2}R+\frac{1}{2}r)^2\ (\frac{1}{2}R+\frac{1}{2}r)^2\cdots\cdots(\frac{1}{2}R+\frac{1}{2}r)^2\ =\ (\frac{1}{2}R+\frac{1}{2}r)^{2n}$$

所以，当 n=2 时，则：

$$(\frac{1}{2}R+\frac{1}{2}r)^{2n}\ =\ (\frac{1}{2}R+\frac{1}{2}r)^{2×2}=\frac{1}{16}RRRR+\frac{4}{16}RRRr+\frac{6}{16}RRrr+\frac{4}{16}Rrrr\ \frac{1}{16}rrrr$$

结果与试验二吻合，同理当 n=3 时，得到试验三的结果等。通过以上分析，可将微效多基因假说的要点概括如下。

数量性状受微效多基因控制，每个基因的效应是独立的、微小的和相等的。

微效基因对性状的表现效应是累加性的，故微效多基因又称为加性基因或累加基因。即多基因总的作用等于各基因独立作用之和，且不分基因位点，多基因也不能予以个别辨认，只能按性状的表现一同进行研究。

微效多基因往往缺乏显性，所以用大写拉丁字母表示增效，小写字母表示减效。

微效多基因的遗传方式仍遵守遗传学的分离、重组和连锁互换规律。

三、数量性状与质量性状的关系

形形色色的生物遗传性状可分为质量性状与数量性状两大类，两者在概念、特征和研究方法上都有所不同。

首先，质量性状是间断或不连续变异的性状。例如，豌豆种子形状的圆与皱、花色的红与白等，这类性状有明显的界线和区别。性状的不同，是质的不同，中间无过渡类型，在研究上易于分别统计。而数量性状则不同，它难以分组或归类，对于这类性状只能用长度、重量等来度量，度量对象不仅是其个体，更重要的是其群体，求出群体平均数效应、标准差、方差等遗传参数来研究其遗传规律。

第二，数量性状易受环境因素的影响。环境引起的数量性状的变异，一般是不遗传的，但它往往与可遗传的变异交织在一起，增加了分析的难度。若将两种变异区分开，只有运用相关、回归和方差分析等数理统计的方法，从总的变异中扣除环境变异，所以数量遗传学是基于群体遗传规律，借用数理统计手段研究各种遗传参数的。研究各种遗传分量及其变化，就自然成为数量遗传学的任务。

第三，质量性状一般只受一对或少数几对基因的控制，有显隐性关系，分离组合的数目少，可用明显的性状间的数数、归类和分离、重组等方法来研究。而数量性状受多基因的控制，如牛奶的产量，据研究受 20 对基因的控制，因此若单纯用基因分离和自由组合的办法来选育高产组合的新产品是不现实的。因为获得高产纯合基因型个体的概率为 $\left(\dfrac{1}{4}\right)^{20}$，要实现这一组合机会（1/1，000，511，527，776）在理论上是不可能的。所以，这就决定了研究数量性状必须用数量遗传学的方法。

第二节　研究数量遗传的基本方法

研究数量性状的遗传主要基于群体遗传学和数理统计手段，以下仅就数理统计中几个有关概念做一简单提示，详细内容参考数理统计方面的专著。

一、平均数

平均数是样本集中位置的一种度量，其定义式为：

算术平均数

设 x_1，x_2，$\cdots x_n$ 为 n 个样本的观测值，则：

$$\bar{x} = \frac{1}{n}\sum_{i=1}^{n} x_i = \frac{x_1 + x_2 + \cdots + x_n}{n} \tag{3-1}$$

加权平均数

设 x_1，x_2，$\cdots x_n$ 为 n 个样本的观测值，$N = \sum n_i$，$f_i = \dfrac{n_i}{N} \geqslant 0$，$i = 1$，$\cdots$，$n$ 且 $f_1 + \cdots f_n = \sum f_i = 1$ 则：

$$\bar{x} = \frac{\sum f_i x_i}{\sum f_i} = f_1 x_1 + f_2 x_2 + \cdots\cdots f_n x_n \tag{3-2}$$

二、方差和标准差

平均数主要反映数据的集中程度，但仅用平均数并不能反映数据的特征，以表 3-3 为例。

表 3-3　　　　　　　　　　　　数据离散分析

模拟数据										和	均值	离散度
0	1	2	3	4	5	6	7	8	9	45	4.5	离散
4.5	4.5	4.5	4.5	4.5	4.5	4.5	4.5	4.5	4.5	45	4.5	集中

显然，表 3-3 中两组数据的和与均值完全相同，但两组数据的离散程度不同，因而从均值意义上讲，第二组数据更能代表"均值"，并且没有偏差。所以，对描述样本数据的特征除了均值外，还要考虑样本数据的离散特征。在数量遗传分析上多用方差与标准差。

方差：样本方差定义为变量与平均数的偏差平方和与 $(n-1)$ 之比，记为 s^2。总体方差为变量偏离总体平均数的偏差平方和与 N 之比。

$$s^2 = \frac{\sum\limits_{i=1}^{n}(x_i - \bar{x})^2}{n-1} 或$$

$$s^2 = f_i (x_1 - \bar{x})^2 + \cdots + f_k (x_k - \bar{x})^2 / \sum_{i=1}^{k} f_i = \sum_{i=1}^{k} f_i (x_1 - \bar{x})^2 \qquad (3-3)$$

$$\delta^2 = \frac{\sum\limits_{i=1}^{n}(x_i - u)^2}{N} \qquad (3-4)$$

标准差（s）为方差的开方，即：

$$s = \sqrt{\frac{\sum\limits_{1}^{n}(x - \bar{x})^2}{n-1}} \qquad (3-5)$$

三、直线相关与回归

1. 直线相关

直线相关是度量变量间相关性的统计量，即：

$$r_{xy} = \frac{\sum (x - \bar{x})(y - \bar{y})}{\sqrt{\sum (x - \bar{x})^2 \sum (y - \bar{y})^2}} \qquad (3-6)$$

2. 协方差

协方差是两个相关变量共同变异的度量，即：

$$COV_{xy} = \frac{\sum (x - \bar{x})(y - \bar{y})}{N} \qquad (3-7)$$

3. 回归系数

回归系数指当一个变量变化时，另一变量所改变的程度，即：

$$b_{xy} = \frac{\sum (x - \bar{x})(y - \bar{y})}{\sum (x - \bar{x})^2} \qquad (3-8)$$

其中 x 为自变量，y 为因变量。

第三节 数量性状表型值的剖分及其方差分量

一、表型值的剖分

表型值是指实践中对某数量性状的度量或观测值，如药材植株的高度 $h = 100\text{cm}$ 等。对一个天然的或人工栽培的具有 n 个个体的群体而言，植株的高度总是不同，这种变异取决于以下方面的因素。一是群体中个体基因型差异；二是环境因素，如土壤、水分、肥力、光照、温度等的改变；三是观测误差，但对一个大的群体来讲，观测误差因大小相互抵消可以不计。所以任何一个表型值的变化都是遗传和环境共同作用的结果，即性状的表型值可以剖分为基因型值和环境效应两部分。

$$P = G + E$$

式中 P 为性状的表型值，可以直接观测的数值；G 为基因型值，是由遗传原因决定的数值；E 为环境效应值，是指不同于一般环境对表型值产生的效应，若环境好，E 为正值，表型值增加；若环境不好，E 为负值，表型值减小，从而造成表型值不等于基因型值，即环境差值。

在对许多个体求和时，由于 E 值有正有负，所以 $\sum E = 0$，于是群体中 N 个植株的表型值为：

$$\sum P = \sum G + \sum E$$

同除以 N 得：

$$\frac{\sum P}{N} = \frac{\sum G}{N} + \frac{\sum E}{N} \qquad 当 \frac{\sum E}{N} = 0 \text{ 时，则有：}$$

$$\bar{P} = \bar{G}$$

$$(3-9)$$

这一重要结论表明，群体数量性状表型值等于基因型值，代表了群体遗传水平。例如，某栽培药用植物群体平均每株收获 100 克药材。其中优良植株收获 150 克药材。假定药材产量由遗传决定成分占 40%，环境效应占 60%，估测该个体后代期望收获药材的量为：

$$100 + \frac{(150 - 100)}{2} \times 40\% = 110 \text{ （克）}$$

式中个体表型值与群体平均数之差除以 2 的原因，是因为该个体只提供给后代一半的基因，另一半基因来自于另一个父本或母本。那么该优良植株的基因型值 $G = 110$ 克，环境效应值为：

$$E = P - G = 150 - 110 = 40 \text{ （克）}$$

二、基因型值的剖分

在个体的遗传中，个体要通过性细胞的减数分裂，分解为带有基因的配子，然后配子再通过随机结合产生下一代，产生新的基因型。因此基因型值虽然可遗传，但不能在后代中固定。例如，基因型 AA 的个体，其后代有可能是 AA，也有可能是 Aa；还如杂合子 Aa，A 对 a 的显性效应在下一代 AA、Aa、aa 中就更无法固定。因此，在基因型值的产生、固定、传递时就必须从基因本身的效应和其组合中来考虑。

（一）基因的加性效应

如前所述，基因的加性效应（Additive effect，记作 A）是指作用于同一性状的等位和非等位基因间效应之和，即以基因为单位的效应累加。例如，两对非等位基因 A = B = 4，a = b = 3，则基因型 AABB = 16，AABb = AaBB = 15，aabb = 12 等。由于基因的加性效应是基因本身的效应累加之和，所以它既是遗传的，又是可固定的。加性效应是育种实践可利用的，也称为育种值。育种值可定义为，一个个体的育种值等于该个体所携带基因的平均效应之和。

（二）显性离差

当一对等位基因为杂合时（Aa），一个基因对另一个基因的互作所产生的效应，称为显性离差（Dominance deviation，记作 D）。它是加性效应不包含的非加性部分，或者说是基因效应中超出加性效应的余差，即 $D = G - A$，如杂交优势或劣势就有此决定。在一个群体中，显性离差可正可负，所以，$\sum D = 0$。如果 A 对 a 没有显性，则 $D = 0$，此时基因型值就等于加性效应值（$G = A$）。显性离差可随着杂合体基因在不同世代中的分离和重组为纯合体而消失，因此显性离差可遗传，但不能固定。

（三）互作和上位效应

由非等位基因间的相互作用对基因型值所产生的效应，称为互作或上位效应（interaction 或 epistatic deviation，记作 I）。它也属于非加性效应，且在育种实践中不能被固定，其作用机理比较复杂，常常归结到环境效应内。显性、互作以及环境效应三者一起，统称为剩余值（R）。基因型值和表型值可剖分为：

$$G = A + D + I \tag{3-10}$$

$$\because \quad R = D + I + E$$

$$\therefore \quad P = G + E + A + D + I + E = A + R \tag{3-11}$$

若一个群体有 N 个个体求和，则：

$$\sum P = \sum A + \sum R$$

同除以 N，得：

$$\frac{\sum P}{N} = \frac{\sum A}{N} + \frac{\sum R}{N}$$

$$\because \quad \frac{\sum R}{N} = 0，则：\bar{P} = \bar{A}$$

$$又\because \quad \bar{P} = \bar{G}，\therefore \quad \bar{P} = \bar{G} = \bar{A} \tag{3-12}$$

这又是一个重要的结论：即某一性状的平均表型值，等于其平均基因型值，等于其平均加性效应值。

三、数量性状的数学模型

（一）基因型值的尺度

一对等位基因 A 和 a 在群体中频率的分别为 p 和 q。当群体平衡时，其基因型及其频率为：

$$p^2\ (AA)\ +2pq\ (Aa)\ +q^2\ (aa) \tag{3-13}$$

设：AA、Aa、aa 的基因型值分别为 a、d、$-a$。如图 3-1。

图 3-1 中 a 和 -a 分别代表基因型 A_1A_1 和 A_2A_2 的加性效应值，d 代表基因型 A_1A_2 的显性离差，d 的方向取决于基因的显性度（d/a）的方向。

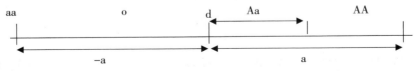

图 3-1

1. 无显性时，d＝0，表明 Aa 的平均效应值等于其加性效应值。此时，AA 和 aa 基因型的中亲值（M＝1/2（AA＋aa））的坐标中为零。

2. 部分显性时，a＞d＞0（或－a＜d＜0），说明杂合体 Aa 加性效应近似于纯合体 AA（或 aa），d 偏于 a，说明 A 对 a 部分显性；反之，表明 a 对 A 部分显性。

3. 完全显性时，d＝＋a 或 d＝－a。当 d＝＋a 时，杂合体 Aa 的表型值与 AA 的表型难以区分；同理，当 d＝－a 时，Aa 的表型与 aa 的表型也难以区分。

4. 超显性时，d＞＋a 或 d＜－a，表明杂合体的表现超过了纯合体的表现。

若设 A＝6，a＝4

则：AA＝6＋6＝12，Aa＝6＋4＝10，aa＝4＋4＝8

基因型的坐标尺度 O 点为：$\dfrac{12+8}{2}=10$

∴ 表型值 a＝12－10＝2，－a＝8－10＝－2，d＝10－10＝0

又如，已知 AA 的基因型值＝80，Aa＝70，aa＝40，则：

$M=\dfrac{80+40}{2}=60$

a＝80－60＝20，－a＝40－60＝－20，d＝70－60＝10

由于各基因型效应值都以 M 作为比较起点，所以由 $A－a$ 控制的数量性状基因型值可剖分为：

$$G=M+A+D \qquad\qquad (3-14)$$

若考虑环境效应 E，并把 I 计入 E 时，则：

$$P=M+A+D+E \qquad\qquad (3-15)$$

这就是数量性状表型值剖分时常用的基因加性－显性效应数学模型。

（二）群体平均基因型值的计算

由公式（3-13）可知，群体的平均表型值（u）可通过平衡群体的基因型频率与基因型效应值相乘可得，如：

基因型	频率	基因型效应值
AA	p2	a
Aa	2pq	d
Aa	q2	－a

$$u=p^2a+2pqd+（-q^2a）=a（p-q）+2pqd \qquad (3-16)$$

式中 $a（p-q）$ 为纯合体的加性效应，$2pqd$ 为杂合体显性效应。当 $d＝0$ 时，无显性效应，于是群体的平均效应等于 $a（p-q）$，表明群体平均数的大小，取决于加性效应的大小。

另外还表明，平均数是基因频率和基因型值的函数，基因型值是固定不变的，所以要提高群体平均值，就要提高增效基因的频率（p），或降低减效基因的频率（q），也就是通过在群体中选优或去劣来达到群体平均数的目的。

在一个多基因系统中，有 N 个位点对性状同时起作用，若多位点的基因效应相等并且可加，则其联合效应下的平均数为：

$$u = \sum_1^N a\ (p-q)\ + 2\sum_1^N pqd \tag{3-17}$$

公式（3-15）和（3-16）纯合子的中点都为零，若用绝对值表示则有：

$$P = G = \bar{A} = M + u \tag{3-18}$$
$$= M + \sum a\ (p-q)\ + 2\sum pqd$$

可见，由多基因系统决定的性状平均表型值最终决定于增效基因的加性效应、增效基因的频率，以及有无杂合效应。

（三）量性状的表型值方差及其剖分

根据数理统计学的原理，通常用平均数刻画研究对象各变异的集中程度，用方差研究各变异的离散程度，以及总变异中各个组分所占的比重，即在表型总变异中，按照变异的原因，对各方差分量进行分解，做更深入的分析。

$\because\ P = G + E$

$\therefore\ \sum\ (P-\bar{P})^2 = \sum\ [\ (G+E)\ -\ (\bar{G}+\bar{E})\ ]^2$

$= \sum\ [\ (G+\bar{G})\ +\ (E+\bar{E})\ ]^2$

$= \sum\ (G-\bar{G})^2 + 2\sum\ (G-\bar{G})\ (E-\bar{E})\ + \sum\ (E-\bar{E})^2$

各项同除以 N，得：

$$\frac{\sum\ (P-\bar{P})^2}{N} = \frac{\sum\ (G-\bar{G})^2}{N} + \frac{2\sum\ (G+\bar{G})\ (E-\bar{E})}{N} + \frac{\sum\ (E-\bar{E})}{N}$$

$\because$ 表型方差 δ_P^2 或 $V_P = \dfrac{\sum\ (P-\bar{P})^2}{N}$

基因型方差 δ_G^2 或 $V_G = \dfrac{\sum\ (G-\bar{G})^2}{N}$

环境 – 基因型协方差 $COV_{GE} = \dfrac{2\sum\ (G+\bar{G})\ (E-\bar{E})}{N}$

环境方差 δ_E^2 或 $V_E = \dfrac{\sum\ (E-\bar{E})}{N}$

$\therefore\ V_P = V_G + 2COV_{GE} + V_E$

因为 G 与 E 相互独立，所以 $2COV_{GE} = 0$，

所以，$V_P = V_G + V_E$ 或 $\delta_P^2 = \delta_G^2 + \delta_E^2$ $\tag{3-19}$

同理，由 $P = A + D + I + E = A + R$ 可得：

$V_P = V_A + V_D + V_I + V_E$

$= V_A + V_R$

或 $\delta_P^2 = \delta_A^2 + \delta_D^2 + \delta_I^2 + \delta_E^2$ $\tag{3-20}$

$$= \delta_A^2 + \delta_R^2$$

至此，对表型方差作了剖分，以下是对遗传力进行估算。

第四节 遗传力的估算

一、遗传力的概念

遗传力是指亲代某一性状遗传给子代的能力，用%表示。遗传力在育种实践中具有重要的意义，由 $P = G + E$ 可知，能够遗传给后代的部分由 G 所决定，E 是不能遗传的。我们在表型中观察到的都是 G 与 E 共同作用的结果，这就要求从总的遗传变异中分离出由 G 决定的遗传变异的部分。由此可见，遗传力属于群体的概念、性状的概念，不是个体的概念。就是说速生的个体可能产生速生的后代，并非遗传力高；而慢生的个体产生慢生的后代，也并非遗传力低。对一个个体而言，两者的遗传力在这一性状上是相同的值。

遗传力的大小反映了子代重现亲代可能性的大小，也是反映生物在某一性状上亲代与子代间相似程度的一项指标。因此，遗传力常被用来在亲代选择时预估子代的表现。由于选择的方式不同，遗传力的计算方法和适用范围也不同。在单株选择时，使用单株遗传力；在种源选择时，使用种源遗传力；在家系选择时，使用家系遗传力。以上遗传力是按选择改良的角度分类的，从数学概念和估算方法的角度可将遗传力分为以下三种。

1. 广义遗传力（H^2）

广义遗传力为表型变量中基因型变量所占的百分数。在基因型变量中尚包括不能固定遗传的显性效应和互作效应。

$$H^2 = \frac{V_G}{V_P} \qquad\qquad (3-21)$$

2. 狭义遗传力（h^2）

狭义遗传力是指可固定遗传的育种值变量占总变量的百分数。

$$h^2 = \frac{V_A}{V_P} \qquad\qquad (3-22)$$

其中 V_A 是三种遗传变量（V_A、V_D、V_I）中由基因加性效应所造成的部分，在后代中可被固定的遗传。

3. 现实遗传力（h_r^2）

现实遗传力是指通过选择良种所获得的实际遗传进展（ΔR）与选择差（S）之比。

$$h_r^2 = \frac{\Delta R}{S} \qquad\qquad (3-23)$$

ΔR 为中选个体子代性状平均数（$\bar{P}f$）高出原选群体性状平均数（$\bar{P}$）的差值；S 为中选亲本性状平均数（$\bar{P}s$）与原选群体性状平均数（$\bar{P}$）之差，即：

$$h_r^2 = \frac{\Delta R}{S} = \frac{\bar{P}f - \bar{P}}{\bar{P}_s - \bar{P}}$$

h_r^2 是通过选种实践所估算的真正的遗传力，H^2 和 h^2 为理论遗传力，因为 $V_G \geqslant V_A$，所以 $H^2 \geqslant h^2$，故 H^2 是遗传力的上限。

二、遗传力的估算方法

1. 利用基因型一致的群体估算环境方差计算广义遗传力

许多植物都可进行无性繁殖，同一无性系的不同个体具有相同的基因型，即 $V_G = 0$，$V_P = V_R$。以同一无性系的不同个体间的表型方差作为环境方差的估计量，以同时并栽的有性后代间的表型方差作为表型总方差，即可求出广义遗传力。

例如，某优量个体的半同胞家系（P_f）实生苗高生长标准差为 22.52cm，同龄并栽的优株无性系 P_R 苗高标准差为 15.19cm，求植株高遗传力。

$$V_{pr} = (15.19)^2 = 230.74$$

$$V_{pf} = (22.52)^2 = 507.15$$

$$H^2 = \frac{V_{pf} - V_{pr}}{V_{pf}} = \frac{507.15 - 230.74}{507.15} = 0.54 = 54\%$$

在这个家系，半同胞苗高生长差异的54%是由遗传造成的，46%是由环境的原因引起的。

2. 利用亲子代回归或相关估计狭义遗传力

当把亲、子代栽于同一环境下计算其表型协方差时，协方差中不再包括环境方差。因此，可以利用亲、子代的回归系数估算狭义遗传力。

在异花授粉的植物中，由于母子两代间是通过母本基因的一半来联系的，因此，母本（P）为子代（O）提供了一半的基因，子代平均基因型值则为共同亲体（母体）育种值的一半，所以一个母本基因型值与其子代平均基因型值的遗传协方差（COV_{GOP}）就等于：$G = A + R$ 和 $\frac{1}{2}A$ 的协方差。

$$COV_{GOP} = \frac{\sum \frac{1}{2}A (A+R)}{N} = \frac{\frac{1}{2}\sum A^2 + \frac{1}{2}\sum AR}{N}$$

由于 A 和 R 不相关，所以 $\sum AR = 0$，则：

$$COV_{GOP} = \frac{\frac{1}{2}\sum A^2}{N} = \frac{1}{2}V_A$$

所以，回归系数 $b_{OP} = \dfrac{COV_{OP}}{V_P}$

由于：$COV_{OP} \approx COV_{GOP} = \dfrac{1}{2}V_A$，

$\because \quad V_A / V_P = h^2$

$\therefore \quad b_{OP} = \dfrac{\frac{1}{2}V_A}{V_P} = \dfrac{1}{2}h^2$

则：$h^2 = b_{OP}$ (3－24)

同理，对于自花受粉的植物，其子代基因均由母本提供，则有：

$$b_{OP} = \frac{COV_{OP}}{V^P} = \frac{V_A}{V^P} = h^2$$ (3－25)

在实践中，由于亲子年龄不同，或测量的单位不一致等，需将亲子代观测值标准化，再求其相关系数（r）来估算遗传力。

（1）对自花授粉植物

$$h^2 = r_{OP} = \frac{COV_{OP}}{\sqrt{V_P V_O}} = \frac{\sum (P-\bar{P})(O-\bar{O})}{\sqrt{[\sum (P-\bar{P})^2][\sum (O-\bar{O})^2]}}$$ (3－26)

（2）对异花授粉植物

$$h^2 = 2r_{OP} = \frac{2COV_{OP}}{\sqrt{V_P V_O}} = \frac{2\sum (P-\bar{P})(O-\bar{O})}{\sqrt{[\sum (P-\bar{P})^2][\sum (O-\bar{O})^2]}}$$ (3－27)

3. 利用方差分析方法估算遗传力

例：有两个玉米品系，甜玉米品系的玉米穗长为$5\sim 8cm$，爆玉米穗长为$13\sim 21cm$，将两者作为亲本，则两亲本品系各种长度的玉米穗分布和F_1、F_2的各种长度的玉米穗分布如表3－4。

表3－4　　　　　　　　　玉米穗长的频率分布

玉米穗长 cm	5	6	7	8	9	10	11	12	13	14	15	16	17	18	19	20	21	n
甜玉米（P_1）	4	21	24	8														57
爆玉米（P_2）									3	11	12	15	26	15	10	7	2	101
F_1					1	12	12	14	17	9	4							69
F_2			1	10	19	26	47	73	68	68	39	25	15	9	1			401

各世代平均穗长和表型方差为：

世代 项目	P_1	P_2	F_1	F_2
平均数	6.63	16.8	12.12	12.89
方差	0.67	3.56	2.31	5.07

$$V_E = \frac{1}{3}(V_{P_1} + V_{P_2} + V_{E_1}) = \frac{1}{3}(0.67 + 3.56 + 2.31) = 2.18$$

项目	方差组成	方差的实验值
①V_{F_2}	$\frac{1}{2}V_A + \frac{1}{4}V_D + V_E$	5.07
②$\frac{1}{3}(V_{P_1} + V_{P_2} + V_{F_1})$	V_E	2.18
①－②	V_G	2.89

$$\therefore H^2 = \frac{V_G}{V_{F_2}} = \frac{V_{F_2} - [\frac{1}{3}(V_{P_1} + V_{P_2} + V_{F_1})]}{\frac{1}{2}V_A + \frac{1}{4}V_D + V_E} = \frac{5.07 - 2.18}{5.07} = 0.57 = 57\%$$

三、遗传力在育种上的应用

遗传力是遗传方差与表型方差之比，二者都是从具体环境的田间试验中估算而来的。因此，其比值必然随环境的改变而变化，所以遗传力不是一个常数，其与环境条件密切相关。当环境变异大时，表型变化也大，从而遗传力变小；而当环境一致时，遗传力则升高。因此所测出的遗传力，只能反映具体条件下的遗传力，并且也只在该条件下适用。不过，同一品种在环境条件变化相对很小的情况下，遗传力还是相对稳定的，应用时可作为必要的参考。

遗传力主要用途有以下方面。

1. 预测选种效果

通过遗传力预测下代个体的效果，是遗传力的主要用途。已知中选个体超出群体平均数的部分，即选择差（S）是不能全部传给下代的，子代只能得到选择差中由遗传力所决定的那部分。这一选择反应就是遗传进展（$\Delta R = sh^2$）。

2. 确定选择方式

遗传力主要反映性状能遗传给后代的能力，因此，可按遗传力的大小来确定选择方式。单株遗传力高的性状，采用个体选择就可获得良好效果；而单株遗传力低的性状，应采用种源选择或家系选择，到一定世代后再进行单株选择才能取得理想的选择效果。

3. 估计目标性状的育种值

利用遗传力是表型值对育种值的回归系数（$h^2 = b_{AP}$），由个体表型值计算出育种值。

思考题

1. 数量性状的基本特征，数量性状的连续性变异的主要原因。
2. 微效多基因假说的内涵。
3. 与质量性状比较，数量性状有什么特点？
4. 数量性状的表型值和基因型值的剖分。
5. 在育种实践中如何考虑利用基因的效应？
6. 遗传力的估算方法及遗传力的应用。

第四章
药用植物特点及育种目标

第一节 药用植物繁殖方式

药用植物在长期的进化过程中，在自然选择和人工选择的作用下，形成了多种繁殖方式。植物的繁殖方式因不同植物而异，所用繁殖材料也千差万别，如种子、果实、营养器官及营养体的一部分等。植物的繁殖方式与育种及良种繁育的具体实施路线密切相关，在进行育种工作之前，必须首先了解该药用植物繁殖方式的植物学和遗传学特点。对于确定药用植物的育种途径及对后代群体的发展趋势预测都将有实际指导意义。

一、药用植物繁殖方式的植物学特点

药用植物的繁殖方式主要可以归结为有性繁殖和无性繁殖两大类。

（一）有性繁殖

植物在生长发育过程中分化出性器官，由性器官产生的雌、雄配子相结合而繁殖后代的方式称有性繁殖。繁殖时所用播种材料通常是种子，也有果实。前者有黄芪、牡丹、党参、黄连等，后者有贝母、红花、薏苡、当归、茴香、白芷及杜仲等。有性繁殖的植物，根据花器构造、开花习性、传粉方式（合子的雄配子来源）等的不同，可分为三类。

1. 自花授粉植物（自交植物）

以同一朵花内或同株上花朵间的花粉进行授粉而繁殖后代的植物称自花授粉植物（或自交植物）。如大部分豆科植物，如豌豆（*Pisum sativum* Linn）、葫芦巴（*Trigonella foenum - graecum* L.）、铁扫帚（*Lespedeza cuneata*（Dum Cours.）G. Don），以及亚麻科植物亚麻（*Linum usitatissimum*）等。这些植物花器官构造和开花习性的基本特点（表4－1）是雌、雄蕊同花。花瓣一般没有鲜艳颜色，少有特异气味；雌、雄蕊等长或雄蕊紧密围绕雌蕊，如凤仙花（*Impatiens balsamina*）；雌、雄蕊同期成熟，寿命短，花瓣开放时间较短；有些植物如花生、曼陀罗（*Dature Stramonium* Datura L.）、党参（*Codonopsis pilosula*（Franch.）Nannf.），在花瓣开放前两三天已授粉完毕，即为闭花授粉植物。自花授粉植物也不是绝对的100%自交，或多或少或在不正常的情况下，也能发生自然异交。我们将天然异交率低于5%（也有人规定低于4%）的植物称之为自花授粉植物。有一点要注意，自花授粉繁殖不是阻碍同品种或同种的异交生殖，当人工授粉或雄性不育株（系）或花药延迟开裂时，植株异交结实

正常。

表 4 – 1 　　　　　　　　　　　自花授粉植物与异花授粉植物的比较

类别	项目	自花授粉植物	异花授粉植物
花器构造	花性	两性花	单性花或两性花
	花瓣颜色	不鲜艳	鲜艳
	蜜腺	少	多
	特异气味	无	有
	雌、雄蕊长度、距离	等长、很近	不等长、较远
开花习性	雌、雄蕊成熟期	同期	不同期
	花瓣开放时间	短	长
	雌、雄蕊寿命	短	长
	授粉方式	闭花或开花	开花
	自交亲和性	亲和性好	亲和性差
	自然异交率	<5%	>50%

2. 异花授粉植物（异交植物）

以不同植株花朵的花粉进行传粉而繁殖后代的植物称异花授粉植物。这类植物花器构造和开花习性的特点（表 4 – 1）可以分成三种。第一种是雌雄异株，雌花、雄花分别着生于不同植株上，如吴茱萸（*Evodia rutaecarpa*（Juss.）Benth.）、天南星（*Arisaema erubescens*（Wall.）Schott.）、天冬（*Asparagus cochinchinensis*（Lour.）Merr.）、瓜蒌（*Trichosanthes kirilowii Maxim.*）、杜仲（*Eucommia ulmoides Oliv.*）等。第二种是雌雄同株，也就是雌花、雄花着生于同一植株上。其中有些植物是雌雄蕊着生于不同花上，如木鳖子（*Momordica cochinchinesis*（Lour.）Spreng）、苦瓜（*M. charantia*）等。第三种是雌雄同花，花瓣颜色鲜艳，蜜腺多，有香味或特异气味，有雌蕊长于雄蕊的，如细梗香草（*Lysimachia capillipes Hems* L.）；有雄蕊长于雌蕊的，如白花菜（*Cleome gynandra L.*）、车前（Plantago asiatica Linn.）等。有些植物是雌雄蕊着生于同花上，雌雄花着生位置或者雌花生在雄花之上，如蓖麻（*Ricinus communis L.*），或者雄花生在雌花之上，如薏苡（*Coix lacryma – jobi* L. var. mayuen（Roman.）Stapf.）。异花授粉植物也不是绝对的 100% 异交，自然条件下也会有 4% ~ 5% 的自交率。人工强制条件下不但能实现自交，有时还有较高的自交率。

3. 常异花授粉植物（常异交植物）

常异花授粉植物以自花授粉为主，但也能异花授粉，是自花授粉植物与异花授粉植物的中间类型。这类植物花器构造与开花习性为雌雄同花；不少药用植物花瓣色彩鲜艳，并能分泌蜜汁引诱昆虫传粉；雌雄蕊不等长，或不同期成熟，雌雄蕊外露容易接受外来花粉；花开放时间较长。自然异交率比自花授粉植物高，但仍以自花授粉为主。例如，人参、细辛、紫花苜蓿（*Medicago sativa L.*）等自然异交率为 5% ~ 50%。人工异交、自交结实正常。

（二）无性繁殖

1. 营养器官繁殖

药用植物无性繁殖就是利用营养器官（根、茎、叶等）的再生能力来繁殖后代的繁殖方式。营养器官属地下部分的有浙贝母（*Fritillaria thunbergii* Miq.）、百合（*Lilium brownii* F. E. Brown var. viridulum Baker）的鳞茎，番红花（*Crocus sativus* L.）、泽泻（*Alisma orientale* (Sam.) Juzep.）的球茎，姜黄（*Curcuma longa* L.）、地黄（*Rehmannia glutinosa* Libosch）的根茎，半夏（*Pinellia ternata* (Thunb.) Breit.）、天麻（*Gastrodia elata* Bl.）的块茎，白芍（*Paeonia lactiflora* Pall.）、山药（*Dioscorea opposita* Thunb.）的块根，薄荷（*Mentha haplocalyx* Briq.）、黄连（*Coptis chinensis* Franch.）的地下茎节等。营养器官为地上部分的有百合（*Lilium brownii* F. E. Brown var. viridulum Baker）、山药（*Dioscorea opposita* Thunb.）的珠芽（俗称零余子），川芎（*Ligusticum chuanxiong* Hort.）的茎节（俗称苓子）等。有的植物可有多种无性繁殖方式，如玄参（*Scrophularia ningpoensis* Hemsl.）可扦插、分株、子芽繁殖，百合可用珠芽、鳞茎、鳞片繁殖等，而薄荷的每部分都可繁殖。这些营养器官有像种子那样作为繁殖器官来繁殖后代的作用。无性繁殖在药用植物育种和生产中占有特殊的地位。根据营养体和繁殖技术的不同，营养繁殖可分成多种类型。

2. 无融合生殖

一种近似于有性繁殖，但雌、雄配子又不发生核融合的营养繁殖方式，即无融合生殖。例如，山柳菊属（*Hieracium* L.）、大戟属（*Euphorbia* L.）中的一些植物，不需要授粉或受精作用就可以自然的发育成胚。百合属（*Lilium* L.）、榆属（*Ulmus* L.）胚囊中助细胞、反足细胞由于具有分生能力而发育成胚。蒲公英属（*Taraxacum* Weber）、早熟禾属（*Poa* L.）、玉米属（*Zea* L.）等卵细胞未经过受精作用而发育成胚的孤雌生殖，以及精子进入卵细胞未与卵核融合，而卵核即发生退化、解体，雄核取代了卵核的地位在卵细胞质内发育成仅有父本染色体的胚的孤雄生殖。

无融合生殖虽不普遍，但在自然界许多科、属中都有发生，其植物特点尚不清楚。

以上只是人为将植物繁殖方式分成两大类，实际上自然界有许多植物是二者兼有的，如枸杞、半夏、砂仁、益智、地黄、贝母、百合、玄参、薄荷等。有些甚至是花性不定的，如文冠果、五味子、山葡萄、石刁柏等。

二、药用植物繁殖方式的遗传学特点

（一）自花授粉植物

自花授粉植物由于产生的雌雄配子的遗传物质基础相同，所以产生后代的个体也是同质结合的纯合体。这种亲代和后代的表现型和基因型的一致性是自花授粉植物在遗传上最重要的特点。虽然，自花授粉植物也会偶然发生异交产生杂合体，但其后代连续自交，使同质结合体迅速增加，其群体的遗传组成会趋于纯合。

在自花授粉植物群体中，尤其是缺少人工整理的群体，往往存在很多不同类型的纯合体，只要通过人工选择就可以很快地分离出不同的纯系。由于自花授粉植物限制了不同植株（包括群体内和群体间）的基因转移，群体的表现型和基因型一致，所以基因型很易识别。这样，一个不良的纯系很易被淘汰，一个优良的纯系也能长期地保持下去，后代不会发生分离。这是自花授粉植物的又一个特点。

植物在自然界经常会发生基因的自然突变，其中性细胞基因突变频率偏高。当自花授粉植物发生性细胞突变（包括人工诱发突变）时，若是显性突变，当代就能表现出来，通过自交第三代就可以获得纯合突变体；若是隐性突变，虽然第二代才可表现出来，但同时也获得纯合的突变体。可见，自花授粉植物诱变育种速度快，育种周期短。

自花授粉植物耐自交。生物学家达尔文提出"杂交一般是有利的，自交时常是有害的"。但自交有害是相对的。历史上许多植物祖先是异花授粉植物，由于气候的变化，在不利异花授粉的情况下，长期的自然选择就保留了自花授粉结实、自交不退化和耐自交的特性。甜菜是典型的异花授粉植物，在气候正常情况下不能自交产生种子，当开花时期天气很凉、时而下雨时，即使隔离的植株也有 25% ~ 30% 的结实。可以说，自花结实是在异花授粉条件极不利的情况下，植物对不良环境在繁殖上的一种特殊适应性。

从以上分析可以看出，自花授粉植物最重要的特点是同质结合。自然界没有绝对的自花授粉植物，每一种自花授粉植物在长期的生长过程中都会或多或少地发生一些异交，这些后代将具有新的特征、特性，具有更旺盛的生命力。我们要时时注意发现这一新的个体。对这类植物的育种，相对比较容易，尤其是系统选择育种和人工物理、化学诱变育种，能较快地培育出新品种。自花授粉植物也存在杂种优势，但杂交育种是比较常用的育种手段。由于这类植物自然地限制了基因转移，实现杂交相对困难一些，但良种繁育时，不必严格隔离就可以防止自然异交。

（二）异花授粉植物

异花授粉植物是通过不同植株（包括同一群体和不同群体）产生的雌雄配子相结合而进行繁殖的植物。由于它们的遗传物质来自不同植株，遗传基础不同，从而产生的是异质结合体，表现呈多样性。这种个体内异质性和个体间表现型呈多样性是异花授粉植物在遗传行为上最重要的特点。

异花授粉植物的后代不断出现分离。由于异花授粉植物是异质结合体，同时又不易限制群体内或群体间的基因转移，经常不断地发生基因重组，所以，异花授粉植物在自由授粉的条件下，后代总是出现性状分离。一株优良的植株后代可能出现劣株。若想获得稳定的纯合的后代，必须人为地控制授粉条件，进行多次人工选择，才能培育出优良品种。

异花授粉植物性细胞发生突变时，比自花授粉植物难纯合。当异花授粉植物性细胞发生突变时，若是显性突变，由于它的表现型呈多样性，不易识别；若是隐性突变，它将较长时间地在群体保持异质性，早代不能表现，不易被人发现。只有将显性的或隐性的突变体连续多次人工自交，才能使其得以表现，并获得纯合的突变体。

想要获得异花授粉植物的纯合体，必须进行连续人工自交，但是，伴随着遗传物质的同质化，植株的生活力显著衰退。这种自交生活力衰退是异花授粉植物的第四个特点。不同种类的异花授粉植物自交衰退程度也不同。白菜（*Brassica rapa pekinensis*）、胡萝卜（*Daucus carota*）等植物自交初期植株高度和种子产量衰退表现显著，当自交若干代以上，下降到某一极限后，才稳定在一定的水平上。而瓜类就不显著。天然异交率稍低的植物、以小群体维持的植物、多倍体植物都有耐自交的趋势。当两个纯合的自交系，或两个亲缘关系较远的亲本杂交时，杂种表现出比双亲生长发育更旺盛的现象就是杂种优势。人类开始是从异花授粉植物来利用杂种优势，现在对自花授粉植物和常异花授粉植物也开展了杂种优势的利用。

从以上分析可以看出，异花授粉植物最重要的特点是异质结合性。与自花授粉植物相比较，异花授粉植物的育种工作难度大、周期长。

（三）常异花授粉植物

常异花授粉植物以自花授粉占优势，它的遗传特点既不完全相同于典型的自花授粉植物，又不同于异花授粉植物，所以在育种工作的实践中，常常把这类植物归于自花授粉植物。

（四）无性繁殖植物

无性繁殖植物的遗传效应见第十九章。

三、植物自然异交率的测定

植物异交率和传粉方式，与育种工作关系很大，尤其不同品种间的异交对育种工作的影响更为明显。

（一）自交植物与异交植物的判断

可以依据植物的花器构造和开花习性等来判断植物是自交还是异交。若单性花雌雄同株或异株，就是异交植物；若闭花授粉或闭花受精，多为自交植物。还可通过套袋隔离或单株隔离种植，观察其结实和后代衰退现象，进行判断。若结实率很低，后代退化现象明显，就是异交植物；反之，结实率正常，后代无退化现象，就是自花授粉植物。这些植物的自然异交率尚需进一步测定。对一些两性花植物，一些特点不明显的植物判断就更难，必须做自然异交率的测定才能确定。

（二）自然异交率的测定

1. 遗传试验测定法

首先，选择具有简单遗传的一对基因，这对基因控制某一相对性状，我们称其为标志性状。标志性状在苗期就能表现出来。进行测定时，用具有隐性性状的一个品种做母本，具有显性性状的（一定是同质结合的）做父本，把它们间行式或围绕式种植，任其自由传粉，秋季收获所有的母本种子，来年播种，可在 F_1 的苗期，根据标志性状的表现型，调查统计显性性状植株占总植株数的比率，即为该品种母本的自然异交率。

$$自然异交率（\%）= \frac{后代具有显性性状的植株数}{后代的总植株数} \times 100\%$$

在用遗传试验测定法测定自然异交率时，必须充分考虑种植方式、种植密度、开花期的温湿度、风向、昆虫种类和数量，以及这些因素的相互作用对自然异交率的影响，最好在不同地区、不同年份重复测定。

2. 人工去雄测定法

目前，一些药用植物的遗传规律尚不清楚，找不到标志性状，无法应用遗传试验法测定，故可以采用人工去雄法测定植物异交率。

选用某一植物两个不同品种，间行式或围绕式种植，将某一品种在开花前1天人工去雄，不套袋，并做好标记，连续进行若干天，待秋季调查其结实率，设为 A（可以认为是异交结实）；同时，调查同样种植法另一品种的自然结实率，设为 B（做对照），即可计算其异交率。为了修正人工操作时碰伤柱头、去雄不彻底等造成的误差，另做两个辅助试验，一个是人工去雄、授粉、套袋，设结实率为 C（若不结实可认为人为碰伤柱头所致）；另一个是人工去雄、不授粉、套袋，设结实率为 D（若结实则可认为去雄不彻底所致）。计算方法如下。

$$异交率（\%） = [A×C×（1-D）/B]×100$$

从试验设计中看出，人工去雄后，其受精就不存在自花花粉与异花花粉的竞争。由于人为因素较大，故人工去雄法应在不同年份、不同地区重复几次，并仅供参考，仅在没有标志性状时采用。对多胚珠植物应以调查结籽率为准。

第二节　药用植物育种特点

药用植物生产的最终目的是提供人们用来防病、治病的物质，它直接关系到人们的身体健康甚至生命。药用植物作为植物中的一大类，一方面具有植物育种的一般共性，同时由于其以入药为主，又具有药用植物育种的个性。

一、生产经营的特殊性

药用植物育种的对象必须要有针对性。药用植物是中成药生产的原料，对其要求无论如何也不像粮食作物那样多，因此，首先，药用植物生产在数量上必须稳定发展，多则是草，少则是宝；其次，中药配伍决定了其在生产种类上要齐全。由于生产经营的特殊性，决定育种对象选择必须有针对性。

二、产品质量的特殊性

中药材对药用植物品质的特殊要求，决定了药用植物品质育种有其更重要的地位。

一方面，药材本身有效成分及其含量要达到要求；另一方面，药材还要具有独特的外在商品性状，如形状、大小、色泽、气味及地方用药习惯等。"道地药材"的名贵就体现在这种特殊的品质上，这一点在引种时一定要注意。《本草纲目》中对薄荷曾有这样的描述："苏产为胜，江西稍粗，川蜀更粗。"茅苍术和半夏的引种也存在着性状变异问题。

三、产品收获部位的多样性

药用植物产品收获部位具有多样性和多不以种子为收获目的的特殊性，给药用植物育种带来了便利。植物的几乎所有部位甚至组织均能入药。例如，人参、黄连以根入药，川芎、白术以根茎入药，杜仲、厚朴以皮入药，红花、菊花、金银花以花入药，枸杞、山茱萸、木瓜以果实入药，薄荷、细辛以全草入药。这不同于以种子（颖果）为主要收获目的农作物。例如，不以种子为收获目的的药用植物，在育种中，如果表现孕性低的特点，很多情况下，育种的新品种可以采用。

四、生物学特性复杂性

我国是一个中药资源丰富的国家，中医药的发展已有数千年的历史。明代李时珍的《本草纲目》中载有中药 1892 种，其中植物药就有 1000 多种；《中药大辞典》记载中药 5769 种，其中植物药有 4773 种；1995 年出版的《中国中药资源志要》收载了 12772 种中药，其中近 11118 种为植物药，占 87%，其中又以被子植物为多。WHO 已正式确定的全世界药用植物为 20000 种左右，其中在我国分布的就有 2200 多种，药用植物种类之多无疑为当今各类经济作物之首。

药用植物按生长习性分为水生、湿生、中生、旱生；按生长年限分为一年生、二年生、多年生；按驯化程度分为野生、半野生、栽培；按营养方式分为自养、异养（寄生、半寄生）、共生（互养）；按繁殖方式分为有性和无性繁殖，且以后者为多，约占 70% 左右。有的甚至只能无性繁殖，如菊花、西红花、川芎等。生物学特性的复杂决定着育种途径和育种技术的选择应时刻注意其灵活性。药用植物中无性繁殖植物较为普遍，应力求开展无性繁殖植物育种。

药用植物的种类繁多，生物学特性复杂，这无疑给育种工作带来很多困难，但也给我们提供了丰富的原始材料。在实际工作中，我们可以根据其各自特点，采取相应的育种方法和程序去培育新品种。例如，枸杞四倍体新品种的育成，便是利用其既可有性繁殖又可无性繁殖的特点，而作药用的果实又以种子少、糖分高者为佳；从遗传上讲，染色体数目又较少（$2n=24$）。再如"海香一号"，利用有性繁殖制种，然后用无性繁殖固定杂种优势或用于生产。当归较特殊，因其为二年生植物，但要其根入药，一开花就会使根空心，故防止第二年抽薹开花，培育晚抽薹品种就可以利根生长。

此外，有些药用植物本身就是作物、蔬菜、果树等，栽培历史较长，对其研究较深。对其育种有较成熟的育种经验，育种时我们可直接应用，如：

作物类：薏苡［*Coix lacryma – jobi* L. var. *ma – yuen*（Roman.）Stapf］、亚麻（*Linum usitatissimum* L.）、苏子（*Perilla frutescens*（L.）Britt.）、红花（*Carthamus tinctorius* L.）等。

蔬菜类：茴香（*Foeniculum vulgare* Mill.）、莱菔子（*Raphanus sativus* L.）、百合（*Lilium brownii* F. E. Brown var. *viridulum* Baker）等。

果树类：枸杞（*Lycium barbarum* L.）、山楂（*Crataegus pinnatifida* Bge.）、桃仁（*Prunus persica*（L.）Batsch）、佛手（*Citrus medica* L. var. sarcodactylis Swingle）等。

花卉类：牡丹（*Paeonia suffruticosa* Andr.）、芍药（*Paeonia lactiflora* Pall.）、凌霄花（*Campsis grandiflora*（Thunb.）K. Schum.）、菊花（*Chrysanthemum morifolium* Ramat.）等。

林木类：杜仲（*Eucommia ulmoides* Oliv.）、黄柏（*Phellodendron amurense* Rupr.）、厚朴（*Magnolia officinalis* Rehd. et Wils.）、秦皮（*Fraxinus chinensis* Roxb.）等。

五、熟性的特殊性

药用植物收获期的特殊要求是早熟品种的指标如何确定。俗话说："三月茵陈四月蒿，五月采来当柴烧。"药用植物的熟性不同于一般作物的熟性，它包括生理熟性和商品熟性两个方面。生理熟性就是生物体完成一生活世代时所表现出来的性状，一般以成熟种子或果实为标志；商品熟性是指收获部位达到商品要求时所表现出来的性状。对于大部分药用植物来说，商品熟性与生理熟性是不一致的。为此，应正确确定药用植物早熟品种的早熟期指标。

六、育种的复杂性

首先，育种的程序复杂。药用植物育种，不仅要考虑产量，还要考虑有效成分含量的变异与高低，两者不可偏废。因此，育种时，不但要对药用植物的田间农艺性状进行调查统计，还要分析有效成分，进行药理测定。其次，育种年限长。药用植物中有很多多年生的种类，如人参、黄连、当归、山茱萸等，一般收获年限为 3~8 年，这对品种选育很不利。药用种子繁殖的药用植物大部分为总状花序或头状花序，药数多，开花时间长，这为杂优利用增添了困难。因此，药用植物育种工作的复杂性远高于一般农作物育种。

第三节 育种目标

一、药用植物育种目标

药用植物育种目标就是药用植物通过遗传改良后需要达到的目的，即在一定的自然、栽培和经济条件下，要求选育的新品种应该具有哪些优良的特性、特征。制定任何育种计划都首先要建立育种目标，只有这样，才能有目的、有计划、有效地选择种质资源和相应的育种方法。选育一个品种一般需要 5~6 年或十几年以上的时间。因此，育种目标的确定决定着今后几年内工作的主要内容，直接关系到育种工作的成败。

药用植物的育种目标包括生物学目标和经济学目标。生物学育种目标就是在一定的时间、环境和技术条件下，药用植物通过改良后所应具备的优良特性，如高产、优质等；经济学目标就是药用植物经过改良后所应达到的经济效益。其中生物学目标是经济学目标的基础。

高产、稳产、优质、早熟是各种药用植物育种的共同目标。虽然不同药用植物的侧重点和具体内容有所变化，但是总的目标是不变的。

（一）高产

随着用药量的增加，产量的高低日趋重要。因此，不管是大田作物还是经济植物，高产常作为育种的重要目的，也是任何一个药材种植者的基本愿望。要获得高产，一方面，可以通过改善栽培条件、栽培技术，即植物生长发育的外因来实现；另一方面，依靠优良品种，即植物生长发育的内因来实现。例如，河南地黄"金状元"和"小黑黄"产量分别为1750kg/亩和1000kg/亩，而"北京一号"可达 1500~2000kg/亩，若三者选择其一，在其他性状相同的情况下，生产者，无疑要选"北京一号"。外因是高产的条件，内因是高产的依据。当品种的丰产潜力存在时，它的实现有赖于自然、栽培条件及其与品种的良好配合。

要进行高产育种，首先得考虑产量的构成因素。不同的药用植物产量构成因素不同，如红花、株数/亩、分枝数/株、花头大小、小花数/花头、花瓣长度及重量等。此外，即使同一药用植物，由于品种不同，产量构成因素也不同，如菘蓝叶——大青叶、根——板蓝根等，各自的因素截然不同。因此，在研究产量育种时，首先要考虑分析产量构成因素，然后逐个突破。

近代植物育种又一个重要发展趋势是高光效育种，即不仅从品种的形态特征（株型）来研究高产品种，而且从品种的生理特征来进行研究。生产上的一切增产措施，归根结底是通过改善光合作用性能而起作用的。高光效育种就是选育利用光能效率高的品种。高光效品种主要表现为有较强的能力合成碳水化合物和其他营养物质，并将更多的物质转运到收获部位中去。它涉及植物对光能的利用、光合产物的形成、呼吸、消耗、积累和分配等生理过程，以及与这些过程有关的一系列植物形态特征与特性。当前，植物的光能利用率是很低的，高产作物水稻也不过 2%，若能提高到 3%，就意味着产量可提高 50%。可见，提高植物光能利用率的潜力很大。一个高产品种应该具有光补偿点低、二氧化碳补偿点低、光呼吸小、光合产物转运率高、对光不敏感等生理特性，并具有矮秆抗倒伏，叶片挺直、窄短、色深，绿叶时间长，着生合理等形态特征。

（二）稳产

稳产性是高产的必要保证，可使药用植物在不良的年份也能获得较高的产量。某一品种在某一年产量较高，也许是当年风调雨顺的原因，但一到灾年则产量大降。例如，我们熟悉的元胡霜霉病、红花炭疽病、北方人参的各种病害，都是有待解决的生产问题。目前，药植上育成的抗病品种还很少，仅在红花、地黄上有所突破，而蔬菜育种上却很有成效，我们在育种时应注意借鉴。

影响品种稳定性的因素很多，大体上可分为抗病虫害性和抗逆性。前者是抗生物性，后者是抗非生物性。

1. 抗病虫害性

植物病虫害是药用植物生产的大敌，尤其是植物病害，对药用植物的产量、质量都有严重的威胁。药用植物病害种类多、寄主多、危害重，特别是多年生植物的土壤传播病害，更为严重。同时，当前生产上多以化学防治为主，多数农药又留有残毒，当人们服用了有残毒的药用植物以后，可能一病治愈，却又对人类健康带来新的威胁，严重者可能会引发其他疾病。因此，要避免在药用植物生产上使用残毒高或过量的农药。采用抗病虫害品种可以保证在一般环境条件下不发生或少发生病虫害，既能保证药材无残毒，又能确保高产、稳产，还能防止环境污染，提高药材生产的经济效益、社会效益和生态效益。因此，药用植物抗病虫育种已成为一项突出的育种目标。

2. 抗逆性

植物的抗逆性就是植物在不良的气候条件下，表现出具有抗旱、抗涝、抗寒、抗高温和抗土壤盐碱的特性。依据当地的自然条件和不同的植物，其抗逆性应有一定的侧重。一般来说，抗旱性、抗寒性是比较重要的。抗逆性往往与植物的形态特征和生理特性有关。例如，根系发达、吸收能力强、植物蒸腾系数小的品种，抗旱性较强。

总之，品种的稳产性是相对的，是由多种因素组成的。植物本身是在一定范围内具有抗病虫害和抗逆性的。同的，抗逆性与栽培条件（播种期、密度和土壤肥力等）是分不开的。由此可见，栽培条件既影响到品种的丰产性，还可影响其稳产性。

（三）优质

药用植物是一种为人类提供医疗保健的特殊植物，它的收获部分含有特有的药效成分。药效成分大多数是植物特有的新陈代谢的次生产物。因此，一个优良品种必须含有较多的药效成分。在培育新品种的过程中，必须测定其药效成分的含量，以达到高产、优质的目的。近年来，农作物育种出现了以提高粮食作物的蛋白质和赖氨酸含量为主的"成分育种"的新趋势。这方面也应引起药用植物育种工作者的重视。

植物的化学成分（包括药效成分）是受遗传因素制约和环境因素影响的。环境因素易被重视，人们常常通过改进栽培技术（浇水、施肥、适期收获等）来提高产量和药效成分的含量，而遗传因素的作用往往被人忽视。现已证实，植物次生化学成分是由基因控制的。DNA 是基因的载体，是主要的遗传物质基础，它通过 mRNA 控制着蛋白质（酶）的合成，而生化合成的每一生化反应环节都是在特定的催化物——酶的作用下完成的。化学成分的遗传同样受着分离规律、独立分配规律和连锁遗传规律的支配，也受着染色体数目的影响。例如，一种高含量薄荷醇（ccrr）的皱叶薄荷（*Menta crispata*）与一种高含量薄荷酮（ccRr）的普通薄荷（*M. arvesis*）杂交，其子代个体中有 1157 株显示高含量薄荷醇，1114 株显示高含量薄荷酮，其比例基本是 1:1。这说明在薄荷中存在一个转化薄荷酮为薄荷醇的显性基因 R。菖蒲（*Acorus calamus*）是一个包含有二倍体、三倍体、四倍体和六倍体的复杂群体，其根茎的产量、精油的化学成分及体内草酸钙的含量都与染色体数目有关。由此可见，植物化学成分的遗传变异研究是药用植物育种的一个重要内容。

（四）早熟

早熟也是一个较重要的育种目标。我国土地辽阔，气候复杂，药用植物种类繁多，种植早熟品种可以扩大栽培区域，增加复种指数，缩短植物生长周期，提高经济效益。山东省引种东北的膜荚黄芪（*Astragalus mambranaceus*）一年即可收获，缩短了两年的生长时间。早熟品种还可以避开一些自然灾害或减轻灾害程度。例如，地黄中的早熟品种可以防止霜冻，扩大栽培区域；红花开花期、枸杞采果期在北方正值雨季，经常遭受病害的危害，而早熟品种则可以达到避病的作用，从而实现高产、优质。

引进早熟品种一定要考虑当地的栽培技术和耕作制度，以及与其他种植作物的配套性，要因地制宜地引进早熟品种。一年生植物早熟品种一般产量偏低，因此，不要过分强调早熟性，而忽视了丰产性、优质性，应该充分利用当地的自然条件和自然资源，达到一个生产周期的高产，以取得最佳的经济效益。

（五）适应性广

通常一种药用植物的栽培区域是有限的，而培育一个品种要花费较长的时间。所以，在药用植物生产上不可能每个地区都培育出自己的新品种。为了充分发挥新品种的作用，扩大使用范围，要求新品种适应性广，能在相近的地区，相近的气候、土壤条件及耕作制度下，都能表现出自己的优良性状，以满足生产上的要求。

二、制定育种目标的一般原则

正确的药用植物育种目标，在经济学和生物学上都应该是合理的。由于药用植物种类繁多、入药部位不一、社会需求量不同，因此，在制定药用植物育种目标时，必须结合社会需要、药用植物的生物学特性，以及育种技术水平等各方面的实际情况来综合考虑。但无论是何种药用植物，确定育种目标都必须遵循以下基本原则。

（一）充分考虑生产和社会需要

中医药是中华民族的瑰宝，是我国劳动人民智慧的结晶，有着悠久的历史。近年来，随着世界天然药物的兴起和人民生活水平的提高，人们对中药质量的要求越来越严格。我国中药资源异常丰富，全国拥有的药用动植物种类达12000多种，目前大部分药材仍然是依靠野生资源供应，常用的500余种药材中人工栽培生产的药材不到200种。其中任何一种药用植物在栽培时都需要优良品种，但由于人力、物力有限，只能先注重常用的、用量大的，而且是国家重点发展的药材，注重价值高的、依靠进口的药材，以及注重野生资源近枯竭、急需野生变家植的药材。当前药材生产往往只注重产量，忽视质量。因此，进行育种工作时必须产量、质量一起抓，而且还应考虑今后几年的生产技术发展水平，否则，容易使新培育出的品种很快就被生产发展所淘汰。一个品种只能是在一定时期、一定生产条件下合乎人们的需要。随着生产的发展，科学技术水平的提高，栽培技术的改善，必然对品种提出更高的要求。所以，在制订育种目标时，既要从现实情况出发，又要预见一定时期内生产、科学技术的发展变化，选育出适宜的优良品种。

（二）根据当地的自然条件和栽培条件，抓住主要矛盾

药用植物表现型是基因型和环境相互作用的结果。药用植物育种目标是由数量性状构成的，因而更容易受到环境的影响。这就是说，一定的品种只适应于一定的生态条件和栽培条件，随着自然环境和栽培技术的改变，品种特性会发生相应变化。我国地域广阔，各地区气候、土壤、耕作和栽培技术条件不同，生产上存在着的问题也不完全相同，对品种的要求也相应的存在着差异。例如，西洋参在我国已有十多个省市种植，东北的主要问题是冬季温度低而又漫长，需要抗寒品种；北京主要问题是夏季温度高、干旱，需要耐热、抗旱品种；而福建的主要问题是雨水过大、病害严重，需要耐湿、抗病品种。

因此，制订育种目标时，必须对当地的自然条件、栽培方法和生产实际进行综合调查分析，分清主次，抓住主要矛盾，在此基础上再解决其他矛盾。这样才能达到有的放矢，育成的品种才能符合实际需要。

（三）育种目标要落实到具体性状上

育种目标往往不是单一孤立存在的，常常会有交叉和重叠。为了简化育种工作，育种目标应该具体化。在确定育种目标前，要对现有品种进行系统的分析，随后确定具体的选育内容。例如，进行人参抗病育种选择时，一定要指明是抗哪一种病害。当前，人参根的锈腐病

应是抗病育种的主攻方向。薏苡低产的原因有秕粒多、籽粒不饱满、有效分蘖少、高秆、采光不合理等，在具体工作中应选择其中一项或几项作为具体的选育目标，切忌笼统地提出培育高产、稳产品种。

（四）敢于创新、实事求是地考虑其可能性

培育一个新品种，往往要许多人经过长时间的同心协力才能完成。若只考虑工作困难，不敢创新，育种目标定得偏低，经过几年的工作，虽已达到了目标，但培育出的品种却已过时，不合乎生产的需要；反之，不根据当前科技水平，脱离实际提出过高的要求，虽经过努力，但所制订的目标难以实现，只好中途停止，重新制订育种目标。这些都不利于科研生产的发展。因此，在确定具体育种目标时，应该充分研究现有育种材料的可塑性，目前科学技术水平和本单位的人力、物力、财力等，提出较高的、经过努力可以达到的目标。例如，有人为了提高人参的光能利用率，想育成不搭设荫棚的新品种。这当然是生产上需要的，是件可喜的事。但是，当前的科技水平尚未达到改变阴性植物为阳性植物的能力，而且在搭设荫棚的条件下，尚未能育出比现有品种增产20%～30%的品种。因此，过早、过高地提出这样的目标是不切实际的。

总之，制订育种目标是育种工作的首要任务，应深入细致地反复调查研究，根据以上原则，制订出切实可行的综合育种目标。

三、获得优良品种的途径

确定了育种目标以后，究竟通过什么途径才能获得新品种？总结国内外的育种实践，可以将其归纳为查（种质资源调查）、引（引种）、选（选种）、育（育种）四条途径。

（一）种质资源调查

深入到药材产区，调查各地现有的药材品种，经过系统整理分析，查明各个品种的优缺点，很可能从中挖掘出尚未被人们重视的、没有充分利用的优良品种，对此即可繁殖推广，尤其是栽培历史较长的、分散面积较大的药用植物，如人参、地黄、牡丹、薏苡等，更易于成功。这是一条获得优良品种的捷径。

"查"的另一个含义就是调查野生植物资源，这对栽培历史较短的或刚刚野生变家植的药用植物意义更大，从中可发现新类型、新品种，在此基础上再加以繁殖、推广。

我国药植非常资源丰富，有栽培的也有野生的，如我们熟悉的四大怀药（地黄、山药、牛膝、菊花），广东四大药（砂仁、巴戟天、益智、槟榔），浙八味（元胡、浙贝母、菊花、麦冬、白术、白芷、温郁金、玄参），其中不乏我们所需的优良种质。调查的目的就是要从栽培和野生种中查出符合育种目标的新品种、新类型或新种。这是一条多快好省的捷径，现在越来越受到人们的重视。例如，新疆的阿魏便是很成功的例子，还有云南的美登木、罗夫木，云南古诃，广西的沉香，吉林的草丛蓉、刺人参等。

（二）引种

将外地区和外国的药用植物品种或类型引入本地，经过引种试验，取得成功后就可以在

本地推广栽培，这一过程称为引种。平时所说的"南药北移"、"北药南移"就是引种工作的实例，如云南丽江引种人参，北京引种穿心莲、浙贝、元胡等。从国外引进西洋参、西红花是一条较好的育种途径。"野生变家植"也属引种工作内容。可见，引种对药用植物生产、增加本地药用植物资源起了很大的作用。引入外地品种，经过栽培试验，从中选出适合本地自然条件、栽培技术，又优于当地品种的新品种，加以繁育推广，这也是一条培育新品种的捷径。

（三）选种

在现有的栽培群体中选择出优良的个体，经过单独培育，最后形成一个新品种，这就是选种。因为任何一个品种的群体，不会是绝对纯的，自然突变或天然杂交都有可能出现新类型，这样经过人工选择、培育，也可以选育出新品种。如浙贝母的新品种新岑1号就是从栽培群体中选育出来的。对栽培历史较长但很少进行选择的品种来说，对其选种会更加有效。

通过这条途径培育新品种有很大的潜力，因为我国栽培群体多，各地又各具特色，只要有目的地选择，很易达到人们的要求。在定向选择（即有目的的选择）过程中还有基因累积作用，由多基因控制的数量性状更为明显，故具有一定的创造性。例如，蛔蒿采用单株选择3年（1963～1965年）后，使山道年（Santonin）含量从3.21%增加到5.80%（表4-2）。

表4-2　　　　　　　　　　蛔蒿山道年含量选择效果

年份	最低含量（%）	最高含量（%）	3.0%以上株数（%）
1963	0.45	3.21	0.55
1965	2.50	5.80	90.1

（四）育种

前三条途径基本上是依靠现有的种质资源。随着生产的发展，自然种质资源已远远不能满足生产上对品种愈来愈高的要求，这样就需要人们来创新，创造出自然界没有的物种、类型，从中选育出全新的新品种。通常将人工创造新品种的过程叫育种（指狭义的育种）。人工创造新变异的手段有：有性杂交（包括近缘杂交、远缘杂交、杂种优势利用）、无性杂交、理化诱变等。从变异的材料中，再经选择和比较试验，最后培育出新品种。这样的品种往往是全新的，但是需要较多的人力、物力和财力，同时花费的时间也较长。

思考题

1. 分析有性繁殖植物的授粉方式及其特点。
2. 分析不同繁殖方式植物的遗传特点及其与育种的关系。
3. 简述获得优良品种的途径。
4. 如何根据药用植物育种的特殊性合理进行药用植物育种目标的确定和育种方法的选择？

第五章

近亲繁殖的遗传效应与品种类型

育种原始群体的利用在很大程度上决定群体遗传基础纯合还是杂合。具有不同遗传基础的品种往往采用的育种途径不同。很多育种途径如杂交育种、杂种优势利用、诱变育种等要求亲本有较高的纯合度，杂交、诱变后的群体又需要严格的纯化选育。亲本及后代的纯化选育是育成稳定品种的重要工作环节。由此可见，保证及加速亲本或后代的纯化选育作用，是保证优良目标性状遗传的关键。近亲交配是基因纯化的唯一手段，基因纯合的遗传学原理可为品种纯合选育提供理论依据。

第一节 近亲繁殖的遗传效应

一、近亲繁殖的概念

近亲繁殖（inbreeding）也称近亲交配，或简称近交，是指亲缘关系相近的两个个体间的交配，也就是指基因型相同或相近的个体间的交配。植物的自花授粉（self – fertilization）简称自交（selfing），其雌雄配子来源于同一植株或同一花朵，因而是近亲繁殖最极端的方式。回交采用杂交的原亲本做轮回交配，提供与亲本相同的遗传基础，与自交相类似，回交后代群体的基因型逐代趋于纯合，因此，也是近亲繁殖的一种方式。在自然状态下植物多为自由传粉，遗传基础是杂合的，为了培育品种和保持品种的遗传特性，需要进行人为控制进行近亲繁殖。

近亲繁殖的后代，特别是异花授粉植物通过自交产生的后代，一般会出现生活力、产量和品质下降的退化现象。但是，在遗传研究和大量育种工作中却十分强调自交或近亲繁殖，这是因为只有在自交或近亲繁殖的前提下，才能使供试的材料具有纯合的遗传组成，从而才能确切地分析和比较亲本及其杂种后代的遗传差异，研究其性状的遗传规律，获得纯合的品种，更有效地开展育种工作。

二、自交的遗传效应及在育种上的应用

（一）自交的遗传效应

植物的自交一般是指同一株植物或同一朵花的雌雄蕊授粉受精，确切地说，是基因型相同的单株的同花或异花产生的雌雄配子受精，是相同基因型的配子交配。杂合体通过自交或近亲繁殖，其后代群体将有以下几方面的遗传效应。

1. 杂合体通过自交可以导致后代基因的分离及等位基因纯合

杂合体通过连续自交，后代逐渐趋于纯合，而且每自交一代，杂合体的比例即减少一半，逐渐接近于零，但总是存在，不会消失。至于纯合体增加的速度和强度，则与所涉及的基因对数、自交代数和是否严格的选择具有密切的关系。

假设各对基因是独立遗传的，基因型后代繁殖能力相同的后代群体中纯合体频率的计算公式是 $(1-1/2^r)^n$，其中 n 代表异质基因对数，r 代表自交代数。

按照上述公式，以一对基因为例，$AA \times aa$，其 F_1 是100%杂合体 Aa，F_1 自交产生 F_2，将分离为3种基因型，1/4 AA：1/2Aa：1/4 aa。可见，在 F_2 群体中纯合体（AA，aa）占 1/2，杂合体（Aa）也占1/2。若继续自交，纯合个体只产生纯合的后代，而杂合个体则又产生1/2纯合的后代。这样连续自交 r 代，其后代群体中杂合体将逐代减少为 $(1/2)^n$，纯合体将相应地逐代增加为 $1-(1/2)^n$。

杂交体 Aa 连续自交的后代基因型比例变化见表5-1。

表5-1   杂交体 Aa 连续自交的后代基因型比例变化

世代	自交代数	基因型频率			杂合体频率	纯合体频率
		AA	Aa	aa	Aa	AA + aa
F_1	0	0	1	0	1	1
F_2	1	1/4	1/2	1/4	1/2	1/2
F_3	2	3/8	1/4	3/8	1/4	3/4
F_4	3	7/16	1/8	7/16	1/8	7/8
F_5	4	15/32	1/16	15/32	1/16	15/16
⋮	⋮	⋮	⋮	⋮	⋮	⋮
F_{r-1}	r	$(2^r-1)/2^{r+1}$	$1/2^r$	$(2^r-1)/2^{r+1}$	$1/2^r$	$1-(1/2^r)$

自交后代纯合体增加的速度，决定于异质基因的对数和自交代数。设有 n 对异质基因，自交 r 代时，其后代群体中各种纯合成对基因的个体数，可用 $[1+(2^r-1)]^n$ 表示。

例如，设有3对杂合基因，自交5代，即 $n=3$，$r=5$，则代入上式展开为：

$$[1+(2^r-1)]^n = [1+(2^5-1)]^3$$
$$= 1^3 + 3 + 1^2 \times 31 + 3 \times 1 \times 31^2 + 31^2$$
$$= 1 + 93 + 2883 + 29791$$

上列数字说明，在 F_6 群体中，一个个体的三对基因均为杂合，93个个体为二对基因杂合和一对基因纯合，2883个个体的为一对基因杂合和二对基因纯合，29791个个体三对基因均为纯合。

由此，可求得群体内纯合率为 29791/32768 = 90.91%，杂合率为9.09%。

自交后代群体中纯合率也可直接用下式估算：

$$x = (1 - \frac{1}{2^r})^n \times 100\% = (\frac{2^r-1}{2^r})^n \times 100\%$$

同样按照上述假定 $n=3$，$r=5$，则 F_6 群体的纯合率可直接估算为：

$$x = (\frac{2^r-1}{2^r})^n \times 100\% = (\frac{2^5-1}{2^5})^3 \times 100\% = 90.91\%$$

上式的应用必须具备两个条件：一是多对基因是独立遗传的，二是各种基因后代的繁殖能力是相同的。

2. 杂合体通过自交使隐性有害基因得以表现

在杂合体的情况下，隐性性状不能表现。自交对等位基因的纯合作用是相同的，所以隐性有害基因也得以同样纯合，由于隐性不利基因纯合，使得不良性状得以表现，从而导致生活力降低，表现近交衰退。同时也可以淘汰有害的隐性个体，改良群体的遗传组成。

自花授粉植物由于长期自交，隐性性状可以表现，因而有害的隐性性状已被自然选择和人工选择所淘汰，故后代一般很少出现有害性状，也不会因为自交而使后代生活力显著降低。

异花授粉植物是杂合体，隐性性状多处在显性基因遮盖而不表现。但自交后由于成对基因的分离和重组，有害的隐性性状便出现。因而异花授粉植物通过自交会引起后代群体平均值的变化，常会出现下列表现。

（1）生长量减少或发育不良，活力下降；

（2）种子产量减少或空粒多，结实量降低，繁殖力下降；

（3）适应性降低，对病虫害的抵抗力降低；

（4）出现畸形个体。

3. 杂合体通过自交后代群体分离出多种纯合基因型

两对基因的杂种 AaBb，通过长期自交必然会分离为 AABB、AAbb、aaBB、aabb 4 种纯合的基因型。这些基因型的后代群体，除发生突变以外，在遗传性状上必将分别表现稳定一致。所以，自花授粉植物连续自交，不论显性或隐性基因控制的性状都同样可以分离出许多纯合群体，表现物种的相对稳定性，这就是纯系学说的理论基础，对于选择育种具有重要意义。

（二）自交在育种上的意义

1. 连续自交培育自交系，利用杂种优势。杂种优势的大小与亲本的纯合度有直接关系，直接影响其优势的遗传和表达。亲本纯合度高，杂种一代才能有整齐一致的杂种优势表现。为此，在杂种优势利用程序中，连续自交选择纯合亲本，是杂种优势利用的关键。

2. 对各个育种方法处理的后代，能否选育出稳定的品种，同样离不开对目标单株的自交分离纯化的选择程序，只有自交才能加速品种纯合稳定及实现育种进程。

三、回交的遗传效应及在育种上的应用

（一）回交的概念

回交也是近亲繁殖的一种方式，它是指双亲杂交后的 F_1 与轮回亲本再进行杂交。一代回交表示为 BC_1 或 BC_1F_1，二次回次表示为 BC_2 或 BC_2F_1，一次回交杂种自交的子代为 BC_1F_2，二次回交杂种自交的子代为 BC_2F_2，回交 n 次称为回交 n 代，为 BC_nF_1，回交 n 次的后代自交一次表示为 BC_nF_2。具体如下。

A（轮回亲本）×B（非轮回亲本）

↓

$F_1 \times A$

↓

BC_1F_1 （回交一代）

↓⊗

BC_1F_2（回交一代的自交后代）×A

↓

BC_2F_1 （回交二代）

↓⊗

BC_2F_2（回交二代的自交后代）×A

……↓

BC_nF_1 （回交 n 代）

↓⊗

BC_nF_2（回交 n 代的自交后代）

A 是被用来连续回交的亲本，称为轮回亲本。B 是未被用来连续回交的亲本，称为非轮回亲本。

（二）回交的遗传效应

1. 回交后代的基因型和表现型频率越来越趋于轮回亲本

当轮回亲本与非轮回亲本杂交后，其 F_1 中的基因组成将各占双亲的 1/2。经一次回交后，在其 BC_1 所含轮回亲本的基因组成中，除了由轮回亲本又直接提供 1/2，还由 F_1 间接提供（1/2）/2＝1/4，二者合起来将是 1/2＋1/4＝3/4。同理，在 BC_2 中轮回亲本又直接提供 1/2，由 BC_1 间接提供（3/4）/2＝3/8，合起来占 1/2＋3/8＝7/8，余类推。BC_3 中轮回亲本的基因组成占 5/16，BC_4 中占 31/32 等。因此，杂种与轮回亲本每回交一次，其基因频率在原有基础上增加 1/2，而非轮回亲本基因频率相应的有所递减，直至轮回亲本的基因型接近恢复（图 5－1）。

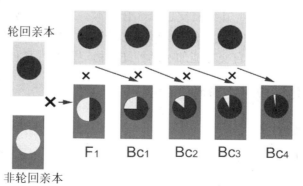

图 5－1 回交遗传效应的示意图

2. 回交和自交纯合有单向和多向的区别，回交后代的基因型严格向其轮回亲本的方向纯合

在杂合基因群体中，回交也像自交一样有增加纯合基因的作用。自交和回交其后代纯合基因型的变化频率都是 $\left(1-\frac{1}{2^r}\right)^n$（$r$ 为自交或回交的次数，n 为杂种的杂合基因对数）。但两种群体的纯合基因型并不一样。在回交后代群体中，纯合基因型是朝着轮回亲本的基因型方向发展的。所以，回交子代基因型的纯合是定向的，在选定轮回亲本的同时，就已经为回交子代确定了逐代趋向纯合的基因型。在自交后代群体中，纯合基因型是朝着多向性发展的，按照基因的分离和组合而纯合为多个基因型。

以一对等位基因为例，假定两个亲本的基因型分别为 AA 和 aa，则其杂种一代为 Aa。分别让杂种一代自交及与 aa 基因型的轮回亲本回交，结果自交后代形成 AA 和 aa 两种纯合基因型，而回交后代的纯合基因型只是一种，即恢复为轮回亲本的基因型。例如，自交 3 次，AA 和 aa 两种纯合基因型个体的频率各为 43.75%，而回交 3 次，轮回亲本 aa 一种纯合基因型个体的频率则达到 87.5%（表 5－2）。若有 n 对杂合基因，自交后代群体将分离成 $2n$ 种不同的纯合型，而回交后代只聚合成轮回亲本的纯合基因型。由此可见，在相同育种进程内，在基因型纯合的进度上，回交纯合的速度显然大于自交。

表 5－2　　　　　　　　杂合体 Aa 自交及与 aa 回交各世代基因型频率的变化

杂合基因对数 / 自(回)交次数	自交后代纯合基因型（aa）频率				回交后代纯合基因型（aa）频率			
	1	2	…	n	1	2	…	n
1	25.0	6.25	…	$\left(\frac{2-1}{2^2}\right)^n$	50.0	25.0	…	$\left(\frac{2-1}{2}\right)^n$
2	37.5	14.06	…	$\left(\frac{2^2-1}{2^3}\right)^n$	75.0	56.25	…	$\left(\frac{2^2-1}{2^2}\right)^n$
3	43.75	19.14	…	$\left(\frac{2^3-1}{2^4}\right)^n$	87.5	76.56	…	$\left(\frac{2^3-1}{2^3}\right)^n$
4	46.875	21.973	…	$\left(\frac{2^4-1}{2^5}\right)^n$	93.75	89.89	…	$\left(\frac{2^4-1}{2^4}\right)^n$
5	48.438	23.462	…	$\left(\frac{2^5-1}{2^6}\right)^n$	96.875	93.848	…	$\left(\frac{2^5-1}{2^5}\right)^n$
⋮			⋮				⋮	
r	$\frac{2^r-1}{2^{r+1}}$	$\left(\frac{2^r-1}{2^{r+1}}\right)$		$\left(\frac{2^r-1}{2^{r+1}}\right)^n$	$\frac{2^r-1}{2^r}$	$\left(\frac{2^r}{2}\right)$		$\left(\frac{2^r-1}{2^{r+1}}\right)^n$

（引自赵檀方，《作物育种学总论》，1996）

（三）回交在育种上的意义

1. 对于定型品种的个别缺点进行改良，采用回交程序比从杂交分离选择更有效，尤其是遗传力高的目的基因。

2. 回交是使转育目标性状的品种迅速恢复原优良综合性状及品种纯度最有效的方法。

第二节   纯系学说

一、纯系学说

纯系学说（pure line theory）是丹麦植物学家约翰逊（Johannsen，W. L.）在 1903 年首次提出的。为了探讨品种纯与杂的问题，他以自花授粉作物菜豆的天然混杂群体为试验材料，按籽粒大小、轻重分别进行单株 6 年的连续选择试验（见图 5-2），对选出的 19 个单株的后代株系，进行试验数据分析，发现在平均重量上彼此具有明显的差异，而且能够稳定遗传。约翰逊把像菜豆这样严格自花授粉植物的一个植株的后代，称为一个纯系。一个纯系是指从一个基因型纯合个体自交所产生的后代，即同一基因型组成的个体群。

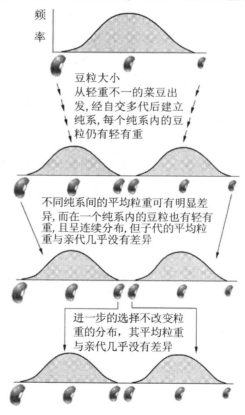

图 5-2   Johannsen 的菜豆选择实验
（引自现代遗传学教程配套幻灯片）

纯系学说是自花授粉作物选择育种的理论基础。这一理论的主要论点如下。

1. 在自花授粉作物的混杂原始品种群体中，通过单株选择可以分离出不同的纯系。这表明原品种是纯系的混合群体。通过选择把它们的不同基因型从群体中分离出来，选择是有效的。

2. 同一纯系内所有个体的基因型是相同的，如果个体间性状的差异只受环境因素的影响，是不能遗传的，继续选择是无效的。据此可将作物性状表型变异划分成遗传变异和环境变异两部分，指出选择变异的有效性与无效性，这是约翰逊对遗传育种理论的巨大贡献，奠定了作物选择育种的理论基础，也由此发展出一系列育种的选择方法。

应当指出，纯系学说也有其局限性，实际上纯系不可能百分之百纯。自花授粉植物还存在着近于5%的异交率，大多数经济性状多是数量性状，是受多基因控制的。一个个体的绝对纯合是不可能的。另一方面，纯系会由种种因素的影响而发生基因突变，使得"纯"只能是相对的、暂时的。

二、纯系学说在育种上的意义

纯系学说不仅为系统育种奠定了理论基础，为区分遗传变异和环境变异提出了有利证据，同时，也证明了自交确实导致遗传上的纯合。国内外应用这一理论在自花授粉作物育种实践上育成了许多品种。

中药材中野生引种驯化的植物群体较多，若恰好又是自花授粉作物，在漫长的自然进化中，实际上在其群体中已经分离出纯系，是一个纯系的混杂体，其实是杂中有纯。同时，药用植物的育种工作在一些植物中几乎没有开展，也就是说很少经过选择。这样，根据纯系的理论，如果人为通过单株选择或集团的多向选择，可望从自花授粉的植物群体中将已分散存在的一些纯系分离出来，这是极为有效的育种方法。

随着生长的进程及生产的新的需要，为了保存纯系品种的纯度，再对其实施选择，提纯留种，防止混杂是很必要的。

纯系学说将作物性状表型变异划分成遗传变异和环境变异两部分，指出选择变异的有效性与无效性。根据其理论，新选择的纯系很少有变异，所产生的植株在生长上的某些差异，一般只是环境因素引起的不能遗传的变异，所以对其继续选择是无效的。

纯系经过长期种植生长后，自然环境的连续作用，或一些不定引变因素引起的遗传变异的作用，使纯系群体产生可遗传变异株，对其选择则是有效的。

第三节　杂交与自交

一、杂交与自交

两个遗传组成不同的亲本交配，称为杂交（crossing，hybridization）。狭义的杂交则指分别属于两个不同自然群体的个体之间的交配，常在同种（sympatric species）之间发生。这种将同一物种不同品种间的交配称为近缘杂交。广义的杂交泛指两个遗传性不相同的个体的异系配合（exogamy），最后导致杂种的产生。而这种将不同种属间或亚种间的交配称为远缘杂交，其所形成的杂种常是不育的。在植物进化过程中，这类不育杂种可通过染色体加倍成为可育，加倍后的杂种称异源多倍体（allopolyploidy）。

自交对杂合基因型起纯合作用，杂种的杂合程度常因自交（selfted，selfbred，inbreeding）而降低，每自交一代，杂合性即降低一半。与杂交相反，自交属于同系配合（endogamy），即遗传性上十分相似的个体之间的交配。在自然界中有许多植物种有自交的倾向，如曼陀罗、豌豆等均为完全闭花授粉。最严格的自交是同一个体（基因型完全相同、为雌雄同体）的雌、雄配子受精（self – fertilization）；其他类型的自交包括同胞交配（sib – mating）与半同胞交配（half – sib mating）等。不同亲本杂交所获得的杂种，其基因的重组、分离与基因型的纯合，主要通过杂种自交而实现。因为通过自交，可使杂种后代的基因得以分离和重组，并使杂种群体中的杂合型个体不断减少，进而使后代群体中的遗传组成逐代趋于纯合，杂种后代的各个性状也就逐渐稳定。

存在自交倾向的同时，也存在自交不亲和现象（self – incompatibility）。所谓不亲和，是指有选择性地限制交配竞争的一种限制杂交的方式，它由与性别无关的一些不亲和性基因决定。不亲和性基因表达的产物大概是某些特异的识别蛋白。排斥自交时称自交不亲和性，排斥异交时称异交不亲和性（cross – incompatibility）。自然界也存在着一些植物，自交与异交都能自由地进行，如人参，称为常异交植物。

二、杂种与纯种

同一物种的高等生物常有杂种和纯种的区别。有机体含有完全相同的等位基因，就称为为纯和性（homozygosity）。具有纯合性遗传基础的群体或个体称为纯种（purebred）。如果等位基因不同就称杂合性（heterozygosity）。具有杂合性遗传基础的群体或个体称为杂种（crossbreed hybrid）。杂交（hybridization）最后导致杂种的产生，杂种随杂合等位基因的多寡而有程度上的不同。

第四节　品种类型及各类型的育种特点

由于繁殖方式、授粉习性的多样性及育种方法等方面的不同，药用植物按群体内遗传的组成不同可以将其品种类型划分为同型（homotypic）、异型（heterotypic），以及组成个体遗传的纯合性（homozygosis）和杂合性（heterozygosis），把品种分为同型纯合、同型杂合、异型纯合和异型杂合四类。

一、品种类型

（一）同型纯合类

1. 纯系品种

纯系品种（pure breeding cultivar）是由个体内基因型同质结合、个体间相同一致的一群植物组成。

纯系品种主要是从自花授粉植物群体中育成的品种，包括从自花授粉植物自然变异群体选育、杂交育种，突变育种中经系谱法育成的品种。按规定纯系品种的理论亲本系数（the-oretical coefficient of parentage）应不低于 0.87，即具有亲本纯合基因型的后代植株数应达到或超过 87%（O. Kempthome，1957）。自花授粉植物的纯系品种可直接用于生产，两个纯系品种杂交配合力高，可用于配制杂交种利用杂种优势。

2. 自交系

自交系（inbred line）主要是异花授粉植物经过连续若干代强制自交和个体株系隔离选择后所获得的纯系。异花授粉植物的自交系由于显著退化，繁殖过程中隔离困难，经常发生异交，一般不直接作为品种应用于生产，而只是作为杂种优势利用时配制杂交种的亲本使用。自交系即使最终能获得可保持一般生活力、生长发育比较均匀的群体，也难免要出现生活力衰退。因此，自交系作为品种应用时，在保证基因型一致的前提下允许适当的杂合性，也就是群体有一定的异质性。

3. 其他

自交不亲和系是严格按照自交程序转育来的，雄性不育系及其相应的保持系通常是在自交系基础上回交转育成的，因此也均属于同型纯合类型，可以用于配制杂交种。

（二）同型杂合类

1. 杂交种品种

杂交种品种（hybrid cultivar）多指用两个遗传上纯合但有相对差异的近缘亲本，在控制授粉条件下生产特定组合的一代杂种群体。各个体内基因型是高度杂合的，但群体内植株间基因型彼此相同，因此为同型性杂交种品种。

杂交种品种的理想近缘亲本是自交系，但也有采用纯系品种间杂交、自交系和品种之间的杂交。另外，杂交种品种根据亲本数、交配方式，通常命名为单交种、顶交种、三交种、双交种等。不论哪种类型均属同型性杂交种品种，均能不同程度地表现其杂种优势。

早期杂交种品种多限于雌雄异株或同株异花植物及一个果实中有大量种子的植物。后来由于雄性不育系及自交不亲和系的育成和应用，使不少单果种子和较少的完全花植株也相继育成杂交种品种。

2. 营养系品种

营养系品种（clonal cultivar）主要是指由优选的无性繁殖植物的单株或变异的营养器官无性繁殖或组织培养产生的后代群体。营养系品种尽管经过多代繁殖，产生数千的植株，但由于属于无性繁殖，没有经过有性近交交配过程，基因型没有纯化的机会，因此始终保持高度异质性，品种的任何个体都是源于原始杂和亲本的营养器官，单株繁殖形成的无性系，各个体内基因型是高度杂合的，但群体内植株间基因型彼此相同。因此，按照此方式选育的品种均属于同型杂交种品种。

在无性繁殖植物的群体中，培养的无性系经过较长时间生产使用后，会产生新的芽变，当发现这个芽变属于优良性状，并在生产上有利用价值时，就可以经过单株无性繁殖育成一个来自这个芽变的营养系新品种，这个新品种属于同型杂交类新品种。

3. 无融合品种

对于不经过雌、雄性细胞受精结合，直接由营养体细胞或未进行减数分裂的大孢子母细胞发育成的无性胚或无性种子所产生的后代为无融合品种（apomixis cultivar）。由于是在体细胞的遗传基础上经过无性繁殖产生的植物品种，该品种类型各个体内基因型是高度杂合的，但群体内植株间基因型彼此相同，因此为同型性杂交种品种。这种无性胚或无性种子具有保持杂合性的特点，因而能够固定杂种优势。用无融合生殖的方法固定品种间、亚种间、种间杂种优势的育种方法，是育种的一个新途径。

（三）异型纯合类

1. 杂交合成群体

杂交合成群体（composite cross population）或称自花授粉植物的杂交合成群体，是由自花授粉植物种内两个或两个以上有相对差异的不同纯系品种杂交后繁育而成的杂交合成群体。该群体在 F_1 中表现高度一致性，从第二代自交便开始分离，但经过 7~8 代自交及人工选择的作用下逐渐趋于纯合稳定。实际上经过若干代以后，杂交合成群体将成为多种纯合基因型的混合群体，也就是分离出一些重组的纯系，这个纯系是杂交重新合成的群体。这些纯系对变化的环境条件比自花授粉植物自身繁殖的纯系品种有较强的适应能力。

2. 多系品种

选择构成某个主基因的不同微效多基因的各个亲本，主基因的农艺性状由近等各个微效基因组成的近等基因系的改良品种，这个品种分别用回交法转移到一个优良的推广品种中，合成的品种称为多系品种（multiline cultivar），假定多系品种是由若干个农艺性状表现型基本一致而抗性基因多样化的相似品系的混合体。多系品种中的每个亲本作为对病原菌不同生理小种的抗性亲本，每年都要分别繁殖。

然后根据多系品种病原菌生理小种的变化，按照需要将有近等基因系按一定比例混合，使垂直抗性个体起到群体水平抗性的作用。但此种方法因育种周期太长，成本太高，故应用不广泛。

（四）异型杂合类

1. 自由授粉品种

自由授粉品种（free cross pollinated cultivar）多指异花授粉植物的地方品种。在生产繁殖过程中，由于异花授粉植物品种内植株间自由随机传粉，且难以完全排除和相邻种植的其他品种之间的相互传粉，所以群体中难免包括来自一些其他品种的种质。植物群体内个体间及个体内存在异型杂合类，即使通过人工选择，在植株间保持本品种基本特征的基础上，也还会存在一定程度的变异。

2. 综合品种

综合品种（synthetic cultivar）或称异花授粉作物的综合品种，是由异花授粉植物间的配合力良好又彼此相似的家系或自交系，在隔离条件下随机交配组成的复杂群体。综合品种的遗传基础是异型杂合类，无论从个体或群体来说，其遗传都具有复杂性，但它们常具有数个可代表本品种特征的性状。常异花授粉植物也可以利用雄性不育系组配综合品种，还可以利用营养系组配综合品种。一个综合品种是由种子生产区直接提供生产用种子，还是先繁殖一、二代，取决于种子的供求关系。综合品种遗传基础较广，常具较强的适应能力。

二、各类型品种的育种特点

（一）纯系品种

基因型的高度纯合和优良表现型整齐一致是对纯系品种的基本要求。根据近亲繁殖的遗传基础分析，自花授粉植物通过连续多代的自交，其杂合基因型后代会出现分离，后代中纯合基因型频率将随着代数的增加而增加。纯合基因型频率是多方向发展的。自然的长期多代纯合后，采取不同方向的集团混合选择可以同时分离多个纯系品种。如果育种是依据 1 ~ 2 个优良目标性状或优良单株进行选择，一般需采用自花授粉和个体选择相结合的育种方法。只需 1 ~ 2 次的个体选择，性状就可稳定下来，可不做授粉隔离。常异花授粉植物由于其较高的自然异交率和基因的杂合性，常采用连续多代套袋自交结合个体选择，进行纯系品种的选育。对优良基因型的鉴定筛选，促进性状向符合生产需要的方向发展并稳定地遗传下去，这是每代选择的重要技术工作。用于纯系品种选育的群体是影响选择和育种效率的一个重要因素，通常采取农家品种或在生产中经历时间较长、由突变或偶然杂交造成变异的品种群体。但是随着生产的发展和育种目标要求的提高，对纯系品种优良性状的要求也越来越高，仅靠现有品种群体及其变异类型难以实现。因此，必须拓宽育种资源，采用杂交和诱变等方法，提高基因重组与突变基因发生频率，打破不利基因之间的连锁，扩大性状变异范围，并在性状分离的群体中，进行个体连续选优，最终获得性状优良、遗传稳定的纯系品种。

（二）杂交种品种

基因型的高度杂合、性状的相对一致和较强的杂种优势是对杂交种品种的基本要求。自交系间杂交种的杂种优势最强，F_1 增产潜力最大，是目前应用杂种优势的主要形式。自花授粉植物的纯系品种间杂交相当于异花授粉植物的自交系优势利用，也是可利用的途径。杂种优势的强弱是由杂交亲本的纯合程度和配合力大小决定的。杂交种品种的育种包括自交系的选育，有些作物还包括不育系、保持系、自交不亲和系的选育及杂交组合的配组两个相互关联的育种程序。F_1 杂交种子生产的难易也是杂种优势利用的主要限制因素。因此，对影响亲本繁殖和杂交种的配制的一些具有特殊性状的亲本应加以选择。

（三）群体品种

群体内个体间基因型不一致，遗传基础比较复杂，个体内异质结合是群体品种的主要特点。群体品种可分为以下几类主要类型。

1. 异花授粉植物的自由授粉品种

异花授粉植物高异交率的特点决定繁殖过程中品种内植株间可自由传粉，也能和相邻的其他品种相互传粉，所以繁殖过程中同时存在杂交、自交和姊妹多种形式，产生的后代的个体基因型是杂合的，群体是异质的，但长期的基因动态平衡稳定存在，表现一些可以区别于其他品种的主要特征特性。对异花授粉植物的自由授粉品种，要尽可能让其在较大群体中自由随机传粉，以保持群体的遗传平衡，一般不进行选择。如果目标性状易于鉴别且遗传力较高时，可采用混合选择法进行选择。

2. 自花授粉植物的杂交合成群体

自花授粉植物两个或两个以上纯系品种杂交以后产生的杂交合成群体，在特定的环境条件下，经过若干代繁殖、分离并主要靠自然选择，逐渐形成一个分离出多种纯合基因型个体组成的较稳定的杂交混合群体。自花授粉植物杂交合成群体的纯系品种本身的表现，参与杂交的亲本数量，亲本间性状的差异及其亲缘关系，后代的种植环境和选择方法等直接影响杂交合成群体的表现水平。

3. 多系品种

若干个自花授粉植物近等基因的纯系品种的种子混合繁殖可成为多系品种。由于具有相似的遗传背景，只在个别性状上有差异，因此，多系品种在大部分性状上是整齐一致的，而在个别性状上存在基因型多样性。在抗病育种中应用是为了合成一个大部分农艺性状相似而又可兼抗多个病原生理小种的多系品种。多系品种也可用几个无亲缘关系的自交系，把它们的种子按预定的比例混合繁殖。

多系品种产量等性状的表现主要受所参与混合的纯系品种的数目、种子比例的影响。大量配制混系组合，通过鉴定可能选出产量高且稳产性好的多系品种。多系品种的选育，主要是进行多抗源平行并进的回交转育工作。以含不同抗病基因的供体亲本与同一农艺性状优良的纯系品种或品系同时进行回交育种，选育出农艺性状相似于轮回亲本而所含抗病基因不同的多个品系。根据需要，选用若干品系按一定比例组成多系品种。

（四）无性系品种

无性系品种基因型的杂合程度与作物种类及品种的来源有密切关系。自交不亲和种类的杂合程度大于自交亲和的同一作物的杂交种。无论杂合程度大小，它们的无性系品种植株间都是整齐一致的。选择无性繁殖植物的芽变，并通过营养繁殖的方法把芽变变异保留下来。这个芽变育种方式是无性繁殖植物无性系品种育种的一个有效方法，其育种程序简便可行。无性系品种还可以采取有性与无性繁殖相结合的育种方法。

思考题

1. 近亲繁殖有哪些方式？为什么说自交是最严格的近亲繁殖？自交和近亲繁殖在遗传研究和育种实践上有什么意义？
2. 杂合体通过连续自交，其后代将有哪些遗传表现？
3. 为什么说回交也是近亲繁殖的一种形式？它在遗传效应上与自交有何异同？
4. 纯系学说的内容是什么，有何重要的理论意义？
5. 植物品种可划分为哪几种类型，各具有什么特点？
6. 试述不同类型品种的育种策略和特点。

第六章

种质资源

第一节 种质资源的概念及其重要性

一、种质资源的概念

"种质资源"是农业上作物育种学经常使用的术语，种质资源（germplasm resources）又称遗传资源（genetic resources）、基因资源（gene resources）、品种资源。它是重要的生物资源，是遗传育种工作的物质基础及育种的原始材料。"种质 germplasm"一词来源于德国著名遗传学家魏斯曼（Weismann）1892 年所提出的"种质论"，是指亲代通过性细胞或体细胞传递给子代的遗传物质，是控制生物本身遗传和变异的内在因素。在遗传育种领域内，把一切具有特定的基因、可供育种、栽培及相关研究利用的生物类型总称为种质资源。它包括品种、类型、近缘种和野生种的植株、种子、无性繁殖器官、花粉、单个细胞、染色体、基因甚至 DNA 片段等不同层次的遗传物质载体。"药用植物的种质资源"广义泛指一切可用于药物开发的植物遗传资源，是所有药用植物物种的总和。狭义的"种质资源"通常是就对某一具体物种而言的，是包括栽培品种（类型）、野生种、近缘野生种和特殊遗传材料在内的所有可利用的遗传材料。在研究中我们提到的种质资源多是针对具体种而言的。例如，人参的种质资源即指包括大马牙、二马牙等农家栽培品种、野生类型等近缘种，以及西洋参等人参的远缘种在内的物种资源。

二、种质资源的重要性

在农业育种历史上，大量的实例证明，每一项重大的育种成就几乎都和新的种质资源的发现与利用息息相关。抗逆性是决定栽培作物有无产量的重要农艺性状。在育种过程中，关键的抗性种质的引入有时候甚至可以挽救一个产业，对此农业育种历史上多有报道。在 19 世纪中叶，马铃薯晚疫病曾在欧洲大流行，使整个欧洲马铃薯种植业遭受了毁灭性的灾害，很多人在这次灾难导致的饥荒中丧生。后来是利用从墨西哥引入的抗病的野生种杂交培育成了抗病品种，才使欧洲马铃薯种植业得到挽救。20 世纪 50 年代中期，美国大豆产区爆发孢囊线虫病（*Heterodero glycines* Ichinohe），导致大豆生产濒临停滞，后来，利用北京小黑豆（从中国引入）育成了抗线虫新品种，才使病害得到有效控制。对于某些物种，某一关键种质的发现，有时候会带动育种工作发生划时代的进展。以水稻为例，我国在杂交水稻育种领域之所以能取得今天如此辉煌的成果，主要是由于在 70 年代发现了野败型雄性不育籼稻种质，以及引入国外强恢复性种质，实现三系育种的结果。

与传统农业育种相比，药用植物种质资源研究工作起步较晚，由于药用植物种类繁多，多数种类在种质资源研究方面都还不够系统和深入。药用植物育种目标主要集中在提高药材产量和质量两个重点上。药材产量是栽培产业追求的重要性状指标，不同药用植物种质资源在药材产量上存在很大差异，从野生群体或者人工栽培的混合群体中，系统选育高产类型作为栽培品种，可有效地提高药材的产量。据报道，从江苏射阳药用白菊花（*Chrysanthemum morifolium* Ramat.）主产区混合群体中选育出的"红心菊"和"小白菊"，无论鲜重还是干重均显著高于"大白菊"和"长瓣菊"。从地黄（*Rehmannia glutinosa* Libosch.）栽培群体中选育出的"金状元"、"大黑英"、"小黑英"等农家品种的药材产量均比原品种产量提高1～3倍。药材质量是药用植物品种选育中最为关注的指标，不同药用植物种质资源在药材质量方面也存在显著差异。根据药用功效，系统选育药材质量优良的种或类型作为栽培品种，可从根本上有效地提高药材质量。例如，大黄是具有攻积泻下功效的重要大宗中药材，大黄属 *Rheum* 植物，在我国西北至西南地区分布多达40余种，在这40余种大黄属植物中，以《中国药典》收录的掌叶组的掌叶大黄（*Rheum palmatum* L.）、唐古特大黄（*R. tanguticum* Maxim. et Balf.）和药用大黄（*R. officinale* Baill.）3个种的泻下功效最为显著，这主要是由于与波叶组的藏边大黄、河套大黄、华北大黄等其他大黄属植物的根和根茎相比，这3个种含有具有显著泻下活性的番泻苷类成分。对掌叶组这3个种进一步比较分析发现，3个种间在泻下药效组分含量上同样存在显著差异，以唐古特大黄的含有药效组分含量最高，质量最佳，掌叶大黄次之，药用大黄最差。可见，要想实现药用植物优质高产的育种目标，就必须首先着手种质资源研究。

此外，对于濒危药用植物种类来说，收集其近缘种，评价其药用价值，对于寻找替代品、扩大药源具有重要意义。例如，冬虫夏草的近似品种亚香棒虫草、凉山虫草等在化学成分及使用上已基本等同于虫草，不少地方民间就在替用。再如，分别在云南、海南找到进口萝芙木的替代品种——国产萝芙木，并投入实际使用。因此，无论对于作物的育种改良还是药用植物的育种改良，种质资源的收集与评价工作均具有重要的价值，种质资源研究必将贯穿整个育种过程。

第二节　种质资源的类别及其利用价值

狭义的种质资源是针对具体物种而言的。以某一物种为对象，根据种质资源的来源、育种改良程度、亲缘关系和育种价值不同，可将种质资源划分为不同的类别。合理划分药用植物种质资源的类别，正确掌握不同种质资源具备的特点，对于科学利用种质资源，根据育种目标整合优良性状组合，快速达到育种目标具有重要的意义。

一、按来源分类

根据种质资源的来源不同，可以将种质划分为本地种质资源、外来种质资源和人工创造的种质资源。

1. 本地种质资源

本地种质资源是指某栽培药用植物原产地分布的种质资源。本地种质资源是药用植物育种工作最基本的原始材料,包括当地自然条件下经过长期自然选择和人工选择培育而成的品种、农家品种和其他各种栽培类型。本地种质资源的特点主要表现为,对本地区生态环境具有很强的适应性,但是和外来品种相比,有时候也存在产量低的缺点。

2. 外来种质资源

外来种质资源是指从国外或者国内原产地以外的地区引入的药用植物品种和类型。外来种质资源往往是由于在产量或质量上具有突出表现,或有其他方面的特殊用途需求而被引进,但是由于生态环境的改变,外来种质资源引入本地后往往适应性较差。应用外来种质作为杂交亲本,以本地种质资源做母本进行导入杂交,丰富本地品种的遗传基础,改良其在某方面的生产性能,是常用的育种方法。部分外来种质经过在本地长期引种选择后,有时候也表现出很好的适应性。20世纪70年代初以来,我国从世界90多个国家、地区、国际组织引进各类作物种质11万多份(次),经过试种鉴定,有的直接或间接利用。例如,自1975年以来我国已先后在北京、吉林、辽宁、山东、河北、陕西、湖北、湖南、黑龙江等地区成功推广引种原产于美国和加拿大的西洋参。很多种质资源已进入国家种质库进行保存,极大地丰富了我国药用植物的种质资源库的资源。我国利用引进外来的种质资源进行作物改良育种已经取得了丰硕的成果。

3. 人工创造的种质资源

尽管自然界现存的种质资源种类丰富多彩,但其性状特点是以种群生存为第一需要,在环境条件选择下形成的,其中符合现代育种目标要求的理想种质资源是有限的。现代植物育种,除应充分发掘、搜集、利用各种自然种质资源外,还应以现有植物种质资源为材料,通过人工杂交、现代生物技术手段(基因工程、体细胞杂交、染色体工程等)、嫁接、辐射诱变等手段,人工改良创造出新型的种质资源。人工创造种质资源的目的是为了获得综合更多优良性状的品种,或创造出全新的类型,以不断丰富种质资源。这些种质虽不一定能直接应用于生产,但却是培育新品种或进行有关理论研究的珍贵资源材料。

在农作物育种研究中,人工成功创造的种质资源已经不胜枚举。福建省农业科学院杂交育成的三系杂交稻恢复系明恢63(IR30×圭630),是我国人工制恢中取得的第一个优良恢复系的研究突破。其恢复力强、恢复谱广、配合力好、综合农艺性状优良、抗稻瘟病、制种产量高。它既是我国杂交水稻组合配组中应用最广、持续应用时间最长、效益最显著的恢复系,又是我国新恢复系选育中贡献最大的优良种质。20世纪90年代,国内外利用转基因技术培育的转BI基因、CPTI基因抗虫棉广泛推广,基本解决了长期困扰棉花生产的鳞翅目害虫(棉铃虫、红铃虫)的危害问题。

在药用植物方面,近年来我国也进行了大量的尝试,特别是有关多倍体育种方面的报道较多。第二军医大学乔传卓教授利用染色体加倍技术培育出了板蓝根高产优质多倍体新品种;中国药科大学利用生物技术培育出了多倍体优质丹参新品系61-2-22,经测定其有效成分含量比对照者高70%~100%。随着现代生物技术的发展,人工创造种质资源的能力日益增强,人工创造的种质类型也更加丰富,这些种质在现代植物育种中将发挥更加重要的作用。

但是人工创造的药用植物新种质在应用时需要注意，如果单纯作为某类药用活性成分的提取原料，无论是转基因品种，还是染色体加倍品种、杂交品种都不存在问题，只要目标药用成分的产量高，就是优良的种质。而如果作为中药饮片使用，在现阶段则存在很大质疑，中药材很注重基原的道地性，应用现代生物技术改良过的种质，在没有经过毒理实验验证、严格审批的前提下，是不可以直接应用的。

二、按育种改良程度分类

药用植物优良品种选育包括选种和育种两个过程，首先是从现有的天然种质中系统选育优良类型，并培育成品种，然后通过对现有类型的杂交改良等措施，进一步培育成新品种。因此，任何育种过程都包括从野生变家种、从混杂到纯和、从天然种质到人工创造种质的过程。根据育种改良程度的不同，可将种质资源分为野生种质资源、原始栽培类型和人工选育的品种3类。

（一）野生种质资源

野生种质资源是相对于人工驯化栽培品种而言的，是野生的还未经人们选育栽培的植物种质资源。相对于已经通过驯化选育的栽培品种，它们是在特定自然条件下，经过长期的自然选择而形成的，往往蕴藏着更为丰富的遗传基因，如顽强的抗逆性基因、独特的品质基因、显著的高产基因等，是培育新品种的宝贵的遗传材料。目前，绝大多数药用植物均为野生状态，积极开展药用植物野生种质资源的考察、鉴定，筛选优良的种质资源，培育成栽培品种，是今后药用植物种质资源研究工作的重点。

（二）原始栽培类型

原始栽培类型指具有原始农业性状的类型，大部分为现代栽培植物的原始或参与种。不少原始栽培类型已经灭绝，如今往往要在人们不容易到达的地区才能搜集到。原始的栽培类型对本地区的气候条件适应性更强，是难得的育种材料。

（三）人工选育的品种

1. 地方品种

地方品种指未经现代育种手段改良修饰，而在局部地区内长期栽培留种过程中形成的品种，是长期自然选择和人工选择的结果，又称农家品种。地方品种对于栽培地区的生态环境具有很强的适应性。在所产商品质量方面，农作物和药用植物对地方品种的认知稍有差异。在农作物方面由于地方品种未通过现代育种手段改良，在品质和产量上有时候会存在一定缺陷，常常会因为优良新品种的大面积推广而被逐渐淘汰；而对于中药材而言，由于强调"道地性"，很多地方品种是品质和产量俱佳的优良种质。例如，如四大怀药中的怀地黄，其外形大，而且梓醇等有效成分含量高。我国幅员辽阔，地势复杂，气候多样，农业历史悠久，具有丰富的地方品种资源。地方品种的收集和保存是种质资源征集的重要内容之一。

2. 主栽品种

主栽品种是指在当地大面积栽培的经现代育种手段育成的优良品种，既包括本地育成的优良品种，也包括从外地（国）引种成功的优良品种。它们既具有良好的经济性状，同时又具有良好的适应性，一般被用作育种的基本材料。

三、按亲缘关系分类

根据种质资源与某一物种的亲缘关系，可以将种质资源分为野生近缘种和种内变型两大类。

（一）野生近缘种

野生近缘种是栽培植物的祖先或与之遗传关系较近的野生种，它们生于自然植被中或作为杂草生于田间，由于长期在自然逆境中生存，而多演化为携带抗病、抗虫、抗逆性基因的重要载体，有的还含有细胞质不育、无融合生殖及其他有用的特殊生殖生理和生长发育基因等，可供育种家利用。国内外利用野生近缘种基因育成高产优质作物品种的例子不胜枚举。据不完全统计，1949～1992 年，我国有 41 种作物利用这些优异资源，育成 5000 多个新品种，为高产、优质、高效农业作出了贡献。目前，多数药用植物以野生来源为主，部分种类处于野生变家种阶段，加大近缘野生种的保护力度，对于保持丰富的遗传基因资源具有重要意义。

（二）种内变型

种内变型可大致分为两大类，一类是由于地理变异作用而形成的地理生态型，另一类是由于遗传漂变作用形成的种内变异类型。地理生态型是同一物种在截然不同的生态环境下长期生活，由于自然选择作用而导致变异（地理变异）形成的种内变异类型。由于某种随机因素，某一等位基因的频率在群体（尤其是在小群体）中出现世代传递的波动现象称为遗传漂变（genetic drift），也称为随机遗传漂变（random genetics drift）。由于中性突变对生物的生存和繁殖没有影响，自然选择对它们不起作用，它们在种群中的保存、扩散、消失完全随机，因此，可以称这样的种内变异类型为随机变异类型。无论是地理变异还是随机漂变，都会增加物种的遗传多样性，都有可能在变异中诞生优良遗传基因。地理生态型和随机变异类型都是重要的育种材料。在良种选育的初期，可以首先从地理变异入手，为拟推广地区筛选出优良的种源地，或从野生或栽培混杂群体系统中选育出优良的随机变异个体，培育成栽培品种，这样可以在短时间内快速取得遗传改良效果。

第三节　种质资源的收集与保存

种质资源的收集与保存是保护物种遗传多样性的有效手段，同时还可以为进一步的种质资源评价奠定物质基础。与农作物相比，药用植物种质资源收集与保存工作要远远落后，一些属于药食兼用的品种（如荞麦），还有一些药油兼用的药用植物品种（如红花），相对具有一定的工作基础，表 6-1 是国际红花种质资源收集和保存的统计资料。美国建立了美国国家植物种质系统（National Plant Germplasm System），收集和保存了 218 科 1991 属 12276 种共 477393 份种质材料，分布在 29 个种质库，在植物种质资源收集和保存方面做了突出的贡献。其中，红花种质资源保存在西部地区植物引种站种质库（华盛顿州，Pullman），其他药用植物种质资源保存在中北部植物引种站种质库（爱荷华州，Ames），已收集和保存了斑鸠菜属、大戟属、金丝桃属、萼巨属、藜属、苋属、向日葵属、亚麻属、紫苏属、紫锥菊属和伞形花科植物种质资源累计 1 万多份。

表 6-1 主要国家红花种质资源收集和保存统计

国家	保存地点	保存期限	种质（份数）	主要来源
印度	红花项目协调机构,Solapur 市	（缺）	7525	印度各地 4630 份,其他 44 个国家 2895 份
中国	国家植物遗传资源局,新德里	长期	2393	印度及其他国家
	中国农科院,北京	长期	178	中国各地
	新疆农科院,乌鲁木齐	短期	2650	52 个国家
	云南农科院,昆明	短期	2784	42 个国家
	北京植物园,北京	短期	2071	40 个国家
美国	农业部国家种子贮藏实验室	长期	1964	美国及其他国家
	西部地区植物引种站,Pullman 市	中期	2288	美国及其他国家
墨西哥	国家农业研究院,Iguala 市	中期	1504	印度 791 份,其余来自其他 22 个国家
俄罗斯	瓦为洛甫植物产业研究所,St. Petersburg 市	中期	429	41 个国家
埃塞俄比亚	植物遗传资源中心,Addis Ababa	短期	197	本国各地
德国	联邦栽培植物育种研究中心,Braunschweig 市	长期	123	30 个国家

（根据 Zhang Z, Johson RC. 1999. IPGRI Safflower germplasm collection directory. 整理）

一、种质资源的收集

（一）种质资源的收集范围

综合上述种质资源类型划分结果，种质资源的收集范围按层次列举应该包括以下几种。

1. 野生近缘种

野生近缘种包括同属植物或者同科植物。例如，在主要收集"桔梗"的同时，顺便收集荠苨、沙参等种；在收集黄芩种质资源时，顺便收集滇黄芩、中甸黄芩；在收集甘草种质资源时，顺便收集胀果甘草、光果甘草、黄甘草等。

2. 地理生态型

地理生态型包括生态环境和水平距离存在很大差异的群体。例如，海拔相差 1000m，完全不同的土壤类型，阴坡与阳坡，水平距离在山区相距水平距离超过 50km，草原相距 100km 都可初步作为不同的种质来收集。

3. 随机变异类型

随机变异类型包括生长特性和药用组分构成存在显著差异的变异个体。由于野外不能很好地对药用组分的种类和含量进行即时测定，一般根据外观质量性状的形态来辨别，如根据植物的花色（桔梗的白花与紫花，重瓣与单瓣等）、叶片形态（甘草的叶缘平展与叶缘波状等）等质量性状存在变异确定变异类型。

4. 栽培品种

国内外栽培品种中的新、老品种和地方栽培品种，特别是地方品种中包含有很多将被淘汰的"濒危品种"。

（二）种质资源的收集方法

种质资源的收集主要通过两种方法：一是调查收集；二是种质交换征集，即通过向外地或国外有偿或无偿征集，或育种工作者（含种质资源机构及育种单位）彼此交换或到野外实地考察收集。其中，调查收集是主要的收集方法，种质调查的过程与方法如下。

1. 相关资料的收集与整理

在开展种质资源调查之前，必须详尽地收集该物种的相关资料，充分熟悉该物种及其近缘种的种类、分类特征、资源分布、居群数量、时空动态变化及其生态学和生物学特性，为下一步的调查收集计划的制订奠定基础。具体资料包括以下几种。

（1）植物分类学资料

植物分类学资料主要是《中国植物志》和地方植物志，明确该物种及其近缘种的形态分类学特征，以保证能够在现地正确鉴别物种，准确确定种质资源的属性。

（2）资源地理分布资料

资源地理分布资料主要通过查阅《中国中药资源》《中国中药资源志要》《中国常用中药材》《中国中药区划》和《中国中药资源地图集》，以及地方中药志等资料，特别是《中国中药资源地图集》具有很好的参考价值。

（3）拟调查地点资料

目的是收集相关自然气候、地质土壤、植物分布，以及当地的农业生产、人口组成和社会经济情况，最好能够收集到当地的地形图、林相图、植被图、草场图、航空片、卫星片等图像和有关的文字资料。这些资料对于到现地开展工作具有很好的指示作用。例如，我们通过上述资源分布资料的收集，明确了某县有该植物分布，但是也许该县行政区划范围很大，如果我们得到该县的植被图，就能很好地明确需要调查的重点区域。

（4）拟收集物种的相关资料

拟收集物种的相关资料主要包括拟收集物种的生物学特性，包括该物种的物候期和繁殖特性。例如，何时为花期，何时为结实期，是以种子繁殖为主还是可以用根茎进行无性繁殖。根据这些资料我们可以确定最佳的调查时期，做好种质收集保存器物的准备。此外，需要明确该物种的濒危程度和保护级别，这样可以明确我们的收集是不是违背濒危物种保护法，收集工作是不是需要向某些部门做专门申请等。

总之，前期资料的准备是事关种质收集成败的大事，现地调查工作启动前，必须将这些材料收集齐装订成册，并认真阅读。如果不十分清楚拟收集种及其近缘种属的分布范围，就无法正确设计调查路线和调查范围；如果不明确拟收集种及其近缘种的形态分类特征，就可能会将其变种甚至近缘种误当作是该种的变异类型而收集；如果不明确该种的花期，就无法选择适合的调查时期，而导致无法准确地在现地对拟采集样品的种作出准确判断。

2. 调查收集计划的制订

（1）确定调查范围和调查路线

本着覆盖该种核心分布区，并顾及某些特殊生态环境地区的原则确定调查范围，本着到达调查地点时期刚好正值该种的花期的原则，设置调查路线，以保证最精确地鉴定物种，最大限度地收集到该种基因资源，建立核心种质库。

（2）调查队伍的组织与培训

广布种由于分布范围大，无法由一个调查队在一年内完成，因此，往往需要同时组织多个调查队开展调查工作。调查队人员数量根据具体情况确定，要保证每个队有一名有调查经验的人做组长，组内成员要固定，合理分工，协同工作。为了保证收集工作的一致性，在调查工作开始前，要组织培训和就近实地演练。内容包括如何正确识别该种、界定变异类型的标准、繁殖材料收集保存的规范、标本制作规范等。

（3）调查物品的准备

准备相应的调查工具、仪器、保存器等考察设备，如挖掘工具、枝剪、标本夹、固定液、GPS、PCR样品袋、种子袋、无性繁殖材料包装盒等；还要准备调查参考和记录物品，包括调查手册和调查表格。调查表包括种质类型生态环境记录表、种质类型形态特征记录和种质材料登录表。以甘草种质调查为例，具体说明如下。（表6-2，表6-3，表6-4）。

表6-2   种质类型生态因子记录表（部分）

类型代号：				采样地点：				
地形地貌：				坡 向：			坡 位：	
土壤盐碱化程度：（无、轻、较重、重）				海拔高度：			水分条件：	
植被状况：				水分条件：			样方规格：	
土壤名称：			母质类型：				其 他：	
土层代号	层位（cm）	颜色	石砾含量（%）	质地	结构	根系分布（cm）	有无石灰淀积物	枯落物（cm）	其他

表 6 – 3　　　　　　　　**甘草类型标准株形态特征调查记录表（部分）**

调查日期：_____　调查人：_____　调查地点：_____

类型编号：			
地上茎生长状况	叶生长状况	花、荚果和种子生长状况	根和地下茎生长状况
平均地径_____ cm	复叶长_____ cm	花序类型：	根　皮 （粗糙、光滑） （红褐、黄褐、灰褐、黑褐）
平均株高_____ cm	小叶_____ 枚/复叶	花序生（_____叶至_____叶）	
茎横切面_____形	小叶（黄绿、灰绿、墨绿）	花序（单、双共_____枝）_____朵花/序	
茎皮颜色 （绿、黄绿、灰绿、褐绿、红、淡红、紫、淡紫、斑紫_____）	小叶（大、小、皱、平） 小叶长_____ cm 宽_____ cm 顶叶长_____ cm 宽_____ cm	花序长_____ cm 花序（集中、松散） 花冠 （黄色、白色、紫色、紫红色）	根横切面 （淡黄色、金黄色）
被附物 （白色、黄色、褐色、_____） （柔毛、腺点、刺毛、_____） （密集、中密、稀疏、无）	叶表 （白色、黄色、褐色、_____） （柔毛、腺点、刺毛、_____） （密集、中密、稀疏、无）	花萼 （黄色、白色、紫色、紫红色）	根横切面_____形
侧枝数量_____根	叶背 （白色、黄色、褐色、_____） （柔毛、腺点、刺毛、_____） （密集、中密、稀疏、无）	果荚 （线形、镰刀形、波状、环状） （扁、膨胀、念珠状_____）	横生茎皮 （粗糙、光滑）
侧枝生（_____叶至_____叶）	叶缘 （全缘、锯齿、平、皱）	每荚最多_____粒 每荚实有_____粒 果荚长_____ mm 果荚宽_____ mm	横生茎皮 （红褐、黄褐、灰褐、黑褐）
一级侧枝长度_____ cm	叶脉 （互生、对生、深陷、平整）	种粒 （暗绿色、褐绿色、褐色、黑色） （球形、扁圆形、肾形____） 种粒长_____ mm 种粒宽_____ mm 种粒厚_____ mm	横生茎节间_____ cm

表 6 – 4　　　　　　　　　　　**种质材料登录表**

序号	采集时间	种质代号	标本	无性材料	成分分析样品	种子	PCR 叶样	相片	备注

（4）其他准备工作

除上述调查所用物品外，还需要为调查组成员准备野外生活用品，购买人身意外保险，建立通讯录，确定定期安全汇报制度，确定样品邮寄和接送保存规范等工作。

3. 现地调查与收集

主要是落实制定的调查计划，进行现地调查收集。由于收集的资料和实地情况可能会存在一定的差距，在调查时要时刻注意现地信息的收集，并根据收集到的具体信息，随时调整调查样点和调查路线。此外，收集样本要有代表性和一定的数量，自交的草本植物至少要从50株上摘取100粒种子，而异交的草本植物至少要从200~300株上各取几粒种子。收集的样本包括植株、种子和无性繁殖材料。更要注意的问题是，为了确保收集到的种质材料能够很好保存，调查途中要注意晾晒标本、种子，无性繁殖材料要做好保湿、保活工作。等收集到的材料达到一定数量，要及时将材料寄回收集地，妥善处理保存。

4. 总结整理阶段

考察结束后要撰写考察报告。报告内容应包括：①考察范围的自然环境和种质资源类型；②种质资源种类、数量、分布及其标本、照片、图表等；③新变异类型、独特的经济价值高的种质资源的详细介绍资料；④考察收集的重点、种类及其开发利用和保护对策等。

调查结束后，应将收集的样品对现地原始记录进行核对整理归类，按照本单位制定的编号方法，给予统一的登记和编号。将每份材料记录的分类学信息和产地生态环境信息，以及其他现地获得的信息输入种质信息数据库保存，纸质材料整理归档，为种质保存和研究提供依据。

二、种质资源的保存方法

种质资源保存（germplasm conservation）是指利用天然或人工创造的适宜环境，使种质资源延续和不流失的人为方式，包括对植株、种子、花粉、营养体、分生组织和基因等遗传载体的保存。种质资源保存的目的是保存一定样本数量具有生活力，并保持原有的遗传特性的种质材料。为了实现种质材料的长时间保存，必须根据种质材料的特点，采取合理的保存方式，提供适宜环境条件。种质资源保存的手段和方法很多，通常可以分为以下几类。

（一）种植保存

种植保存是通过建立种质资源圃，将收集到的种质资源的种子或无性繁殖栽植保存的方法。具体原则可以根据以下几方面来考虑。

1. 生态环境的适宜性

种质资源圃的设置地点，应选择在气候和土壤等各方面均与其自然分布区或拟引种推广地区相似，并具有很好的代表性的地区。

2. 保存数量合理

栽种的株数应根据采集样品的数量及育种对资源数量的要求而定，既要有利于研究和保存，又不至于占地过多。

3. 株行距配置

株行距根据不同种的地上部分冠幅的大小，以及地下部分根或根茎的横向延伸能力确定，原则上避免地下根茎相互串连，导致种质混杂。同时，也要避免地上或地下部分发生严重的营养竞争。

4. 板块划分

为了管理便利，种植保存的保存圃在建设过程中，可首先将种质按照一定的规则进行区块划分。例如，根据入药部位不同分类，分为地下根茎类药材种质、全草类药材种质、果实类药材种质、皮类药材种质。或者根据植物亲缘关系划分，然后在区块内部，再按植物的种分区保存。

5. 交通比较方便

为了利于材料交流和农用物品的运输，最好选择交通方便的地段。

（二）贮藏保存

1. 种子的保存

影响种子贮藏寿命的主要环境因素有，保存场所的空气相对湿度和温度，以及贮藏环境中的氧气、二氧化碳、光和高能射线等。贮藏种子的最佳条件是低温、干燥、密封及黑暗的贮藏库。先进的保存方法多利用现代化制冷空调技术，建立具有低温干燥贮藏条件的种质库，植物种子经正常干燥脱水后贮于低温种质库，长期保存而维持其生活力。目前我国已建成了两座长期种质库（−10℃以下），十多座中期种质库（0℃～10℃）保存种质资源。目前，中国协和医科大学药用植物研究所已经在着手构建药用植物种子库。

2. 无性繁殖材料的保存

药用植物的无性繁殖材料主要有枝条、根茎、块茎、球茎、茎尖等。通常短期贮藏，常用木质化的枝条在低温 −2℃～2℃ 和相对湿度 96%～98% 条件下暂时保存供繁殖用。

3. 离体组织培养物保存

离体组织培养物保存主要采用组织培养的手段，利用某些植物的器官、组织、细胞及花粉等，在一定的培养基和培养条件下保存，以后能重新生长分化成新组织，生长成完整的小植株。通过组织培养来保存种质资源具有很多优点，它容易控制生长环境条件，且不受季节或区域的限制，又便于大量繁殖药用植物，还可以消除植株的病毒感染，培养无病毒植株等。但是，并不是所有的药用植物都很容易通过组织培养进行扩繁。我国科学工作者在植物组织培养方面做了大量的工作，据不完全统计，目前用组织培养方法成功地获得试管苗的药用植物约有 200 种，如当归、白及、紫背天葵、党参、菊花、山楂、延胡索、浙贝母、番红花、龙胆、条叶龙胆、川芎、绞股蓝、人参、厚朴、枸杞、罗汉果、三七、西洋参、桔梗、半夏、怀地黄、玄参、云南萝芙木、景天、黄连等。

4. 基因文库保存

基因文库技术（Gene library technology）是抢救和长期安全保存种质资源的有效方法。这一技术的要点是用人工方法从植物中提取大分子 DNA，用限制性内切核酸酶将 DNA 切成许多 DNA 片段，再通过载体把 DNA 片段转移到繁殖速度快的大肠埃希菌中，通过大肠埃希菌的无性繁殖，增殖成大量可保存在生物体中的单拷贝基因。当我们需要某个基因时，可以通过某种方法去"钓取"获得。有人把基因文库叫做基因银行，这样建立起来的基因文库不仅可长期保存该种类的遗传资源，而且还可以反复培养繁殖、筛选，来获得各种基因。

第四节　种质资源的评价及信息系统的建立

科学的种质资源评价及标准化的种质资源信息数据库的建立，是应用种质资源创造新品种，取得遗传改良效果的有效保障。在果树方面，自 20 世纪 80 年代以来，国际遗传资源研究所 IGRIP（原名国际植物遗传资源委员会 IBPGR）先后编制和发表了苹果、梨、桃、李、扁桃、樱桃等果树种质资源评价系统，首次为各国资源工作者提供了一个作为性状描述的国际版本，并成为全球性普遍接受和理解的果树种质资源评价国际标准。我国在 1990 年出版了《果树种质资源描述符》，农作物种质资源评价工作的标准化也非常成熟。这些都为我国果树及农作物种质资源工作的评价进程起到了积极的推动作用。目前药用植物种质资源描述规范制定工作也已经启动，采用规范化的标准对收集种质资源的抗逆性、生产性能、药材质量，以及生态防护效能进行科学的评价，对于合理利用药用植物种质资源，定向培育优良的栽培品种具有重要的意义。

一、种质资源的评价内容及鉴定方法

（一）植物抗逆性

1. 评价内容

评价内容主要是药用植物的非生物性胁迫和生物性胁迫的敏感性。非生物性胁迫敏感性主要指种质对于干旱、水涝、盐碱、瘠薄、低温、高温、遮阴等不良环境条件的耐受性。生物胁迫敏感性指种质对病虫害等生物侵害的耐受性。在进行种质资源评价的过程中，除了要特别关注其经济性状外，种质对不良环境和病虫害的耐受性也是至关重要的指标。因为即使某些种质的经济性状很好，如果在耐受性方面表现较差的话，其经济性状也无法正常表现出来。

2. 鉴定方法

种质资源对非生物胁迫和生物胁迫的耐受性，即种质的抗逆性可以通过田间鉴定、温室鉴定、离体鉴定和分子标记鉴定四种主要方式进行。

（1）田间鉴定法。田间鉴定法比较适用于非生物胁迫敏感性的评价，可采用田间对比试验的方法，设置不同的胁迫因素和水平，如设置不同的干旱处理、不同的盐碱处理。通过调查分析，对不同种质的耐受性进行评价。而对于生物胁迫敏感性采用这种方法，只适合于病害流行年份在资源圃内调查鉴定。通常限于自然发病，不适于人工接种，因为人工接种易造成病害蔓延的不良后果。

（2）温室鉴定法。温室鉴定法主要适用于苗期鉴定，优点是容易控制环境条件，节约空间，保证有较大群体，并可充分利用时间延长鉴定时期。但是被鉴定植物在苗期和成熟期的抗性一致时才适合采用此方法。

（3）离体鉴定法。离体鉴定法适于生物胁迫敏感性评价，并且要求植物在水培条件下，枝条能较长久地维持其正常的生活力。通常采用人工接种法，如压尖法、皮下注射法、针刺法、幼茎短截滴液法、去叶滴液法、悬浮叶浸泡法等接种方法，对水培植物进行病菌接种，观察其敏感性，作出耐受性评价。

（4）分子鉴定法。用已发现的抗干旱、抗盐碱胁迫基因，或抗病虫害基因为参照，设计特异性引物，进行特异性扩增，根据特异性条带的有无，或根据扩增获得特异性基因的序列，对其抗逆性作出评价。由于目前发现的抗性基因有限，此方法应用很受限制。

（二）生产性能

1. 评价内容

药用植物属于农业中的特种经济作物的范畴。因此，对于药材生产产业来说，短期快速高产仍然是其追求的主要目标。这也就暗示，药用植物的生产性能指标包括两个要点，一个是生产周期，一个是药材产量。其中生产周期是药用植物从播种到能够生产合格的药材所需要的时期。而药材产量则指药材经产地加工后，可合格入药部分的单位面积干药材产量（kg/亩）。

2. 鉴定方法

（1）田间鉴定法。可采用拟推广种植地区田间栽培对比试验的方法，设置产量测定样方，分年度采收（对于多年生药用植物），评价药材质量，待检测药材质量合格后，比较不同种质所需时间的长短，同时统计药材的亩产，比较合格药材的常量，最终对种质的生产性能作出评价。此方法比较符合生产实际，但是存在需要时间长、占用土地面积大的问题。

（2）生理鉴定法。主要应用于药材产量的评价，基于植物的光合性能与其生产性能成正相关，因此，可以借助光合仪，提前测定药用植物的光合性能，预测其生产性能。光合指标可以选取光响应曲线、CO_2 响应曲线、不同生长阶段的光合日进程等，为了避免单片叶子的测定光合值的片面性，可以采取多选择叶片样本，以及测定植株群体光合的方法来保证代表性。此方法比较适合生产性能的评估，但是需要深入了解光合性能和药材产量的相关性，才能得到准确的评估结果。

（3）分子鉴定法。对于已经明确与药材产量相关的特异性基因标记的物种，可以采用分子标记法，应用 AFLP 技术、特异性测序技术、基因芯片技术，检验其中特意的条带标记或特异性序列，从而对其生产性能作出评价。但是由于目前还未见有药材高产基因的报道，故此法有待于在未来分子生物学研究基础坚实后应用。

（三）药材质量

1. 评价内容

药材质量性状包括外在质量指标和内在质量指标两类。外在质量指药材的外观质量特征指标，如根类药材的芦头粗度、药材断面的颜色、粉性等指标；内在质量包括药用活性成分的定性和定量指标，定性指标多采用指纹图谱法，定量指标包括药用活性成分种类、比例和含量等。

2. 评价方法

可通过布置田间栽培对比实验，应用下面的方法进行鉴定。

（1）外在质量的鉴别。以药材现行的商品规格为依据，进行药材分级；根据不同药材等级的比例值，对药材质量作出评价。以甘草为例，其商品规格根据根的粗度来划分（见表6-5），在评价时可以根据各种质所产药材的根的粗度规格，进行商品分类，然后统计各等级甘草的产量比例，作出外在质量评价。

表6-5　　　　　　　　　　甘草药材商品等级划分标准表

等级划分	长度 cm	顶端直径 cm	性状描述
大草统货	25~50cm	2.5~4cm	黑心草不超过总重量的5%，无须根、杂质、虫蛀、霉变
条草一等	20~25cm	1.5~2.5cm	间有黑心，余同大草
条草二等	20~25cm	1~1.5cm	单枝顺直，间有黑心，余同大草
条草三等	20~25cm	0.7~1.5cm	单枝顺直，间有黑心，余同大草
毛草统货	不分长短	0.5~0.7cm	去净残茎，不分长短，无杂质、虫蛀、霉变

（2）化学质量评价。药用植物培育目标主要有两种，一是生产提取某种药用活性成分的天然药物原料，二是生产用于中药或者汉方药的组方原料。培育目标不同，采用的评价方法也略有不同。

①化学成分指纹图谱法。化学成分指纹图谱指采用光谱、色谱和其他分析方法建立的用以表征药用植物化学成分特征的指纹图谱。目前，光谱常用的是红外光谱（IR）和近红外光谱（NIR）。色谱常用的是薄层色谱（TLC）、气相色谱（GC）、质谱（MS）、高效液相色谱（HPLC）和毛细管电泳（CE）。其中 HPLC 目前被认为是最常用的方法，此法适用于作为中药原料的种质评价。鉴于很多中药材品种与其中药功效相关的组分尚未明确，在药材质量评价的时候，可以采用此法进行定性的评价。以甘草为例，由于传统甘草商品来源于野生甘草资源，因此，可以首先建立野生甘草商品的标准指纹图谱，然后建立不同种质甘草的指纹图谱，将图谱与野生甘草商品的指纹图谱进行相似性分析，根据相似度对药材质量作出判别。

②有效成分含量。有效成分含量即对目标成分的含量进行测定，此法最适用于作为植物药提取原料的种质质量评价，以目标成分含量高的种质质量为佳。

（3）药理学评价。药理学评价是评价药用植物种质资源药材质量的最有参考价值的手段。例如，对于大黄的攻积泻下功效，可采用动物实验对各个种质的泻下作用进行评价。但是由于目前很多中药功效的没有明确的药理学模型，此方法的应用受到了很大限制。

（四）生态价值

1. 评价内容

鉴于药用植物本身的多用性特点，除上述经济性状外，还包括观赏性、生态防护性、用材等方面经济性状。例如，芍药除药用外还是非常重要的观赏花卉，甘草除药用外还是防风固沙的重要植物，黄檗除药用外还可以作为木材使用。因此，在进行药用植物种质资源经济性状的综合评价过程中，评价指标的选择要把握住药用性状的重点，同时还要综合考虑其他方面的经济性状。

2. 评价方法

通过布置田间对比实验，按照观赏园艺学、水土保持学等领域的评价方法进行评价。

二、种质资源信息系统的建立

建立药用植物种质资源信息系统，可以实现国家对药用植物资源信息的集中管理，克服资源数据的个人或单位占有、互相保密封锁的状态，使分散在全国各地的种质资源变成可供迅速查询的种质信息，为育种研究工作者和生产者全面了解作物种质的特性，拓宽优异资源和遗传基因的使用范围，培育丰产、优质、抗病虫、抗不良环境的新品种提供了新的手段，为作物遗传多样性的保护和持续利用提供了重要依据。

（一）种质资源数据的目标与功能

种质资源数据包括种质考察、引种、保存、监测、繁种、更新、分发、鉴定、评价和利用数据，植物品种系谱、区试、示范和审定数据，以及作物指纹图谱和 DNA 序列数据，其主要目的是为领导部门提供作物资源保护和持续利用的决策信息，为作物育种和农业生产提供优良品种资源信息，为社会公众提供作物品种及生物多样性方面的科普信息。

（二）种质信息系统的主要类型

根据作物研究的需要，我国成功研制了中国作物种质资源多介质存储系统、中国作物种质资源电子地图系统、作物染色体和同工酶谱图像分析系统、作物系谱分析系统、指纹图谱自动识别系统、作物种质资源核心种质初选及评价系统、中国作物审定品种信息系统、种子储藏习性数据库管理系统、国际植物遗传资源信息交换系统、作物种质资源数理统计软件包等应用软件，为作物种质资源研究提供了新的手段。

（三）种质资源数据库的建立

1988 年，中国作物种质资源信息系统（CGRIS）初步建成并开始对外服务，目前拥有180 种作物（隶属 78 个科、256 个属、810 个种或亚种）、37 万份种质信息、2000 兆字节，是世界上最大的植物遗传资源信息系统之一，包括国家种质库管理和动态监测、青海国家复份库管理、33 个国家多年生和野生近缘植物种质圃管理、中期库管理和种子繁种分发、农作物种质基本情况和特性评价鉴定、优异资源综合评价、国内外种质交换、品种区试和审定、指纹图谱管理等 9 个子系统，700 多个数据库，120 万条记录。

第五节 种质资源的研究程序及创新利用

一、种质资源的研究程序

（一）全面的种质资源调查和收集

以该物种的分布中心，即多样性中心为核心，兼顾不同生态环境、人工栽培品种及栽培措施差别大的地区，对核心种及其近缘野生种、栽培类型、地方栽培品种等进行系统的调查，重点收集种子或者无性繁殖材料，为了保证收集种质最大可能包含遗传基因资源，最好保证每个种质收集的个体数在200个左右。例如，有生活力的种子200粒以上，地下茎或插条在200个个体以上。同时，附带收集模式标本、特征性部位的照片材料和视频材料等。

（二）建立种子库和种质资源圃

对采集的种子进行整理和生活力测定，选择寿命长、易保存的种子进行密闭封装，送低温种子库保存。对于寿命短的种子，以及无性繁殖材料，最好建立种质资源圃，进行种质保存，以备后续开展品种对比试验提供种子和种苗。

（三）进行系统的种质资源评价

应用种子库中的种子或采自种质资源圃的种子和保存的无性繁殖材料，布置田间对比实验，对不同种质的抗逆性和药材产量进行比较，收集药用部位，对其药材质量进行评价。从中筛选出具有不同优良性状的种质资源，为后续的种质创新做准备。

（四）建立种质资源的信息系统

根据种质资源收集时获取的种质信息，加上种质资源评价的数据，制定种质资源描述规范，并根据描述规范将各个种质的信息录入数据库，建立种质资源信息系统，以备后续种质检索使用。

二、种质资源的利用与创新

种质资源收集和评价的最终目的是加以利用。以现有的种质资源为基础材料，综合应用现有的育种手段，直接系统选育培育为栽培品种，或者通过杂交育种、多倍体育种等多种育种途径进一步进行品种选育，最终将选出的优良品种建立种子园、采穗圃或者生产优良的组培苗，并应用于优质药材生产实践中。在种质利用和创新研究中，需要注意以下基本原则。

（一）长短结合的原则

应用种质资源进行药用植物良种选育是一个长期的循序渐进的过程。特别对于无性繁殖困难的种类，获得基因型纯和的品种往往需要很多年。鉴于药用植物的大多数种类都处于品种选育的起步阶段，为了尽早取得遗传改良效果，可以在开始阶段首先依据地理生态型评价结果，为拟推广地区筛选出优良的种源产区，待后续育种成功后再依次加以推广应用。这样可以及时利用不同改良阶段突出的优良种质资源，获得满意的遗传改良效果，保证优质高产中药材原料的生产。

（二）传统与现代结合的原则

现代育种手段具有快捷高效的特点，但并不适用于所有的药用植物种类。此外，由于药用植物培育的目的是生产供口服用的防病治病的中药原料，有些现代化育种手段并不适用。例如，转基因技术及染色体加倍技术，由于目前尚无法说明转基因植物对人体的安全性，染色体加倍后植物的生物学特性会发生很大改变，也许会增加药用成分含量，增加药材产量，但是不能保证其不会产生其他有毒成分，或者使某类原来含量很少的有毒成分含量和比例发生很大改变。所以，用这些技术创造的新种质所生产的药材，显然不适合生产作为中药方剂原料的饮片。而单纯作为药用活性成分提取原料则没有太大问题。因此，所采取的种质创新技术要根据具体的育种目标确定。

（三）有性改良与无性推广结合的原则

有性繁殖、无性推广是林业和经济林育种领域普遍采取的育种改良措施。当然，能应用这一措施的仅限于无性繁殖便利的种类，药用植物如连翘、银杏、杜仲等木本植物，半夏、百合、甘草、芍药、地黄等草本植物都能够进行无性繁殖，这些药材的品种完全可以借鉴"有性改良，无性推广"的原则开展育种工作，即通过有性的杂交将不同种质的优良性状进行很好的整合，然后通过建立无性繁殖种苗圃加以推广。为了在短期内取得大面积推广，可以考虑借助组织培养技术，增大繁殖系数，短期内建立大面积的无性繁殖材料生产圃，然后持续生产优良种苗，应用于生产中。

将种质资源收集与评价改良应用工作整合，下面的实施技术路线图（图6-1）可供参考。

思考题

1. 什么是种质资源，其在药用植物育种中的意义是什么？
2. 种质资源的种类有哪些，各具有什么样的特点？
3. 药用植物种质资源与作物种质资源相比，在种质评价上有何不同？
4. 种质资源保存与评价的方法有哪些？
5. 收集的种质资源如何加以综合应用？

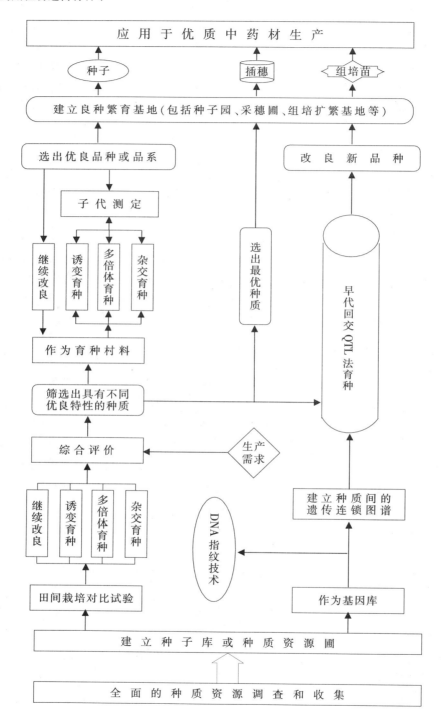

图 6-1 种质资源的研究程序框架图

（陈秀华，魏胜利，王文全等．中药研究与信息，2003）

第七章

选择育种

利用植物群体中的自然变异进行选择培育品种，是药用植物最基本、最简捷的育种途径。同时，选择又是其他各个育种途径中不可缺少的手段和主要工作程序。

第一节 选择育种的概念及特点

一、概念

（一）选择育种

根据育种目标，在现有的种类、品种的自然群体内，对出现的自然变异，根据个体的表现性状，选择符合人类需要的优良个体，经后裔鉴定、比较而育成新品种的方法，称为选择育种（selective breeding）。因选择育种多采用单株选择法，其所育成的品种多是由自然变异中的一个个体发展而来的，故又称系统育种［line（pedigree）breeding］。

在我国培育的许多药用植物品种中，首先采用的是选择育种的方法。多年来采用连续优选，不断改进提高的方法，育成了一系列高产优质的新品种。选择是育种工作的主要内容之一，在品种改良中具有重要的作用，通过选择可以把植物已有的优良的变异类型挑选和分离出来。例如，自花授粉植物的质量性状，通过一次选择就能收到明显效果。更重要的是，对发生变异的生物体按照一定的方向和目标连续选择，就能使变异逐渐积累、巩固和加强。例如，异花授粉植物的品质和产量等数量性状，就需要通过多次选择，借助有利基因的积累和基因的累加效应，才能收到预期的效果。选择是生物进化的重要因素之一，选择不仅可以作为独立的育种手段，而且也是其他各种育种途径不可缺少的重要工作环节。无论是改良现有品种、引进外来品种，还是杂交、诱变等方法创造的变异材料，都必须通过选择这一重要手段。新品种的培育一般要通过引起变异，选择优株，比较鉴定、繁殖、示范、推广等几个步骤，其中选择贯穿工作的始终，只有选择才能育成新品种。对于育种水平较低的混杂群体，品种改良工作一般应始于选择育种，药用植物育种历史短，很多植物育种工作刚刚开始，因此，未来较长的时间内，选择育种将成为该品种改良的主要途径。

（二）自然选择和人工选择

在选择育种过程中，人工选择和自然选择均在起作用。不过自然选择所选择或淘汰的对象，主要以是否适应某一环境条件来决定。在一定的自然环境条件下，进行生存竞争，生活力、繁殖力、适应性强的生物体，则能繁衍和保留更多的后代，而生活力、繁殖力、适应性弱的生物体则将被淘汰，失去生存的可能性，这种保留和淘汰的过程就是自然选择。

人工选择是人类有目的地创造条件将符合人类需要的各种生物性状和经济性状保存和繁衍下来。物种保留和淘汰的过程是按人类的需要进行选择的。

人类对生存和发育不利的药用植物个体或基因型所进行的人工选择，有时与自然选择不一定能协调或统一，人类对产量和品质的需求与植物适应性并非完全一致。例如，在不利的生态条件下，品种会逐渐变得产量低和抗逆性强，这更有利于植株本身的生存和繁衍。在人工选择时如果涉及经济性状与生物学性状不一致，则自然选择会抵消部分或全部人工选择的效果。因此，在育种过程中必须顺应自然发展的规律，在自然选择的基础上来进行人工选择，并使人工选择的力度超过自然选择，这样才能提高人工选择的效果。总之，自然选择促进生物本身有利性状的加强，人工选择促进经济性状的发展，优良品种的性状是两种选择对人类最有利的综合作用的结果。

二、特点

（一）优中选优，方法简单易行

选择育种是对自然变异进行选择，省去了杂交、诱变等人工创造变异的环节，不需复杂的设备，工作环节少、过程简单、应用方便。另外，选择育种多应用在自花授粉作物的改良上，其选择的对象是同质结合，所选的优良变异株，只是在个别性状上有变异，体内整个基因位点的大部分基因是纯合的，一般仅进行2~3年选育，再经区域试验就能培育新品种，见效较快，大大缩短了育种周期。

（二）连续优选，品种不断改进

一个品种在长期栽培过程中，由于受各种环境条件的影响会出现新的变异，通过定向进一步选择，将会分离出新的品种。同样，由于自然环境的作用，这种品种还会产生新的变异，继续选择又会产生新品种，如此多次分离选择，使原品种不断改进和提高，可推陈出新，可以选育出农艺性状与经济性状不断提高的新品种。

（三）实现多个纯系品种的分离

药用作物很多是没有进行过选育的群体，群体内是一个相对混杂，特别是自花授粉植物群体中由各个相对相似的个体组成了不同个体群的共同体，存在着许多纯系，当人们按照不同方向进行不同相似个体定向混合选择时，将使整个群体分离成几个相对相似的集团，培育出不同纯系的品种。例如，2003年，欧定坤等人报道选出果用型、叶用型、果叶兼用型银杏优良单株。果用型平均单果鲜重10.57g，平均单核重2.77g，分别比原平均值提高17.58%和22.03%；叶用型单株平均单叶面积为28.69cm^2，平均叶片厚度0.375mm，平均单叶重0.305g，（长枝）平均每米枝着生叶片数179.7片，分别比初选前提高了21.06%、18.67%、41.2%和13.81%；果叶兼用型优良单株平均单果鲜重为9.76g，平均单核重为

2.55g，分别提高 8.57% 和 10.57% ，平均单叶面积为 26.65cm² ，平均叶片厚度 0.37mm，平均单叶干重 0.27g， （长枝）平均每米枝着生叶片数 173.1 片，分别比初选前提高了12.4% 、16.7% 、25.0% 和 9.6% 。选择育种将为我国药用植物育种奠定基础。

（四）积累变异，加强变异

对于质量性状和数量性状的选择，效果往往是不同的，一些质量性状，常常通过一次选择就会改变基因和基因型的频率，并收到明显的效果。例如，曼陀罗（*Datura stramonium* L.）群体中，选择无刺曼陀罗的隐性性状，做好隔离的情况下，后代中就全部是无刺曼陀罗。但对于数量性状，要使这种性状变异不断积累和加强，就必须按着一定的方向连续多次选择，才能收到预期的效果。李志亮等 1979 年报道对蛔蒿（*Artemisia maritime* Thunb.）连续三年采用单株选择的方法，选择前的群体中，单株山道年含量最低为 0.45% ，最高为 3.21% ，含量在 3.0% 以上的单株只占 0.55% ，经过 3 年的单株选择后，蛔蒿群体的组成发生了变化，单株的山道年含量最低为 2.30% ，最高为 5.80% ，含量在 3.0% 以上的单株高达90.1% 。

（五）局限性

尽管选择育种具有一些明显的优点并且已经取得了很大的成绩，但它也存在一些局限性。这是因为选择主要表现在积累变异和加强变异方面，也就是说，选择本身不能创造变异，只是通过选择被积累和加强。在没有变异的群体中，所有的选择方法是无效的。因此，这种方法不能进行有目的的创新，常常难以满足育种目标的需要，只能改良现有的品种，改进的幅度较小。

总之，人类在开始引种驯化野生植物时，产量水平是很低的，质量也较差，但随着驯化栽培技术不断提高，栽培条件不断改善，加之人为地进行选择，使很多野生植物发展成为在产量、抗性、品质上都有大幅度提高的栽培植物。在这个过程中，选择起了重要的作用。由此可见，品种的形成是人类选择的结果，是劳动的产物。

第二节　选择育种的遗传基础

一、品种群体的自然变异

药用植物比较纯的品种群体，其性状一致性较好，并在品种推广使用的一定时间内能保持相对稳定，但个体间总是会有若干变异产生。植物群体的遗传变异是选择育种的源泉。

（一）天然杂交

属于常异交的药用植物，其天然杂交率因不同品种、地点、年份、品种隔离、生态条件、传粉昆虫的种类数量、虫害防治情况，以及研究方法等而有较大差别。例如，人参自然异交率在邻株间为 20%～27%，邻畦间为 11.3%（大隅敏夫，1962）。一些异花授粉或常异花授粉的药用植物由于有较高的天然异交率，因此，遗传基础不同的群体经常产生基因分离，出现新的变异个体，使品种自然群体常保持一定的异质性，这就为现有品种群体的选择提供了丰富的变异来源。通过定向选择，便可育成新品种。据研究，天然杂交率高的品种群体内变异较大，选择效果更佳。例如，王慧中等 1994 年报道采用单株选择法从大田群体中选出大叶型和小叶型两个元胡品种，结果表明，大叶型元胡是一个较为理想的品种类型，其产量可比目前大田种植的农家品种提高 10% 左右。

（二）剩余变异

通过杂交育成的品种，无论自交纯化多少代，尽管表现型上似乎趋于一致，但群体中总有一定比例的杂合基因存在，即剩余变异。自交纯化代数愈少，杂合基因愈多，剩余变异也愈多。群体中杂合体的百分率可按下列公式推算。

$$杂合体（\%）= \left[1 - \left(\frac{2^r - 1}{2^{r+1}}\right)^n\right]$$

式中：r 代表自交代数；n 代表某一性状的基因对数。

例如，设有 3 对异质基因，自交 5 代，即 $n=3$，$r=5$，则 F_6 群体的杂合率为：

$X\% = 1 - \left[(2^r - 1)/2^r\right]^n \times 100 = 1 \left[(2^5 - 1)/2^5\right]^3 \times 100 = 9.2\%$

即仍有 9.2% 的剩余变异，可供进一步选择。

（三）基因突变

突变是导致品种自然群体变异的原因之一。由于营养、温度、天然辐射、化学物质等自然因素影响，以及药用植物的生理、生化过程的变化等而引起品种群体内基因突变，即使是一个性状稳定一致的品种群体中，也会出现突变类型。虽然自然突变的频率甚低，但自然突变体有时具有较大的利用价值。控制数量性状的多是微效多基因，大多为微突变，由于选择的作用，这些微小的变异会发展为比较显著的有利于应用的大突变，故在育种中，除注意大突变外，更应重视微突变的选择。

（四）生态变异

植物遗传的稳定性是相对的，从生态条件相差较大的异地引种，即使引入的品种是纯合的，也会因新的环境条件下，而引起不同的变异，尤其是当引进的品种性状未完全稳定或纯度不高时，在新的生态条件下，更易显露出某些变异，此类变异可供选择利用。特别是适应本地区且综合性状良好的品种，出现自然变异时，其潜在的有利变异，对品种改良有较高的利用价值。

二、选择的实质及遗传作用基础

（一）选择的实质

选择的实质是造成有差别的生殖率，被选留的是使其能产生后代的，被淘汰的是使其不产生或少产生后代的。因此，在不改变选择方向的情况下，选留的个体被准许生存，其后代出现的几率会越来越多，而淘汰的个体随着世代进程出现的几率会越来越少，乃至消失。在选择育种过程中，由于人们是按着育种目标进行选择，随着选择世代的进程，会使群体中有利基因的比率不断提高，不利基因会逐渐减少或消失，或使新出现的有利突变基因得到保留、增殖，而不利的突变基因被淘汰，这样便使群体的遗传组成不断发生变化。例如，当某生产区的某种作物，遇到病害大发生的年份，由于病害的危害而造成大多数植株得病死亡，但却有少数抗病力强的植株存活下来，表现出很强的抗病性，当人们有意识地把这些抗病性强的个体选择出来，准许其繁衍后代群体，该群体再次遭到同样病害袭击时，群体内植株的死亡率会明显下降，如此连续选择，必将选择出抗该种病害的抗病品种。可见，选择的实质是通过连续定向选择而使有利变异得到积累和加强。其遗传机制在于改变了群体的基因频率，正是由于选择是按照预定目标进行的，这样经过多代选择、繁殖后，群体中基因型的频率不断变化。优良基因型会不断增加，不良基因型不断减少，使新群体的优良性状不断提高，从而选育新品种。

（二）选择的作用基础

遗传、变异与选择是生物进化的三个基本要素，也是选择的作用基础。变异是选择的基础，为选择提供材料；遗传是变异和选择的保证，使有益的变异沿着预定的方向遗传和发展，如果变异不能遗传，选择也不起作用。例如，人工抹芽法获得的双茎人参是不遗传的，将其后代培育双茎参品种是不可实现的，只有当一个群体内各个体间差异为可遗传变异，选择才能起作用。生物在繁殖过程中总是不断地发生自然突变和杂交，随着时代的进程、群体的扩大，必然会分离出现各式各样的变异。正因为生物能普遍地、经常地发生变异，才使选择工作有成效。如果群体内所有个体完全相同，没有差别（变异），就无法选择。例如，在一个新的无性系或纯系选择是无效的，也就谈不上对群体的进一步改良。由此可知，变异是选择的基础，遗传是选择的保证，而选择又决定着变异和遗传的发展方向。

第三节　选择育种的方法

选择育种虽然都是从原始群体中，按照育种目标的要求，选择优异单株开始，但因对入选单株后代处理方法的不同，而分为混合选择法（mass selection）和单株选择法（individual selection），以及很多派生的选择方法。尽管选择的方法很多，但归纳起来，混合选择法和单株选择法是两种基本的选择方法。

一、两种基本选择法

（一）混合选择法

混合选择法是根据植株的表型性状，从原始群体中选择一批符合育种目标要求的性状相似的优良个体（单株、单穗），混合留种，下一代将其种子混合种植，播种建立混选区，与对照品种区及原始群体区相邻种植，进行鉴定比较，从而获得新品种的选择方法。根据其选择的次数，可分为一次混合选择法和多次混合选择法。

1. 一次混合选择法

对原始群体只进行一次混合选择。下年不再进行选择，而是将混选的群体、原始品种及对照品种相邻种植，在品种预备试验圃进行品种比较鉴定。当选择的群体表现优于原品种或对照品种时，即可推广用于生产。由于混合选择措施在整个选择育种程序中，仅实施一次，因此叫一次混合选择法。具体选择程序见图 7－1。

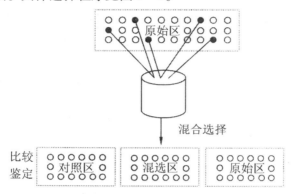

图 7－1   一次混合选择法选择程序图

2. 多次混合选择法

经过一次混合选择后的新群体，性状表现还不够整齐，可在第一次混合选择的群体中进行第二次混合选择，或在以后世代中连续进行几次混合选择，直到产量较稳定，性状表现较一致为止。对于每次选择的单株经混合播种时，必须和原始群体及对照品种相邻种植进行比较。由于混合选择措施在整个选择育种程序中，实施多次，因此叫多次混合选择法。具体选择程序见图 7－2。

（二）单株选择法

单株选择法是从原始群体中按照选择标准，选出一些优良单株，分别编号、留种，在下一代分小区播种成株系，与对照品种进行比较鉴定，根据各株系的表现，鉴定各个株系，以株系为单位进行取舍，并在入选的株系中继续选择单株，由于选择的处理是以单株为对象的，因此叫单株选择法。又由于按株系系统编号选择，所以又称为系谱选择法。这样的工作程序，按选择的次数，又可分为一次单株选择法和多次单株选择法。

1. 一次单株选择法

在原始群体中，只进行一次单株选择，而后与对照品种鉴定比较，淘汰不良小区（株系），收获优良小区种子，以后不再进行选择，而是进行品种比较试验，最后选择出优良的株系作为品种扩繁，推广与生产，由于单株选择措施在整个选择育种程序中，仅实施一次，因此叫一次单株选择法。具体选择程序见图 7－3。一次单株选择适用于入选的植株形态特

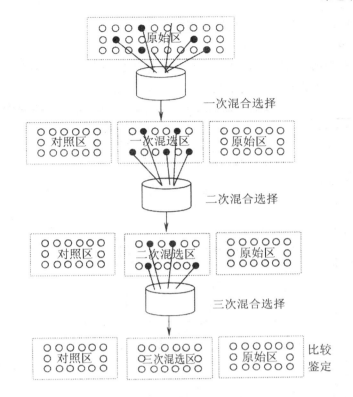

图 7-2 多次混合选择法选择程序图

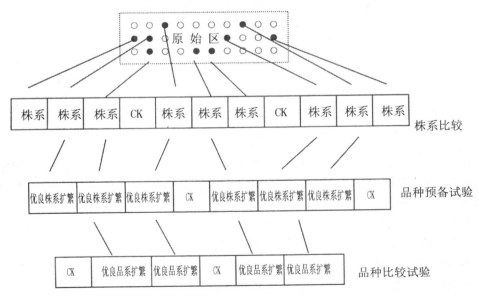

图 7-3 一次单株选择法选择程序图

征或某些农艺性状较稳定、继续提高的潜力已经不大的材料：一般是天然杂交后，多数个体常常已是连续自交的后代或剩余变异和基因突变的高世代，所出现的性状变异较稳定，因此，通过一次单株选择比较容易得到稳定的变异新类型。

2. 多次单株选择法

在第一次单株选择后的株系内，继续选择优良单株，来年分别播种在选种圃内，并与对照品种进行比较，淘汰不良株系，选出优良株系，下一代继续选择时是在入选的株系继续选择单株，同样选择的单株要与原始群体及对照品种进行比较，如此反复多代，直到株系内个体间主要性状一致、稳定为止，由于单株选择措施在整个选择育种程序中，实施多次，因此叫多次单株选择，具体选择程序见图7-4。

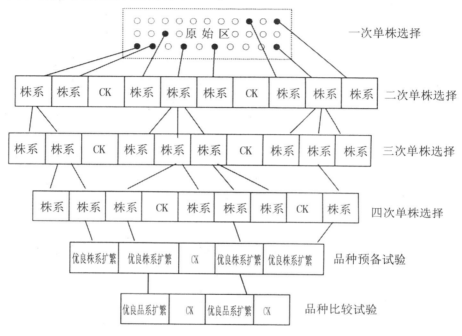

图7-4   多次单株选择法

二、改良选择法

单株选择和混合选择是两种基本的选择方法。在实践中，对一些植物在应用混合选择法提高某些性状效果较慢，而采用单株选择法又易出现衰退现象时，可应用单株选择和混合选择相结合的改良选择法。

（1）混合-单株选择法，即进行一二次混合选择，群体大致趋于一致后，再行一次单株选择，再将入选的株系混合在一起，用于鉴定和推广生产。

（2）单株-混合选择法，即先进行一次单株选择，在株系圃内先淘汰不良株系，再在选留的株系内淘汰不良植株，然后使选留的植株自由授粉，混合采种，以后再进行一代或多代混合选择。

（3）集团选择法，将有几种不同性状的复杂群体，按几个不同方向分别进行混合选择，然后进行不同类型间与原始群体、对照品种间进行比较，从中选育出新品种。此法多数是在对群体内几种特征、特性不好取舍时采用，可进行一次，也可进行多次。

三、选择法的比较和应用评价

（一）两种基本选择法的比较

1. 留种不同。混合选择是将优良性状一致的各个体混合脱粒，混合留种，单株选择是将各个优良单株单独脱粒，单株留种。

2. 后代播种不同。混合选择是混合播种，单株选择是以单株为单位种成株系。

3. 后代处理不同。混合选择是在混合播种区继续混合选择，单株选择则需进行株系比较，淘汰不良株系，在入选株系内继续选择单株。

4. 选择结果不同。混合选择不易引起生活力衰退；一次可获得大量种子，有利于品种扩繁；入选种子混合繁殖不能依据后代的表现，对原来每个入选的单株进行遗传性优劣的鉴定；提高某种性状效果较慢。单株选择对入选个体可追溯其前后代系统遗传表现，特点是效果明显，易降低生活力。

5. 选择的技术性不同。混合选择法手续简单，单株选择的技术性比较复杂，花费的劳力多，占地面积大。必须经过较长时间的比较鉴定和选择，才能肯定优良个体的后代，同时入选的品系种子量小，扩繁种子需要一定的时间。

（二）选择法的应用评价

1. 混合选择法。此法适用于综合经济性状基本符合要求，只有少数不利性状或想提高整体水平的群体，一般仅一次混合选择就能见效，但对群体混杂严重者可采取多次混合选择，但不论怎样，该方法能够保持遗传多样性，不会引起遗传基础贫乏的衰退，但一般情况下选择效果较慢。

2. 单株选择法。此法适用于某些优良性状不能迅速达到稳定一致，或者对某些性状的继续提高还有一定潜力时。为了使这些优良的变异性状达到较快的稳定或进一步提高，可进行连续多次的单株选择，直至基因型趋于纯合、性状稳定。但连续选择次数不能太多，以免遗传基础贫乏，丧失必要的异质性。如果多次选择是以分离纯合自交系为目的，则增加单株选择次数是十分必要的，也就是说保证足够的选择代数是纯合的基础。

3. 改良选择法。此法是将混合选择及单株选择法结合应用，结合得当会加速选择进程，克服各自选择的缺点，收到良好的效果，具体的应用要根据植物的繁殖特点而定。

在实际工作中，当某品种纯合经济性状基本符合要求，只有少数不利的性状，且这些性状在该群体中差异明显，采用选择育种的方法，或者对综合经济性状好的进行混选留种，或者对不利的性状淘汰后留种均可有效提高该群体的表现水平，收到明显的选择效果。反之，如果各种优良性状分散在不同群体中，通过选择育种很难选出综合优良性状品种。在这种情况下，只有通过有性杂交育种，把分散在不同个体上的优良性状综合到一个个体中去。

第四节　不同繁殖方式与选择

一、不同繁殖方式与单株选择

（一）自花授粉植物群体的单株选择

自花授粉植物由于自然杂交和自然突变，其群体内或多或少地呈异质性状态。又由于群体内是自花授粉，群体和个体内的基因型大部分是纯合的，因此，在这样的群体中对于发现的抗病、早熟、抗低温、抗干旱的植株，选择是极为有效的。

单株选择的方法应用于自花授粉植物时，一般都采用一次单株选择法就具有很好的效果，很少采用多次连续选择法，因为自花授粉植物基因型、表现型的一致性，使选择表现型在很大程度上就是基因型的真实反映。当选择后上下代差异大时通常有两种可能，一是来自环境变异或不遗传的饰变，一是由原始群体内的随机杂交引起。如果其后代在性状上有分离，则表明是由后者引起的。

自花授粉植物品种群体一般是一个纯系，但一个较纯的品种群体，个体间在基因型上也会有若干微小差异，经过一定时期在不同生态条件下种植，由于自然变异和自然选择的作用，逐渐发展为较明显的差异，便为继续选择提供了材料。对其育种的最基本方法是从现有品种群体中选择优良自然变异个体（株或穗），经过一次单株选择，经过几年鉴定比较，如株系后代显著优于对照品种，即可作为新品种参加区域试验、生产试验。这种方法简单，试验年限短。纯系选择在 20 世纪 50 年代以前的作物育种中曾起过巨大作用。但是由于它只能从原有群体中选出已有的变异类型，难以育成与原品种有显著差异的突破性新品种，因而存在一定的局限性。

（二）异花授粉植物群体的单株选择

利用杂种优势是异花授粉植物群体培育新品种的主要途径，但利用杂种优势的异花授粉植物，更多的是通过多次单株选择，培育自交系，采用自交系或其转育系杂交利用杂种优势。单株选择的自交系选育有其具体要求。

1. 无隔离的单株选择

从异花授粉的植物群体中选择优良单株，将入选单株的种子分别保存，分行或株系种植，在生长季节中定时观察。在花期前淘汰劣株，以防止给有希望的植株传粉。第二年后入选的后代混合，第三年繁殖为新品种。

2. 有隔离的单株选择

从异花授粉的植物群体中选择优良单株，将入选单株的种子分别保存，分行或株系种植，株系间用下述方法进行隔离。

（1）用帆布、塑料布或屏障植物（如大麻等的植株行）将入选株的后代隔离。若选择的植物是昆虫传粉，可将单株后代隔离在特制的隔离罩内，把一定量的昆虫限制在罩内使其实现隔离和授粉。

（2）空间隔离。如果选择单株数量不多，也可以用空间隔离。但确定样本大小时必须考虑到近交退化的危险。空间隔离的距离，取决于植物种类、花粉传播方式等，一般至少要间隔200米。

（3）亲系隔离法。将每份经单株选择后的材料分为两份，一份种在选种圃里，进行比较鉴定；另一份种植于繁殖田里进行繁殖。种在选种圃内的各系统间不行隔离，以便较客观精确地比较鉴定，种植繁殖田内的各系统间要进行空间隔离，以防系统间杂交。第二年种植时，要根据选种圃鉴定的结果，采用入选的相应系统繁殖田的那份种子，而不用选种圃的种子材料种植。应用这种选择方法主要是为了解决在同一圃地内，既要进行系统间比较，又要解决隔离和留种的困难。避免隔离影响试验结果的可靠性。

（4）剩余种子法。将入选单株的种子分为两部分，一半用于播种，另一半入库保存。种植田间的单株种子，株系种植，不做隔离自由授粉，进行观察鉴定。如果材料A在选种圃入选了，第二年进入试验的种子要用库存的那份A材料，而选种圃A的种子由于已被传粉混杂，故将其种子废弃。这种方法又叫半分法。第二年和第三年重复这一过程。在以后的年份中，繁殖最好的后代并依据其变异性和该物种的近交效应，将其种子混为一体或几组。但是，剩余种子法只适合于繁殖系数高、种子寿命长的药用植物。对于繁殖系数低、种子寿命短的药用植物，往往需要对入选材料增加一年的繁殖时间，才能再次进行选择。

（三）多次单株选择应用在自花和异花授粉植物中的差异

1. 选择目的不同。在自花授粉植物中，通常是利用单株选择来选育新品种。在异花授粉植物中利用单株选择培育新品种，多以培育自交系利用杂种优势为主。

2. 选择次数不同。根据各自的遗传特点，自花授粉植物进行选择时一般都采用1~2次单株选择，很少采用多次连续选择；异花授粉植物一般采用多次单株选择法。

3. 选择方法不同。自花授粉植物单株播种后不用严格的隔离；异花授粉植物单株选择各区要严格隔离，如套袋、网室隔离、亲本隔离或剩余种子隔离。

4. 选择多代后的后代表现不同。自花授粉植物单株选择自交不退化；异花授粉植物经多代单株选择性状发生严重退化。

二、不同繁殖方式与混合选择

（一）自花授粉植物群体的混合选择

对于没有进行系统选择的自花授粉植物群体可采取混合选择的方法，可将已经存在于群体中的纯系分离出来。有时为了同时分离出几个纯系，可采取几个方向的混合选择（集团选择）进行分离，一般指进行1~2次的选择，将相对相似的个体混合采收选择，通过后代的鉴定比较培育出纯系新品种。

（二）异花授粉植物群体的混合选择

由于中选单株的种子最后要混合播种，所以一次选择往往不能奏效，使得选择的进展较慢；同时，由于不能鉴别每一个体基因型的优劣，使得某些由于环境优越而性状表现突出的单株也被误选和选留，从而降低了选择效果。

（三）多次混合选择应用在自花和异花授粉植物中的差异

简单易行，成本低，不必专设选育实验圃地；一次可以选出大量植株，获得大量种子，因此，能迅速地应用到生产上去；不易引起异花授粉作物生活力衰退；此法也可运用于混杂严重的农家品种的提纯复壮。

第五节 多年生植物的选择方法

在多年生植物中，虽然有些播种当年不结实，但是，当其开花结实后，就可连续多年结实，并经常出现母株与子代并存的情况，利于系统观察比较。同时，多年生植物既能有性繁殖，又能无性繁殖，这对固定优良性状和杂种优势，具有特殊的意义。因此，我们在药用植物育种中，应该充分利用多年生植物的有利因素，加快其育种进程。

根据多年生植物授粉方式的不同，可分为自花授粉植物和异花授粉植物，同样可采用混合选择法和单株选择法进行选择，但又有特殊的选择方法，具体如下。

一、母系法

在原始材料中，选择优良单株种植在选种圃内，与对照品种进行鉴定比较，淘汰不良植株，将选留的植株为母本继续种植，并分别收获种子，分别播种，可以不设隔离区。根据子代的表现，对母本淘汰，将选留的母本和其子代优良的个体，移植到另外地方繁殖种子，若群体较大，则可取出一部分进入鉴定圃鉴定。

二、营养系选择法

将优良单株的无性繁殖器官或芽变的枝条选出来，在田间或室内分别保存，第二年用无性繁殖法繁殖成营养系，种植于选种圃，并设对照品种，进行比较鉴定，选取优良营养系，而后快速繁殖，扩大群体数量，培育成营养系品种。

三、实生选择法

第一年收获期，从群体中选择优良单株，将这些植株进行无性繁殖以获得大量的后代。第二年收获期和第三年收获期，对无性系的各种性状和产量表现进行评估，将最优无性系的种子分区种植，把形成的植株再进行无性繁殖。第四年收获期和第五年收获期，对无性系的优良农艺性状进行评估，将最好的无性系进行无性繁殖和种子繁殖。经上述阶段入选的材料升入产量比较试验，进而繁殖，最优后代的种子用于生产。

第六节 选择育种程序及提高选择效率

一、选择育种的一般程序

在整个育种工作中，从研究原始材料到育成一个新品种，一般需经过选择、鉴定、比较试验等一系列的工作程序，这些工作的先后顺序称之为选种程序。它是一套相互联系的田间试验，每一试验都是由一个或几个试验圃组成。一般程序包括原始材料圃、选种圃、品种预备试验圃（鉴定圃）、品种比较试验圃、生产试验和品种区域试验等。

（一）原始材料圃

开展育种时所采用的群体称为原始材料圃，一般是指自然变异群体或地方品种。将其种植在代表本地区气候条件的环境中，在保存原始材料的同时，可对供选择的原始群体先进行品种比较试验，通过研究、比较、鉴定各种性状，再从优良原始群体中选择优良个体，要随时做好标记，以便根据阶段性表现进行综合评定和选择留种，为进一步的混选区或株系比较区种植提供参选种源。有时为选择育种要设立专门的原始材料圃，这样的圃地可以按照下列要求进行建设。栽种的原始材料若是同一种药用植物，可按其特性分区排列种植。例如，几种药用植物，可按年生及植物分类学的科、属、种等分区种植。原始材料圃设置年限依不同情况而定，如果只是为完成某选种任务，只需保持 2~3 个收获年。但在专设的育种机构里，同时进行几种植物的选种工作，需要从外地引入较多的药用植物品种类型及人工创造的原始材料。这样的原始材料圃就应该多年保存。

（二）选择圃（株系圃）

在原始材料圃中选出的优良单株的株系或选择优株后混合脱粒的后代群体，按照育种目标进行进一步的选择、比较、鉴定，再从中选择优良株系或群体，种植在育种材料圃地。一般混选的材料种一株系，种植数量决定选择数量，同时要设对照区；单株选择株系栽种方式，即一个当选个体的种子或种栽种 1 行或几行（株系），相互进行比较。行长因作物和试验地条件而定，栽种的株数一般以 50~100 株为宜，每隔 8~10 株系栽种一个对照区，并按株系的来源顺序编号。例如，97 - 1 至 97 - 50，是指在 1997 年进行单株选择时所得单株的编号，即共选了 50 个单株。若是多次选择，就要在这个编号基础上继续进行顺序编号。例如，1998 年从 1997 年第 97 - 10 单株的后代株系中又选 4 株，则编为 97 - 10 - 1、97 - 10 - 2、97 - 10 - 3、97 - 10 - 4。栽培方式同上。选种圃栽培年限根据植物的种类、特点及所采用的选择方法而定。通过田间观察、室内考种和初步测产，再选留少数优良单株（由一个个体繁殖出的后代），升入鉴定圃。其中表现虽好但性状尚有分离的，可继续从中选择优良个体，参加下一年的株行（系）试验。

（三） 品种预备试验圃（鉴定圃）

品种预备试验圃是种植从选种圃选入的品系和从原始材料圃中混合选择出的材料，进一步鉴定入选株系后代的一致性、稳定性，淘汰一部分经济性状表现较差的株系。选留的株系一般不宜超过 10 个，并要对选留株系的种子进行扩繁，以便提供继续比较鉴定的用种，并进行初步的产量比较。为此，须采用适当的田间试验设计，重复 2~3 次，并设对照区，以便估测品系间在产量及其他经济性状上差异的显著性。生长期中进行系统观察记载。最后根据产量、田间表现和室内鉴定结果，选出少数综合表现优于对照品种的品系，供进一步进行品种比较试验。品种预备试验可进行 1~2 年收获。

品种预备试验圃与选种圃的主要差别是，选种圃株系内指的种多是一个单株的后代，品种预备试验圃株系内播种的是一个株系的许多植株的后代，而且播种面积较大。

（四） 品种比较试验圃

品种比较试验圃是新品种育成的重要程序，是种植从品种预备试验圃或选种圃中选出优良株系或优良株系混合群体的后代，进行全面的比较鉴定。它是在较大的面积上，重复 3~4 次，以当地最优良的推广品种为对照，大都采用随机区组设计，参加比较试验的品系数应比较少。除生长期间系统观察记载经济性状和主要特征、特性外，还要进行生长发育习性、抗性鉴定和品质分析，最后根据产量及其他各方面的综合表现，选出 1~2 个最优的品系作为本单位育出的新品种，申请参加区域试验。为了便于精确地比较鉴定，参加品种比较试验的品系不能过多，一般为 3~8 个，品种比较试验进行 2~3 个收获年。在品种比较试验的后期可设置生产试验，按照当前生产上所采用的栽培技术进行试验。探索品种的栽培要求，以便品种审定后能和相应的栽培技术配套推广。

（五） 品种区域试验和生产试验

为了确定新品种是否适宜推广，必须将经品种比较试验入选的新品种，根据自然分布区和品系特性，分送到不同地区进行品种大面积生产栽培试验，直接接受生产者、消费者对新选品系的评判，以评价它的增产潜力和推广价值。同时进行主要栽培技术的研究，选出适宜当地生产的新品种。每年试验点应有五个以上。每个代表点内要设三次重复并设对照，并在作物生育期间组织有关人员进行鉴定，品种区域一般 2~3 个收获年，表现不好的第二个收获年可淘汰，如果表现特别好的品种，第二个收获年区域试验的同时可进行大面积的生产试验。

二、提高选择育种的效率

（一） 基础材料数量及优良性

育种材料是育种工作的物质基础。其要求供选择的品种群体要经济性状优良、适应性广、遗传变异率高。

1. 品种类型。从现有品种群体中选择优良的变异单株，是选择育种最基本的环节。例如，当地品种（地方品种）群体由于在当地长期种植，适应性通常比较好，变异类型较多，可提供较为丰富的遗传变异；引进品种引至新的生态条件下种植时，常会引起遗传基因的不同表达，出现与原产地不同的新类型，则选择的余地更大。

2. 性状变异幅度大的群体。选择的效果首先决定于该群体中主要目标性状的遗传变异性，一般来说，性状在群体内变异幅度愈大，则选择潜力愈大，选择效果也就愈明显。为了更有效地进行选择，有必要对被选择的原始群体各个性状的遗传变异性做仔细的分析。一般来说，对质量性状的遗传变异性常以多态现象来判断，即从原始群体中寻找那些与原始群体原有性状有差异的个体，并分析其发生变异的性质和程度。而数量性状的遗传变异则一般以遗传方差和遗传变异系数（GCV）来估测。当前，对药用植物主要经济性状的遗传变异已有不少研究。例如，李先恩 2001 年报道，对地黄不同品种的经济、产量和质量性状进行比较和相关分析表明，地黄不同品种间株幅、叶片长度、叶片宽度、单株产量和梓醇含量都有显著差异。单株产量与地上部鲜重、叶片长度、叶片宽度和块根数呈显著正相关，梓醇含量与株幅、叶片长度、叶片宽度呈显著正相关。说明各品种这些性状通过选择仍有改良余地。有目的地增大供选群体的变异度，如通过增大群体容量的方式来增加变异幅度，对于提高选择效果有极大的促进作用。

3. 遗传力强的性状。因为选择以表现型为基础进行，所以，其成功在很大程度上取决于理想性状的遗传力。如果遗传力强，入选后代将与入选株相似；反之，如果遗传力低，后代可能与入选植株差异大，这时，选择就不易成功。

4. 样本群体大小及选择数量。样本群体大小是选择的一个重要因素。近交衰退经常引起异花授粉植物产量降低，同时异花授粉植物在选择过程中会出现新的基因重组。因此，每轮选择都增加新的遗传变异性，为了增强选择方法的有效性，这类植物的样本应尽可能大，样本大小对这类植物特别重要。一般纯系品种的自然变异频率较低，出现优良变异的机会更少。为提高选得优异个体的概率，供选的原有品种群体也不宜太小。不论怎样，对于一个新的群体开展选择育种工作，品种考察范围是十分必要的，个体选择的数量可自几千至几万，规模较小的也可选择几十、几百以至上千个个体。

（二）提高性状鉴定准确性和效率

性状鉴定是性状选择的依据，选择效果的大小，很大程度上决定于性状结果的可靠性及效率。因为品种的表现型是基因型和环境互作的总和，而选择育种常常根据个体的表现型进行选择，通过表现型去选拔优异的基因型。所以性状鉴定的可靠性是选择育种的重要环节。

1. 保证选择标准的一致性。最大限度地保证鉴定选择条件的一致性。应在肥力均匀、植株营养面积相近、管理措施一致的田块中进行选择，可减少因环境差异引起的饰变。凡所处条件优越者，选择标准应适当提高；反之，受邻株影响较大或密度较高的地段，选择标准可酌情降低。

2. 田间鉴定时应突出重点，讲求实效。在育种过程中，根据不同时期的性状表现特点集中进行鉴定。突出重点，讲求实效，在性状表现明显时期进行鉴定。品种性状是在不同的生长时期和条件下显现的，如灾害期、收获期等，故以分阶段在各个性状表现最明显、最易于区别其间的差异时鉴定，并分次选择为宜。选择的次数需根据性状表现的一致性和继续选择提高的可能性来确定。

3. 采用先进的鉴定手段，增强选择的准确性。药用植物的生育期较长，生产环节较多，品质因素又十分重要。所以，在药用植物种植的各个环节都要详细记载，认真调查各性状的表现和变化。要采取多种鉴定方法，如直接鉴定、间接鉴定、田间鉴定、室内鉴定、诱发鉴定、当地鉴定、异地鉴定等方法，除了要在田间进行一般的产量、生育性状的鉴定外，还应采用人工模拟和诱发鉴定法，以保证对病虫害和环境胁迫因素抗耐性的全面了解。评价所选材料的品质性状，必须采用先进的仪器和快速有效地检测方法，同时采取合理的田间试验设计和相应的统计分析。

三、加速选择育种进程的措施

1. 育种者应根据不同的药用植物繁殖特点，灵活运用各种选择法。
2. 圃地设置的增减在保证试验结果正确性的前提下，有时可做适当调整。
3. 适当缩减圃地设置年限，设置所需年限取决于试材一致性。
4. 可将最有希望的品系提前进行生产试验与多点试验。
5. 对于生育期较短的品种，利用保护地给予适宜的环境条件，进行一年多代繁殖选择。
6. 进行南繁加代的方法，增加繁殖代数。
7. 新品种选育过程中，对有希望但还没有确定为优良系统的材料，可提早繁殖种子。
8. 应用组织培养技术扩大繁殖。
9. 采取无性繁殖方法，如分株或扦插等方法提高新品种的繁殖速度。

总之，选择育种在我国药用植物品种改良中，尤其是在育种初期，将成为主要的育种途径，将在我国药用植物品种改良中起重要作用。随着育种技术与方法越来越多元化，应用选择育种法育成的新品种的比率虽然会有所下降，但随着育种技术整体水平的提高，各种育种方法可相辅相成、互相补充，选择育种仍将在药用植物育种技术中继续发挥其应有的作用。

思考题

1. 名词解释：混合选择　单株选择
2. 品种群体的自然变异来源是什么？
3. 什么是选择的实质？什么是选择的作用基础？
4. 试述混合选择法和单株选择法的主要区别。
5. 论述多次个体选择法，应用在自花授粉植物及异花授粉植物中，在选择的目的、方法和结果等方面有什么不同？
6. 提高选择育种的效率对基础材料数量及优良性有什么要求？
7. 如何提高性状鉴定的准确性和效率？

第八章 引　种

第一节　引种的重要性及与药材质量的关系

一、引种的概念

引种（Introduction）就是人工的植物迁移过程，即从外地或外国引进本地区所缺少的植物品种或类型，是把药用植物品种从原来的生长地区引种到另一个栽培区，使其在新地区生长发育，以增加本地区的药用植物资源。广义的植物引种还包括野生植物家栽的过程，以及育种工作者从各地广泛征集的各类作物的种质资源。植物引种是有目的的人类生产活动，而自然界中依靠自然风力、水流、鸟兽等途径传播而扩散的植物分布，不属于植物引种。

根据植物引入新地区后出现的不同适应能力及采取的相应人为措施，植物引种可以分为简单引种和复杂引种两类。植物原分布区与引种地自然环境差异较小，或其本身的适应性强，不需要特殊处理及选育过程，只要通过一定的栽培措施就能正常的生长发育、开花结实、繁衍后代，即植物在其遗传性适应范围内的迁移，不改变植物原来的遗传性就能适应新环境的引种就是"简单引种"，亦称"归化"。而植物原分布区与引种地之间自然环境差异较大，或其本身的适应性弱，需要通过各种人工培育技术处理，改变其遗传适应性，使之适应新环境的，叫"复杂引种"或"驯化"，包括"风土驯化"、"气候驯化"等。复杂引种强调以气候、土壤、生物等生态因子及人为对植物本性的改造作用，使植物获得对新环境的适应能力。

这里所说的引种是指作为解决某一地区生产上所需要的品种或类型的一条途径，也就是说，引种的主要目的不是从引入材料中得到育种的原始材料，而是希望能获得供生产上推广栽培的品种或类型。因此，其可以称为生产性引种或直接利用引种。

二、引种的意义

药用植物引种的文字记载最早可追溯到秦汉时代。例如，汉武帝时期张骞出使西域（BC：1227），引入了安石榴、胡桃、大蒜、胡荽、红花等，以后的《齐民要术》（1570）、《本草纲目》（1578）、《群芳谱》（王象晋，1630）、《农政全书》（徐光启，1639）等著作中都有许多关于药用植物引种栽培的记载。20世纪50年代后又有所发展，全国许多中药材试验场、植物园和广大农村引种栽培了不少名贵的中草药，种类多达3000种以上。过去一些小地区生产的药材现在已扩大了种植范围。有些过去靠进口的药材，现在已能自己生产，达到完全自给或逐步加强自给的能力。引种对于发展药用植物生产、扩大药源的具体意义如下。

首先，通过药用植物的引种驯化工作，可以变无为有，增加药用植物资源。例如，西洋参是1975年从北美引进的，穿心莲是从斯里兰卡引进的，价格昂贵的西红花是于1965年和1980年二度引种后在我国推广栽培的。新中国成立后，从国外成功引种的药用植物还有欧当归、澳洲茄、水飞蓟、蛔蒿、安息香、木香、清化肉桂、锡兰肉桂、白豆蔻、肉豆蔻、印度萝芙木、金鸡纳树、甜叶菊等。

其次，通过药用植物的引种驯化工作，可以扩大药用植物栽培区域，增加本地品种类型。国内异地引种有南药北引和北药南移两种方式，南药北引如北京引种穿心莲、浙贝、元胡等，北药南移如云南丽江、宣威及华北等地引种人参等。

再次，通过药用植物的引种驯化工作，可以提高药材的产量和质量。我国植物药资源非常丰富，目前有记载的中草药5000余种。据统计，新中国成立以来我国野生变家种的药用植物有180多种，主要有天麻、阳春砂、罗汉果、防风、杜仲、厚朴、巴戟天、川贝、辽细辛、北五味子、龙胆草、桔梗、茜草、石斛、七叶一枝花、夏天无、草果、齿瓣延胡索、紫珠草、唐古特莨菪、山慈菇、盾叶薯蓣、绞股蓝等。与野生条件下相比，这些通过引种栽培的药用植物在产量和质量方面有了很大的提高。

最后，通过药用植物的引种驯化工作，可以保护药用植物资源，挖掘新药源。随着医药卫生事业的发展，一些药用植物的野生资源日益减少，甚至濒临灭绝，而需求量又日益增大，因此对这些种类的野生变家种就尤为重要。江苏省1982年将茅苍术野生变家种，半夏于20世纪60年代在山东等地由野生变家种，濒危珍稀药用植物肉苁蓉于20世纪80年代栽培成功，同属的管花肉苁蓉近两年由中国农业大学在河北吴桥引种成功，这些药用植物都得到了很好的保护。与此同时，在药用植物引种工作中，发掘出具有特殊疗效的抗癌药、心血管药、强壮药、避孕药、神经系统药及一般常见病的药物资源，如冰凌草、铃兰、金莲花、罗布麻、夏天无、穿心莲、月见草、添姑草、白花蛇舌草、猕猴桃等。

三、引种与药材质量的关系

植物体中有效物质的含量不仅取决于植物本身的遗传性，而且在很大程度上受其生态因素的影响。在植物生长期间，适宜的温度和土壤的高温、高湿环境，可促进有机体的无氮物质，特别是碳水化合物（糖、淀粉等）及脂肪的合成，而不利于生物碱及蛋白质的合成；相反，空气干燥和高温条件，可促进蛋白质类物质的形成，而不利于碳水化合物和油脂的形成。在土壤诸因素中，磷、钾有利于碳水化合物和油脂等物质的合成；氮素有利于蛋白质和生物碱的合成，而不利于糖和脂肪的合成；植物体内强心苷的合成则与光照条件有密切关系，如洋地黄苷在有光的条件下形成，在黑暗的环境中分解。有关生态因子影响药用植物有效物质的形成和累积的具体实例很多，如欧乌头（*Aconitum napellus* Kar. et Kir.）在寒冷的条件下就失去毒性；缬草（*Valeriana officinalis* L.）若长期生长在潮湿或沼泽地带就失去了其应有的药用价值；金鸡纳（*Cinchona ledgeriana* Moens.）在高温干旱条件下奎宁含量较高，而在土壤湿度过大（饱和湿度的90%）的环境中奎宁含量显著降低，甚至不能形成；东莨菪（*Scopolia carniolica* Jack.）在干旱的气候条件下，阿托品的含量可高达1%左右，而生长在湿润环境下，阿托品含量则明显减少，为 0.4% 左右；杜仲（*Eucommia ulmoides* Oliv.）向阳叶子中杜仲胶的含量为 6% 左右，而背阳叶片胶量多不超过 3% ~ 4%；其他如蛔蒿（*Artemisia cina* Berg）、毒芹（*Conium maculotum* L.）等也是如此。可见，在不同的生态条件下，植物体中有效物质所产生的变异，与生态因子影响植物的代谢过程密切相关。药用植物引种过程中，由于未能很好地掌握药用植物生长发育的特性及其对外界环境条件特有的要求，随着药用植物生长环境的改变，往往出现药材质量下降的现象。掌握药用植物有效物质形成的规律，采取适当的栽培管理措施，合理调控药用植物的生长发育过程，可以克服药用植物由于离开原产地而导致质量下降的现象，甚至可以达到提高质量的目的。因此，深入了解各种生态因子（特别是其中主导因子）对植物体内代谢过程的作用，并且在引种实践中，有意识地控制和创造适宜的生态条件来加强有效物质的累积过程，可以提高所引种的药用植物有效物质的含量。

第二节　引种的理论依据

影响植物引种成败的关键要从内因和外因两个方面来考虑。从内因上选择适应的基因型，使引种地区的综合生态环境条件能在所引种植物的基因调控范围之内；外因上要采取适当的技术措施，使其能正常地生长发育，符合生产要求。

一、引种的基因反应规范

基因的反应规范指一种基因型在各种环境条件下所显示的所有表现型。人们要想完全知道基因型反应规范，就必须把某种基因放在所有的环境条件下来调查其产生的表现型，这显然做不到。但是对品种适应性反应范围了解愈多，对可塑性和稳定性了解愈深，就愈能使这个品种在更大范围内发挥作用。所谓品种适应范围，也就是能代表品种的基因型在地区适应性上的反应范围。

种和品种的基因型可塑性小，则反应规范就窄，引种中则表现为适应范围狭小；若可塑性大，植物表现对异常外界条件影响有较大的缓冲作用，则可以在较大的区域内引种。

番茄和油渣果（*Hodgsonia macrocarpa*）都起源于热带，而它们引种的结果却不同。起源于秘鲁的番茄现已引种到世界各地，而原产于广东湛江（北纬 22°）、云南等地的油渣果却只能移种到广州（北纬 23°），再向北移将遭受寒害。可见，不同物种的基因型可塑性差异很大。一般来讲，同种植物基因杂合程度高的，或通过有性繁殖的种子往往容易引种，因为它们具有多样的基因重组类型。同时，个体发育幼嫩时期的植株有较大的可塑性，易于接受外界环境的影响，因而能定向地改变其遗传性适应范围。有人将二球悬铃木（*platanus acerifolia*（Ait.）Willd）北移到北京，用枝条引入时遭到冻害，但用种子播种时，表现出抗寒性。

由此可见，植物引种与基因型反应规范关系密切。遗传适应范围大的种或品种，其生态分布区域愈广，种内变异类型也愈多，引种也易于成功。

二、生态环境与引种的关系

（一）综合生态因子的研究

药用植物生长发育受到生态环境中如光照、温度、土壤、生物等各种生态因素的综合作用。一种药用植物在一定的生态地区范围内，通过自然选择和人工选育，形成与该地区的生态环境及生产要求相适应的品种类型，这就是药用植物的生态型。换言之，是指同种植物的不同个体群，由于长期受到不同环境条件的影响，发生了一些在生态学上互有差异的异地性的个体群，在遗传性上被固定下来，这在种内分化的不同的个体群就成为几个不同的生态型。

因此，同一物种（变种）的植物可以由于生态型的差异而具有各种不同的抗旱性、抗寒性、抗涝性等等。地理上远距离引种，由于原产地与引种地之间生态因素的差异，往往使药用植物的生长发育、成熟期、产量、品质等出现不同的变化。同一生态类型的不同品种引种到相似的生态环境中，往往表现出一定的适应性。引种时如选择合适的生态型，则较容易引种成功。研究植物的生态环境和生态类型，对于药用植物育种，特别是引种具有重大的指导意义。

（二）个别生态因子的研究

对植物引种驯化影响较大的生态因子主要有温度、光照、湿度（包括空气湿度和土壤湿度）、土壤等等。这些主导生态因子的分析和确定对于植物引种常常起到关键的作用。

1. 温度

温度因子最显著的作用是支配植物生长发育，限制植物分布。在引种工作中，必须考虑自然的地理分布及其温度条件。温度对植物生长发育的影响主要表现在以下两个方面。

一是植物生长的三基点温度，其中低温是影响植物能否正常生长的最主要的因素。一般地说，生长在低纬度地区的植物低温阈值偏高，生长在高纬度地区的植物低温阈值偏低。有些植物原产地与引种地的平均温度相似，但是最高、最低温度却成为其引种成败的限制因子。我国东北地区常因冬季气温过低、夏季气温不足而限制药用植物南药北移，而南方冬季或夏季温度过高，又限制了北药南移。例如，四川的黄连引到东北，因冬季太冷不能越冬；人参引种到广东信宜，因冬季温度过高，没经低温休眠，致使第二年不能出苗。有些植物引种后，虽然能够生长发育，但因气候不适宜，常常产量低、质量差。例如，江西薄荷引种到吉林省，虽然能够生长发育，但经常遭到晚霜和早霜的袭击，有效积温不足，每年只能收割一次，产量低、质量差。

二是有效积温，即植物生育期内有效温度的总和。如果在生育期内达不到有效积温值，植物就不能完成生命周期。另外，植物要完成生命周期，不仅要生长，还要完成个体的发育阶段，并通过繁衍后代使种族得以延续。例如，冬性较强的植物生长发育过程中需要经过一个低温的"春化阶段"才能开花结果，从而完成其生命周期。

其他如季节交替的特点往往也是引种成败的限制因子之一。一些植物的冬季休眠是对该地区初春气温反复变化的一种特殊性适应，不会因为气温的暂时转暖而萌动。不具备这种适应性的植物，当引种地区初春气温不稳定地转暖就会引起冬眠中断，一旦寒流袭击，就会遭受冻害。

2. 光照

光照对植物生长发育的影响，主要是白天和黑夜的相对长度对植物影响的光周期现象。光周期反应根据植物不同可分为长日照植物（如莨菪）、短日照植物（如苍耳）和日中性植物三种。长日照植物和短日照植物对日照时间有特定的要求，若不能满足其对光照的特定要求，植物就不能正常地进行生殖生长。

光照的长短和光照的质量随纬度的变化而不同。一般纬度由高变低，生长季节的光照由长变短；相反，纬度由低变高，生长季节的光照由短变长。植物光周期现象是植物长期适应自然环境的结果，主要与其原产地生长季节中的自然日照长短密切相关。一般来说，短日照植物起源于纬度较低的南方，长日照植物起源于纬度较高的北方。植物由南往北或是由北往南的引种过程中，光照长短的变化对植物能否正常生长及生长状况都有着很大影响。因此，在进行引种驯化的同时，应充分考虑光照的影响。

同时，光照对植物的影响还包括光照强度。根据植物对光照强度要求的不同，可把植物分成阴生植物和阳生植物。阳生植物有黄芪、白术、甘草等，阴生植物有人参、黄连、天南星等。

3. 湿度

水分是植物生长发育的必要条件。引种地区的湿度主要与当地降雨量相关，降雨量在不同地区相差悬殊，由东南沿海地区向西北内陆地区递减。另外，降雨量的季节分配情况、年降雨量、空气湿度等，都影响着植物引种成功与否。

4. 土壤

土壤能为植物生长提供必需的养分，同时土壤酸碱度和温湿度决定了植物分布。"风土驯化"中的"土"即指土壤，可见土壤因子在植物引种中是非常重要的。对于对光照、湿度等条件要求幅度很大却对土壤性质要求严格的一些根类药用植物，土壤生态条件的差异就成了引种成败的关键。

5. 生物因子

生物之间的寄生、共生，以及与其花粉携带者之间的关系也会影响引种的成败。

第三节 引种的一般规律

一、气候相似论

20世纪初期，德国林学家迈依尔提出，森林树种的引种，应当建立在巩固的自然科学的基础上，即在气候条件相似的地区之间引种。他所指的气候相似性，主要是指温度，并以温度条件的群落典型指示树种为名，把北半球划分为六个平行林区或林带，即棕榈带、月桂带、板栗带、山毛榉带、冷杉带和极寒带。这些地区之间，不论在地理上相隔多远，都存在着引种成功的最大可能，但又严格限制木本植物引种的活动范围，超过该地区范围的驯化是艰难的。

气候相似论的基本要点是，两个地区影响植物生长发育的气候因素，应相似到足以保证相互引种成功的程度。它的理论依据是，气候因素是生态环境的决定因素。国内外一些学者已对主要农作物在各地区生长期的温度、无霜期、降雨量等气候因子作了统计，或找出了数学公式，或绘制了各样的气候相似图，或通过电子计算机等来指导引种工作。原产云南省文山州的三七引种到福建戴云山上，四川峨嵋的黄连引种到山东，各自的最高气温、最低气温、平均气温、降水量等气候因子相似，引种均获成功。对一个具体植物来说，在气候因素中往往有 1~2 个因子是重要的因子，或称限制因子。它若不能满足或差异过大，引种将要失败。三七是一种惧寒植物，原产地最低气温是 4℃，有人将它引种到吉林、辽宁，虽然采用了多种措施，但均因冬季不能越冬而失败。由此可见，气候相似论是引种的基本规律，可指导引种工作。

二、指示植物法

指示植物法是美国植物生态学家克列门兹（Clements Frederic E.，1920，1924，1928）制定的并行指示植物法或植物测量法。其理论依据是，某些植物可以代表某些地区的气候条件，我们可以利用这些植物作为指示者来解决植物引种和农作物的区划问题，并为栽培这些植物选择最有利的条件。这个方法在某种意义上比迈依尔的气候相似论及其方法又发展了一步，因为它考虑到植物与整个环境的相互关系。但是，它没有估计到历史因素及其在植物系统发育中形成的种种特性，因而忽视了环境条件对可能改变植物本身遗传性的影响。当要开展某种植物引种时，人们可能要注意该种植物在当地有没有野生分布，来确定引种是否适宜，这与指示植物法有相近之处，采用这种方法往往有很大的成功性。

三、纬度、海拔与引种的关系

（一）同纬度地区之间引种

地球上同一纬度接受太阳辐射能与光照时间是很相似的，降雨量也有一定的相关性。根据气候相似论和作物生态地理学的观点，纬度相似的东西地区之间引种，比经度相似而纬度不同南北地区的引种有较大的成功可能性。这主要是由于纬度相似的地区，温度、日照等条件基本相似，符合气候相似论。

（二）不同纬度间引种

要想使不同纬度地区间引种成功，一是利用植物对光周期的敏感性来调整，二是利用海拔来调整。我国地处北半球，在高纬度的北方地区，冬季日照短、温度低，夏季日照长，日照时数可为 14~17 小时，温度高。由于作物主要生长季节在夏季，所以一般称长日照地区。在低纬度的南方地区，冬季温度较高，夏季日照短，日照时数可为 12 小时以下，所以一般称短日照地区。

1. 利用植物对光周期敏感性来调整

（1）长日照植物的引种

长日照植物一般原产于北方，对长日照反应敏感，光照阶段要求有严格的长日照条件，长日照促进开花结果。同时通过春化阶段要求有较长时间的低温条件。长日照植物从高纬度向低纬度引种（北种南引），由于南方冬春温度高、日照短，度过春化阶段和光照阶段比较慢，生育期延长，晚熟，在华南地区甚至不能抽穗开花，但由于营养生长时间长，植株营养器官增大，对于以营养体为收获目的的长日照药用植物，如果有效成分没有大的影响，则有利于提高产量。对于以种子为收获目的的药用植物，从低纬度向高纬度引种（南种北引），由于北方冬春温度低、日照长，度过春化阶段和光照阶段比较快，表现生育期缩短，早熟。如果远距离引种，可能由于北方温度过低，而不能安全越冬，同时可能由于营养生长期过短，致使产量下降。

（2）短日照植物的引种

短日照一般起源于南方，喜温，在短日照高温条件下抽穗早，在长日照低温条件下抽穗开花延迟。短日照植物从低纬度向高纬度引种（南种北引），遇到长日照低温环境，出现生育期延长，植株相对繁茂，穗数、粒数增多，但抽穗开花推迟。对短日照反应敏感的品种，遇北方长日照条件甚至不能抽穗。随时间推移，在北方短日照来临时即使能抽穗，但可能由于低温而影响结实。所以，应引种对温度适应范围较宽的早中熟品种。对于以营养体为收获目的的短日照药用植物，南种北引，如果有效成分没有大的影响，对于提高产量有利。对于以种子为收获目的的药用植物，从高纬度向低纬度引种（北种南引），遇到短日照高温环境，促进其生长发育，使其生育期缩短，抽穗提早。然而由于营养生长期短，致使植株变矮，穗数、粒数减少，可能导致产量降低。

2. 不同海拔地区间引种

在温度方面，海拔越高，温度越低。一般海拔高度每升高 100m，约相当于纬度增加 1°，日平均气温就降低 0.6℃。因此，从温度方面来说，高海拔向低海拔引种，相当于从高纬度向低纬度引种，反之亦然。不同纬度间引种，可通过海拔调节，高纬度向低海拔引种，低纬度向高海拔引种，容易成功。需要注意的是，这里仅是从温度考虑，但水分和光照等其他生态因素并不一定都是这样，它们受坡度、坡向和地理位置影响较大，因此，引种时必须考虑这些因素的影响，选择好小环境、小气候，增加引种的成功率。

（三）同海拔、纬度间的引种

纬度、海拔高度大致相近的植物相互引种，由于光温条件大致相同，因而生育期和性状变化不大，较易成功。

第四节 引种的工作程序

一、材料的搜集与植物检疫

（一）材料的搜集

药用植物种类繁多，分布广泛。由于各个地区间名称不统一，常有"同名异物""同物异名"的情况出现。以较常用的四五百种中药而言，存在着此类问题的就有 200 种左右。因此，在引种前必须进行详细的调查研究，搜集材料，并加以准确的鉴定，这样才能使引种工作获得事半功倍的效果。一般搜集材料需注意以下几个方面。

1. 掌握和了解药用植物的生长地区的自然条件

引种某种药用植物时，首先要了解其原产地和引种地区的气候、土壤、地形等条件，并进行比较，以便采取措施，其中特别要注意气候条件。我国地跨热带、亚热带、温带（暖温带、寒温带），各气候带之间的气候差别主要是温度，其次是湿度条件。

热带地区，温度高、湿度大，药用植物一年四季均处于生长期。热带一年内高于10℃的活动积温约8000℃～9000℃之间，年平均气温22℃～26℃，最冷月在16℃以上，极端最低温高于5℃，很少有0℃以下的记录。年降雨量1000～2400mm，热带药用植物都能在本地区范围内生长，如胖大海、马钱、槟榔、肉豆蔻、白豆蔻等。

亚热带地区高于10℃的活动积温约在4500℃～8000℃之间，冬季温度较低，最冷月温度在0℃～16℃之间，极端最低温度在-8℃。在这个气候带，佛手、茶、厚朴、使君子、吴茱萸、喜树等药用植物都可以栽培。在亚热带的南部有些热带药用植物如萝芙木、荔枝、桂圆等也能生长得很好。

暖温带地区高于10℃的活动积温在3200℃～4500℃之间，是温带与亚热带的一个过渡带，夏季温度很高（30℃～40℃），与亚热带几乎没有明显的差异。因此，对热量要求较高的一年生热带或亚热带药用植物，如澳洲茄、蓖麻、罗勒、决明、望江南等都可以生长很好。但冬季寒冷，最冷月温度在-14℃～0℃之间，无霜期5.5～8.5个月，高于10℃持续期为5～7个月，有季节性冻土，但冻土的时间不长，厚度在1m左右。

对于植物的生长发育，不仅要考虑温度条件，同时也应该考虑到湿度条件（包括降雨量等）及湿度条件在四季中的分布状况。湿度的大小。主要取决于距海洋的远近。因此，从中国综合自然区划图来看，从东向西湿度逐渐变小，根据湿度条件，在同一气候带内，又划分为区，即湿润地区、半湿润地区、半干旱地区和干旱地区。引种工作者应该了解和掌握我国的综合自然区划中各自然区的气候与土壤的特征。例如，根据综合自然区划，北京以北地区的药用植物（温带、寒温带），一般说来，引种到北京都能生长良好，因为北京地区的温度比原产地要高一些。北京以西地区的药用植物，引种到北京后，一般也容易成活。因西部气候的温、湿度条件都不如北京地区优越。在暖温带和亚热带分界线以北的药用植物，在北京地区都可以引种。而在此分界线以南地区的药用植物，则不一定完全适合在北京地区引种，其中一些喜温性不强及某些一年生种类，或一些深根性（块茎、根茎）的药用植物，也可以在北京地区引种，如薯蓣深埋，冬季处在冻层的下面，可以越冬。

2. 了解和熟悉药用植物生物学和生态学特性

每一种药用植物，都有其自身的生长发育规律，并且不同的生长发育阶段对生态条件要求不同。因此，了解药用植物特性和所需的环境条件，是保证引种成功的一个重要因素。历史上，由于缺乏对药用植物生物学及生态学特性的了解，有过不少经验教训。例如，引种天麻时，由于不了解其与蜜环菌的共生关系，多年没有引种成功；上海从四川引种冬花，由于不了解冬花喜阴湿的特点，在上海奉贤、浦东露天栽培，结果冬花全部枯死，而陕西华阴县由于给植物以适当荫蔽，结果引种成活；辽五味子开始在露天直播，大多不出苗或出苗后死亡，以后掌握了五味子喜阴湿、小苗需要荫蔽的生态特点和种子发芽的特性，改进了育苗方法，从而获得了成功。又如，有些高山上生长的种类，如云木香，在原产地可以露天生长，但由于植物长期在高山地区的冷凉、多雾、空气湿润环境中生活，引种在北方较干燥炎热的地方，露天栽培多不能成活，需要给以荫蔽的条件。其他如白鲜皮、升麻、铃兰等亦都如此。

3. 了解药用植物的分布情况

自然分布区较广的药用植物适应性较强，如南沙参、桔梗、薄荷、穿山龙、紫菀、旱莲草、地锦等，有些种类甚至在非洲也有分布，这些植物相互引种或野生变家栽都比较容易成功。

自然分布范围较窄的药用植物，特别是热带性强的植物，要求温度条件比较严格。例如，非洲没药需要干热的条件，我国大多不具备这种自然条件，引种较难成功，即使能够成活，产生树脂也比较困难；番泻叶需要干热（非洲40℃~48℃）的沙漠气候，引种到我国缺乏高温干热的地区，容易发生病害，死亡非常严重。热带湿润地区的药用植物，如丁香、肉豆蔻、胡黄连等也较难引种成功。

另外，有些药用植物平面分布范围虽然较广，但是有明显的垂直分布界线，这类药用植物从平地向高山引种就存在着一定的困难，需要进行引种技术的研究。

总之，在引种过程中，有的种类适应性较强，引种比较容易成功，有的种类适应性比较差。因此，必须通过调查访问，查阅有关资料，根据其主要生物学特点，采取必要的措施，才能达到引种的预期目的。

（二）植物检疫

植物检疫是贯彻制止人为传播病、虫、草害法规的行为准则和技术措施。植物引种是传播植物病虫害和杂草的主要途径之一。植物从原产地或分布地迁移到新的引种地区，为避免病、虫、杂草等危害物（危害物是泛指危害或可能危害植物或植物产品的任何生命有机体）传入新地区，必须进行检疫。世界各国都已有许多由于缺乏检疫或检疫不严而造成巨大损失的惨痛教训，如国外的马铃薯晚疫病、棉红铃虫，以及我国的水稻白叶枯病、棉花枯萎病、甘薯黑斑病、蚕豆象等。因此，引种时一定要遵守国家颁布的动植物检疫法，对引种材料（特别是从国外引入的材料）进行严格检疫，及时处理。

二、引种植物的生物学观察与选择

（一）引种植物的生物学观察

植物引种离不开生物学特性观察研究，观察是选择的基础。掌握并分析植物体在不同地区的不同生态条件、不同栽培管理水平下的生长发育、营养分配与消长规律，对植物引种驯化来说，可以了解被引种植物在各个新的生存环境中适应性表现的状况与程度，为及时采取相应的引种措施提供依据。因此，当植物引入后，必须进行细致的生物学特性观察记载。生物学特性观察记载一般可包含以下五方面。

1. 植物的特征与特性

植物的形态特征，除了一般的乔木、灌木、藤本（有木质与草质之分）、宿根性多年生草本与一、二年生草本记载外，特别要注意与生态条件有密切相关的特征与特性。例如，有的藤本植物上有吸盘、气生根、卷须及其他攀缘物可攀附于岩壁或其他物体上。有的茎匍匐状贴近地面，易生不定根；有的叶片表皮角质层特别厚，有的叶片绒毛密布，有的叶片气孔凹陷；有的植物茎、叶退化，甚至变肉质状等，都应观察记载。

植物的特征与其特性是密切相关的，水生、湿生植物的根茎中贮藏气体的空腔特别发达，旱生、沙生植物则根茎中贮藏水分的组织特别发达，阴性、阳性植物都有特殊的适于生存环境的器官构造。在引种过程中，当环境条件发生改变时，植物的器官、习性亦逐渐产生改变，这种变化的征象亦应详细观察记载。但是植物在适应新环境过程中，习性、形态的变化是不明显的、细微的，而且是缓慢开始的，观察时不应漏掉这些细小的特征与特性。

2. 物候期观察

物候期是植物同生存环境条件的周期性变化之间的相互关系，这种关系反映在植物的不同生长发育阶段中所表现出来各部器官的不同形态特征。物候观察是各引种单位必不可少的一项工作，引种园内无论草本、木本植物都必须观察记载，因为它是植物适应性研究的基础，是了解植物利用、评价驯化程度的重要指标。植物类型不同，物候期的观察项目也不一致，按照不同种类，具体制订观察记载内容。观察记载的植株应中文名学名正确、生长发育正常、健壮旺盛、无病虫害、能代表该种植物的一般适应水平。每一种固定3~5株，其中有一株作为主要对象，在树冠上固定3~5枝为主要观察点。凡是固定观察的植株、枝条，都要挂牌作记号。各种植物的物候记录资料必须按规定时间整理，多数应制成以符号表示的物候谱、物候图谱，也有以线条表示的各种图谱。

3. 植物的生长发育特性观察

从种子播种后至出苗开始，即观察其生长速度与形态特征的变化。例如，双子叶植物的两片子叶出土与否，禾本类分蘖始期的早迟，木本植物中有些幼苗形态的异常等都要观察，并描述绘图，以供栽培上应用。不同植物类型观察目标不同，对一、二年生草本植物观察茎秆的高度、粗度、分株分蘖数，以及叶片数、叶长、叶宽，根系的生长、分布与形态等。多年生宿根草本（球茎、鳞茎、块茎及根茎类），除了上述观察项目外，还要注意母茎的休眠与萌发特性。木本植物按类型不同分别观察，乔木型的应观察树体生长、树干高度和粗度变化、树皮形态色泽、侧枝和枝梢生长、树冠的冠幅增长等。灌木型则应观察枝干的分枝生长习性、枝干的分枝类型（疏松型、紧密型、开敞型等），以及形态色泽等。藤本植物除了突出藤蔓生长习性与形态特征外，还要注意植物体的覆盖特征与覆盖面积。不论多年生草本或木本都应观察地下根系的生长与分布动态变化，以了解地上地下之间各器官的发展平衡趋势。凡引种植物除了物候记载项目外，对花（花序）、果实和种子的形成、着生部位、形态色泽等亦要观察。如有可能，应测量叶面积、叶面系数及光合力，以了解植物的同化力与生物能的积累状况。

4. 利用部位的器官生长特性观察

根据引种目的要求，侧重观察利用部位的器官，在药用植物引种工作中尤其重要。药用植物应按利用目的对主要性状质量及产量作详细观察，如药用部位器官有效成分的含量变化。通过各项观察数据分析，可分辨引种植物的经济产量与品质，判别引种的成功率。

5. 群体植物的生物学特性观察

群体是由众多个体组成的，个体生物学特性在群体中的表现，由于环境中各个生态因子对植物作用的改变，而产生了不同的变化，如光对叶片的照射与光能的吸收、土壤中的养分与水的分配吸收等，都影响地下与地上各部器官的分布状态、生理功能及生物学特性。

引种植物绝大多数要在群体中获得效益，形成生产能力。所以除了观察个体生物学特性外，还要研究群体生物学特性。观察以选择一定面积（或株数）的群体为单位，在不同单位中进行观察个体与群体之间的相互影响，分析个体与群体的关系，为制订栽培技术措施提供依据。

群体植物生物学特性观察的植株选择与记载方法，基本上与个体相同，但必须具代表性和典型性，有特殊研究目的可例外，记载项目不要像个体观察那么详细，尽量抓住关键，做到少而精。

（二）引种植物的选择

引入的药用植物，有的经过试验与选择后可以直接应用于生产，还有一些难以直接利用，必须通过选择才能应用于生产。

选择可以分为不同地理种源的选择和变异类型的选择两个方面。在引种试验时就应注意不同种源的适应性观察，通过培育、观察，找出各个种源的差异及优良性状的植物，从而进行综合或单项选择。通过地理种源的比较试验，评比选优可以得到良好的效果。另外，引入的植物经驯化后所产生的性状变化是多方面的，需要经过人为的单项或综合选择，把那些符合生产、生活需要的变化保留下来。性状变化的选择项目应包括生长发育的节律与抗性，以及经济性状等。对少数表现优良的单株，可采用单株选择法，以培育新的类型。

在植物引种过程中，有些植物由于分布地与引种地之间生态条件差异过大，使植物在引种地往往较难生长，或者虽可生长但却失去经济价值，若把它作为杂交材料，与本地植物杂交，则可以从中选择培育出既具有经济价值、又能很好适应本地生态条件的类型，这也是选择工作的一部分内容。

三、植物引种的基本方法

引种方法主要有简单引种法和复杂引种法两种。

（一）简单引种法

在相同的气候带（如温带、亚热带、热带）内，或差异不大的条件下，进行相互引种，这种方法称简单引种法或直接引种法。例如，新疆和北京，两地从地理位置来看，一东一西相距很远，但从气候带来看都属温带，前者属暖温带干旱地区，后者属于暖温带半湿润地区，两地温度条件相差不大，只是湿度条件不同。如果把北京生长的药用植物引种到新疆伊犁地区，只要满足其湿度条件就可以生长。从新疆向北京地区引种，可采用直接引种法，如引种蛔蒿、甘草、伊贝等。又如，从越南、印度尼西亚、加纳等热带地区向我国海南岛、台湾地区引种南药，也可以通过简单引种方法，如引种古柯、胖大海等。一般说来，相同气候带内相互引种，可以不通过植物的驯化阶段，所以又称为简单移植。

1. 不需经过驯化阶段，但需给植物创造一定的条件，也可以采用直接引种法。如各地区引种牛膝、牡丹、商陆、洋地黄、玄参等。冬季经过简单包扎或用土覆盖防寒即可过冬，另一些药用植物如苦楝、泡桐等，第一、二年可于室内或地窖内假植防寒，第三、四年即可露地栽培。

2. 控制植物生长、发育。穿心莲调整光照时数，使在北方结实，番红花控制芽的数目，使块茎增大等。

3. 把南方高山和亚高山地区的药用植物，向北方低海拔地区引种；相反的，从北方低海拔地区向南方高山或亚高山地区引种，都可以采用直接引种法。例如，云木香在云南维西3000m的高山地区栽培，直接引种到北京低海拔（50m）地区；三七从广西、云南海拔1500m引种到江西海拔500~600m地区；人参从吉林省海拔300~500m处，引种到四川金佛山（海拔1700~2100m）和江西庐山（海拔1300m）等地都获得成功。

4. 对不同气候带（如亚热带、热带）某些药用植物向北方温带地区引种，采用变多年生植物为一年生栽培，也可以用直接引种法，如穿心莲、澳洲茄、姜黄、肾茶、蓖麻等，已在我国温带广大地区普遍栽培。

5. 对不同气候带（如亚热带、热带）某些根茎类的药用植物向北方温带地区引种，采用深种的办法，也可以引种成功。同样，热带向亚热带地区引种也可以采用此法。例如，引种三角薯蓣、纤细薯蓣等，通过将根茎深栽于冻土层下面，使其在我国北方安全越冬。此外，黑龙江从甘肃引种当归，播种后，当年生长良好，但不能越冬，他们采用冬季窖藏的方法，第二年春季栽出，秋季可采挖入药。这也属于简单引种法。

6. 采用栽培技术调整播种期以适应植物发育的需要。例如，1957年从国外引种黄草，在北京春季播种，当年不能开花结果，冬季死亡，通过观察找出其原因是夏季高温不适植株生长，并发现黄草抽茎前需要一定的低温，后来采用了秋播使引种获得成功。

7. 采用组织培养方法加速种苗繁殖，使野生变家种是药用植物引种工作的一个重要新途径，如铁皮石斛采用组织培养方法，通过工厂化生产途径使野生变为人工栽培。

8. 采用秋季遮蔽植物体的方法，使植株提早做好越冬准备。此外，还有秋季增施磷钾肥，以增强植物抗寒能力的方法等。

总之，上述的一些方法，都是属于简单引种法的范畴，不需要经过驯化阶段就可以引种成功。多年来，我国采用直接引种法曾进行大量引种工作，取得了很大成绩，但这并不是说植物本身不发生任何变异。事实上，在引种实践中，很多种药用植物，引种到一个新的地区，植物的变异不仅限于生理上，在外部形态方面，也同样有显著的表现，特别是草本植物表现更为突出。例如，东茛菪从青海高原或西藏高山地区引种到河北，其地上部分几乎变为匍匐状。

（二）复杂引种

对气候差异较大地区的药用植物，在不同气候带之间进行相互引种，称复杂引种法，亦称地理阶段法。例如，把热带和南亚热带地区的萝芙木通过海南、广东北部逐渐驯化移至浙江、福建安家落户；把槟榔从热带气候逐渐引种驯化到广东大陆栽培等。

1. 进行实生苗多世代选择。在两地条件差别不大或差别稍超出植物适应范围的地区，通过在引种地区进行连续播种，选育出抗寒性强的植株进行引种繁殖，如洋地黄、苦楝等。

2. 逐步驯化。将所要引种的药用植物，分阶段地逐步移到所要引种的地区，称逐步驯化法。多在南药北移时采用。例如，三七过去局限在广西、云南少数地区栽培（或野生），20世纪60年代，全国各地广泛开展引种工作，江西、四川等引种三七成功，使三七向北引种获得很大进展，其分布已至河北省南部。

此外，还可以通过杂交法，改变植物习性进行引种驯化，但目前其在药用植物上做的较少。

四、药用植物引种成功的标准

一般来讲，判断一种植物的引种驯化成功与否，通常取决于所引种的植物能否在引种地区完成"由种子（播种）到种子（开花结实）"的生理过程。但对于那些为了满足人们某种特定目的而被引种的植物，当它们能够达到某一特定目的时，也可认为引种成功。例如，以根或根茎入药的药用植物能以无性繁殖的方式收获到目标产品，即可认为是引种成功。

一般药用植物引种成功与否的衡量标准有以下几个方面。

1. 与原产地比较，植株不需要采取特殊保护措施，能正常生长发育，并获得一定产量；
2. 能够以常规可行的繁殖方式进行正常生产；
3. 没有改变原有的药效成分和含量以及医疗效果；
4. 没有明显或致命的病虫害；
5. 种后有一定的经济效益和社会效益。

思考题

1. 何为基因反应规范？基因反应规范在药用植物引种驯化过程中有何指导意义？
2. 不同纬度、海拔的地区之间引种应遵循哪些基本规律？
3. 简述药用植物引种的基本工作程序。
4. 药用植物引种成功的标准有哪些？
5. 如何掌握好药用植物引种过程中药材质量的问题？

第九章

有性杂交育种基础

第一节　杂交育种的概念和意义

为了能使亲本的优良性状重组到杂种后代中去，必须经过杂交这一过程，人工定向杂交育种无论是过去还是现在都是培育良种的重要方法，并在育种中占据主导地位。一个多世纪以来，人们通过无数次的杂交育种实践，已经逐步认识并掌握了许多植物性状的遗传规律，能够在较大程度上根据育种目标，有目的地选择、选配杂交亲本，育成新品种。由于杂交可以实现基因重组，提供更多的优良变异组合及增加优良品种选育的机会，因此被广泛应用。

一、概念

杂交（cross）是在人工控制的条件下通过两个不同基因型植物的雌、雄配子结合而获得杂种的方法。由于是不同配子的结合，故称为有性杂交（sexuac cross）。通过人工定向有性杂交的手段使生物的遗传物质在杂交亲本间实现交换和优良性状重组，再从分离的后代群体中经过人工选择，选留符合育种目标的重组个体，进一步选育出具有重组优良性状稳定的品种的全过程，称有性杂交育种（sexuac cross breeding）。

从遗传基础分析杂交育种过程实际上是使遗传基础由宽变窄，再由窄变宽的组合上升的发展过程。首先根据育种目标，从群体中选择符合要求的个体或淘汰不符合要求的个体，这是遗传基础变窄的过程。进一步对选择出来的个体，通过杂交，进行基因重组，这是遗传基础变宽的过程。再进一步是经过重组的繁殖材料通过遗传测定进行再选择，又是遗传基础变窄的过程。如此反复循环，使目标遗传基因频率不断提高，繁殖材料的遗传品质不断优化。

二、分类

（一）杂交方式分类

在一个杂交组合里选用几个亲本，以及各亲本进入杂交的先后次序是杂交的关键技术环节。根据亲本、数量及进入的先后顺序，可将人工杂交分成多种方式，其中最常用的是两个亲本的成对杂交。当一次杂交达不到育种目标时，可进行回交或多系杂交。

1. 两亲杂交

两亲杂交指参加杂交的亲本是两个，又称成对杂交或单交。例如，A 和 B 两个品种杂交以 A×B 表示，A 是母本（♀），B 是父本（♂）。两亲本杂交时还可以互为父母本，又有正反交之分，如果 A×B（A 为母本，B 为父本）为正交，B×A（B 为母本，A 为父本）则为反交。

两亲杂交的方法简便，对变异较易控制，在有性杂交育种中被普遍采用。但必须根据育种目标和亲本特点来确定具体的组合形式，这是影响育种成果的重要因素。

2. 回交

回交育种是将非轮回亲本的目标基因导入轮回亲本，实现品种的回交转育，也就是对定型品种个别缺点进行改良的一种育种方法。该内容在第五章第一节及第十章第二节中详细介绍。

3. 多系杂交

多亲杂交（multiple cross）是指 3 个或 3 个以上亲本参加的杂交，又称复合杂交或复交。按照参加杂交的亲本次序不同又可分为添加杂交和合成杂交。

（1）添加杂交。在多亲杂交中，每杂交一次，添入一个亲本的杂交方式叫添加杂交（图 9 - 1）。3 个亲本进行的添加杂交也称三交。添加的亲本越多，杂种综合优良性状也越多，杂交后主要目标性状纯化和选择的育种年限也会比较长，因而采用添加杂交时，亲本不宜过多，一般以三四个亲本为宜。添加杂交的各亲本在杂种中的遗传组成因参加交配的次序而异。三亲添加杂交时，第一、第二亲本的核遗传组成各占 1/4，而第三亲本占 1/2；四亲添加杂交时，第四亲本占 1/2，第三亲本占 1/4，而第一、第二亲本的核遗传组成各占 1/8。可见，添加杂交中最早参加杂交的亲本在杂种中所占的遗传组成比例反而最小，为了降低重要性状在添加杂交时不被削弱，应先选遗传力强的性状进行亲本配组，再将遗传力弱的性状进行亲本配组。最后参加杂交的亲本性状对杂种的性状影响最大，一般把综合性状好的或具有主要育种目标性状的亲本放在最后一次。当单交亲本之一的优良性状为隐性性状时，不能获得其表现型时，应将其自交，从中选出综合性状优良且包含该隐性目标性状的个体，再继续添加亲本杂交。

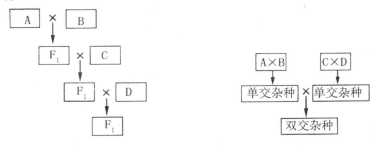

图 9 - 1　添加杂交示意图　　　图 9 - 2　合成杂交示意图

（2）合成杂交。参加杂交的为 4 个亲本，先是两个亲本进行成对杂交获得单交种，两个单交种间再进行杂交。这种杂交方式可简写成（A×B）（C×D）（图 9 - 2）。这种交配方式在双交杂种中，亲本 A、B、C、D 细胞核的理论遗传组成应各占 1/4。有时为了加强杂交后代内某一亲本的性状，可以使该亲本重复参加杂交。例如，（A×B）×（A×C），A 在杂种中的核遗传组成占 1/2。若目标性状是隐性性状，也应将单交杂种自交，从分离的后代中选出综合性状优良的目标性状的个体，再进行不同单交种之间的杂交。

多系杂交与单交相比最大的优点是将分散于多数亲本的优良性状综合于杂种中，大大丰富了杂种的遗传性，有可能育成综合性状优良、适应性广、多用途的优良品种。

（二）亲缘关系分类

根据亲缘关系的远近可把杂交分为近缘杂交和远缘杂交（wide cross）。

近缘杂交是指不存在杂交障碍的同一物种内不同品种之间的杂交，其作为常规杂交育种的方法被广泛应用。近缘杂交的亲和力较高，杂种后代控制分离比远缘杂交快，选育新品种的时间短，同质结合的自花授粉植物的纯系稳定品种可继续留种繁殖，是杂交育种中最常用的方法。它主要实现不同亲本的优良性状重组来选育新品种。

远缘杂交是指种以上亲本类型之间的杂交，它主要用于创造更丰富的变异类型及新物种，远缘杂交由于亲缘关系较远，亲本之间的亲和力较弱，并且有时会出现杂交不孕、杂种不实、杂种分离等现象，其育种难度较大，所以，不能被普遍应用。

刘宝等（2007）认为植物不同种间乃至属间的天然远缘杂交是经常发生的事件，是新种形成的重要方式，也是人工培育作物新品种的有效手段。但关于杂交导致新种形成的过程和机制一直不清楚。近年来的研究表明，植物发生远缘杂交及此后的多倍体化过程可以产生大量的、不能用经典遗传规律解释的可遗传变异，其中大部分变异是表观遗传变异（epigenetic variation）。已经发现的杂交及多倍体化诱导产生的表观遗传变异主要是编码基因和转座子 DNA 甲基化水平和模式的改变，但可以推测与之相关的组蛋白修饰和染色质结构也可能发生变化。目前对此类表观遗传变异的分子机理尚缺乏研究，有待于进一步对植物远缘杂交和多倍体化诱导产生后的表观遗传变异进行深入研究。

广义的有性杂交育种还包括杂种一代选育（F_1 hybrid breeding）的杂种优势利用，优势育种中，要想使杂种一代个体间表现一致，就必须使杂合亲本纯合化。优势育种是利用其高度杂合性的优势，有着与上述杂交不同的途径。该问题具体将在本书第十一、十二章专门讨论。

（三）基因作用分类

按杂交育种遗传原理和指导思想，可将有性杂交育种分为组合育种（combination breeding）和超亲育种（transgressive breeding）。

1. 组合育种

组合育种主要是用具有不同优良性状的亲本杂交，将分属于不同亲本的、控制不同性状的优良基因，随机组合后形成各种不同的重组类型，使之比亲本具有更多的优良性状组合的类型，通过定向选育各个优良性状组合来获得新品种。例如，将分别具有丰产、优质或抗病性强的不同亲本杂交后，便可能育成既丰产又抗病、优质的新品种。应用组合育种时，主要遗传机理是基因重组，所处理的性状受主效基因控制，大多属于简单的遗传方式，鉴别较容易。

2. 超亲育种

作物的许多重要经济性状多是微效多基因控制的数量性状。选用不同亲本杂交后，由于控制数量性状的基因重组，可使双亲中控制同一性状的不同微效基因积累于一个杂种个体中，实现有利基因的积累和加强，形成在该性状上超过亲本的类型，选育出比亲本某一性状更好的新品种。这主要是由于基因交换使相邻基因发生改变，实现了基因的累积和互作，导致该性状上超过亲本的表现。同时，用不同亲本杂交后，通过基因重组，可使分散在不同亲本中控制同一性状的不同显性互补基因相结合，产生原亲本所不具备的某些新性状，形成新类型，表现出明显的超亲现象。这类育种方式所涉及的性状多为产量、品质或生理方面的，与之相关联的基因数目一般较多，而每个基因的效应较小，因而对它们进行分析、鉴别也比较困难。

三、杂交育种的意义

孟德尔的杂交试验奠定了杂交育种的理论基础。由于杂交能打破不利的连锁关系，使得一个亲本某些遗传物质被另一亲本的相应部分替换。在减数分裂过程中，不同遗传基因的重组可获得杂合基因型。因此，能产生各种各样的重组变异类型，是产生遗传变异的重要而普遍的方式，可为优良品种的选育提供更丰富的变异材料和选择机会。由于基因重组，人们可以把杂合体自交，使后代基因分离和重组，使基因型纯合，并对这些新合成的基因型进行培育和选择，然后创造出符合生产和人类生活需要的新品种。一般新品种比其亲本具有更多的优良性状，并产生新的性状，形成超亲现象。因此，杂交育种成为选育新品种的有效方法，被植物育种家广泛采用，成为传统的重要的育种方式。例如，山东文登市农业局在1999~2000年连续两年对一个太子参新品种进行研究，该品种是以野生太子参为父本，以栽培种为母本，进行有性杂交后，经过6年的定向选育，培育成的"抗毒一号"太子参新品种，对其花叶病毒得病株率进行调查，平均只有2%，而对照组则高达99.5%。从推广的1000多亩大田考察看，"抗毒一号"亩产一般比对照增产40%~50%。此外，人们在用其他方法如诱变育种、倍性育种及生物技术等进行品种改良时，往往也要和杂交育种结合，以提高育种的成效。

总之，在杂交育种的初级阶段，往往采用以结合双亲不同优良性状为目标的组合育种，当育种工作取得一定进展，现有品种的某些重要经济性状（如产量、品质等）已达较高水平，希望能获得比亲本性状水平更高的新类型时，便应采用超亲育种。所以，现代杂交育种工作是组合育种与超亲育种交替进行并不断发展。

第二节　开花习性及可交配性

掌握亲本植物的开花习性及交配性是实现杂交的先决条件，是杂交育种获得成功的基本保证。

一、开花习性

植物从营养生长进入生殖生长是在外界环境和自身内在因子的共同作用下完成的。首先形成花序分生组织，然后逐步形成花分生组织，进而产生花原基，最后分化为成熟的花器官。每种植物的开花习性与生物学特性一样，都是在一定的环境条件下，经过长期自然选择而不断适应环境的结果。药用植物的种类较多，花器构造和开花习性也各异，开花习性因不同种和品种而异，环境条件也影响田间开花期的早晚和长短。一个花序内花朵开放顺序和开花量也不同。花粉是被子植物的雄配子体，其营养状况、活力等会影响植物受精的成败。花粉活力的高低既受控于植物内在因素，也受到外界环境的影响。

花粉的活力会影响植物受精的成败，花粉的"有效传粉"接受期内有足够的、有活力的花粉到达柱头，才能保证结实达到最大数量。不同类型的花"有效传粉"的影响因素是不同的。两性花的同一花内的雌、雄蕊成熟时期，有同时成熟的，也有不同时成熟的。有的雌、雄蕊成熟的花朵在未开放前就可授粉，称为闭花受精，应属于自花授粉。有的花是靠风或昆虫进行传粉的，为异花授粉或常异花授粉。不同贮藏条件下花粉生活力也有很多不同，柱头接受花粉也有其有效期。因此，杂交前了解花器构造和开花习性，以便掌握采集花粉和授粉的最好时机及杂交技术，确保杂交成功是十分必要的。

二、可交配性

柱头的可交配性是不可忽视的问题。在自然情况下，各种花粉落在柱头上，柱头的生理效应并不是使任何花粉都可以受精。这种有正常生理功能的雌雄配子，传粉后不能受精的现象称为受精的不亲和性（incompatility），它有两种情况。

一种排斥异交时称异交不亲和性（cross-incompatbility），是发生在两个不同物种之间的不亲和性，亲缘关系远的异种异属的花粉，不能萌发或不能受精。这是生物进化中形成的种间障碍，其不亲和除了在时间和空间上造成一个种间异交障碍，如雌雄异花或异株、雌雄蕊异熟、花柱花丝异长等之外，还在传粉受精的生理效应上，产生不亲和性，但是该特性对保持物种遗传稳定性方面有重要意义。

另一种排斥自交称自交不亲和性（self incompatibility），是发生在同一物种之内的种内不亲和性，或称自交不亲和性，一些自花授粉或相同基因型异花传粉时，虽然雌雄配子功能正常且同时成熟，也不能受精。这是植物在进化过程中为避免自交导致衰退，使后代有较强的生活力所形成的一种机制。

这些自交不亲和性植物又可分为孢子体型不亲和性与配子体型不亲和性，前者多见于三细胞花粉型与干性柱头的植物，后者通常发生于具有二细胞花粉和湿型柱头的植物中。目前对于自交不亲和性的作用机制已有初步了解，认为是受 S 复等位基因控制，孢子体型不亲和性的 S 基因表达产物主要是一些糖蛋白，配子体型不亲和性的 S 基因表达产物主要是一些核酸酶，它们都会阻抑受精作用。

第三节　亲本选用

一、概念

亲本选用包括亲本的选择和选配两个方面。亲本选择是指根据品种选择目标，在掌握一定数量的育种原始材料的基础上，通过特征、特性较为详尽的观察和研究，选择具有优良性状的品种类型作为杂交亲本。亲本选配是指从入选亲本中选用哪两个（或几个）亲本配组杂交和采用何种配组方式，即决定父母本及多系杂交时亲本进入杂交的先后顺序。通常亲本的选择和选配是不能截然分开的。

二、亲本的选用原则

（一）亲本的选择原则

如何选择好杂交的亲本，是育种工作中最重要的问题。杂交后代中能否出现好的变异类型和选出优良的品种，决定杂交亲本传递给杂种后代的内在的遗传基础。杂交亲本选用的好，较易在后代杂种中选育出优良品种，相反，杂交亲本选得不好，即使在杂种后代中精心选育多年，也很难选出可供推广的优良品种。可见，亲本选择是获得优良重组基因型的先决条件，是直接影响杂交育种成效的关键。一个优良的杂交组合，往往可以选育出多个优良品种。为此，要严格进行亲本的选择，一般应遵循以下原则。

1. 明确亲本的遗传基础及遗传规律

所谓亲本的遗传基础是指亲本具有哪些基因，性状遗传规律研究包括控制性状表现的基因的显隐性、基因作用方式，以及亲本性状相对遗传传递力的大小等等。一般根据亲代性状表现和子代性状表现来评价。这有助于我们在子代要求的基础上来选择亲本。

2. 选用具有明确育种目标性状的亲本

要较全面地搜集预杂交亲本的各个品种资源，真实全面了解该品种资源特征、特性，如丰产、优质、成熟期等经济性状的构成和对其生产水平进行分析测量，同时，优先考虑数量性状及稀有特殊性状。在对具有创新性杂交成果优势的杂交亲本进行选用时，除了具有一般的优良性状，同时应具有十分突出的优点。

3. 选用优良性状多的品种资源作亲本

杂种后代的表现是由亲本传递给杂种的遗传基础决定的。应尽可能选用优良性状多的品种资源作亲本，以保证后代性状总趋势表现良好。其具有产量高、综合农艺性状好的优点，能够使育成的品种获得较大面积的推广应用，真正转化为现实生产力，在生产上发挥更大的效益，可见，亲本选择得当可有效提高杂种后代生命力。

4. 选用当地推广品种作亲本

杂种后代的适应性虽然可以通过培育进一步加强，但其遗传基础还在于亲本本身的适应能力。如果保证一个新育成的品种能够对当地的生态、栽培条件具有很好的适应性，亲本中最好有能适应当地条件的推广良种，作为新品种具有良好适应性的提供者。如日本在1974年进行的薄荷杂交育种，当地品种赤园在抗锈病能力上表现弱，选用中国的南通与赤园进行杂交，培育出了万叶新品种，至今仍为推广品种。可见，注意选用地方品种可增加亲本的适应性。

5. 建立配套品种群的资源

开展杂交育种工作时，首先应当选定几个当地推广良种作为中心亲本（骨干亲本），同时，还应选定几套具备不同目标性状的常用亲本，此外，还应经常引进新的种质资源，并及时对各亲本材料的各种性状进行仔细鉴定和分析，了解亲本本身各性状在当地的表现，根据育种目标，有针对性地选用各性状水平或有某些突出特点的亲本，建立配套品种群资源。

（二）亲本的选配原则

亲本选配问题是杂交育种有史以来一直为人们所关注的问题。在杂种中能否选育出优良品种，决定于杂交亲本的合理配组。杂交育种是采用杂交方法，创造新变异，育出新品种。其遗传学基础是基因重组、基因互作和基因累加。根据遗传学原理，并非任何两个亲本杂交后都能得到理想的重组类型或理想的互作、累加结果。多年来，育种实践已证明，亲本选配得当，后代中就能选育出优良品种。所以，如欲通过杂交培育一个新品种，就需要对选用的亲本进行合理配组杂交。亲本选配一般应遵循以下原则。

1. 组合数的确定

虽然大量的杂交组合和杂交数量更有可能获得符合目标性状的杂种个体，但杂种后代过多，会占用大量的土地和劳力。在杂交育种时，对于配置杂交组合的数量，有不同的见解。有的认为应以多取胜，即每次杂交配置大量组合，以便从中获得符合要求的材料；有的则强调以精取胜，即不必花太多的人力、物力去配置大量组合，反而确有效地提高所配组合的质量水平。组合数和每个组合的杂交数量的多少决定于育种目标的综合程度及性状的遗传性质。一般情况下，如果育种目标比较简单，所需性状属于质量性状，组合数可多一些，每组合杂交的数目可少一些；如果育种目标综合性状多，且多属于数量性状，则可组合数少一些，每组合杂交的数量多一些。在制定杂交育种方案时，应根据实际情况，着重考虑如何提高杂交组合的成功率，配置适量的组合数目，这样，既节省人力、物力，又能达到预期的效果。

2. 正反交父母本的选配

（1）只做正交。育种实践证明，大多数核基因控制性状的情况下的两个二倍体品种间杂交组合中，正、反交后代性状差别往往不大，正反交只做其一即可。当采用外地品种与本地品种杂交时，一般多用本地品种为母本，提高育成品种的适应性。当栽培种与野生种杂交时，则以栽培种为母本，以保证后代综合的优良性状。细胞质基因决定的性状，常表现为母性遗传，在母本选用时，应满足细胞质基因控制的有用性状能够遗传。

（2）正反交配组决定父母本。为了测得亲本遗传力，提高结实率，并增加获得新类型的机会，在条件允许时，对于远缘杂交及多倍体与二倍体杂交时，其正反交的亲和性存在着很大差异，正、反交结实率也表现出明显不同，要求正反交都要做，要在正反交做过配组后决定父母本。

3. 亲本配组的要求

选用不同类群间的亲本进行杂交，其杂种后代的遗传基础较丰富，变异类型多，性状的变异幅度大，容易获得性状分离较大的群体及超亲类型，也可增强杂种优势，有利于提高优良基因型个体的入选率，从中选出所希望的品种。因此，亲本配组的基本原则如下。

（1）根据亲本优缺点互补原则选配亲本

亲本选配时，首先要研究不同性状的互补。例如，质量性状互补，既父本或母本的缺点能被另一方的优点弥补。或数量性状互补，即同一性状不同构成因素的互补，可综合双亲的优良性状于同一后代个体中，会增大杂种后代的平均值。总之，为了选育综合性状良好的品种，双亲可以有共同的优点，但不应该有共同的缺点。

（2）根据地理和生态差别来选配亲本

一般认为，地理生态差别大的类型彼此间遗传特性也有显著差别。药用植物分布地区广泛，做好预杂交双亲间的地理起源、生态类型差异的研究，有的放矢地选用不同地理来源和生态类型的品种做杂交亲本，有针对性和预见性地开展杂交育种工作，可提高杂交育种的成效。

（3）根据遗传距离来选配亲本

遗传距离是度量育种亲本材料综合遗传差异大小的一个很好的参数。可以采用遗传距离分析的方法从分子水平、个体水平乃至群体水平研究亲本之间的遗传差异，如 DNA、同工酶、蛋白质、农艺性状，不同分析方法有遗传距离、因子分析、主成分分析、典范分析、聚类分析等。育种目标所涉及的主要经济性状多为微效多基因控制的数量性状，受环境条件的影响较大，而且彼此间又有一定的相关性，很多学者应用以数量性状多维空间距离作为亲本间遗传差异大小度量指标的多变量分析法，将亲本按差异大小归入不同类群，同类群内基因型彼此差异较小，而不同类群间基因型彼此差异较大，进而指导亲本选配。

（4）杂交亲本应具有较高的一般配合力

选用亲本时，不仅要考虑亲本品种本身性状的优劣，而且还要考虑所选亲本各性状的一般配合力，因为杂种后代的表现决定于亲本间基因型效应的互作与配合。实践表明，并非所有优良品种都是优良亲本，只有将一般配合力好的品种作亲本，才会得到好的后代，选育出优良的品种。所以，通过熟悉和掌握亲本各性状的遗传特点和规律，如显隐性关系、基因效应、遗传率高低、性状间的相关关系等，才能实现亲本的合理配组。

（5）应重视所选亲本的纯化和加工

大量的实践表明，在杂交育种时，应重视所选亲本的纯化和加工。未经纯化的亲本，往往是一个遗传基础不一致的群体，用其杂交时，很难预测杂种后代的遗传行为的性状表现，这样便难以获得预期的结果。因此，用作杂交的亲本必须自交纯化。在育种工作中，事先引入标志性状，可以有助于确定假杂种，应注意利用已被加工改良过的纯合材料，一般不必要采用尚处于原始状态的材料。

第四节　杂交育种程序及加速育种进程方法

一、杂交育种的一般工作程序

杂交育种大致可分为以下几个阶段。

（一）制定杂交计划

要根据育种目标制定详细的杂交计划，在杂交之前应充分考虑杂交工作的各个环节，以便达到杂交的目的，因此，有必要拟订杂交育种计划。该计划应包括育种目标、杂交亲本的选择选配（杂交组合、杂交方式、杂交数量）、杂交任务量（包括组合数与杂交花数）、杂交进程（如花粉采集与杂交日期）、操作规程（杂交用花枝与花朵选择标准、去雄、花粉采集与处理、授粉技术要求等），杂交后代的管理及评价，设计好杂交记录表格等。

（二）杂交亲本的确定及培育

不同杂交对亲本要求不同，首先依据亲本选择选配原则确定杂交亲本外，杂交亲本植株的生长状况直接影响杂交效果，要使性状能充分表现，植株发育健壮，保证有足够数量的母本植株和杂交用花，母本柱头有很强的接受花粉的能力及父本有较强的花粉生活力，就要注意亲本田的肥水管理及防虫、防病等。

（三）选配适宜的亲本授粉杂交技术

植物种类不同，开花授粉习性有很大的差异，选择适宜的杂交技术，可确保杂交成功。

（四）杂交后代处理

一是杂交后代的测定、选择和稳定变异；二是区域比较试验，杂种适宜环境或区域的测定；三是优良品系鉴定和留种；四是优良杂种的鉴定及生产试验。

二、提高杂交育种成效的途径

（一）扩大亲本的遗传多样性

育种实践表明，突破性品种的育成几乎无一不是决定于优异遗传资源的发现与利用。所以，要提高杂交育种的成效，就要拓建种质资源库，更多地注重基因库的拓建和利用，掌握杂交亲本丰富的遗传变异性。

（二）确保足够量的杂种群体

杂种后代的群体大小与选择效果密切相关。为了提高选择效果，不仅要求 F_2 群体的遗传基础丰富，还要求有较大的群体，以便尽可能多地保证各种重组基因型的状况，避免优良重组基因型的丢失，使之能集中体现一切有益的遗传变异，增加入选优良个体的机会，提高选择效果。

（三）改进选择技术

同一性状在不同组合后代、不同平均水平的群体中，选择效果是不同的。过去人们在育种实践中往往以提高选择强度来提高选择效果，这对某些性状来说是有效的，但不是所有性状的选择效果都是用单纯提高选择强度就能实现的。选择强度太大，入选率降低，在人力、物力上都不经济；相反，适当降低选择强度，所获得的遗传进度较大，选择效果较高。

三、加速育种进程方法

（一）加代繁殖

1. 异地加代。为了加速育种进程，一些北方育种单位或基地相继在海南、广东、广西、福建等较温暖的地区建立育种基地，冬季在这些基地加代繁殖，一年一代变一年两代或多代，大大推进了育种进程。

2. 温室及人工气候室加代。利用温室和人工气候室控制光照、温度条件，进行加速繁殖，达到加代作用。

3. 调节开花期。采用必要的调节开花期的方法，使其提早结种，以利于推进加代繁殖进程。

（二）利用分子标记法早期鉴定

利用分子标记方法，在重组表现型尚未充分表现出来的早期世代进行鉴定选择，可加速育种进程。

（三）超级升级及多点试验

对于性状基本稳定的株系，提早进行种子扩繁，进入品系比较试验、区域试验、生产试验、多点试验并提早推广。

思考题

1. 试论述杂交基因重组互作，综合双亲优良性状，实现组合育种的含义。
2. 试论述杂交基因累加互补，产生超亲性状，实现超亲育种的含义。
3. 如何进行杂交亲本的选用？
4. 什么是选配杂交亲本的一般原则？
5. 有性杂交育种中可采取的杂交方式有哪些？
6. 正反交父母本的选配原则是什么？
7. 杂交育种的一般工作程序是什么？
8. 提高杂交育种成效的途径有哪些？
9. 试指出加速育种进程的方法。

第十章

有性杂交育种技术

第一节 近源杂交育种特点及技术要求

一、概念

近源杂交育种一般是指同一种内的两个稳定的品种杂交，其中 A 品种做母本，B 品种做父本，配对进行杂交。在杂交后代中进行优良重组个体的自交选育，可获得稳定的优良品系，进而培育成优良品种。

二、特点

1. 杂交不存在亲和性障碍

近缘品种间杂交的各个亲本均具有相同的染色体组，亲本间的差异只是相对基因之间的差别，因此，父、母本花期一般能够很好相遇，不需做开花期调节。花器构造特性基本相同，杂交在亲和性上不存在障碍。

2. 自花授粉植物为主要应用途径

近缘品种间杂交种多应用在自花授粉植物品种间。由于自花授粉植物的长期自交可以保证其亲本的纯合，杂交亲本及后代的目标性状明确，后代通过连续自交选育不退化，很容易选育出适合生产上应用的纯合稳定的品种，因此，近缘品种间杂交种是自花授粉植物常用的育种方式。

3. 良种可自主繁育

由于自花授粉特性，特别是异交率比较低的植物群体培育的品种，良种繁育过程中不必设严格的隔离，繁育技术简单，因此，培育的品种可以在品种使用者生产中自主繁殖留种。

三、育种程序及技术要求

（一）确定亲本

尽量选择自花授粉植物的纯合稳定品种作为杂交亲本。杂交可能是一个组合，也可能是多个组合，亲本的确定同时存在着亲本的选择和选配等选用问题，选用的原则遵循第九章第二节的亲本选用原则。主要的原则是保证选育综合性状良好的品种，有较明确的育种目标性状，双亲可以有共同的优点，但不应该有共同的缺点，即亲本优缺点能够互补。

（二）杂交技术

为了有效地获得优良杂种，除了有目的地合理选用亲本外，杂交技术的合理应用是杂交成功的根本保证。完成杂交技术工作，大体包括以下程序。

1. 杂交用花的选定

杂交操作时首先对田间预杂交植株进行细心观察，从杂交亲本群体中选择符合育种目标要求的优良植株作为杂交植株。由于同一植株上不同部位的花朵，其结实率有一定的差异，所以要选择那些健壮的、容易结实的花枝和花蕾。例如，红花宜选主枝上花序外侧的小花，人参多采用伞形花序外围的花，地黄宜选下部的小花。花朵选定后，防止不用于杂交的花的开放影响杂交效果，保证杂交果实、种子充分成熟，应剃除与杂交花较近距离的过多的或未用来杂交的花蕾、花朵。

2. 去雄

去雄是防止自交，实现杂交的关键技术措施。对于雌雄异株的群体只要将母本区的雄株拔除既可；对雌、雄异花的植物只要将母本的雄花摘除既可；对于雌雄同花的植物要采取必要的去雄方法，具体如下。

（1）人工去雄。是用去雄针先将花瓣或花冠苞片剥开，然后用镊子夹住花丝逐根摘除花药的人工去雄方法。去雄要动作准确、敏捷，保证去雄彻底，防止碰裂花药和碰伤柱头，若碰裂花药，应及时将去雄用具在 70% 酒精中清洗。去雄时间：对闭花授粉植物在花药开裂前 1~2 天进行，对开花授粉植物则于花瓣开裂前 1~2 天进行。

（2）化学杀雄。需要去雄的作物是雌雄同花，花器官又较小，人工去雄相对难度较大，即使花费大量的人力和时间，有时也难以实现，因此，有必要采取物理或化学杀雄法，其中化学杀雄法应用较广。

化学杀雄法是将一定浓度的某种化学药剂，在作物生长发育的某一阶段喷洒于母本植株上，破坏植物雄配子形成过程的细胞结构和正常生理机能，但又不损害雌配子的正常发育及功能，达到去雄的目的。

国内外已筛选出的化学杀雄剂有丁烯二酸联氨（MH）、顺丁烯二酸酰肼 30（MH30）、二氯乙酸、DPX3788、WL84811 等数十种。化学杀雄剂多在花粉母细胞形成前喷洒。不同植物对不同药物的反应不同，气候条件对杀雄剂的效果也有影响，有的杀雄剂还会损伤雌配子或影响植株的正常生长发育，特别是对药用植物的专属性研究还不很清楚，因此，使用尚不普遍，大多数还处于研究阶段。

3. 隔离

为了防止亲本接受非目的花粉，在授粉前后，必须设法将母本进行隔离。有时为了保证父本花粉的纯度，也要进行预先隔离。隔离方法有空间隔离、网罩隔离、套袋隔离。空间隔离要达 500m 以上的安全距离；风媒传粉的植物要采用套袋隔离，常用硫酸纸或牛皮纸袋等，套袋要留有空隙，满足花序继续伸长的需要空间；虫媒传粉植物可采用纱网罩隔离。对花茎细弱的植物或多风地区的植物，隔离的同时应架设支棍，以防折断花枝。

4. 花粉的采集和贮藏

进行杂交所需的父本花粉应当是新鲜而有生命力的。过早采集，花粉发育不够成熟，影响授粉效果，因此，杂交前要适时采集成熟花粉。如果在大量散粉时采集花粉，这时空气中往往飘浮其他花粉而造成花粉混杂，不能保证所采花粉的纯度，所以最好在有隔离的父本上适期采粉。采集花粉的方法是要从性状典型的父本株上用小镊子摘取花序或将花序中开裂或刚刚开裂的花药放入贮粉器内，在干燥条件下促使花药自然开裂。有时也可轻轻弹打花序或花朵，使花粉落入贮粉器内。一般多在早晨露水干后采集花粉为宜。采集后贮藏条件可选择0℃～5℃条件下贮藏，可保证花粉的生活力。

对花粉特别是贮藏的花粉杂交前要进行生活力检验，可以防止使用无生活力花粉而影响杂交效果。花粉生活力检验方法有形态观察、化学试剂染色检验、培养基萌发检验、田间授粉检验等方法。不同药用植物花粉寿命及生活力差异很大，具体见表10-1。

表 10 - 1　　　　　　　　　　不同药用植物花粉及生活力

植物名	花粉生活力	柱头生活力
人参	冰箱(1℃～5℃)10 天,室温(20℃～25℃)5 天	
薏苡	冰箱(1℃～5℃)6 天,室温(20℃～25℃)12 小时	田间生长为 9 天
贝母		田间生长为 9 天
地黄	冰箱(1℃～5℃)30 天,室温(20℃～25℃)5 天	
牡丹	冰箱(1℃～5℃)157 天,室温(20℃～25℃)56 天	
百合	194 天(35% 相对湿度条件下)	
郁金香	10 天(90% 相对湿度下)萌发率便由 45% 降至 15%	
丁香花	花粉室温下放置 24 小时发芽率为 0	
刺五加	通常情况下,花粉寿命约为 4 天	柱头在开花后 5～7、6～8 或 7～9 天具可授性;生境越郁闭,柱头具可授性的时间越晚
罗汉果	常温下干燥器中用干燥剂快速干燥至恒重后装入小试管中密封,再放入冰箱中贮藏,存放时间可延长至 2 年	

5. 授粉

授粉是将花粉轻而均匀地涂在母本柱头上。通常用毛笔蘸取贮粉器中的花粉或用已开裂的父本花药直接擦拭柱头，也可将裂口的花药塞到母本的花朵中。对有些药用植物的授粉，可用300～500倍的洁净水混合好花粉后用喷雾器进行授粉。授粉需在柱头有效期进行，授粉次数以1～3次为宜。通常去雄后1～2天是柱头适宜授粉时期。还可用酒石酸—硝酸银化学试剂染色测定的柱头生活力作为授粉的依据。

（三）授粉后的管理

1. 杂交后需对杂交的花枝或花朵挂牌，写清亲本的编号、杂交组合和杂交日期等。同时将杂交工作中的详细内容填写到登记表上（表10-2）。

2. 保证套袋隔离设施安全。杂交后，在最初保证套袋等隔离设施的安全，可实现座果期的顺利完成。为此，在套袋的最初几天要检查纸袋等隔离物是否有脱落、破碎等情况，如有发生，则此杂交花无效，应重新补做杂交。当柱头接受花粉有效期过后，注意摘除隔离袋，以免影响杂交果的发育。

表 10 - 2　　　　　　　　　　　有性杂交登记表

项目	操作内容				
亲本	母本（　　　　　）×父本（　　　　　）				
用花	花序类型：	花所处部位：		花药数：　柱头数：	
去雄	日期：	株数：		方法：	
采粉	日期：	方法：	贮藏方法：	花粉生活力	采粉时：
授粉	日期：	方法：	株花数：		授粉前：
隔离	日期：	方法：	解除时间：		
果实	成熟期：	结果数：	座果率：		
种子	果均种子数：	种子成熟饱满度：			

3. 对已座果植株，要加强田间管理，可喷施 P、K、B 等叶面肥，防止落花、落果；做好病虫害防治，对一些无限花序，要继续摘除非杂交花序和花，以促进杂交果发育及成熟。

（四）杂交种采收及贮藏

为了使杂交种子充分成熟，应尽量延迟采收期。当果实达到成熟后，可按杂交组合或单果分别采下，连标牌一同装入纸袋，并在标牌上写明收获日期及编号，分别脱粒、晒干和保管。

杂交种应按不同种子特性保存。例如，细辛种子收获后为防止干燥，应立即播种；人参种子应进行砂藏层积的发籽处理完成形态及生理后熟；红花、薏苡种子应晒干后在室内贮藏。

四、杂交后代的选育

杂交后代是一个异质群体，自交纯化过程中会分离出多种重组基因型，既有符合育种目标的，也有不符合育种目标的基因型混在一起，必须通过选择方法进行分离。基本的选择方法有系谱法（单株选择法）和混合法（混合选择法）。

（一）系谱法

系谱法（pedigree method）是国内外在自花授粉植物和常异花授粉植物杂交育种中最常用的方法。从杂交分离世代开始选择优良组合单株，对该单株进行控制自交，并采集自交的种子，下一年按株系种植。以后各世代都是在优良株系内继续选择优良单株控制自交留种，再种成株系，直至选育出优良纯合稳定的株系后升级到品系比较试验。由于在选择过程中，各世代都予以系统编号，可查找每一代株系的系统来源与亲缘关系，故称系谱法，具体选择程序见图 10 - 1。系谱法各世代主要工作内容如下。

1. 杂交当代

按杂交组合采收杂交种子，并对各个杂交组合种子分别标号（包括年代号、组合号、世代号、当选株号等），分别入库贮藏，待下一代分别播种。

2. 杂种第一代（F_1）

将采收的杂交种子分别按杂交组合播种成株系，由于用于杂交的亲本通常为纯合亲本，

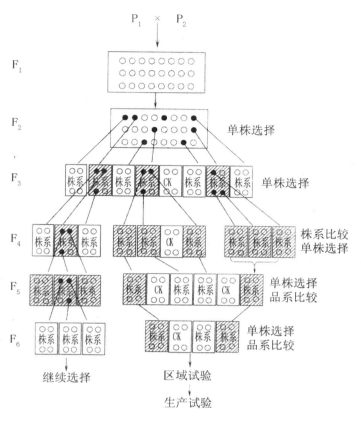

图 10 - 1　系谱法示意图

F₁ 各植株性状相对一致，同时隐性优良性状也不表现，因此，F₁ 一般不进行单株选择，只是对有严重缺点的组合进行淘汰及对入选的组合进行混合采种。

3. 杂种第二代（F₂）

将 F₁ 收获的种子按组合顺序排列播种，获得 F₂ 的植株群体，并设对照区。在 F₂ 的各组合内开始性状分离，显现个体间的差异，是选择的关键世代。同时，F₂ 单株选择的准确性，直接影响到后继世代的优良杂交重组类型的选择。因此，应使群体规模扩大，以保证 F₂ 分离出育种目标所期望的个体较为充足。一般应保持400～1000株左右的群体。特别是对于育种目标要求改良性状较多的和已评定为优良组合的 F₁ 群体要适当加大繁殖数量。质量性状选择 F₂ 可不设重复，但对易受环境影响的数量性状，必须根据重复群体的表现进行对比选择。对 F₂ 代同样要先进行杂交组合间的比较选择，淘汰那些没有突出优良单株且主要性状平均值较低的组合，从入选的优良组合中选择优良单株，入选的单株是以严格控制自交留种为前提的。

4. 杂种第三代（F₃）

将 F₂ 选留的优良单株的种子分别播种成小区，田间按顺序排列，每个小区种植 30～50 株，每隔 5～10 个小区设一对照区。由于 F₃ 系间性状差异及表现趋势已较明显，而各系统内又有程度不同的分离。因此，F₃ 是选取单株作进一步鉴定和选择的重要世代。对于综合性状优良但仍有单株性状分离的组合，可继续自交选择优良单株。对于出现的优良的稳定组合，可进行混合留种，增加种子的繁殖量，以利于下一代升级进行品比试验。

5. 杂种第四代（F_4）及其以后世代

F_3 选留的每一单株种子分别播种一小区，每小区种植株数一般为 30～100 株。由于从 F_2 到 F_3 经历了单株系统选择，源于同一单株所产生的姐妹系，其综合性状表现相近称为"系统内"，而不同单株选择的株系间性状表现有较大的差异称为"系统间"。各个小区不但存在系统，而且在系统内又分系统，升级为"系统群"。因此，种植小区应将系统群内进行相邻种植，各系统群间要设重复，对于不稳定的系统群要再进行选择。对于 F_4 出现的优良一致的株系混合收获、鉴定，升级加入品比试验。

优良混合留种便成为优良品系，经品比试验、区域试验、生产试验等程序鉴定后，也具有一定数量时可成为新品种在生产上推广应用。

自花授粉植物，由于有较高的天然自交率，可自然授粉，不必隔离套袋。但对于常异花授粉，尤其是异花授粉药用植物，如果采用谱法选择纯系品种或纯合自交系亲本时，需要套袋及人工强制自交来实现。对于以提高群体水平的异质型品种培育为目的的，纯系与退化经常相伴产生，因此，有时为了加速系统纯化并防止生活力衰退，除了 2～3 代连续人工隔离自交外，还可采用系统内株间交配或相似的姐妹系统交配等，对于能无性繁殖的药用植物杂交后，所选择的优良重组类型，可改为无性繁殖。

（二）混合法

混合法（bulk method）又称混合-单株法，是把杂交的分离世代按组合混合种植，基本不做单株选择，只是淘汰假杂种和个别显著不良的植株，一直到 F_4 或 F_5 有时完全不进行选择，直到杂种性状趋于稳定，在杂种后代纯合程度达到 80% 以上时，开始一次单株选择，在下一代种成株系后，再进行株系间比较鉴定试验，从而选择优良株系（图 10-2）。

该选择方法主要适用于自花授粉植物的杂交后代。由于自花授粉植物在不做选择及隔离的情况下，群体内也能实现自交，随着世代的进程，已纯合的个体不再杂合，杂合的植株继续纯合，使纯合的个体越来越多，分离出许多相对相似的植株构成的纯系，按照育种目标要求，进行多向混合选择留种。可同时选择出几个优良的纯系，一次选择，便可升级进行品比试验。混合选择也可在有利于目标性状表现的

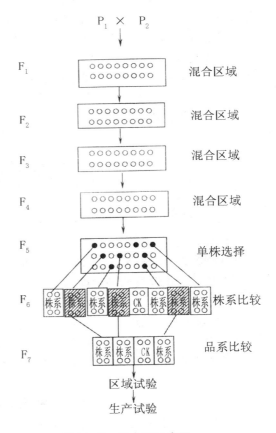

图 10-2 混合法示意图

年份进行，使选择更加有效。该选育方法省时省力，但只在自花授粉植物群体中适用。

（三）系谱法与混合法的比较

现对同样应用在自花授粉植物杂交后代选择中的应用进行比较。

1. 选择年限

系谱法育种年限较短，一般只需 4~6 代。混合选择法要 8~9 代，选择年限较长。

2. 操作方法

系谱法由于须进行单株选择、系统编号等工作，繁杂而费工。混合法是种植若干年后才进行混合选择，省时、省工，方法简便易行。在入选系统的历史追溯方面，混合法没有系谱法方便。

3. 选择效果

系谱法通过系谱编号，逐代单株选择鉴定，选择效果可靠，但由于早期的严格选择，容易丢失大量的重组基因型类型。对入选的基因型，给予充分的表现环境，减少了由于一些竞争力弱的基因型性状，没有充分表现的环境情况下，在竞争中可能被削弱的危险，特别是那些人工选择和自然选择方向不一致的性状，有可能在混合种植过程中丢失。但对大多数基因型个体，混合法起到有效的保护及选择机会，可选到多种优良类型。同时，混合法的自然选择有利于适应性的形成，易获得对生物有利性状的改良，对分离世代长、分离幅度大的多系杂种的选择效果较好。

第二节　回交育种特点及技术要求

一、概念

回交是指双亲杂交后，其后代与亲本之一再进行杂交。回交育种是对综合性状优良但有个别缺点的亲本与有目标性状的亲本通过杂交实现基因转入，再从后代中选择带有转入目标基因的植株与被改良的品种反复回交实现品种改良的一种育种方法。双亲中多次参加回交的亲本称为轮回亲本（被改良的亲本），最初只进行一次杂交的亲本为非轮回亲本（目的基因供体）。双亲杂交后的 F_1 与轮回亲本再次杂交的后代称为回交一代，表示为 BC_1 或 BC_1F_1，二次回次的杂种为 BC_2 或 BC_2F_1，一次回交杂种自交的子代为 BC_1F_2，二次回交为 BC_2F_1，自交的子代为 BC_2F_2，回交 n 次称为回交 n 代，为 BC_nF_1，回交 n 次的后代自交后代表示为 BC_nF_2。

1. 增强杂种后代的轮回亲本性状及个体比率

在反复回交中，由于轮回亲本的反复使用，回交后代群体的性状表现，朝着轮回亲本的方向发展，轮回亲本的性状不用特殊选留，后代综合性状会随着回交的进行而恢复到轮回亲本的性状。为此，回交育种后代将随着回交代数的增加，使得后代中具有轮回亲本性状的个体比率也增加。

2. 回交后代的基因型向着轮回亲本方向纯合

由于定向的轮回亲本提供全套基因，后代基因型向着轮回亲本方向纯合。而且，纯合是向着轮回亲本单方向纯合，纯合速度远大于自交的速度，参见第七章表 7-2。

3. 目标基因的严格选用及强化选择

目标基因必须具有能够克服改良品种缺点的相对基因，如早熟基因、抗病基因、雄性不育基因、苗期标志性状基因等。根据要改良的亲本的转育目的，来选择目标基因的亲本。为了保证转育的目标基因不丢失，回交育种每代都应选择具有目标性状的个体，再与其轮回亲本进行回交，应该比较有把握地获得所期望的目标性状。

可见，回交育种是有针对性地对品种进行改良的有效方法。当育种目标是企图对现有品种进行改良，把某一群体或个体的一个或几个优良经济性状引入到预改良的品种中去，则可采用回交育种方法。

二、工作程序及技术要求

（一）亲本选用

在回交中除了要遵循第九章第二节的亲本选用原则外，为了达到回交育种的预期目的，还要遵循以下几点原则。

1. 轮回亲本的选用

（1）轮回亲本是回交育种预改良的品种，它应该是目前正在推广的综合性状优良、适应性强、丰产性能好的品种，并且综合性状能满足未来较高生产发展水平要求，只有这样的品种才能用于生产，才能确保数年后不会被淘汰。

（2）轮回亲本是具有 1~2 个缺点需改良的品种。如果需改良的性状过多，会大大增加回交次数，所以缺点多的品种不宜用作轮回亲本。

2. 非轮回亲本的选用

（1）非轮回亲本要具有很突出的优良目标性状，该目标性状最好不与某一不利性状基因连锁，最好容易依靠目测能力加以鉴定。

（2）非轮回亲本所携带的目标性状要有很强的遗传力，同时，最好是由一二对主基因控制，以便经连续若干代回交后，使优良性状能很好地遗传下去。

（3）非轮回亲本的综合经济性状不必过多考虑，因为回交育种连续回交的结果是使其后代向着轮回亲本的综合性状发展。父母本确定原则遵循近源杂交中亲本的选配原则，除了目标性状，不会受到非轮回亲本过多的影响。

（二）父母本配制回交

假设甲是具有一般综合性状及目标性状突出的亲本，乙是具有综合性状优良及具有个别缺点基因的亲本，优良目标基因与缺点基因为相对互补性状，计划用甲亲本对乙亲本进行改良。方法是先进行甲×乙或乙×甲杂交，通过杂交使优良目标基因和缺点基因同时综合到杂交后代中，目标基因如果是显性，杂交后代将直接表现目标基因性状，如果是隐性，通过自交后也将使目标基因分离出来，选留甲亲本的目标基因的同时，通过乙亲本做轮回亲本的反复回交，将乙亲本的综合优良性状置换甲亲本的一般综合性状，从而实现品种改良。

（三）保证目标性状不丢失的回交程序

杂交技术按照近源杂交的技术实施。轮回亲本经过杂交后代的精心选育，获得回交改良的新品种并用于生产。但是，在回交育种中，非轮回亲本的目标性状是在最初的杂交中，被导入改良的品种中的，在以后的回交中，能否保证目标性状不丢失，是育种成功的关键。有的目标性状是显性基因控制的，有的是隐性基因控制，回交后代要有不同的处理方法。

1. 若转移的目标性状是显性基因控制的，容易在杂种后代中识别，从 F_1 和每次回交子代中，可以直接选择到具有该性状的个体，与轮回亲本回交，再选择，再回交，直到育出改良的品种。其回交程序如图 10-3。

2. 若被转移的目标性状是隐性基因控制的，因隐性基因不能在回交后代中直接表现出来，就必须将 F_1 及每次回交子代分别自交一次，通过自交将转移的隐性基因性状表现出来，采取轮回亲本回交、再自交、再选择、再回交的程序，最终育成改良的优良新品种，其回交程序如图 10-4。

如果能找到和目的基因紧密连锁的标记基因性状，也可考虑不自交，以标志性状为选择对象。

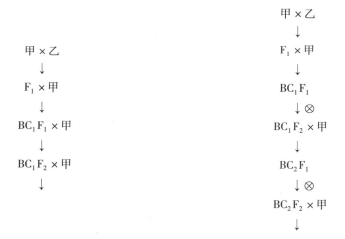

图 10-3　被转育性状是显性的回交程序　　　　图 10-4　被转育性状是隐性的回交程序

（四）回交次数

回交次数要根据具体情况而定，如果要求新品种除具有转移性状外，其他性状必须恢复和轮回亲本一致，通常至少要进行 4 次回交和选择。如果对轮回亲本性状恢复要求不严，只要进行 1~2 次即可。同时，注意目标性状与不利性状有连锁的情况下，连锁程度越密切，回交次数越多。严格选择目标性状的同时，要有助于轮回亲本的迅速恢复，可减少回交次数。在一些特定的条件下，如果转育雄性不育系时，为了获得与自交系的同型不育系，则需进行 4~6 代的饱和回交。对于数量性状转移，为了使其产生超亲现象，只要出现既有非轮回亲本，又有轮回亲本的性状的个体，立即停止。回交育种法与其他育种方法结合使用时，只需 1 代即可。

（五）回交子代需种植的群体规模

被转移性状多数是由主基因控制的质量性状，或是控制性状基因数不多的数量性状。回交子代所需种植的群体规模主要决定于轮回亲本优良性状所涉及的基因对数。回交育种因需选择具有非轮回亲本的性状继续回交，因此，后代种植群体较杂交育种群体小，为确保回交植株携有转移基因，每一回交世代必须有足够的植株参与回交，如果每代同时注意选择具有轮回和非轮回亲本性状的个体继续回交，则每代种植 100~200 株即可满足。

（六）目标基因的最终纯化

经过连续回交，轮回亲本大部分性状已得到恢复，并已纯和，但被转移目标性状由于只在杂交最初提供一次该基因，因此，回交结束时基因还是杂合的，为了使来自非轮回亲本的被转移性状也达到纯合，当回交停止后对回交后代要做自交。若转移一对显性基因，需自交二次；若转移一对隐性基因，自交一次即可；若转移多对基因，自交次数相应增多，并从自交后代中多次进行选择，直到选出整齐一致的群体。

（七）比较鉴定

不同亲本交配后，经连续回交形成相应的稳定的改良品系，由于只是改变了个别缺点，其余性状与原品种相似，所以，只需将改良品系与原品种比较，其缺点得到改良，便可推广应用。

三、回交育种的应用

1. 给优良品种转移抗性基因

回交育种给综合性状好的品种转移抗性基因，是其最主要用途。通常做法是用栽培品种和近缘野生种杂交，其 F_1 再与栽培品种反复回交。这样不仅使后代恢复了栽培种的优良性状，而且又引入了野生种的抗性基因。

2. 为杂种优势利用转育一些特殊性状

自然发现或人工诱发的雄性不育株往往经济性状或配合力并不优良。运用回交转育的方法可将雄性不育性转移到优良品种或自交系中，育成优良雄性不育系。

3. 改善杂交材料的性状

当两个自交系的天然异交率较高的情况下，可不用去雄，天然异交率特性便可实现杂种优势制种，但是异交率不可能是百分之百（100%），必然会有自交的假杂种产生。因此，为了早期鉴定杂种，往往通过回交法使苗期标志性状转移给用来优势制种的自交系或品种。这样便可不去雄杂交并在播种后苗期利用标志性状进行真伪杂种鉴别。

4. 克服远缘杂交不实

远缘杂种往往表现不能结实或很少结实，可通过亲本之一与其回交，以此增加远缘杂种染色体的同源性，使正常配对的染色体数目增加，提高其结实性。同时使杂种较快的稳定，减少杂种后代的分离。

总之，当育种目标是要对定型品种的一二个性状进行改良时，采用回交育种比从杂交后代群体中分离选择有更好的效果。回交育种确有给某一自交系或品种转移一二个优良性状或特殊性状的作用，但因回交育种对于转移少数遗传力高的目标基因比较容易，而对于转移遗传力低的目标基因，则不易保持其强度，甚至丢失，故难以成功。因此，回交育种通常只是作为常规育种的一种辅助手段。

第三节　远源杂交育种的特点及技术要求

一、概念

远缘杂交是指不同种、属或亲缘关系更远的植物个体间的杂交。有时把地理上分布较远、不同生态类型或系统间有较长时间隔离的亚种之间的杂交也包括在远缘杂交的范围内。远缘杂交包括有性和无性两种方式。嫁接组织嵌合体（番茄和龙葵的嫁接嵌合体）及原生质体融合的体细胞杂交均属于无性远缘杂交的范围，本节重点介绍有性远缘杂交的内容。

远缘杂交由于打破原有种内遗传，显著地扩大和丰富各种植物的基因库，促进种间，乃至科间的基因交流，可选育出在产量、品质、抗病、抗逆性比现有栽培品种有较大突破的新品种，使其成为育种者经常探索的一种重要育种手段。远缘杂交与近缘杂交相比的区别在于，远缘杂交往往带来不亲和、杂种后代夭亡不育，以及出现更为复杂和强烈的分离等一系列困难。因此，这些因素限制了远缘杂交在育种上的广泛应用。

二、远缘杂交的意义

1. 远缘杂交是生物进化的重要因素

物种起源的研究证明，现存的一些重要栽培药用作物都是在自然条件下，不同物种间发生了天然杂交，其杂种再经自然加倍，经长期自然选择下形成的。因此，远缘杂交是生物进化的重要因素。例如，韩宁林等1998年对湖北不同群体的银杏（Ginkgo biloba L.）进行远缘杂交，获得在叶产量、芽数、苗高和地茎粗等方面具有杂种优势的后代。

2. 远缘杂交是创造植物新类型的重要途径

例如，王建源2003年利用普通烟草（N. tabacom L.）与药用植物罗勒（Ocimum basilicum L.）、薄荷（Mentha haplocalyx Brig.）、土人参［Talinum paniculatum （Jaog）Coorin.］等进行远缘杂交，希望培育具有医用价值的新型烟草。赵合句等人成功地实现了松蓝与油菜的杂交，开辟了中草药与油菜杂交进行抗病育种的新途径，目前这种抗病高产早熟新品系已在湖北、湖南进行了较大面积的示范栽种，表现出抗病、高产、早熟等特点，增产15%以上。

3. 远缘杂交是品种改良的有效手段

在某物种中品种内优良基因很有限的情况下，现有种内品种间基因资源往往不能满足越来越高的育种目标的要求，可通过远缘杂交将不同种、属的有用基因引入该物种，从而满足生产的要求。例如，提高植物的抗病性和抗逆性，就是通过栽培品种与野生类型的远缘杂交来实现的,中科院药物所用野生药用齿瓣元胡与正品浙江元胡杂交,育成元胡新品种"杂交 9 号",其综合了齿瓣元胡块茎大、生长旺盛,以及家栽浙江元胡繁殖快、生物碱含量高的特点,增产效果高达 62%。可见,远缘杂交是品种改良的有效手段。

4. 远缘杂交是选育雄性不育系的基本方法

用其远缘野生种的不育株进行改良是目前生产上的主要应用方法。以具有雄性不育特性的植株为母本,以所培育的自交系为父本进行杂交,再连续回交,是获得雄性不育系的基本方法。

5. 杂种优势利用有着广阔的前途

远缘杂交的某些杂种往往具有较强的杂种优势。因此,广泛进行远缘杂交可选择出具有强优势的杂种。药用植物,特别是可进行无性繁殖的药用植物,可用无性繁殖的方式繁殖具有优势的杂种,并长期使用,无需年年制种,克服杂种不实性,使利用远缘杂种优势有着广阔的前途。

6. 远缘杂交获得有价值的研究材料

通过对杂种染色体加倍得到具有远缘双亲两套染色体组的双二倍体新类型,或用杂交再回交的方法,获得兼有远缘双亲部分染色体组的不完全双二倍体新种。

以一物种为基础,将外来亲本物种的个别染色体组的不完全双二倍体代换或易位等方式,转移给这一物种,并不引起这一物种种性的根本改变,而仅对其 1~2 个特性产生改良的效果,产生一些易位系、异附加系、异代换系、非整倍体等育种的中间材料等,可供进一步研究利用。

药用植物种类繁多,分布广泛,开展远缘杂交将有着广阔前景。但在开展这方面工作时,一定要以不降低药物含量和不改变药效成分为前提。

三、远缘杂交的特点

1. 远缘杂交存在不亲和性

远缘杂交由于不同种、属植物间亲缘关系相距较远,表现明显的形态、组织和生理及遗传基础上的差异。因此,形成了物种间的生殖隔离、遗传隔离、生理生化隔离,造成传粉或受精过程的隔离或不协调,导致经常出现当代不结实或结实不正常的杂交不亲和现象,如薏苡×水稻获得的薏苡稻结实率仅有 5.26%。又例如,杉木属(*Cunninghamia*)与柳杉属(*Cryptomeria*)的属间人工杂交,结果 76 个,经人工授粉后获得的球果中脱落的种子大多是空瘪的。对外观较饱满的种子 628 粒进行了软 X 射线检查,其中无胚的种子 597 粒(95.6%),胚发育不全的 17 粒(2.7%),胚发育完全的只有 14 粒(2.2%)。

2. 远缘亲本杂交有一定的成功几率,表现出明显的优势

由于不同类群植物种间、属间杂交亲和性有很大差异,某些类群间属内种间杂交尚有障碍,但有些植物属间杂交反比种间杂交易于成功。例如,凌侠等人 2007 年报道中国沙棘生态适应性强,但果实小,产量较低,棘刺多,难采摘,经济效益不高。引进的俄罗斯大果沙棘,果实大,产量高,少刺或无刺,易采摘,但适应性较差,很难在广大干旱、半干旱地区大范围推广栽培。为此,1996 年,以中国沙棘优良类型和俄罗斯大果沙棘互为父母本,开展远缘杂交育种,于 1997 年采用杂交种子培育出了优良种苗。

3. 亲本选择、选配难度大

①药用植物种类繁多，可用来杂交的亲本范围较广，选择几率较多。②远缘杂交当代不亲和，正反交结实率不同，增加了确定父母本的难度。例如，杜维俊等人 1998 年通过薏苡与川谷杂交研究，表明反交较正交易获得杂种。③杂交亲本花期不遇，开花期调节不当，直接影响杂交的进行及效果。④选择亲本的特定要求是确保远缘杂交不减少或不丢失有效成分，作为远缘亲本选择的限制。

4. 远缘杂种后代的不结实性

远缘杂交获得的杂种，表现先天性不健全，有些杂种虽长成 F_1 植株，但不能形成结实器官或结实器官发育不完全或功能不正常，表现自交不孕，自由授粉也不能结实或结实率低。

5. 远缘杂种异常分离

远缘杂交由于双亲遗传组成的染色体组型存在着较大差异，因而杂种后代性状分离难于找到规律性比例，从 F_1 起就可能出现分离，F_2 起分离的范围更为广泛，分离的后代中不仅有杂种类型和与亲本相似的类型，还有亲本祖先类型，以及亲本所没有的新类型。同时，由于孤雌和孤雄生殖也会产生假杂种，这种分离的多样性往往可以延续多世代，从而为选择带来了较多困难。

四、工作程序的技术要求

（一）亲本选用原则

远缘杂交困难性比较大，如果亲本选用不合理就很难成功。因此，除了遵循第九章第二节的亲本选用原则外，为了促使远缘杂交育种成功，还要遵循以下几点原则。

1. 选用地理距离和生态类型差异大的材料作亲本。不同生态型的亲本的基因型有较大的分化，往往具有不同的遗传基础，遗传距离大。为此，选择这样的新本进行杂交，其基因重组、性状互补、出现新类型的机会均较多，选出理想类型的机会也较大。

2. 选用有效成分相近的材料作亲本，可以保持或提高有效成分，防止失去传统的有效成分组成。一般属以下分类单位的植物间通常含有相同或相近的化学成分。最好在属内的不同种间选配亲本，这样可以保持有效成分的含量及有一定的亲和性。在科间或属间进行远缘杂交，虽然有成功的可能性，但药效成分各异，杂交后有效成分种类变异难以控制，并有失去药效成分的危险，故原则上不提倡此方法。

3. 满足繁殖器官的能育性和结实性原则。用雌性器官结实性好的材料作母本，用雄性器官花粉量多的材料作父本，提高杂交的亲和性和结实率。

4. 对于花期不遇的两个亲本，要在调整开花期后进行杂交。若不便做开花期调节，可考虑选用开花晚的材料做母本，开花早的材料做父本。将父本的成熟花粉在适宜条件下保存，等母本到适宜授粉期时，再进行授粉。

5. 物种间杂交时，最好对两个物种的不同变种或品种进行多项测交和配组，并进行正反交，从中选择出亲和力高的杂交组合和配组方式，这是克服远缘杂交难交配性的一项有效措施。例如，黄春洪进行了盾叶薯蓣（*Dioscorea zingiberensis* C. H. Wright）×穿龙薯蓣

（*D. nipponica* Makino）、盾叶薯蓣×山萆薢（*D. tokoro* Makino）的杂交，能够产生杂交种子，而在盾叶薯蓣×山药的杂交试验中没有获得杂交种子。

6. 在种、属间杂交的范围内，一般来说，采用染色体数较多的物种或品种间杂种作为母本杂交较易成功。例如，红花（$2n = 24$）与亚历山大红花（*C. alexandrinus* $2n = 20$）杂交，可获得少量杂种，而反交则失败。

7. 注意媒介品种的选择和利用。媒介品种是一个亲缘关系与两个种都较近的中间种，亲本之一与媒介品种杂交，可减缓远缘杂交不亲和性，从而提高两个远缘亲本直接杂交的成功率。

8. 诱导两亲本或亲本之一的染色体加倍成多倍体后杂交，常常较易成功。

（二）调节植物开花期

远缘亲本往往存在亲本花期不遇的情况，这无疑给杂交带来很大障碍。采用适宜的条件可延长花粉寿命，保证花期不同的种间和不同地区的种间正常的杂交，克服在远缘杂交中由于两个亲本的花期不遇或相距太远而造成的杂交困难。但大多花粉贮藏生活力很差，因此，必须设法调节其开花期，方法如下。

1. 调节播种或移栽期

一年生药用植物一般是将母本做适期播种，父本做分期提前或延迟播种。对多年生或播种当年不开花的植物可在温室进行提前移栽。例如，人参与西洋参杂交，西洋参比人参花期晚一个月左右，可在3月下旬将西洋参栽入室内，以便两者花期相遇。

2. 光照调节

对光敏感的长日照或短日照植物，可通过温室上帘、搭设荫棚、日光灯照射等方法缩短或延长每天的日照时数，来促进提前或延迟开花。光照处理应该在苗期开始，直至生殖器官形成为止连续处理，效果较好。例如，三七在温室内，在3月初用6~8h的短日照连续处理，7月中旬可以开花，而未经短日照处理的，直至9月末才开花。

3. 增加或降低温度

对于具有春化阶段的植物进行低温春化处理，常能有效地促进现蕾开花。温度的高低常可促进或延迟植物发育期，如温度低的情况下发育较慢，温度高有利于植物提早发育，可采用扣膜、晚下防寒物、搭棚等方法予以调节。

4. 栽培管理措施

植株生长速度可以通过摘心、修剪、摘蕾、剥芽、摘叶、环刻等栽培技术来促进腋生花序或分枝花序的良好发育，调节开花期。例如，剥去侧芽、侧蕾，有利于主芽开花，摘除顶芽、顶蕾，有利于侧芽、侧蕾开花；对在当年生枝条上开花的花木在其生长季节内，早修剪则早长枝、早开花，晚修剪则晚开花；环割使养分积聚于上部花枝，有利于开花。

5. 植物营养调节剂处理

植物肥料及生长调节剂可改变植物营养生长和生殖生长的平衡关系，起到调节花期的效果。在生育期内多施磷、钾肥，喷施赤霉素、乙烯利、生长素、2，4 – D等植物生长调节剂促进植物开花。例如，赤霉素、萘乙酸等对薄荷等药用植物都有促进提早开花的效果。

五、远缘杂交产生障碍的原因及克服方法

（一）远缘杂交不亲和的原因及克服方法

1. 概念

远缘杂交不亲和是指杂交当代不结实或结实不正常的现象。

2. 表现

花粉在异种植物的柱头上爆裂或不能发芽；花粉管生长缓慢或花粉管短，达不到胚囊；花粉管进入子房后不能正常受精；形成畸形种子。

3. 原因

种、属间亲缘关系相距较远，具有明显的遗传隔离、生殖隔离、生理生化隔离。远缘亲本细胞的渗透压，呼吸酶活性，柱头的生长素、维生素等生理活性物质不同；花粉壁及柱头中的蛋白种类、柱头 pH 值等生理环境不同形成生理隔离；遗传组成不同造成染色体配对不正常，形成无生活力的配子；花期不遇，传粉或受精的组织结构障碍而造成受精作用受阻。

4. 克服方法

（1）重复授粉。由于不同时期柱头成熟度不同，生理状况及受精能力也不同。因此，从母本柱头即将开始接受花粉（就是指母本去雄的同时），到柱头不能接受花粉为止，用远缘父本的花粉多次给同一母本花朵授粉，使父本花粉与母本柱头授粉有效期相遇，可有效提高亲和率，但重复授粉要适度，以免造成机械损伤。

（2）混合授粉。配用杀死的母本花粉与父本花粉混合，或同种几个不同品种植株的混合花粉，或异种、属甚至科间花粉混合授粉。不同花粉间的相互影响改变受精条件，为雌蕊的柱头选择亲和力高的花粉，提供更广泛的机会，以促进其杂交成功。

（3）应用亲和性品系的柱头分泌物或花药提取物涂在雌亲本的柱头上，来除去花粉在柱头上萌发所受到的抑制。

（4）当不亲和性反映在柱头上，或远缘花粉管短，达不到母本子房时，杂交以短花柱的亲本做母本、长花柱的亲本做父本容易成功。对于柱头较大的植物，也可采取除去或截短母本的部分花柱的方法，或将已授粉但花粉管尚未完全伸长前的柱头移植到杂交的母本上。

（5）将花粉加入 0.01% 硼酸 2ml，制成花粉悬浮液，再向子房内注射。将花粉直接送入子房内授粉效果较好，此法对蒴果型的子房比较方便。

（6）用紫外线、低剂量的 γ 射线、用某些植物激素（赤霉素、萘乙酸等）及某些营养液（蔗糖液、维生素、微量硼酸）处理花粉或母本花序后杂交也有较好的效果。例如，西洋参和人参杂交，用赤霉素等处理西洋参，可明显提高结实率。

（7）离体受精。将胚珠取出和花粉一起放在人工培养基上进行培养，可实现离体受精。

（二）远缘杂种不能发育的原因及克服方法

1. 概念

远缘杂种不能发育是指远缘杂种不能发芽及发育成后代个体。

2. 表现

杂种发育先天不健全，胚乳发育不够或无胚乳，部分或全部坏死；杂种的种子不能发芽或不能发育成后代个体。

3. 原因

远缘杂交由于将两个远缘物种的核物质重新结合，出现了核质不协调的情况而影响杂种生长发育。又由于染色体及基因的不平衡，组织结构改变引起了物质合成代谢混乱。例如，胚与胚乳间形成糊粉层类型的细胞层，阻碍营养物质进入等造成种子发育不健全。

4. 克服方法

（1）杂种胚离体培养。将发育不健全的杂种种子的胚在发育中期或成熟期取出进行离体培养，改善其生活环境，待长出根叶时，再移入土壤中。

（2）保姆法。将幼胚取下，嫁接到发育正常的胚乳上去，即所谓的保姆法，可以克服早期夭亡的困难。苏艳等2005年用胚培养解决了香石竹种间杂交不亲和性问题。将几个亲和性较难的香石竹杂交组合进行了幼胚培养，了解通过胚挽救能否解决香石竹的种间杂交不亲和性。

（三）远缘杂交后代植株不育或夭亡的原因及克服方法

1. 概念

远缘杂交后代植株不育或夭亡是指杂种后代不结实或生长中途停止。

2. 表现

有些杂种后代虽长成 F_1 植株，但停滞在营养生长阶段，不能形成结实器官，或结实器官的雌雄蕊不正常，雌蕊退化，花药不开裂和雌雄配子无生活力；自交不孕，自由授粉也不能结实，或结实率很低，种子发育不全或畸形，落花落蕾，有时虽结种子，但种子皱缩无发芽率。

3. 原因

由于远缘种间染色体组间染色体数目、结构、性质的差别，造成携带基因或基因剂量不同，引起细胞分裂不正常和物质合成混乱，在减数分裂时染色体不能正常联会，形成单价或多价体及落后染色体等不正常的现象，导致不均衡分裂，雌雄配子的染色体数目变化不定，形成无活力的配子，造成杂交一代高度不育或完全不育。

4. 克服方法

（1）杂种染色体加倍法。远缘杂种的染色体来自不同的父母本，有的不具有同源性，使得杂种细胞中的染色体形成单价状态的两组染色体不能正常联会，不能产生正常有效的雌、雄配子。可用秋水仙素等诱变剂处理杂种或幼苗，诱导其染色体加倍，使每组单价染色体复制出一套同源的染色体，从而恢复正常联会、配对及分裂，形成有效的雌、雄配子，并正常结实。

（2）回交。对于杂种部分雌、雄配子有生活力的，可用亲本之一，也可用原亲本种内的不同品种与之回交，以此增加染色体的同源性，减少杂种的不结实性，产生部分回交一代杂种。回交时轮回亲本的选择应以提高结实率，以及使远缘杂种的某些不良性状得到改良为依据。

（3）自由授粉。远缘杂种第一代植株在自由授粉下，比在人工套袋隔离强制自交下，柱头更有自由选择花粉的机会，如此自由授粉可以提高后代结实率。

（4）嫁接蒙导法。幼苗出土后由于根系发育不良可能引起杂种苗夭亡，可将其嫁接在亲本幼苗上，以保证继续正常发育。同时，由于嫁接的蒙导作用，使杂种的生理不协调得到缓解，从而促进杂种正常结实。

（5）延长杂种个体的生育期。远缘杂种播种的第一年开花较晚，一些多年生药用植物，当年甚至不能开花，可将它们在冬季到来以前，移入温室或加覆盖物保护越冬，等其生理机能逐渐趋向协调后才能开始结实。也可采用多次扦插或分株繁殖等无性繁殖的方法来延长生育期。

（6）调节生长发育条件。生理不协调而引起的不正常，可采用调节播种期和光照条件及加强田间管理，增施磷、钾、硼肥等方法，促进后代结实。

（四）杂种后代剧烈分离的控制方法

1. 概念

杂种后代剧烈分离是指后代总是分离出各种类型，表现多样性，而经多代也很难达到一致稳定。

2. 表现

杂种后代性状分离难于找到规律性比例，并且分离的类型复杂，有不稳定的中间类型（多属于非整倍体），有亲本相似类型，还常出现返祖现象或超亲现象，造成分离世代长、稳定慢。通常从第二代开始分离，到第七、八代还有分离。有的剧烈分离不在 F_2 代出现而是到 F_3、F_4 才出现，有时甚至到十几代仍不能获得稳定类型。

3. 原因

远缘杂交中，由于双亲遗传组成差异过大，使得杂种后代减数分裂时不能均衡分离，产生单价体，发育成非整倍体杂种等。

4. 克服方法

（1）诱导远缘杂种产生单倍体。将远缘 F_1 杂种中少数具有不同程度的生活力的花粉，进行离体培养产生单倍体植株，再经人工染色体加倍，获得纯合稳定的二倍体，可有效地克服杂种后代剧烈分离。

（2）回交。回交可增加染色体的同源性，使正常配对的染色体数目增加，使杂种较快地稳定，但要注意选择兼具远缘亲本性状的个体进行回交。

（3）杂种染色体加倍法。远缘的两个亲本杂交后，杂种第一代染色体是由双亲各半数染色体组成，形成了双单倍体。诱导其染色体加倍，使每组单价染色体复制出一套同源的染色体，形成纯合的双二倍体，同样能加快杂种后代的稳定，减少分离。

（4）无性繁殖。对于能够进行无性繁殖的植物，将其远缘杂种进行无性繁殖，由于不经过减数分裂，不发生基因重组、交换，可有效地克服远缘杂种的分离。

六、远缘杂种后代的选择及处理

远缘杂交的杂种后代，能否培育出优良的杂交品种，除克服远缘杂交的一系列困难外，后代的选择处理十分重要，由于远缘杂交后代有分离等特点，对其后代选择应遵循以下几点原则。

第一，保证较大的群体数量，最好在早世代少淘汰。远缘杂交通常产生的种子量极少，同时优良个体在后代中出现率很低，因此，可放宽早世代的选择标准，尽量扩大杂种后代的群体数，以保证育种目标所期望的杂种个体出现。并且早期世代的有利变异个体，存在结实率低、饱满度差、生育期长等缺点，但随着世代的增进，这些缺点都有所改进。同时，也有分离世代长，分离现象复杂的问题，因此，早期世代要少淘汰，应认真进行多代选择和培育。

第二，始终将兼具双亲性状的个体作为选择的目标，以便获得有价值的新品种或新类型。在远缘杂种的早期世代中，应注意选择兼具双亲特点的中间类型。避免由于片面追求杂种的育性，而误选了那些结实好的，性状单独与亲本之一相似的类型，从而达不到远缘杂交的真正目的，因此，应注意保留兼有两亲本特点的杂种，并认真进行多代连续选择。

第三，如果远缘杂种育性不正常，或者经济性状差，可在杂种单株间进行再杂交或回交，并对后代进行系谱法的连续选择。

第四，要开展必要的生物学特性观察和细胞学鉴定，以提高选择效果。因为，对有些特殊个体，如异附加系、异代换系和易位系，单纯根据外部形态及生物学特性难于做出准确判断，必须辅以细胞学鉴定。

远缘杂交虽然会遇到杂交不亲和、杂种不能发育等一系列困难，但还是可以看到形成杂种的情况，特别是人们采取各种能提高远缘杂交成功率的方法，解决了种内杂交所不能解决的问题，基本满足了对现代药材生产提出的许多更新、更高的要求，远缘杂交育种技术日益受到世界各国育种学家的重视。

总之，杂交育种能够实现综合不同亲本性状为一体的状况，但应用时要根据不同的育种目标，采取必要的杂交育种方式，以更好地发挥杂交育种的作用。

思考题

1. 杂交育种时可采取的主要去雄方法。
2. 杂交的主要工作程序。
3. 回交育种特点及回交种亲本选择原则。
4. 回交育种的工作程序，当转育基因是显性或隐性时如何进行？
5. 远缘杂交亲本选择的特殊原则。
6. 什么是远缘杂交，它和近缘杂交相比的主要特点是什么？
7. 如何调节两亲本的开花期，使花期相遇？
8. 远缘杂交的困难及克服方法。

第十一章

杂种优势的理论基础

第一节 杂种优势的概念及表现

一、杂种优势的概念

杂种优势（heterosis）是指两个遗传基础不同的亲本杂交产生的杂种一代，在生长势、生活力、繁殖力、抗逆性、产量和品质等诸方面优于其双亲的现象。

杂种优势是生物界普遍存在的一种现象。从低等动植物到高等动植物，凡是能够进行有性生殖的生物，无论是远缘杂交还是近缘杂交，也无论是自花授粉作物还是异花授粉作物，都可以看到杂种优势的表现。

人类在长期的生产实践中，很早就发现了杂种优势现象。对植物杂种优势利用的研究最早始于欧洲。1760年，德国学者科尔鲁特（koelreuter）以早熟的普通烟草和晚熟的品质优良的烟草杂交，获得了早熟、品质优良的杂种一代。达尔文（Darwin，C.）利用10年时间，仔细观察了植物界自花受精和异花受精的变异，提出了"异花受精对植物有利和自花受精对植物有害"的结论，并第一个指出玉米杂种优势现象，最终使玉米成为第一个在生产上大规模利用杂种优势的粮食作物，使得产量得到了大幅度的提升。此后，随着杂种优势理论研究的深入，杂种优势的利用也越来越广泛，已在粮食、油料、蔬菜、果树、花卉、牧草等作物上得到了应用。在玉米生产上，我国目前的杂种优势利用率几乎已达到100%。

与其他作物相比，药用植物育种起步较晚。地黄、薄荷、枸杞、薏苡等种类，通过选择、杂交等育种手段，选育出了栽培品种，如薄荷品种"海香一号"、地黄品种"京白一号"等，但杂种优势几乎没有利用，还有待于以后进行深入的研究。

二、杂种优势表现特点

（一）杂种优势的表现

杂种优势的表现是多方面的。从生物学的观点看，在外部形态、内部结构和生理生化指标等方面都能表现优势。从药用植物育种目标所要求的经济性状角度分析，杂种优势有以下几方面的优势。

1. 生长势和营养体优势

杂种一代在外部形态上往往表现为长势旺盛，茎秆粗壮，分蘖力强，根系发达，块根、块茎增大、增重。有人将中华猕猴桃（猕猴桃科 Actinidia chinensis）与毛花猕猴桃

（A. eriantha）杂交，F_1代二年生长量1154cm，亲本分别为203cm、208cm，二年生有84%植株进入花期，而亲本一株也没有。中国医学科学院药用植物资源开发研究所以四倍体浙江元胡和二倍体齿瓣元胡为亲本杂交产生了三倍体实生苗，并通过单株选育和无性繁殖培育成元胡杂交新品种。该杂交新品种综合了其亲本齿瓣元胡产量高、抗病性强和浙江元胡质量好的优点，其块茎大小是浙江元胡的三倍左右，单位面积产量比浙江元胡提高50%以上。

2. 品质优势

杂种一代的品质性状也表现出优势，但不是所有的杂交组合的所有品质方面都比双亲优越。中国农业科学院油料研究所测定72个油菜杂交组合的含油率，平均较亲本增加6.3%，最高的达19.4%。河北师范大学生物系测定分析了11个小麦杂种一代的子粒蛋白质含量，其中有8个组合超过双亲，2个组合介于双亲之间，1个组合低于双亲。这说明杂交小麦在子粒的蛋白质含量上存在着较强的杂种优势，但也有研究认为杂种一代蛋白质含量介于双亲之间并常倾向于低含量亲本。例如，江苏海门用薄荷的两个品系687和409杂交育成新品种"海香一号"，亩产鲜草3000kg，精油薄荷脑含量可达85%以上。利用杂种优势提高药用植物有效成分的含量，应该是极为有效的育种途径，有更重要的意义。

3. 产量优势

经杂交组合的作物产量比一般推广品种提高20%~40%，有的高达一倍以上。作物产量的高低与构成产量的因素密切相关。在玉米单株产量的因素中，杂种优势较大的是千粒重和行粒数，穗行数和出籽率的优势较小或无优势，但一般优势表现是行数多、出籽率高的亲本；株穗数和空秆率较亲本显著减少，双穗率常介于双亲之间。宁夏中宁县以圆叶枸杞为父本，小麻叶枸杞为母本，杂交培育出的F_1代的7年生植株表现为生长良好、抗逆性强、果实大。其中72007号植株鲜果千果重达800.2g，为当地最优品种大麻叶枸杞576.2g的138.88%。

由此可见，作物杂种一代的产量因素表现为数量性状遗传，或有显著优势，或与其较好亲本相近，同时又由于杂种一代的抗逆性和适应性较好，因而具有较高的产量。

4. 抗逆性和适应性

由于杂种一代在营养体和生长势方面具有优势，因此在抵抗外界不良环境和适应环境条件的能力上优于其亲本，在抗旱、耐瘠薄、抗倒伏、耐低温、抗病性等方面都比其亲本表现出优势。

杂种一代不仅有着较强的抗逆性，还有着广泛的适应性。杂种一代的适应性不仅超过其亲本，也往往超过推广的普通良种。例如，玉米杂交种丹玉13号，适应于东北、长江流域、黄河流域的玉米产区，既可以春播，又可以夏播。虽然在不同年份和不同条件下，杂交种的产量和增产效果有一些变化，但在同样条件下，与亲本或普通品种相比，杂交种的变化小，说明杂种一代具有较强的适应性。

5. 生育期

杂种一代的生育期一般多偏向于负优势。如果双亲的生育期相差较大时，杂种一代的生育期常介于双亲之间，而且偏向于早熟亲本，即早熟对晚熟为部分显性。若双亲的生育期相近，杂种一代的生育期往往早于双亲，但早熟×早熟，杂交种也可能稍晚于双亲。

（二）杂种优势的表现特点

杂种优势因受双亲基因型互作及其与环境条件互作的影响，其表现具有如下特点。

1. 复杂多样性

杂种优势并不是任何两个亲本杂交所产生的杂交种，或杂交种的所有性状都比亲本有优势。相反，有些杂交种或杂交种的某些性状无明显的杂种优势，或与亲本水平相当，或比亲本水平还差，表现出负优势。因此，杂种优势现象常因亲本组合不同、性状不同、环境条件不同而呈现出复杂多样性。

2. 杂种优势的强度与亲本亲缘关系的相关性

杂种优势表现的强弱与双亲的亲缘关系密切相关。实践表明，远缘杂交的杂种优势强于近缘杂交的杂种优势。同时，双亲性状的互补对杂种优势的表现也有显著的影响，在双亲的亲缘关系和性状有一定差别的前提下，亲本的纯度越高，杂种优势越强。

3. 杂种优势的衰退

从杂种第二代开始，杂种优势出现衰退现象。其原因是杂合的基因型发生分离，导致组成群体的个体间发生了性状的分离。因此，F_2 群体一般不再应用于生产。

三、杂种优势的度量

杂种优势的度量，可以在不同水平上进行，这要根据人们对杂种优势要求达到的水平或水准来决定。杂种优势一般分为平均优势、超亲优势、对照优势等类型，比率越高，说明在该水平中达到的优势越强。不同水平的优势中，以平均优势为较高水平的优势。

1. 平均优势

平均优势（mid-parent heterosis）指杂交一代的某一优势性状（如产量、有效成分含量等）的表现数值与双亲同一性状的平均值差数的比率。

$$平均优势\% = \frac{F_1 - 双亲平均值}{双亲平均值} \times 100$$

2. 超亲优势

超亲优势（over-parent heterosis）指杂交一代的某一优势性状（如产量、有效成分含量等）的表现数值与高值亲本同一性状数值的差数的比率。

$$超亲优势\% = \frac{F_1 - 高值亲本值}{高值亲本值} \times 100$$

3. 对照优势

对照优势（over-standard heterosis）指杂交一代的某一优势性状（如产量、有效成分含量等）的表现数值与对照品种同一性状数值的差数的比率。

$$对照优势\% = \frac{F_1 - 对照值}{对照值} \times 100$$

要使杂种优势得到实际应用，不仅杂种一代要比其亲本优越，还必须优于当地推广的良种，才能在生产上应用。因此，对照优势在育种上更具有实际意义。

第二节　杂种优势的遗传假说

对杂种优势现象的理论解释，基本上还停留在 20 世纪前期的水平上。迄今，对杂种优势现象的理论研究并未取得重大的突破和进展，对杂种优势的理论解释还基本基于比较有代表性的显性假说和超显性假说。虽然这两种假说尚待进一步补充和完善，但两种假说从不同侧面对绝大多数杂种优势的表现形式进行了较完满地说明。因此，普遍认为，它们可以作为进一步建立和完善杂种优势一般遗传理论的基础。

一、显性假说

关于杂种优势的遗传解释，布鲁斯（Bruce，A. B，1910）等人首先提出显性基因互补假说，琼斯（Jones，D. F，1917）又进一步补充为显性连锁基因假说，后统称为显性假说（Dominance hypothesis）。

显性假说认为，杂交亲本的有利性状大都由显性基因控制，不利性状大都由隐性基因控制。杂种优势是由于杂交使双亲的显性基因全部聚集在杂种中所引起的互补作用。布鲁斯首先对植物杂种一代与其两亲本间纯合隐性基因的数量作了代数学演算比较，指出杂种一代较其两亲本具有较少的纯合隐性基因，进而用显性或部分显性有利基因的互补作用来解释杂种一代优势的产生。而后，琼斯等又发展了布鲁斯的显性假说，给它增加了连锁基因的概念和加性效应，认为一些显性基因与另一隐性基因位于各个同源染色体上，形成一定的连锁关系。在非常大的分离群体中，选出显性基因完全纯合的个体几乎是不可能的，只有通过杂交种显示显性基因的累加效应。但事实上，单交种其产量都大大超过自交系之和，所以有利于显性基因的累加效应，不能说是产生杂种优势的唯一原因，还应考虑非等位基因间的相互作用，这便是显性假说的缺陷所在。综合布鲁斯和琼斯的假说，概括显性假说的基本点是，植物品种（自交系）的各种优良性状，受多个独立或连锁的基因群中的显性基因所控制，不利的隐性基因被有利的显性基因所掩盖，有缺陷的基因被正常基因所补偿。植物自交时，隐性基因同样得以纯合并表现出来，导致自交植物生长势的衰退，自交代数愈多，生长势的衰退愈明显。而两种基因型不同的植物品种（自交系）间杂交，由于不利的隐性基因的作用被显性基因所掩盖，通过这样的基因间的显性作用，杂种一代表现出强大的生长势。

二、超显性假说

超显性假说（Overdominance hypothesis 或 Superdominance hypothesis）也称等位基因异质结合假说。这个假说的概念最初是由肖尔（Shull，G. H.）和伊斯特（East，E. M.）于 1908 年分别提出的。他们的共同观点是，杂合性可引起某些生理刺激而产生杂种优势。伊斯特于 1936 年对超显性假说作了进一步说明，概括了超显性假说的基本点，指出杂种优势是由于双亲基因型的异质结合所引起的等位基因间的相互作用的结果，等位基因间没有显隐性的关系，只有同一位点的等位基因互作的关系，杂合等位基因间的相互作用大于纯合等位基因间的作用。假定一对纯合等位基因 a_1a_1 能支配一种代谢功能，生长量为 10 个单位；另一对纯合等位基因 a_2a_2 能支配另一种代谢功能，生长量为 4 个单位。杂种的杂合等位基因 a_1a_2，将能同时支配 a_1 和 a_2 所支配的两种代谢功能，于是可使生长量超过最优亲本而达到 10 个单位以上。这说明异质等位基因优于同质等位基因的作用，即 $a_1a_2 > a_1a_1$，$a_1a_2 > a_2a_2$。由于这一假说可以解释杂种远远大于最优亲本的现象，所以称为超显性假说。

两个亲本只有一对等位基因的差异，杂交能出现明显的优势，这是对超显性假说最直接的论证。某些植物的花色遗传是一对基因的差别，但它们的杂种植株的花色往往比其任意纯合亲本的花色都要深。例如，粉红色×白色的 F_1 为红色，淡红色×蓝色的 F_1 为紫色，而它们的 F_2 分离都为 1：2：1 的比例。

但超显性假说也存在缺点，他完全排斥了等位基因间的显性差别，排斥了显性基因在杂种优势表现中的作用。许多事实也证明，杂种优势并不总是与等位基因的异质结合相一致。例如，有些自花授粉植物的杂种并不一定比其纯合亲本表现优良。

以上两个假说的共同点都基于杂种优势来源于双亲基因型间的相互关系。它们的不同点在于，前者认为杂种优势是由于双亲的显性基因间的互补，后者认为杂种优势是由于双亲等位基因间的互作。综观生物界杂种优势的种种表现，这两种假说解释的情况都是存在的。所以概括地说，杂种优势可能是由于上述的某一个或几个遗传因素造成的，即可能是由于双亲显性基因互补、异质等位基因互作和非等位基因互作的单一作用，也可能是由于这些因素的综合作用和累加作用。

必须指出的是，不论显性假说还是超显性假说，都只考虑到双亲细胞核之间的异质作用，完全没有涉及母本细胞质和父本细胞核之间的相互作用。事实上双亲杂交后，其 F_1 的核质之间也可能存在相互作用，从而引起杂种优势的表现。有报道认为，玉米、小麦、高粱、棉花等作物在亲本间的线粒体活性上所表现的互补作用，与其杂交产生的杂种优势表现具有密切的关系，这表明细胞质内的遗传物质及其与细胞核的相互作用，也是影响杂种优势产生的重要因素。

第三节　植物雄性不育性的遗传

一、雄性不育性的概念和意义

植物雄性不育性的主要特征是雄蕊发育不正常，不能产生有正常功能的花粉，但是它的雌蕊发育正常，能接受正常花粉而结实。植物雄性不育现象在自然界是普遍存在的，至今已在 18 个科的 110 多种植物中发现了雄性不育性的存在。

杂种优势的利用，其关键是要解决制种的技术问题，由于在去雄、授粉中所需劳力多，杂种的种子生产成本高，其应用一度受到限制。利用雄性不育性制种主要是为了更方便地利用杂种优势，减轻劳动负担，降低生产成本，保证杂交种子的纯度。

二、雄性不育的类别及其遗传基础

根据雄性不育发生的遗传机制不同，又可分为核不育型和质－核不育型等，其中由细胞质和细胞核共同决定的雄性不育型实用价值较大，尤其对利用营养体杂种优势的药用植物有重要意义。

（一）核不育型

不育性受核内染色体上基因控制的雄性不育类型，称为核不育型（nuclear sterility type）。这种不育型的败育过程发生在花粉母细胞减数分裂期间，不能形成正常花粉。由于败育过程发生较早，败育彻底，因此在含有这种不育株的群体中，不育株与能育株有明显的界限。遗传试验证明，多数核不育型均受简单的一对隐性基因（ms）控制，纯合体（msms）表现雄性不育，这种不育性能为相对显性基因（Ms）所恢复，杂合体（Msms）呈简单的孟德尔式的分离。因此，核不育型不能得到固定的不育类型，这使得核不育型的利用受到很大的限制。现有的核不育型多属自然发生的变异，这类变异在水稻、小麦、玉米、番茄和洋葱等许多作物中都发现过。已知玉米的 7 对染色体上已发现了 14 个核不育基因。

（二）质－核不育型

不育性受细胞质基因和核基因互作控制的雄性不育类型，称为质－核不育型，简称质核型（cytoplasmic－nuclear type）。就多数情况而言，质核型不育性的表现要比核型复杂一些。在玉米、小麦和高粱等作物中，这种不育型花粉的败育多发生在减数分裂以后的雄配子形成期，但是在矮牵牛、胡萝卜等植物中，败育发生在减数分裂过程中或在此之前。遗传研究证明，质核型不育性是由不育的细胞质基因和相对应的核基因所决定的。如图 11－1 所示，在细胞质里，S 代表雄性不育基因，N 代表雄性可育基因；在细胞核里，r 代表雄性不育基因，R 代表雄性可育基因。当胞质不育基因 S 存在时，核内必须有一对或一对以上相对应的隐性基因 rr，个体［S（rr）］才能表现出雄性不育。以 S（rr）为母本，分别与 5 种能育型杂交，会出现以下 3 种情况。

1. S（rr）×N（rr）→S（rr）。在该杂交组合中，具有 S（rr）型基因的母本，其雄性不发育或发育不正常而被称为不育系；用具有 N（rr）基因型的可育系给不育系 S（rr）授粉，F$_1$ 仍然表现不育，说明 N（rr）具有保持不育性稳定遗传的能力，因此，把基因型 N（rr）的父本称为不育系 S（rr）的保持系。

2. S（rr）×N（RR）→S（Rr）或 S（rr）×S（RR）→S（Rr）。在这两个杂交组合中，母本均为不育系，但分别与可育系 N（RR）或 S（RR）杂交后，F$_1$ 均表现可育，说明 N（RR）或 S（RR）具有恢复育性的能力，所以把具有 N（RR）或 S（RR）型基因的父本称为不育系 S（rr）的恢复系。

3. S（rr）×N（Rr）→S（Rr）+S（rr），S（rr）×S（Rr）→S（Rr）+S（rr）。在这两个杂交组合中，母本仍然均为不育系，但分别与可育系 N（Rr）或 S（Rr）杂交后，F$_1$ 表现育性分离，说明 N（Rr）或 S（Rr）具有杂合的恢复能力，可称为半恢复系。当对 N

（Rr）进行自交，后代能分离出纯合的保持系 N（rr）和纯合的恢复系 N（RR）；当对 S（Rr）自交，后代能分离出纯合的不育系 S（rr）和纯合的恢复系 S（RR），符合分离规律。

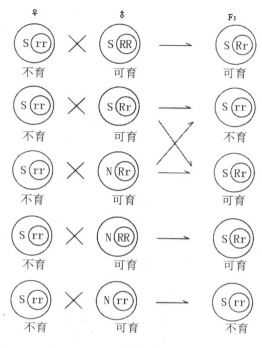

图 11 - 1　质核型不育性遗传示意图

（引自《遗传学》，1986 年，250 页）

从上述分析可看出，质核型的不育性由于细胞质基因与核基因间的互作，既可以找到保持系而使不育性得到保持，又可以找到相应的恢复系而使育性得到恢复，可满足配制杂交种的需要，实现"三系配套"。

根据理论研究和实践证明，质核型不育性的遗传比较复杂，具有以下 3 方面的特点。

1. 孢子体不育和配子体不育

根据雄性不育性败育发生的时期不同，可把它分为孢子体不育和配子体不育两种类型。孢子体不育是指花粉的育性受孢子体（植株）基因型所控制，而与花粉本身所含基因无关。如果孢子体的基因型为 rr，则全部花粉败育；基因型为 RR，则全部花粉可育；基因型为 Rr，产生的花粉有两种，一种含有 R，一种含有 r，这两种花粉都可育，自交后代表现株间分离。配子体不育是指花粉育性直接受雄配子体（花粉）本身的基因所决定。如果配子体内的核基因型为 R，则该配子可育；如果配子体内的核基因型为 r，则该配子不育。这类植株的后代中，将有一半植株的花粉是半不育的。

2. 胞质不育基因的多样性与核育性基因的对应性

同一植物内可以有多种质核不育类型。这些不育类型虽然同属质核互作型，但是由于胞质不育基因与核基因的来源和性质不同，在表现型特征和恢复性反应上往往表现明显的差异。例如，玉米存在有不同来源的质核型不育性，根据对恢复性反应上的差别，大体上可将它们分成 3 组。用不同的自交系进行测定，发现有些自交系对这 3 组不育型都能恢复；有些自交系对这 3 组不育型均不能恢复；还有一些自交系或者能恢复其中的一组，或者能恢复其中的两组。这说明，对于每一种不育类型而言，都需要某一特定的恢复基因来恢复，因而又反映出恢复基因有某种程度的专效性或对应性。

3. 单基因不育性和多基因不育性

核遗传型的不育性多表现为单基因遗传。但是，质核遗传型则既有单基因控制的，也有多基因控制的。所谓单基因不育性是指一对或两对核内主基因与对应的不育胞质基因决定的不育性。在这种情况下，由一对或两对显性的核基因就能使育性恢复正常。所谓多基因不育性是指由两对以上的核基因与对应的胞质基因共同决定的不育性。在这种情况下，有关的基因有较弱的表现型效应，但是它们彼此间往往有累加的效果。因此，当不育系与恢复系杂交时，F_1 的表现常因恢复系携带的恢复因子多少而不同，F_2 的分离也较为复杂，常常出现由育性较好到接近不育等许多过度类型。已知小麦 T 型不育系就属于这种类型。

质核型不育性比核型不育性更容易受到环境条件的影响，特别是多基因不育性对环境的变化更为敏感，已知气温就是一个重要的影响因素。例如，在玉米 T 型不育性材料中，就曾发现由于低温季节开花而表现较高程度的不育性。

三、雄性不育性的发生机理

质核型雄性不育是由胞质基因与核基因共同作用的结果，在这个共同作用中，不育胞质基因的载体是什么，它如何与核基因相互作用，目前已有一些试验论证。

（一）关于质核不育型的假说

对于质核基因互作所导致的雄性不育性发生的机理，目前还停留在假说阶段。

1. 质核互补控制假说

这个假说认为，细胞质不育基因位于线粒体上。在正常情况下（N）线粒体 DNA 携带能育的遗传信息，正常转录 mRNA，继而在线粒体的核糖体上合成各种蛋白质或酶，从而保证雄蕊发育过程中的全部代谢活动正常进行，最终形成结构完整、功能正常的花粉。当线粒体 DNA 的某个或某些节段发生变异，并使可育的胞质基因突变为 S 时，线粒体 mRNA 所转录的不育性信息使某些酶不能形成，或形成某些不正常的酶，从而破坏了花粉形成的正常代谢过程，导致花粉败育。

2. 能量供求假说

这个假说也认为线粒体是细胞质雄性不育性的重要载体，植物的育性与线粒体的能量转化效率有关。进化程度低的野生种或栽培品种的线粒体能量转化率低，供能低，耗能也低，供求平衡，所以雄性能育；反之，进化程度高的栽培品种线粒体能量转化率高，供能高，耗能也高，供求平衡，因此雄花育性也正常。在核置换杂交时会出现两种情况，第一，低供能的做母本，高耗能的做父本，得到的核质杂种由于能量供求不平衡，因而表现雄性不育；第二，高供能的做母本，低耗能的做父本，能量供求平衡，因而育性正常。

3. 亲缘假说

这个假说源于水稻三系育种的实践，从个体水平上加以推论，认为遗传结构的变异引起个体间生理生化代谢上的差异，与个体间亲缘关系的远近成正相关。两亲间亲缘差距越大，杂交后的生理不协调程度也越大，达到一定程度，就会导致植株代谢水平下降，合成能力减弱，使花粉中的生活物质（蛋白质、核酸等）减少，最终导致花粉的败育。因此，远缘杂交可能导致雄性不育，在选育出雄性不育系后，为了获得保持系，也要从与不育系亲缘关系远的品种中去寻找。如果要使不育系恢复，就要选用与不育系亲缘关系近的品种作为恢复系。

（二）胞质不育基因载体的分子机理

探究细胞质内不育基因的载体，是深入研究不育性发生机理的关键。目前较一致的看法是，线粒体基因组（mtDNA）是雄性不育基因的载体。早在 20 世纪 60 年代，人们就已发现，玉米不育株的线粒体亚显微结构与保持系有明显不同。近年来分子生物学的发展为上述的假设提供了充分的证据。据 1978 年克姆柏（Kemble，R. I）报道，就雄性的育性来分，玉米有 N、T、S 和 C 四种类型的细胞质。其中 N 为正常可育型，其余三种为不育型。把他们的线粒体 DNA 提取出来，用限制性内切酶切割，再进行电泳分析，发现它们的分子组成有明显的区别。因此推断，有关雄性不育的细胞质基因存在于线粒体的基因组中。

除了线粒体与雄性不育有关外，通过对玉米、小麦、油菜、萝卜等的雄性不育系及相应保持系 DNA 的热变性分析、酶切消化、琼脂糖凝胶电泳比较等，不仅显示出不育品系与相应可育品系叶绿体 DNA 之间存在某种差异，而且发现萝卜及油菜中与花粉育性特异性有关的叶绿体 DNA 片段均位于 rRNA 基因所在的反向重复区中，并确定了该片段在此重复区的具体位置。对可育与不育品系叶绿体蛋白质的比较也获得有意义的发现。高粱、小麦、玉米、水稻、油菜、烟草等许多作物不育系与正常品系的 RuBP 羧化酶活性存在明显差异。此外，油菜不育系与可育系的叶绿体类囊体膜上 ATP 酶偶联因子的一个亚基 β – CD 也存在差异，而他们都是由叶绿体自身 DNA 编码的。

高等植物的雄性不育性是杂种优势利用的一条重要途径，但是有关雄性不育遗传机理的研究并不充分。随着分子遗传学的发展，雄性不育性的研究也被推进到了一个新的历史阶段，先后从线粒体和叶绿体遗传的角度进行了一些探索，取得了一定的成果，然而要最终解决这个问题，还有待于更深入细致的研究。

第四节 自交不亲和性的遗传

一、自交不亲和性的概念和意义

自交不亲和性（self-incompatibility，SI）是指出现的一些自交不亲和植株，能产生具有正常生殖功能且同期成熟的雌雄配子，但在花期自花授粉时不能结实或结实极少的现象。

自交不亲和的机制实质上是由雌蕊上分泌识别物质来拒绝遗传上相关的（或自身的）

花粉，但可以接受遗传上不相关的（或非自身的）花粉完成受精的过程。自交不亲和现象在显花植物中非常普遍，已在 74 个科的被子植物中发现了自交不亲和性，据估计显花植物中一半的种类存在自交不亲和现象。目前分子生物学研究发现，较多的自交不亲和植物主要分布在茄科、蔷薇科、玄参科、罂粟科和十字花科（Takayama and Isogai，2005），尤以十字花科植物中的自交不亲和性最为普遍。

这些具有自交不亲和性的植株经各代自交选择后，其自交不亲和性能稳定遗传，这样形成的稳定系统称自交不亲和系。为了使后代具有较强的生活力和适应力，许多雌雄同株植物已经通过防止近交、促异型杂交的方式，来改进进化策略。

自交不亲和性同样为利用杂种优势时去雄、授粉节省了大量劳力。以自交不亲和植株为母本，自交亲和植株为父本杂交，从母本上收获的种子即为一代杂种；如果父本也是自交不亲和植株，则从父母本上收获的种子都是一代杂种。由于母本植株自花授粉不结实，省去了人工去雄的繁琐劳动，使得自交不亲和性的杂种优势利用成为可能。

二、自交不亲和性的遗传和生理生化机制

（一）自交不亲和性的遗传机制

自交不亲和性是可遗传的，对于其遗传机制的研究已有很多，但尚不能完全说明这种现象。普遍承认的观点是伊斯特（East 1926）提出的"对立因子学说"。该学说认为，自交不亲和性是由于细胞核内带有不亲和的基因而引起的，凡花粉的基因型与花柱组织的基因型相同，则柱头会分泌一种抑制物质阻止花粉管向子房延伸。例如，若花粉的基因型是 S_1S_2，雌蕊的基因型也是 S_1S_2，那么，产生的两类花粉 S_1 和 S_2 都不能在雌蕊花柱中伸长，表现自交不结实；如果雌蕊的基因型是 S_1S_2，而花粉的基因型是 S_2S_3，则会产生两类花粉 S_2 和 S_3，花粉 S_2 不能在雌蕊柱头上长出花粉管，而花粉 S_3 的花粉管则可以伸长受精，得到 S_1S_3 和 S_2S_3 的后代，表现部分结实；若杂交组合为 $S_1S_2 \times S_3S_4$，则具有 S_3 和 S_4 两种基因的花粉管均能进入胚囊，形成四种基因型不同的后代，S_1S_3、S_2S_3、S_1S_4、S_2S_4，表现完全结实。

（二）自交不亲和性的生理生化机制

关于自交不亲和现象，还有许多生理生化方面的解释。

1. 营养不良学说

志佐樱井（1958）等以百合的自交可育品种与自交不育品种为材料，研究自交不亲和现象，认为百合自交不育是由于花粉管在花柱中伸长迟滞或在一定位置上停止生长引起的。例如，台湾百合传粉后经过 50 小时，花粉管已达花柱基部，伸长速度很快；而百合花粉伸长迟缓，达到花柱的一半就停止伸长。志佐樱井认为，花粉的发芽和花粉管的伸长，对生理条件是有差异的。阿狄柯特（Addicott）用 33 种生长促进剂对花粉发芽和花粉管的伸长进行试验，发现维生素、植物激素、动物激素、嘌呤和嘧啶等对花粉发芽和花粉管伸长有效，但效果各不相同。他认为，花粉发芽和花粉管的伸长是相互无关的现象。研究证实，氨基酸能促进花粉发芽和花粉管的伸长，而肌醇只促进花粉发芽，不能影响花粉管伸长；鸟嘌呤可以

促进花粉管的伸长，但不能促进花粉发芽。

志佐樱井等利用纸上层析法发现，花粉发芽和花粉管伸长都需要吸收糖类。如果把自交可育的台湾百合的花粉置于含有果糖的培养基中，花粉发育良好，花粉粒中可测出葡萄糖、果糖、蔗糖，但把自交不育的麝香百合置于含有果糖的培养基中，则完全不能发芽，花粉粒中测不出葡萄糖。若在培养基中加入硼酸，麝香百合花粉发芽良好，花粉粒中也可测出葡萄糖。由此认为，自交不育的百合花粉不发芽或花粉管停止伸长，可能是与花粉粒中葡萄糖的转化和消耗有关。

2. 乳突隔离假说

有些十字花科植物雌蕊柱头表皮层具有乳头状突起的细胞，外面覆有角质层，这层角质层被认为是自交不亲和植株自交后阻止花粉管进入的障碍。乳突状角质层可被氯仿所溶解，说明它是一些含蜡的物质。

油菜和甘蓝的自交不亲和植株开花授粉习性的研究结果，是对乳突隔离假说的印证。油菜在开花前 1~4 天柱头表面会形成一层"隔离层"，它能阻止自花花粉的发芽，但对异花花粉的发芽没有影响。Ockendon 在扫描电子显微镜下观察甘蓝自花授粉的情况，发现自花花粉恰好落在两个乳突细胞之间，1 小时内没有任何变化，此后有些花粉粒发芽，但花粉管不能进入乳突细胞。而异花花粉落在柱头上，半小时内乳突细胞就发生萎缩、水解，花粉管迅速进入乳突细胞。对幼嫩花蕾的观察还发现，自交不亲和植株幼嫩花芽的柱头上乳突细胞的蜡层覆盖尚不完全，所以，采用蕾期授粉（开花前 2~4 天）能够结实。目前在油菜等十字花科作物上，采取剥蕾自交的方法，可繁殖和保存自交不亲和系。另外，在开花时用刀片削去或用砂纸抹去柱头上的蜡层，甚至削去柱头的 2/3 或在花柱上开孔再授以自花花粉，也可显著提高结实率。

（三）自交不亲和的分子生物学基础

目前分子生物学研究表明，花粉和花柱的识别都是由单一的多态性位点，即自交不亲和位点（S-位点）所控制的。自交不亲和反应的完成，也需要 S-位点之外基因产物的参与。然而，这一过程中识别与作用的特异性是由 S-位点的基因产物来决定。也就是说，花粉和花柱的识别是由同处于 S-位点的 2 个 S-基因来决定的。在不同单体型（haplotype）（如 S_1，S_2，S_3，…，S_n）中，这 2 个 S-基因存在着一定的多态性，编码着结构相似但不完全等同的花粉或花柱决定因子（de Nettancourt，2001；Takayamaand Isogai，2005）。自交不亲和系统由一个单独的高度多态的遗传基因座控制，这个基因座称为 S-基因座。由于 S-基因座是一个多基因的复合物，所以"S-等位基因"又叫"S-单元型"。

在自交不亲和反应中，花粉的遗传背景决定了它是否能被花柱所接受。根据这种遗传背景的特点，自交不亲和可以分为两类，孢子体型自交不亲和（sporophytic SI，SSI）和配子体型自交不亲和（gametophytic SI，GSI）。

1. 孢子体型自交不亲和

孢子体型的自交不亲和性取决于产生花粉的个体是否具有与母本不亲和的基因型，而不取决于花粉本身所带的 S 基因。其基因产物是在减数分裂之前的二倍体时期转录和翻译的，因而不同的配子带有相同的产物。一般认为，孢子体的 S 基因在花药中表达，然后基因产物通过绒毡层细胞转移到花粉的外壁上，所以，花粉的自交不亲和性表型是由二倍体亲本决定的，即孢子体中两个 S 等位基因的相互作用。这种不亲和花粉的抑制发生于柱头表面。十字花科、菊科和旋花科等植物的不亲和属于孢子体型。在十字花科植物中，花粉的自交不亲和表型是由它们的二倍体亲本（孢子体）的基因型来决定的。也就是说，如果在产生花粉的亲本植株的两个基因型（如 SxSy 中），只要有一个与花柱（二倍体）的某一个基因型相同，那么这些花粉的萌发或生长就会被该花柱所抑制（de Nettancourt，2001；Takayama and Isogai，2005）。在芸薹属植物中，雌蕊 S 基因编码 S 位点糖蛋白（SLG）和 S 受体激酶（SRK）。它们可能与磷酸化和去磷酸化参与了的某种信号传递有关，最后导致自交花粉生长的抑制。

孢子体型不亲和性遗传有以下特点：一是在交配方式上，正交与反交的不亲和性有差异；二是子代可能与亲代的双亲或其中一亲表现不亲和；三是一个自交亲（和）或弱不亲和株的后代可能出现自交不亲和株，而一个自交不亲和株的后代可能出现自交亲和株；四是在一个自交不亲和的群体内，可能有两种不同基因型的个体。

2. 配子体型自交不亲和

在配子体型自交不亲和系统中，花粉的自交不亲和表型取决于花粉的 S 基因型。凡和雌配子体具有相同 S 基因的花粉，为不亲和花粉；凡和雌配子体具有不同 S 基因的花粉，为亲和花粉。控制配子体型不亲和性的基因产物是在减数分裂之后的单倍体时期进行转录和翻译的，因而不同的配子体有不同的产物。这类植物花粉管生长的抑制常发生于花柱的引导组织中，如茄科、玄参科和蔷薇科植物，花粉管萌发进入花柱后，花粉管发生膨胀甚至破裂，最终停止生长。

这一类型的遗传表现有三个特点：纯合体和杂合体自交皆不亲和，如 $S_1S_1 \times S_1S_1$ 或 $S_1S_2 \times S_1S_2$ 等，自交完全不亲和；双亲有一个相同的 S 基因且以杂合体做父本时，交配为部分亲和，如 $S_1S_1 \times S_1S_2$，S_2 花粉亲和，S_1 花粉不亲和；双亲无相同基因交配时完全亲和，如 $S_1S_1 \times S_2S_2$、$S_1S_1 \times S_2S_3$ 等表现完全亲和。

思考题

1. 什么是杂种优势？杂种优势如何度量？

2. 试比较显性假说和超显性假说的异同。

3. 何为核质互作雄性不育？这种不育是如何利用杂种优势的？

4. 孢子体不育和配子体不育有何差别？各有何特点？

5. 孢子体自交不亲和与配子体自交不亲和有何差别？各有何特点？

6. 对于一株雄性不育植株，如何确定它究竟是单倍体、远缘杂交 F_1、生理不育、核不育还是细胞质不育？

7. 某不育系与恢复系杂交，得到的 F_1 全部可育，将 F_1 的花粉再给不育系亲本授粉，后代中出现 90 株可育株和 270 株不育株。试分析该不育系的类型及遗传基础。

第十二章

杂 种 优 势 利 用

第一节 杂种优势在育种上的应用

利用杂种优势培育农作物新品种，具有种子纯度高、种子质量容易控制等特点，有利于新品种的推广和种子产业化的发展，因此，已成为农作物品种选育中一项重要的育种手段。

一、杂种优势的利用原则

要想使 F_1 杂种表现强优势，在杂种优势利用时必须遵循以下一般原则。

1. 选择遗传基础差异大的亲本

大量育种实践表明，杂种优势的大小在一定范围内决定于亲本的亲缘关系、生态类型和生理特性。差异愈大的，亲本相对性状优缺点愈能互补的，其杂种优势愈强。因此，选用亲缘关系较远、地理距离大、生态类型差异大的育种材料做亲本，获得较强杂种优势的可能性较大。

2. 用做亲本的自交系的纯度要高

杂种优势的大小与亲本的纯合度有直接关系，直接影响其优势的遗传和表达。亲本纯合度高，杂种一代才能有整齐一致的杂种优势表现。如果亲本的基因型是杂合的，杂种一代就会出现性状分离，因而不具备产生杂种优势的遗传基础。为此，在杂种优势利用程序中，必须首先通过自交和多代连续选择使亲本纯化，形成稳定的自交系（inbred line）。在亲本繁育和杂交制种过程中，必须建立与作物生物学特性相适应的亲本繁育体系，采取严格的亲本防杂保纯技术措施，确保亲本纯度。

3. 选配强优势杂交组合

杂种优势利用是通过杂交种实现的，因此选配优良的杂交种是前提条件。一般来讲，优良的自交系是配制杂交组合的基础，但最重要的是亲本间配合力的高低。研究表明，外观长势好、产量高的亲本，其杂种的产量不一定有较高的水平，只有配合力高的亲本才能配制出高产的杂交种，选配配合力高的优势组合才能应用于生产。

4. 制种技术简便易行

杂种优势利用只限于杂交一代种子，因此，需要年年配制杂交种子。同时，杂种优势利用时生产的种子通常数量较多，也就是说，需要去雄杂交的植株数量相当之多。特别是花器官小的植株，在没有寻找到简易的制种技术之前，即使杂交组合的优势非常明显，也会因制种困难，种子成本太高，使得杂种优势无法应用于生产。在生产上，为降低成本，提高生产效率，增加制种户收入，就必须有一套简单有效的制种技术。

二、不同植物利用杂种优势的特点

1. 自花授粉植物和常异花授粉植物

这两类植物由于长期以自花授粉为主，当以其为杂交亲本时，其遗传基础较为纯合，可在不对亲本进行连续选育纯合的情况下，利用品种间杂交获得较高的优势，有些亲本只需稍加提纯即可达到可利用标准。同时，杂交亲本繁殖时，不必做特殊的隔离。这些均给杂种优势利用带来方便。但不利的方面是，在制种时，由于它们都是雌雄同花，去雄较为困难，同时，天然异交率很低，很容易自交而降低杂种质量。因此，对这类植物利用杂种优势的关键问题是去雄技术。

2. 异花授粉植物

异花授粉植物的天然异交率高，品种的遗传基础较复杂，因此，对其利用杂种优势，必须首先通过连续多代的人工自交、选择，使其达到高度纯合，在亲本纯合的同时，常伴有衰退现象出现，这是这类植物利用杂种优势的不利方面。有利方面是，这类植物一些是雌雄同株异花，一些是雌雄异株，一些雌雄同株的植物又常表现自交不亲和现象，往往给制种带来方便。对于花器官小的植物亲本，当没有培育出自交不亲和系、雄性不育系等可利用的制种品系时，也可利用天然异交率高的特点，进行双亲的不同方式混合播种，收获后代种子，可达到相当高的杂交率，从而对杂种优势加以利用。

3. 无性繁殖植物

这类植物与前几类植物比较，最大的优点是，一旦获得杂种优势就可以通过无性繁殖固定其优势，从而免去年年制种的麻烦。因此，很多学者对各种作物都想尽办法进行无性繁殖，以固定其杂种优势，但一些可无性繁殖的植物，有性杂交及结种困难，或种子后代繁殖困难，也给杂种优势利用带来不利因素。

三、优势育种与重组育种的异同

当前，在个体水平上的杂交育种可分为两条途径，即重组育种和优势育种。重组育种与优势育种的相同点都是要选配亲本，进行有性杂交。其不同点表现如下。

1. 采用杂交、自交的目的不同，应用的顺序不同。重组育种是先用具有优良性状的两个亲本杂交，使双亲的优良性状综合到后代中，然后按照育种目标，对杂交后代进行分离选育，直到其重要性状不再分离为止，最后形成稳定的品系或品种应用于生产；优势育种是先选育性状稳定的优良自交系，然后用纯化的自交系杂交获得杂交一代（F_1）种子用于生产。可见，优势育种是"先纯后杂"，重组育种是"先杂后纯"。另外，从种子生产来说，重组育种所育成的品系的基因型基本是纯合的，每年从种子田或生产田内收获的种子，即可供下一年生产之用；优势育种所获得的 F_1 种子的基因型是杂合的，下一年就会出现分离，所以必须年年制种，以满足生产所需。应用杂种一代（F_1）种子虽然增加了生产成本，但获得的收益远比种子成本要大，在经济上还是合算的，这也正是目前杂种优势育种成为主要育种手段的原因之一。

2. 优势育种较易育成在数量、性状方面超过定型品种的杂交组合。当某些显性不利基因和另一些隐性有利基因连锁存在于亲本时，重组育种还能期待通过重组打破连锁发生互换，育成集双亲有利基因（包括隐性基因）于一体的品种，而属于隐性基因控制的有利性状不能期望通过优势育种育成超过亲本的一代杂种，这就是说，当隐性有利基因与显性不利基因连锁时，不利于杂种优势的利用。当显性有利基因与隐性不利基因连锁时，优势育种更为有利。

3. 优势育种的最优组合的个体比不上重组育种过程中曾经出现过的最优个体。

4. 重组育种中出现的最优基因型一般只占群体中的极少数，也就是说，大多数优良基因不能一次重组表现，重现困难。而优势育种则使显性基因在 F_1 代同时表现，不仅能使整个群体内每个个体都具有基因一致的优良基因型，而且只要是父母本固定配组杂交就能使 F_1 每次产生同样的优势，能代代重现。

5. 优势育种需年年配制杂种，生产成本较高，花器小的自花授粉作物，难于采用这一途径。重组育种中出现的最优个体，往往较优势育种最优的组合高，而优势育种表现群体优势高。

四、药用植物利用杂种优势的有利条件

药用植物利用杂种优势还处在起步阶段，应该注意借鉴其他作物利用杂种优势的经验，总结药用植物利用杂种优势的有利条件，促进药用植物杂种优势的开展。

1. 很多药用植物既可以有性繁殖，又可无性繁殖，这对固定杂种优势极为有利。对于既可有性繁殖，又可无性繁殖的药用植物，在利用杂种优势时，可通过自然或人工授粉来获得 F_1 代种子，以后世代的繁殖，则采用无性繁殖方法。这样既可将杂种优势固定下来，又不用年年杂交制种，给杂种优势利用带来方便，不仅提高了优势育种的利用效率，而且降低了生产成本。

2. 很多药用植物不以种子为收获目的，而又用种子做繁殖材料，如人参、黄连等。对这些植物利用雄性不育系制种时，就可以免去恢复系对育性恢复的要求，只要当雄性不育系与某一品系杂交时，其杂交种 F_1 有营养体优势，对于其 F_1 能结多少种子，也就是育性恢复与否，可不做严格要求，不用寻找到雄性不育的完全恢复系便可用于生产，大大缩短了育种年限，简化了制种成本。

3. 有些药用植物是一次种植、多年收获的植物，如杜仲、厚朴等。在这些植物的杂种优势利用上，只要不需要扩大面积或更换品种，就不必年年制种。

五、一代杂种的选育程序

（一）优良自交系的选育

一代杂种就其所用的亲本来讲，有品种间的、品种与自交系间的和自交系间的三种类型，在这三种类型的杂交组合中，杂种优势强度较大、杂种优势稳定性较强、杂种的株间一致性较好的是自交系间一代杂种。针对药用植物目前的育种现状来说，因为大部分的药用植物还没有栽培品种，栽培所用的种子都是农户自繁殖自留，群体处于严重的混杂状态，群体

中个体间差异很大，因此，药用植物杂种优势的利用，应从选育自交系间杂交组合开始。虽然选育自交系要花费较多的人力、物力、时间，但其效果却是非常明显的。目前，药用植物育种上还没有杂交组合，这方面的工作更具开创性的意义。

1. 基础材料的选择

首先，基础材料的选择应具有明确的目的性。当育种目标确定后，就要根据药用植物的遗传规律和育种目标搜集符合目标性状的材料。其次，搜集的材料应具有广泛性。广泛的材料才会具有丰富的遗传基础，在杂交组合中才会出现较多的优势性状。再次，在选择基础材料时，既要注意基础材料自身的优缺点，又要注意它们之间的互补性，还要兼顾材料之间的差异性。在重组育种内容中述及的亲本选择、选配原则，也适用于一代杂种的自交系选择、选配。

对搜集来的基础材料要做比较筛选，选用纯度高、具有优良的农艺性状、繁殖性状和制种性状的材料作为基础材料，基础材料数通常不超过 10 个。这主要是因为在自交选择过程中，后代会分离出许多性状不同的个体需要自交，如果开始时的基础材料太多，则后代的系统数太多，在一定的人、物力条件下难于处理。

2. 选择优良单株进行自交

在选定的基础材料内选择优良的单株分别进行自交。每一份材料应选供自交的株数和每一自交系应种植的株数，随试材的具体情况而不同，通常约数株到数十株。对于株间一致性较强的材料可以相对少选一些单株自交，对于株间一致性较差的材料应该对各种有价值材料都选有代表株，对于整体表现较差的材料应予以淘汰。通常每一个 S_1（自交第一代）株系种植 50~200 株，S_1 的株系数大多在几十个到几百个之间。

3. 自交株选择

对自交后代的选择采用系谱法进行，不论采用哪一类基础材料选育自交系，都要结合农艺性状，连续多代自交选择，直到选育出遗传性状稳定、农艺性状优良的自交系。

对自交系农艺性状的选择是重要的、多方面的。首先是产量性状，如每株的种子、果实或根、茎、叶的产量。其次是品质性状，这一点对药用植物来说尤其重要。品质性状不仅包括药材的外在质量，还包括药材的有效成分含量，这也是药用植物育种比其他作物育种繁琐之处。再次是抗性，包括抵御不良生态环境的能力及抵抗病虫害的能力。优良的抗性不仅是保证作物产量的前提，而且是保证中药材优质、无公害的基础。第四是植株性状，如株型、株高、叶片形状和着生角度、茎粗、穗位等。此外，还有生长势、生育性状等。

在整个自交系选育过程中，为了避免错乱和便于考察系谱，一般采用下列方式编号。例如，A3–7–13–21 代表品种 A 的 S_0 代第 3 株，S_1 代第 7 株，S_2 代第 13 株，S_3 代第 21 株的自交系。

（二）自交系配合力测定

在自交系选育过程中，虽然每代都进行了淘汰选择，但只是根据自交系本身的表现作为选择标准的。而自交系本身的表现，与它作为亲本所产生的后代的表现，并不总是一致的，有的自交系本身性状并不十分如意，但与其它亲本配合所产生的后代却表现良好。为此，对上述过程中初选出来的自交系要进行配合力（combining ability）测定。

配合力的概念，产生于研究杂种优势的遗传原因和制定玉米杂交种育种方法的过程中。配合力是自交系的一种内在特性，受多种基因效应控制。从杂种优势角度思考，可以把配合力理解为自交系组配杂交种的一种潜在能力。它不是从自交系的自身性状表现出来的，而是通过自交系配制的杂交种的产量或其他性状的平均值估算出来的。配合力可分为两种，即一般配合力和特殊配合力。

1. 一般配合力的测定

一般配合力（general combining ability）是指一个被测系（自交系）与其他多个自交系（品种）组配的一系列杂交组合的某一性状的平均值。简言之，一般配合力指一个自交系在许多杂交组合中的平均表现。配合力测定的时间有早代（$S_1 - S_3$）测定的，也有晚代（$S_4 - S_6$）测定的，一般常用的是早代测定，早代测定有利于加速育种进程。

一般配合力的测定可选用顶交法。顶交法是选择一个遗传基础广泛的普通品种做测验种来测定自交系的配合力。具体方法是以测验种 A 与被测系 1、2、3、⋯⋯n 分别进行测交，所得测交种为 $1 \times A$、$2 \times A$、$3 \times A$、⋯⋯nA。下个季节进行测交种的田间试验，根据试验结果计算出各被测系的一般配合力。

在顶交法测定中，由于采用了一个共同的测验种，因此可以认为，各测交种之间的产量差异就是由被测系的配合力不同所引起的。如果某个测交种的产量高，就表明该组合中的被测自交系的配合力高。

2. 特殊配合力的测定

特殊配合力（specific combining ability）是指一对特定亲本系所组配的杂交种的产量表现，或者说是自交系间自由组合的各杂交组合中的各自某一性状表现能力。自交系的特殊配合力是在一般配合力测定的基础上测定出来的，它对确定杂交组合具有指导意义。

特殊配合力的测定多用互交法，即每两个自交系既是被测系，又互为测验种，进行两两成对杂交，获得测交种。若有 n 个自交系，只要正交测交种，则有 $n (n-1) / 2$ 个杂交组合，下一季节把测交种按随机区组设计进行田间试验。在取得产量和其他数量性状的数据后，可估算其特殊配合力。

互交法的优点是可直接反映自交系实际组合的性状表现能力；缺点是当被测系数目太多时，杂交组合数过多，田间试验难以安排，只在自交系较少时采用。例如，段宁等人 2003 年报道杂交天麻产量性状的配合力分析，应用 5×6 格子方设计组配的 30 个天麻杂交组合的子一代（F_1），测定了剑麻、白麻、米麻和总产量的配合力，结果表明，红天麻和乌天麻对天麻杂种一代（F_1）的产量性状有极显著的影响。

（三）杂交组合的确定

杂种优势利用的核心是选配强优势杂交组合，而亲本的选择是获得强优势组合的关键。在自交系较少时，往往就以特殊配合力测定中最优杂交组合作为制种的杂交组合，但有时为了提高制种产量，降低杂交种子生产成本，也可以另外选一个自交系与配合力最强的自交系作测交或顶交。在具体杂交组合中确定父母本时，则需要根据下列原则选择。

1. 双亲系统本身生产力差异大时，以高产者做母本；双亲经济性状差异大时，以优良性状多者为母本。一般用当地丰产品种育成的自交系做母本，而以需要引入特殊性状的外地品种的自交系做父本。

2. 选繁殖力强的自交系做母本，因其种子生产能力高，可降低种子的生产成本。

3. 父本应具有产生大量花粉的能力。

4. 父本的开花期要较母本为长，并且开花较早，以保证母本的充分授粉。

5. 选择具有苗期隐性性状的自交系做母本，以便在苗期间苗时淘汰非杂交种。

以上只是确定杂交组合的一些基本原则，目的是为了增加配制组合的预见性，提高育种效率。

（四）组合比较试验、生产试验和区域试验

经上述过程选出的优良组合并确定配组方式后，就要生产少量种子，按照一般育种程序进行品种比较试验、生产试验和区域试验。为了加速育种进程，品种比较试验、生产试验和区域试验可同时进行，这样做的优点是能加速品种的推广速度，使优良组合尽快进入生产，发挥其品种效应。

六、杂种优势的利用途径

杂种优势的利用即根据组配方式，生产杂交一代种子，应用于生产。由于不同作物的生长习性、花器着生位置、花器结构、授粉方式都不相同，因此，需要采取不同的授粉方式来生产杂交种子。

（一）人工去雄杂交授粉法

人工去雄杂交即开花前人工去掉母本花雄蕊、雄花或雄株，再将父本的花粉授到母本的柱头上或任其父本自然传粉，完成母本受精的过程。

从原则上讲，人工去雄杂交制种方法适用于所有有性繁殖的植物，但因人工去雄的难易程度不同，有些药用植物无法利用。就目前的水平来说，此方法仅适用于花器较大、去雄容易、繁殖系数高的药用植物。

在蔬菜杂交制种上，雌雄同花、花器较大、胚珠多的作物利用人工去雄杂交制种比较普遍，如茄科的茄子、辣椒、番茄等，其杂交制种技术已相当成熟。同类的药用植物，也具有人工去雄杂交制种的可能。对雌雄异花、异株的药用植物，人工去雄则较为方便。当能辨别出雌、雄花或雌、雄株时，将母本株上的雄花或群体内雄株拔去即可。

人工去雄杂交制种，尤其是雌雄同花植物的杂交制种，是一项技术劳动密集型产业。不仅能为生产提供优质种子，满足生产需要，还给制种农民带来了显著的经济效益，是一项新兴的产业，对药用植物来说，这还是一项任重而道远的工作。

（二）化学杀雄法

需要去雄的作物是雌雄同花，一朵花只产生一粒种子，而花器又小时，采取人工去雄杂

交授粉的难度就相当大，需要花费大量的人力和时间，并且生产出的种子成本会很高，无法应用于生产。因此，必须寻找一条省工省时而又高效的制种方法。化学杀雄法就是为了克服人工去雄的困难而采取的一种方法。将一定浓度的某种化学药剂，在作物生长发育的某一阶段喷洒于母本植株上，破坏植物雄配子形成过程的细胞结构和正常生理机能，但又不损害雌配子的正常发育及功能，达到去雄的目的。

国内外已筛选出的化学杀雄剂有丁烯二酸联氨（MH）、顺丁烯二酸酰肼30（MH30）、二氯醋酸、DPX3788、WL84811等数十种。化学杀雄剂多在花粉母细胞形成前喷洒。不同植物对不同药物的反应不同，气候条件对杀雄剂的效果也有影响，有的杀雄剂还会损伤雌配子或影响植株的正常生长发育，因此使用尚不普遍，大多数还处于研究阶段。

（三）利用苗期标志性状法

利用双亲和一代杂种苗期某些植物学性状的差异，在苗期可以较准确地鉴别出杂种苗或假杂种苗（即自交苗），这种容易目测的植物学性状被称为"标志性状"或"指示性状"。标志性状应具备两个条件。

1. 这种植物学性状必须在苗期就表现出明显差异，并且容易识别。

2. 这个性状的遗传表现必须稳定。

利用苗期标志性状的制种法，就是选用具有苗期隐性性状的自交系做母本（如番茄的黄叶、大白菜的无毛），与具有相对应的显性性状的自交系为父本进行不去雄的开放授粉，收获母本植株上的种子。这其中既有自交种子，也有杂交种子。母本种子的幼苗中，凡表现隐性性状的植株即为假杂种（自交苗），应全部拔除，留下具有显性性状的幼苗即为杂种苗。

利用标志性状制种的优点是亲本繁殖和杂交制种简单易行，制种成本低，能在短时间内生产出大量的一代杂种，满足生产急需。其缺点是间苗、定苗工作较复杂，需要掌握苗期标志性状及熟练的间苗、定苗技术，而且有些杂交组合，尚未掌握典型、明显的标志性状，有些性状虽然较明显，但遗传性比较复杂，也不便于实际应用。

对于没有相对标志性状的一对亲本，如何通过回交转育方法给父本的自交系转育一个显性性状，给母本自交系转育一个隐性性状，并最后均达到纯合可利用状态，是利用苗期标志性状制种的一大技术环节。

（四）利用雌性系制种法

雌雄同株异花植物中，只生雌花而无雄花的类型叫雌性型。通过选育获得具有这种稳定遗传性能的系统称为"雌性系"。用"雌性系"做母本，其他自交系做父本生产杂交种子的方法，称为利用雌性系制种法。

利用雌性系为母本生产杂交种子，可不用摘除雄花或使摘除雄花的工作降至最低限度，因而降低了制种的成本。在黄瓜、南瓜等葫芦科作物中，已选育出一些雌性系。例如，广东省农科院经济作物研究所从一个黄瓜杂交组合的后代中，选育出粤早和黑龙两个黄瓜雌性系品种，纯雌株率达94.4%～100%，并利用雌性系作母本配制出3个优良杂交组合。其制种方法是父、母本按 1∶3 比例种植，在雌性系品种内开花前拔除弱雌性植株，摘除强雌性植株内的雄花，任由其自由授粉，从母本上获得的种子即为杂交种子。

（五）雄性不育系制种法

两性花作物中雄性器官表现退化、畸形或丧失功能的现象称为雄性不育性。雄性不育性是可以遗传的，通过一定的选育程序，可以育成不育性稳定的系统，称为雄性不育系（male sterile line，简称不育系、A 系）。以雄性不育系（A 系）作母本，可育系作父本，相邻种植，任其自由授粉，不育系上便可获得杂交一代的优势杂交种。

利用雄性不育系制种必须解决两个问题。一是为了保持和逐代繁殖不育系，要育成一个相应的能育系，不育系与能育系的杂交后代，仍然保持雄性不育性，这个能育系称为雄性不育保持系（maintainer，简称保持系、B 系）。二是有些植物利用杂种优势的目的在于提高种子或果实的产量，如水稻、小麦、五味子、薏苡等，如果不育系与能育系杂交的后代仍是不育的，就不会结实，也就失去了杂种优势的意义。所以还必须培育另外一种能育系，当不育系与其杂交后，杂交一代能恢复育性，能自交或群体内异交结实，而且具备各方面的优势，这一种能育系被称为雄性不育恢复系（fertility - restor，简称恢复系、C 系），这就是雄性不育系的"三系配套"。对于以生产种子的植物来说，不育系、保持系、恢复系缺一不可，必须要三系配套。但对于很多不以种子为收获对象的药用植物来说，杂种的育性恢复与否则无关紧要，杂种一代只要能正常形成营养器官并获得丰产即可。

利用雄性不育系制种可获得 100% 的杂交种，而且繁殖亲本和配制一代杂种比较方便。目前，我国在异花授粉的大白菜、甘蓝、萝卜等作物中，已选育出稳定的不育系，并成功地应用到制种生产中。

（六）利用自交不亲和系制种法

绝大多数的植物，用本株本花的花粉可以受精结实。但也有一些作物，如油菜、大白菜等，它们的某些品系虽然花器结构及发育都正常，但自交或系内兄妹交均不结实或结实很少，这种特性叫自交不亲和性（self - incompatibility）。自交不亲和性是植物进化中保证异花授粉的一种习性，在多数十字花科植物中都存在这种习性。在十字花科蔬菜中，利用自交不亲和系制种已经十分普遍，目前生产上应用的十字花科类蔬菜品种，几乎全部是用自交不亲和系配制的杂交组合，如甘蓝、大白菜、花椰菜等。

自交不亲和性是一种可遗传的性状，通过连续套袋自交和定向选择，育成系内植株间花期相互授粉结子很少，甚至几乎不能结子的系统，称为自交不亲和系（self - incompatibility line）。在配制杂交组合时，用自交不亲和系作母本，以另一个自交亲和的自交系作父本，就可以省去人工去雄的麻烦。如果双亲都是自交不亲和系，就可以互为父、母本，从两个亲本上采收的种子都是杂交种，都可应用于生产。

实践证明，自交不亲和性与花所处的花期密切相关。在正常开花期，表现自交不实，这是保证杂种纯度的关键；但在蕾期采取人工授粉自交却能结实，这能够确保配制杂交种和自交不亲和系繁殖的顺利进行，因此，自交不亲和系的这些特性在生产上很有意义。

由于自交不亲和性在多数十字花科植物中广泛存在，故选育自交不亲和系不是太难。但是自交不亲和系的繁殖目前都是采用蕾期人工授粉方法进行的，需具备一定的隔离设施和大量的人力，而且随着自交代数的增加，其生活力会发生明显的衰退。因此，研究提高自交不亲和系的繁殖率和防止自交生活力衰退的有效措施，是目前自交不亲和系应用上的主要问题。

七、杂交制种程序

杂交制种程序是杂种优势制种的主要工作程序，是完成生产杂交种子的具体工作内容。

（一）选择制种区

1. 选择适合作物生长的最佳生态环境

生态环境包括地质环境、土壤环境、大气环境、水环境、群落环境等。不同的作物适合不同的生态环境。对具体的某一种药用植物来说，要有针对性地选择适宜其生长发育的生态环境，在适宜的环境中，作物才能够表现出其品种应有的特征、特性，充分完成其生长发育的各个阶段，尤其是生殖生长阶段。

2. 选择适宜的生活环境

制种区要有充足的热量资源；土壤肥沃，地力均匀；灌排方便。同时，制种区应有一定的经济水平，充足的劳动力，能满足制种对人力、物力的需求。

3. 隔离区选择

对于具体的制种田，还必须考虑隔离区，以防止非父本花粉进入制种田，影响杂种种子纯度。隔离的方法有4种。

（1）空间隔离。即在空间距离上把制种区与同一作物的其他品种隔开。不同作物所要求的隔离区不同，如十字花科类要求1000m以上，玉米要求300~400m，而豆科作物几乎不需要隔离区。

（2）时间隔离。有些作物可以在开花时间上与同一作物的其他品种隔开。播种期不同、栽培方式不同，开花时间也会不同，这种开花期上的时间差也就起到了隔离不同花粉的作用。

（3）屏障隔离。即利用山脉、树林、建筑物等障碍物进行隔离。

（4）作物隔离。对于一些矮秆的制种作物，在采用上述隔离方法有困难，或不能保证安全隔离的情况下，可在需要隔离的方向种植数十行或百行以上的高秆作物，用以隔绝非父本花粉。

（二）确定播种期

确定播种期的原则是使父母本的花期正好相遇，这是杂交制种成败的关键，尤其对花期短的或父母本花期不遇的作物，要采取必要的调节措施。做法是，如果父、母本花期相同或母本比父本早开花2~3天，父、母本可同期播种；如果两亲本开花期相差较大，则应分期播种，先种开花晚的亲本，隔一定天数再种另一亲本。由于父、母本对环境条件的反应不同，因此，根据早播亲本的幼苗生育状况和当年的气候情况来确定晚播亲本的播期，更容易达到父、母本花期相遇。

（三）确定父、母本比例

确定父、母本比例的原则是，第一，必须保证有充足的父本花粉供母本授粉；第二，在保证父本花粉足够的情况下，尽量多种母本，以增加制种产量。父、母本比例因不同作物而不同：制种区水肥条件较好的，母本可适当多些；父、母本的株高相差大或播期相错长时，为避免高杆、早播亲本对矮秆、晚播亲本的影响，行比也要适当的调整。

（四）苗期管理

制种田苗期要注意精细管理。出苗后要经常检查，根据两亲生长状况，判断花期能否相遇。对生长慢的亲本可采用早间苗、留大苗、偏水、偏肥等办法，促进生长；对生长快的亲本可采用晚间苗、留小苗、控制水肥等办法，抑制生长。

（五）苗初期去杂、去劣

去杂、去劣是保证种子纯度的一项重要措施，苗期主要在两个关键时期进行。第一次在定苗期，结合间苗，将不符合亲本特征的植株拔去。第二次在开花前，根据植株形态去除杂株、劣株，尤其对父本植株要仔细检查，不能让其中的杂株开花。

（六）适宜制种

根据不同作物及亲本系的功能特点，决定不同的制种途径及方法。如果是采取人工去雄授粉的方法，去雄要及时、干净、彻底，授粉动作要熟练，授粉量要足；对某些虫媒花作物，在昆虫不足时，可进行若干次的人工辅助授粉。

（七）制种后去杂、去劣

制种后也要进行两次去杂、去劣。第一次在种子采收前，根据植株形态、叶形、叶色、果实形状、果实颜色等性状，全面检查并去杂一次。第二次在采种时，有时外表相同的果实，剖开后发现种子颜色、形状不同，这些种子也必须去除。

（八）分收分藏

种子成熟后要及时采收。将 F_1 的杂交种及父、母亲本种子严格做到分收分藏，并注意分别妥善保存，严防人为混杂。

第二节 雄性不育系的杂种优势利用

一、利用雄性不育系制种的意义

利用杂种优势是近代作物育种的一条十分有效的途径，但是有些十字花科、伞形科、百合科的作物，虽然杂种优势极为显著，可是它们花器较小，人工去雄授粉比较困难，而且每杂交一朵花只得到少数种子；利用自然授粉，其杂交率又不高，杂交种子的纯度低，达不到增产增收的效果，故无法在生产上推广。

自从19世纪植物雄性不育现象被发现，雄性不育性即被广泛地应用到作物杂种优势育种上来，利用雄性不育系生产一代杂种，无论是自花授粉作物还是异花授粉作物，都可以省去繁琐的人工去雄程序，节省大量的人力和时间，降低杂种种子的生产成本，还可避免人工去雄中误伤柱头、去雄不及时、去雄不彻底而造成的降低结实率和纯度的弊病，因而大大提高了杂种种子的产量和质量。目前，国内外已在水稻、甜菜、烟草、棉花、青椒等作物上利用雄性不育系制种，药用植物尚未见到利用雄性不育性的报道。

二、雄性不育性的利用——三系配套

利用植物雄性不育性育种时必须做到三系配套，三系即雄性不育系（简称不育系）、雄性不育保持系（简称保持系）、雄性不育恢复系（简称恢复系）。

不育系是指雄性不育性稳定的遗传群体，在配制组合时作为母本。保持系是指实现不育系后代繁殖和保持其不育性稳定遗传特性的群体，它主要用来给不育系授粉而使不育系的不育性代代相传。保持系的形态特征和不育系几乎完全一样，所不同的只是雄花具有正常的花粉，能自交结实。恢复系是指与不育系杂交后，能使不育系的育性恢复，有很强的优势表现并有较高的种子产量的品系或自交系。用来配组的三系的关系如图12-1。

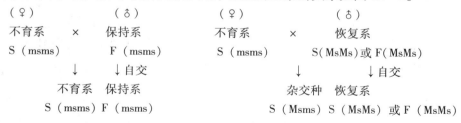

图 12-1 应用质核互作型不育性配制杂交种示意图

在实际应用三系配置组合时，由于作物种类、杂交组合方式、利用目的的不同，在三系配套时，还需要进行一系列的转育、测交和鉴定等工作，确定明显的杂种优势以后，才能应用于生产。

三、雄性不育系利用的三系选育

（一）雄性不育系的选育

1. 雄性不育株的寻找及保存

可遗传的雄性不育性表现类型非常复杂，就雄性器官的形态、功能的表现大致可分为如下四种。

（1）雄蕊不育。雄蕊畸形或退化，如花药瘦小、干瘪、萎缩、不外露，甚至花药缺失。

（2）无花粉或花粉不育。雄蕊虽然接近正常，但不产生花粉，或花粉极少，或花粉无生活力。

（3）功能不育。雄蕊和花粉基本正常，但是由于花药不能自然开裂散粉，或迟熟、迟裂，因而阻碍了自花授粉。

（4）部位不育。雄蕊花粉都发育正常，但因雌雄蕊异常，如柱头高、雄蕊低而不能自花授粉。

2. 选育雄性不育系

（1）利用自然变异选育不育系。上述类型普遍存在于自然界或田间，如果仔细观察，总会有所发现。1925 年，美国人 Jones 在意大利红葱内发现一个自交不结实的雄性不育株 13 - 53。他将从该株上收获的小鳞茎种植下去，其植株上抽生出的头状花序仍是不育的，用其他植株的花粉给这些植株授粉，则能结实，说明它是雌性可育而雄性不育，经过连续几年的选育，育成了洋葱雄性不育系 13 - 53A，这是洋葱质核型雄性不育系发现的典型例子。

（2）人工诱变创造不育系。为了提高原始不育材料的获得率，也可以在人工诱变、远缘杂交、自交和品种间杂交等群体后代中寻找。原始雄性不育株获得后要做好临时保存，一般可采取自交，杂交后自交，隔离区内自由授粉、两亲回交等措施。

例如，采用射线，如 α 射线，γ 射线，χ 射线等物理诱变因素，或化学诱变因素，或者在太空中综合应用射线、失重等因素，可诱变出可遗传的雄性不育性。李金国等利用卫星搭载飞行 15 天的川单 9 号玉米选育出不育突变体，并通过直接杂交获得了不育系。经过太空旅行的玉米种子种植后，花期自交授粉，次年播种收获的种子，结果在一个自交果穗中分离出一定数量的不育株。田间观察发现，不育株雄穗不发达，散粉期间无花粉外露，饱满度差，只有可育花粉的 1/3 大小。进一步的遗传研究表明，不育材料花粉败育彻底，不育性状表现稳定，并且育性一经恢复即为完全可育，不存在育性表现的任何中间类型，呈现出由隐性单基因控制的核不育的遗传特点。

（二）雄性不育系及保持系的选育

发现雄性不育株仅仅是利用雄性不育性的开始，要想使雄性不育性应用于生产，还必须选育出三系配套的雄性不育系（简称 A 系）、雄性不育保持系（简称 B 系）、雄性不育恢复系（简称 C 系）。在这三系中，雄性不育系及其保持系选育是一项较为复杂的基础性工作，不仅要做到不育性稳定，而且要农艺性状优良，配合力高。在实际工作中，雄性不育系及其保持系的选育往往是同时进行的。

1. 核代换杂交产生雄性不育系

高粱质核互作型雄性不育系的创造是这一方法的典型例子。1954 年，Stephens 和 Holland 用西非高粱品种双重矮早熟迈罗作母本，用南非高粱品种得克萨斯黑壳卡弗尔作父本，通过核代换杂交育成了迈罗型不育系。

现假设西非高粱品种迈罗的基因型为 S（RR），南非高粱品种卡弗尔的基因型为 N（rr），它们都表现正常可育性，现杂交组合为 S（RR）× N（rr），获得杂种 F$_1$ 的基因型为 S（Rr），为正常可育。由此可见，正是通过此次杂交，将细胞质不育基因 S 与核不育基因 r 相结合，实现了细胞核不育基因的转移。用 F$_1$ 与杂交父本回交，S（Rr）× N（rr）得到回交 B$_1$ 代，B$_1$ 代的植株中，有可育的植株 S（Rr），也有不育的植株 S（rr），用不育的植株与杂交父本再回交 S（rr）× N（rr），得到回交 B$_2$ 代。B$_2$ 代的植株中，继续用不育株与杂交父本回交 S（rr）× N（rr），回交后代表现完全不育。如此多次回交后，由于每次都注意选择不育基因，使父本的不育核基因保留下来，同时由于父本连续做轮回亲本，使其他基因在连续回交的同时，逐步被代换进去，其植株性状也几乎和南非高粱一样，高粱的雄性不育系即被创造出来，父本品种卡弗尔就是它的同型保持系，可育的母本品种迈罗即为恢复系。如此，当雄性不育系 S（rr）与父本品种卡弗尔、也就是它的同型保持系 N（rr）杂交时，由于两者除细胞质基因有可育和

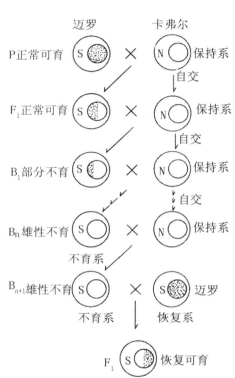

图 12 - 2　高粱核代换杂交与不育系的来源
（引自《植物遗传育种学》，1988）

不育之分外，它们的核基因是同型的，不会因杂交而使不育系发生改变，起到了保持系的作用，当雄性不育系 S（rr）与可育的品种迈罗 S（RR）杂交时恢复育性，由于雄性不育系 S（rr）除不育基因外，具有品种卡弗尔的基因，品种迈罗与卡弗尔杂交能产生杂种优势，这种育性的恢复实际是实现了杂种的正常生产，如此育出了不育系、保持系、恢复系，实现了"三系配套"（图 12 - 2）。

2. 远缘杂交回交转育法

利用远缘杂交是选育不育系的一个基本方法。亲缘关系较远的物种，其遗传差异性较大，质核间有一定的分化。如果用具有不育细胞质的物种（类型）作母本，另一个具有核不育基因的物种（类型）作父本，杂交后再与原父本连续回交，就有可能将不育细胞质和核不育基因结合在一起，获得不育。利用野败水稻选育二九南 1 号不育系及其保持系就是

采用这种方法。第一步是广泛选择各种优良品种或自交系与野败杂交，筛选出能很好保持野败不育性的优良品种或自交系；第二步是从筛选出的优良品种或自交系中选择优株连续回交，完成核置换的过程，选育出优良的雄性不育系及其保持系（图 12 – 3）。

野败♀		×	6044♂	选育过程

杂种一代（F_1） × 二九南1号　　　F_1共18株，育性分离，选不育株

↓自交　　　　　与二九南1号杂交

杂种一代（F_2） × 二九南1号　　　F_1共4株，全不育，选顷向父本株

↓自交　　　　　二九南1号回交

回交一代（BC_1） × 二九南1号　　　BC_2共12株，完全不育，选似父本株

↓自交　　　　　继续回交

回交二代（BC_2） × 二九南1号　　　BC_2共65株，完全不育，选似父本株

↓自交　　　　　继续回交

回交一代（BC_3） × 二九南1号　　　BC_5共6177株，3500株与父本基本相

↓自交　　　　　似，继续回交

回交四代（BC_4） × 二九南1号　　　BC_4共3000株，完全不育，无分离。

↓自交　　　　　与父本一致

二九南1号线性不育系　　　二九南1号线性不育保持系

图 12 – 3　二九南 1 号雄性不育系及其保持系选育程序

（引自《作物育种学》，1979）

3. 测交回交转育法

这是目前选育不育系和保持系最常用、最主要的筛选方法。其方法是以品种或自交系内发现的雄性不育株作母本，以可育株作父本，进行成对人工杂交，同时父本自交；在 F_1 代中选择不育株率高的植株与其父本连续回交，一般经 3 ~ 4 代就可选育出稳定的不育系和保持系。例如，郑州市蔬菜所在发现金花苔萝卜雄性不育株后，就是采用单株成对测交及连续回交的方法，选育出不育系和保持系的。选育过程如图 12 – 4。

4. 人工合成保持系

人工合成保持系（简称保×保法）又叫洋葱公式，是根据质 – 核不育型遗传理论制定的选育方法，其目的是将保持类型不同品种间的优良性状通过杂交组合到一起，从而选育出具有更多优良性状的不育系。首先用基因型为 S（msms）的不育株与不同品种的不同单株进行杂交，然后通过测交、回交等一系列环节，人工合成基因型为 N（msms）的保持系（图 12 – 5）。

第一步，用不育株［S（msms）］作母本，用具有优良经济性状和配合力的不同品种的能育株［N（MsMs）］作父本进行杂交，同时父本自交。

1972年   金花苔原始不育株 × 金花苔可育株   选育过程

1973年   杂交一代（F₁） ×   金花苔   不育株率62.5%，选不育株率高的株系回交
                    ↓自交

1974年   回交一代（BC₁） ×   金花苔   不育株率71.7%，选全不育的株系回交
                    ↓自交

1975年   回交二代（BC₂） ×   金花苔   不育株率88.9%，选全不育的株系回交
                    ↓自交

1976年   回交三代（BC₃） ×   金花苔   不育株率94.5%，选全不育的株系回交
                    ↓自交

1977年   金花苔线性   金花苔线性不育   不育株率95%以上，选全不育的株系回交
        不育系（48A）   保持系（48B）

图 12 - 4   金华苔雄性不育系及其保持系选育程序

第二步，淘汰育性分离的自交系和与其所配的杂交组合，在自交后代无育性分离的父本所配的杂交组合内可能有两种情况。一是有些组合的 F_1 有育性分离，则可按照上述筛选法进行回交选育。二是有些组合的 F_1 全部能育，则从 F_1 中选株作父本，用该组合的父本的自交后代作母本，进行反向回交。

第三步，回交一代应全部是能育株，从中选株作父本，以不育株为母本分别进行测交和自交。

第四步，从测交后代中选有育性分离的组合，从相应父本的自交后代内选株再进行测交和自交。

第五步，在各测交组合中，如果出现后代全部为不育株的即为不育系，该组合的父本的自交后代即为保持系。

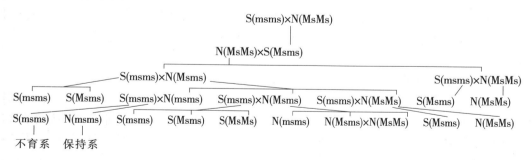

图 12 - 5   人工合成保持系示意图

四、雄性不育恢复系的选育

在利用三系配置杂交种的工作中，选育优良的不育系和保持系是制种工作的基础，但还

要选育具有优良性状且配合力高的恢复系，才能组成优势强、产量高、农艺性状优良的杂交种。恢复系的选育有以下几种方法。

1. 测交筛选恢复系

测交筛选恢复系是筛选恢复系的常用方法，许多恢复系都是这样筛选出来的，如高粱3197A 的恢复系三尺三。其具体方法是，以不育系为测验种作母本，以被测品种为父本，成对测交，观察测交一代种的育性表现。选择完全恢复结实或高度恢复结实并具有强大优势的组合，这些组合的父本就是不育系的恢复系。

2. 回交转育法

在现有品种（品系）中，恢复系并不太多，又常因性状不良和配合力不高等原因而不适合做优良杂种的父本，需要把没有恢复能力的优良父本转育成恢复系。具体做法是利用恢复力强、带有细胞质不育基因的恢复系作母本，与需要转育的优良父本杂交，F_1 代与父本回交，在后代中选择全可育株进行回交，连续 5 代左右。回交后再自交 2 代，选择结实性好、育性无分离、性状优良的株系，即为转育成的恢复系。

3. 杂交选育法

杂交选育法可以人工集中两个亲本的优点，获得优良的恢复系。基本方法是，按照一般杂交育种的程序，用恢复系与品种或不育系或恢复系杂交，在 F_1 中根据恢复力和育种目标，进行多代单株选择，并在适当的世代，与不育系测交，以测定恢复力和配合力，选出恢复力强、配合力高、性状优良的恢复系。

4. 从 F_1 后代中选育恢复系

根据分离规律，利用雄性不育系配置的杂交组合，其 F_2 代会发生性状分离，会分离出全育、不育、半育株。如对全育株连续自交选择，即可得到稳定的全育株，选择的同时，与不育系进行测交，选择在测交中表现恢复力强、结实率高、农艺性状优良的株系，即为新恢复系。

五、利用雄性不育系制种的方法和步骤

利用雄性不育系配制一代杂种种子，要有两个杂交繁殖区域，一个是不育系与保持系杂交，获得大量不育系，为不育系繁殖的隔离区；二是不育系与恢复系杂交生产一代杂交种子，为杂交种繁殖的隔离区。

在不育系繁殖区内繁殖不育系和保持系，目的是扩大繁殖不育系种子，为制种区提供制种的母本，同时不育系繁殖区也是不育系和保持系的保存繁殖区，即从不育系行上收获的种子，大量用来供下一年制种区制种的母本，少量供下一年继续进行不育系繁殖区中不育系的繁殖，从保持系上收获的种子仍然是保持系，可用做下一年不育系繁殖区的父本。在制种区不育系行上收获的种子即为杂交种，供下一年生产之用，从恢复系上收获的种子仍为恢复系，可用做下一年制种区的父本。

利用雄性不育系制种的方法和步骤，与前面讲述的杂交制种技术基本一致，略有不同的有以下几点。

1. 隔离区的选择应区别对待。不育系繁殖区的隔离区应满足原原种或原种的要求，制种区的隔离区应满足一级良种的要求。

2. 利用雄性不育系制种不再需要人工去雄授粉，可大大减轻劳动强度，这正是我们利用雄性不育性的目的之一，但更要注意以下两个方面。

（1）花期调节是制种成败的关键。利用雄性不育系制种的作物大多花器小，种植密度大，花期调节困难。在了解父母本开花结实特性的基础上，一定要根据当地当年的气候、温度等具体情况，确定适宜的播期和行比。否则，一旦发生花期不遇的现象，将给生产者和经营者造成无法弥补的损失。

（2）人工辅助授粉。在低温、无风、高湿等不利天气情况下，人工辅助授粉对提高异交结实率是非常必要的。每天在开花高峰期（9 时、15 时），采用木杆抖动、拉绳抖动或鼓风搅动气流等方法，帮助花粉从父本行向母本行飘动传粉。

3. 单收单打单藏。不育系繁殖区的父母本除育性不同外，其他性状非常相似，因此在收获时一定要严格区分，以先收父本后收母本为宜。三系配套的繁殖将不育系、保持系、恢复系、杂交种的各个繁殖材料，在收割、运输、脱粒、晾晒、储藏等各个环节严防混杂，单打单藏，确保纯度。

第三节　自交不亲和系的选育和利用

一、选育自交不亲和系的方法

选育自交不亲和系的目的是为了利用杂种优势，培育优良品种，生产优质种子。因此，选育自交不亲和系的过程也就是选育优良杂交组合的亲本的过程，所选出的自交不亲和系应具备如下条件。

1. 系内株间交配具有高度的不亲和性，而且能稳定遗传，不因环境和株龄、花龄而变化。

2. 蕾期授粉结实率高，以降低生产自交不亲和系原种的成本。

3. 连续自交生活力衰退不显著。

4. 农艺性状稳定，经济性状优良。

5. 与其他自交系杂交时配合力高。

自交不亲和系主要是通过自交分离并对后代进行定向选择而获得。自交分离是为了得到自交不亲和株，通过定向选择才能够得到系内高度自交不亲和的系统。

具体做法如下：在配合力强的自交系或品种内选择健壮植株的花序套袋，花期进行人工自交，从中选出亲和指数（结子数/授粉花数）小于 1 的植株。为了获得这些植株的自交后代，同时应在同株上选 1~2 花序进行蕾期授粉，方法是选 2~3 天后开花的花蕾，用镊子夹去花冠、花瓣和雄蕊，使柱头外露，涂上同株经过套袋的花粉。每一花序应自交 20~30 朵花，授粉后应立即套袋隔离。从亲和指数小于 1 的植株上收获蕾期授粉所结的种子，下年播种后同样进行花期授粉和蕾期授粉，淘汰花期授粉亲和指数大于 1 而蕾期授粉亲和指数小于 5 的单株。经过连续 4~5 代的自交和选择，大部分系统的自交不亲和性就能逐渐提高并趋于稳定。

对于初步选得的自交不亲和株系还要测定系内株间交配的结实率，淘汰系内株间交配亲和指数大于 2 的系统，选择系内株间交配结实率最低的自交不亲和系作为生产杂交种的亲本。这样配成的一代杂种，同系株间授粉的自交种的百分率才能降到最低，即杂交率能达到最大。

自交不亲和株系测定系内株间交配亲和指数的方法有全组混合授粉法、轮配法、隔离区自然授粉法，大部分采用的是混合授粉法。

混合授粉法就是在自交不亲和株系内选取 10 个单株，采集其混合花粉，以这 10 个单株为母本，分别授以混合花粉。种子成熟后统计结实率，淘汰亲和指数大于 2 的株系。这种方法的优点是简便省工，测验每一个不亲和株系只要配置 10 个组合，而在理论上则包括了全部株间正反交和自交；缺点是如果发现组合内有亲和指数超过不亲和指标的组合，有时不易判断哪个父本有问题，不便于分析和淘汰选择。此外，由于花粉量和混合均匀度等原因，可能使各次授粉中各株花粉的比例有很大差异，有些柱头可能没有接触到这几株或那几株的花粉，因此，用此法测验时，有时能正确反映系内亲和指数，有时可能与实际制种时的情况不大符合。

自交不亲和株系测定系内株间交配亲和指数的时间，以在自交后 3~4 代测定为宜。早代测定，材料太多，工作量大，而且这时材料还处在分离状态，测定的结果不可靠。高代测定，材料较纯，经济性状较稳定，选出的自交不亲和系一经配合力测定，下一年即可试配组合制杂交种。

利用自交不亲和系育种的正常程序是，先选出遗传性稳定的自交不亲和系，再进行配合力测定。但为了缩短育种年限，在自交不亲和性和经济性状初步稳定后，就可测定配合力，在配合力强的株系中继续进行分离选育，选出农艺性状优良的自交不亲和系即为杂交组合的亲本。

二、自交不亲和系的繁殖

蕾期授粉法仍然是目前生产上繁殖自交不亲和系的常用方法，即在开花前 2~5 天剥蕾，授以同系的新鲜花粉。在早期自交不亲和系选育过程中，繁殖自交不亲和系的过程要更复杂一些。由于材料多，不同材料间必须用纱网隔离，同一材料最好由专人授粉，如果同一个人要给不同的株系授粉，则在换材料前必须对手和授粉工具进行消毒，以免造成花粉污染。若在自交不亲和系选育的同时进行配合力的测定，在同一植株上会授以不同父本的花粉，不同的花粉要授在不同的花枝上，用硫酸纸袋隔离，并挂牌标记。选出的自交不亲和系扩繁亲本时，可在隔离的温室或网罩下进行，此时无须套袋。总之，在自交不亲和系的繁殖过程中，采取严格的隔离防杂措施是一项重要的工作。

长期自交会引起生活力的衰退，这是自交不亲和系利用中的一个主要问题，防止的办法有以下几种。

1. 选育自交不亲和系时，要尽量选用自交退化慢的材料。

2. 降低繁殖代数。育种完成后大量扩繁殖原种，将种子储藏在硅胶干燥器中，置于 4℃~5℃ 低温下保存。每年取出少量原种繁殖。

3. 采用混合花粉授粉，可以延缓生活力的衰退。

4. 应用营养器官繁殖和保存自交不亲和系，这对药用植物来说具有现实意义。但长期无性繁殖会导致病毒病的加剧和生活力的衰退，因此必须与有性繁殖轮换进行。

5. 利用组织培养技术来繁殖和保存自交不亲和系。利用组织、器官、花粉等材料培养出药用植物再生植株的研究比较广泛，已有许多成功的报道，但从实验室到田间的实践尚有一段距离。

三、用自交不亲和系制种的方法

用自交不亲和系配制杂交种子，是杂种优势利用的一个重要方面。因为其育种程序较雄性不育系简单，制种技术简便，增产效果明显，目前在油菜、大白菜、甘蓝等作物上已有广泛的应用，产生了显著的经济效益。

杂交制种就是把两个自交不亲和系（或母本是自交不亲和系，父本是自交系）隔行种植在隔离区内，任其自然授粉。如果两亲都是自交不亲和系，则两亲上的种子都是杂交种子；如果父本是自交系，则从母本上收获的种子是杂交种。其制种技术如下。

1. 设好隔离区

具有自交不亲和性的植物多属十字花科，以昆虫传粉为主。因此，制种田应与同属的其他作物严格隔离，距离应在1500m以上。

2. 调整株行比

如果两亲都是自交不亲和系，授粉结实良好，那么两亲本可按1:1隔行栽植；如果父本是自交系，则应增加母本株数，父母本可按1:2～1:3栽植，并适当增加父本密度。

3. 调节开花期

花期是否相遇是杂交制种成败的关键。如果父母本生育期不一致，则需要错期播种；如果在生育过程中又产生了差异，有可能花期不育，则需要通过肥水管理来调节；如果花期相差7天以上，则应将花期早的亲本一级分枝的顶序摘掉，促使二三级分枝发育，使花期延后。

4. 花期放蜂和人工辅助授粉

据研究，蜜蜂对大白菜制种产量的影响可达30%～70%，花期放蜂可提高杂交结实率和整齐度。放蜂量越大，产种量越高，质量越好。如果无放蜂条件，则应人工辅助授粉。

5. 始花打薹和末花收尖

十字花科植物多为总状花序，无限生长。因此，初花期打薹，末花期收尖，可使花期集中，减少不必要的损耗，促使种子饱满和提早成熟。

思考题

1. 杂种优势的利用原则是什么？药用植物利用杂种优势育种有什么特点？

2. 什么是配合力？如何测定？

3. 以某一药用植物为例，设计一个利用雄性不育系配置杂交组合的试验方案。

4. 以某一药用植物为例，设计一个利用自交不亲和系配置杂交组合的试验方案。

第十三章

基 因 突 变

　　基因突变（gene mutation）是指染色体上某一基因位点内部发生了化学性质的变化，与原来基因形成对性关系。例如，由高秆基因 D 突变为矮秆基因 d。1910 年，摩尔根在大量野生的红眼果蝇中发现了一只白眼突变，首次肯定了基因突变。此后大量的研究表明，基因突变在动物、植物、细菌和病毒中均广泛存在。人类曾利用基因突变育成不少品种，今后也仍将继续利用。但基因自然突变的频率较低，远远不能满足育种工作的需要。实质上，基因突变除可自然发生外，还可以通过理化等因素诱变，且诱发突变频率通常较高。目前，诱发突变已成为创造育种材料的重要手段之一。

第一节　基因突变的频率、时期和特征

一、基因突变的频率和时期

（一）基因突变频率

　　基因突变频率（mutation rate）是指一定的基因在一个世代中或其他规定的单位时间内发生突变的频率。基因突变率的估算因生物生殖方式的不同而不同。在有性生殖的生物中，突变率通常用一定数目的配子中的突变型配子数来表示；在无性繁殖的细菌中，其则用一定数目的细菌在分裂一次过程中发生突变的概率表示。研究表明，各种基因的自发突变率在一定条件下是相对稳定的；不同生物或同种生物的不同基因的突变率不尽相同，即使在同一基因位点不同等位基因的突变率也表现出很大差异。据估计，在高等生物中，基因突变率为 $1 \times 10^{-6} \sim 1 \times 10^{-8}$，即在 100 万至 1 亿个配子中只有一个发生突变；在低等生物中，如细菌，基因突变率为 $1 \times 10^{-4} \sim 1 \times 10^{-10}$，变异幅度更大，即在 1 万至 100 亿个细菌中可以看到一个突变体。

　　突变还受生物体内在的生理、生化状态，以及外界环境条件（包括营养、温度、化学物质和自然界的辐射等）影响。其中，年龄、遗传因素及温度等的影响比较明显。例如，久藏的种子无论自发突变还是诱发突变，频率都比新鲜种子高；从世界不同地区收集的果蝇不同群体的突变率存在明显差异。在诱变条件下，通常每增加 10℃，突变率将提高 2 倍以上。

　　研究还发现，有些基因较容易发生突变，这种比一般基因易于突变的基因称为易变基因（mutable gene）。它普遍存在于植物体和动物体中，在体细胞组织中，易变基因的突变效应

往往表现为颜色上的花斑，如在玉米、牵牛花、大丽菊和紫茉莉等植物的叶片和花瓣上常表现不同颜色的花斑。易变基因的稳定性可能与遗传环境中其他因子的影响有关。易变基因只是做为比较而提出的概念，并没有一个突变频率上的数值标准。

有些基因由于受到其他基因（或遗传物质）的直接或间接作用也变得失去稳定性。McClintock 曾经通过试验证明，在玉米中确实存在能影响其他基因稳定性的基因，这种能影响其他基因稳定性、促进突变的基因称为增变基因（mutator gene）。增变基因在果蝇、大肠埃希菌和 T4 噬菌体等生物中也有发现。

（二）基因突变时期及表现

突变可以发生在生物个体发育的任何时期，亦即体细胞和性细胞都可发生突变。一般来讲，性细胞的突变频率比体细胞的高，这与性细胞减数分裂末期对外界环境条件敏感性较大有关。性细胞发生的突变可以通过受精过程直接传递给后代，而体细胞则不能。体细胞突变体在生长过程中往往竞争不过周围的正常细胞，从而受到抑制或最终消失。所以，要保留体细胞的突变，需要将它从母体上及时地分割下来加以无性繁殖，或者设法让它产生性细胞，再通过有性繁殖传递给后代。许多植物的芽变就是体细胞突变的结果。育种上，发现性状优良的芽变时，就要及时采用扦插、压条、嫁接或组织培养等方法加以繁殖使它保留下来，否则，它将会消失。通常认为，同源染色体上一对等位基因的突变是独立发生的。体细胞突变在不同组织中也是独立发生的。只有是显性突变或纯合状态的隐性突变才能表现出来。这时在生物体上常和原来的性状并存而呈镶嵌现象，称为嵌合体（chimaera）。至于镶嵌范围的大小则取决于突变发生时期的早晚。突变发生越早，镶嵌范围越大；发生越晚，镶嵌范围越小。若在花芽分化时发生芽变，将来可能在单一花序或一朵花上表现变异，或者这种变异只出现在一朵花或一个果实的某一部分上，如半红半白的大丽菊的头状花序、紫茉莉的类似花朵、半边红半边黄的西红柿等。

二、基因突变的特点

（一）突变的重演性和可逆性

同种生物中相同基因突变可以在不同的个体间重复出现的现象，称为突变的重演性。例如，果蝇的白眼突变，以及玉米与籽粒颜色有关的基因突变，曾在不同研究者的多次试验中重复出现，并表现了相似的突变频率。

基因突变是可逆的。原来正常的野生型基因经过突变成为突变型基因的过程称为正向突变（forward mutation），而突变型基因通过突变而成为原来的野生型基因称为反向突变或回复突变（back mutation）。例如，如果把基因 A 突变为 a 称为正向突变，那么基因 a 突变为 A 就称为反向突变或回复突变。通常，野生型基因表现为显性，而突变后的基因表现为隐性。因此，自然界中出现的突变多数为隐性突变。由于突变基因是在原来野生型基因位点上突变产生的，因此二者存在等位的对性关系。正突变与反突变发生的频率通常是不一样的。一般以 u 表示正突变率，以 v 表示反突变率。在多数情况下，正突变率总是高于反突变率，即 u > v。这是因为一个正常野生型的基因内部许多座位上的分子结构，都可能发生改变而导致基因突变，但是一个突变基因内部却只有那个被改变了的结构恢复原状，才能回复为正常野生型。突变的可逆性是区别基因突变和染色体微小结构变化的重要标志。染色体的微小结构变化可能产生与基因突变相似的遗传行为，但它们一般是不可逆的，其结构和功能不能回复。

（二）突变的多方向性和复等位基因

基因突变的发生向多方向进行，称为突变的多方向性。例如，基因 A 可以突变为 a，也可以突变为 a_1、a_2、a_3 等。a、a_1、a_2、a_3 等对 A 来说都是隐性基因，同时，a、a_1、a_2、a_3 等之间的生理功能与性状表现又各不相同。遗传试验表明，这些隐性突变基因彼此之间，以及它们与 A 基因之间都存在有对性关系，用其中表现型不同的两个纯合体杂交，F_2 都呈现等位基因的分离比例为 3∶1 或 1∶2∶1，具有对性关系的基因是位于同一个基因位点上的。位于同一基因位点上的各个等位基因，在遗传学上称为复等位基因（multiple allele）。归纳起来，复等位基因有以下主要特点：第一，它们规定同一单位性状内多种差异的遗传；第二，在二倍体生物的同一个体中，只能同时存在复等位基因中的两个成员；第三，复等位基因中的每两个成员之间存在对性关系。

复等位基因的出现，增加了生物的多样性，为生物的适应性和育种工作提供了丰富的资源。复等位基因的存在，也使人们在分子水平上对基因内部结构的理解深入了一步。复等位基因可以从野生型突变中发生，也可以是由其中任何一个突变型来源的。某一生物体内，不同基因位点上的复等位基因数目也是不同的，这些复等位基因个体之间有时又表现为完全或不完全的显性。至于在遗传表现上，这些等位基因多影响同一性状，同时也有可能有多效性。例如，人的 A、B、O 血型就是由 IA、IB、i 3 个复等位基因决定着红细胞表面抗原的特异性的。但任何一个人不会同时具有这 3 个等位基因，而是只有其中的任意两个而表现出一种特定的血型。其中，IA 基因、IB 基因分别对 IO 基因为显性，IA 与 IB 为共显性。此外，人们在烟草属中已发现 15 个自交不孕的复等位基因 S_1、S_2、S_3、S_4 等，控制自花授粉的不结实性。通过实验表明，具有某一基因的花粉不能在具有同一基因的柱头上萌发，即自交不孕，但是在不同基因型的株间授粉却能结实。

应当指出的是，基因突变的多方向性也不是无限制的，它只能是在一定范围内发生。这主要是由于突变的方向要受到构成基因本身的化学物质的制约，一种基因的分子不可能漫无限制地转化为其他分子。例如，已知陆地棉花瓣基点的颜色是由一组复等位基因控制的，它表现为从不显颜色到不同深浅的红紫色，但从未出现过蓝色或黑色的基因。因此，基因突变的多方向性是相对的。

（三）突变的有害性和有利性

大多数基因的突变，对生物的生长和发育往往是有害的。因为现存的生物都是经历长期自然选择进化而来的，所以，从外部形态到内部结构、包括生理生化状态及其与环境条件的关系等方面都具有一定的适应意义，它们的遗传物质及其控制下的代谢过程，都已达到相对平衡和协调的状态。如果某一基因发生突变，原有的协调关系不可避免地要遭到破坏或削弱，生物赖以正常生活的代谢关系就会被打乱，从而引起程度不同的有害后果。突变造成的有害程度可能不同，一般表现为某种性状的缺陷或生活力和育性降低，如果蝇的残翅、鸡的卷羽、人的镰形细胞贫血症、色盲、植物的雄性不育等。极端者会导致死亡。这种导致个体死亡的突变，称为致死突变（lethal mutation）。致死突变现象最初是在小鼠的毛色遗传中发现的。植物中最常见的致死突变是隐性的白化突变。这种白化苗不能形成叶绿素，当子叶中养料耗尽时，幼苗立即死亡。已知它的遗传是受到一对隐性基因（ww）支配的。

大多数的致死突变，如上述例子均为隐性致死（recessive lethal），但也有少数为显性致死（dominant lethal）。显性致死突变在杂合状态下即可死亡。例如，人的神经胶症（epiloia）基因，可引起皮肤畸形生长，严重智力缺陷、多发性肿瘤，具有这个杂合基因的人，于年轻时即死亡。致死突变可以发生在常染色体上，也可以发生在性染色体上，后者为伴性致死（sex linked lethal）。基因致死突变对于致死的个体总是不利的，但是某些致死突变品系对于个体发育的研究和育种实践具有一定利用价值。为了检测基因突变和控制雌雄个体，平衡致死（balanced lethal）品系就是一个有用的材料。

有的基因突变对生物的生存和生长发育是有利的，如作物的抗病性、早熟性、茎秆的矮化坚韧、抗倒突变等。但是基因突变的有害性和有利性都是相对的，在一定条件下基因突变的效应可以相互转化。例如，在高秆作物的群体中出现的矮秆突变体，在开始出现时，因其植株矮，受光不足，发育不良，表现为有害性。但当把矮秆突变体选出后，因其具有较强的抗倒伏能力，在高肥和多风条件下往往生长更为茁壮，有害反而变为有利。特别是联系到基因突变与人类的关系时，突变的有害性和有利性更不是绝对的。例如，植物中的雄性不育突变对其自身的繁衍和生存是有害的，但对人类来说，它是利用杂种优势的一种优良材料，利用它配制杂交种可以免除人工去雄的麻烦。

有些基因仅仅控制一些次要性状，它们即使发生突变，也不会影响生物的正常生理活动，仍能保持其正常的生活力和繁殖力，为自然选择保留下来。这类突变一般称为中性突变（neutral mutation），如小麦粒色的变化、水稻芒的有无等。

（四）突变的平行性

亲缘关系相近的物种因遗传基础比较近似，往往发生相似的基因突变。这种现象称为突变的平行性。根据这一特点，当了解到一个物种或属内具有哪些变异类型，就能预见到近缘的其他物种或属也同样存在相似的变异类型。例如，小麦有早熟、晚熟变异类型，属于禾本科的其他物种的品种，如大麦、黑麦、燕麦、高粱、玉米、黍、稻、冰草等，也同样存在这些变异类型。在子粒的若干性状方面，这些植物也几乎具有相似的变异类型。由于突变平行性的存在，如果在某一个物种或属内发现一些突变，可以预期在同种的其他物种或属内也会出现类似的突变。基因突变的平行性对于研究物种间的亲缘关系、进化和人工诱变育种具有一定参考价值，在进行动物与人类相关的试验研究中也有一定意义。

第二节　基因突变与性状表现

一、基因突变的变异类型

基因突变可引起多种多样的生物性状的改变，有的可产生明显的表型特征变化，有的则需要利用一定的遗传学或生化技术才能测出其与野生型的差异。通常，基因突变可产生以下几类变异类型。一是形态突变，又称可见突变，即可用肉眼从生物的表型上识别出来的变异，如果蝇的白眼、人参的黄果变异等。二是生化突变，是指没有明显的形态效应，但可导致某种特定生化功能改变的突变型。例如，野生型细菌可在基本培养基中生长，营养缺陷型则需要在基本培养基中添加某种营养成分才能生长。三是致死突变，如植物的白化苗。它是指能导致生物体死亡的突变。四是条件致死突变，是指在一定条件下表现致死效应，但在其他条件下能存活的突变。例如，细菌的温度敏感突变型在30℃左右可存活，在42℃左右或低于30℃时即死亡。

二、显性突变和隐性突变的表现

由原来的隐性基因突变为显性基因，称为显性突变（dominant　mutation）。反之，由原来的显性基因突变为隐性基因，称为隐性突变（recessive　mutation）。二者突变性状的表现特点是不同的。一般在二倍体动植物中，显性突变一经发生，其突变性状就能表现出来，而隐性突变在发生后则往往要经过若干世代，当突变性状的基因型纯合时才能表现。例如，在自花授粉植物下，通常显性突变表现得早而纯合得慢；隐性突变与此相反，表现得晚而纯合得快。前者在第一代就能表现，第二代能够纯合，而检出突变纯合体则有待于第三代。后者在第二代表现，第二代纯合，检出突变纯合体也在第二代。异花授粉植物中的隐性突变，可能会在群体中长期保持杂合状态而不表现，只有对其进行人工自交或近交，纯合的突变体才可能出现。

此外，突变性状的表现还往往与突变发生的部位和繁殖方式有关。如果突变发生在性细胞中，突变基因就可能传递给下一代。当性细胞中发生显性突变时，带有突变基因的配子受精后突变性状就能在子代表现出来；当性细胞中发生的是隐性突变时，带有突变基因的配子受精后，因受到等位基因的掩盖，突变性状不能立即在子代表现。当突变发生在体细胞中时，如果为显性突变，当代个体就以嵌合体的形式表现出突变性状，要从其中选出纯合体，还需通过有性繁殖自交两代。如果发生隐性突变，虽然当代已成为杂合体，但突变性状因受显性基因掩盖并不表现，要使其表现还须通过有性繁殖自交一代。对于无性繁殖的植物来说，体细胞突变很重要。例如，在果树中，某些枝条的生长点或分生组织的细胞发生突变能产生突变芽，这称为芽变。可以利用组织培养、扦插或嫁接等方法使突变芽或芽变枝条进行繁殖，从而获得突变体。

三、大突变和微突变的表现

基因突变引起性状变异的程度并不相同。有些基因突变，如控制质量性状的突变往往效应表现明显，容易识别，叫大突变，如人参的红果和黄果等。有些突变，如多数控制数量性状的基因突变，其效应往往表现微小，较难察觉，称微突变，如子粒大小等。微突变遗传效应的鉴别必须借助统计方法对群体加以研究分析才能识别。控制数量性状遗传的基因是微效的、累加的。因此，尽管微突变中每个基因的遗传效应比较微小，但在多基因的条件下可以逐渐累加，最终积量变为质变，表现出显著的作用。试验还表明，微突变中出现的有利突变率高于大突变。加之微突变往往与一些经济性状相关，因此，在育种工作中应重视对微突变的分析、鉴定和选择。

第三节　基因突变的鉴别与测定

基因突变一般可以因它的表型效应而被察觉，但这种表型变异是否是真实的基因突变，是显性突变还是隐性突变，突变发生频率的高低究竟怎样，这些都应进行鉴定。测定和鉴别突变的方法常因生物不同而异。

一、植物基因突变的鉴别

（一）突变发生的鉴别

一旦发现植物变异类型，首先应将其与原始亲本材料在相同环境条件下种植，以确定它是否为可遗传变异，然后再作进一步分析。我们都知道，变异有可遗传的变异与不遗传的变异。由基因本身发生某种化学变化而引起的变异是可遗传的，而由一般环境条件导致的变异是不遗传的。例如，某种高秆植物的后代中发现个别矮秆植株，这种变异体究竟是基因突变的结果，还是因不良环境所致？当把变异体与原始亲本共同种植在土壤和栽培条件基本均匀一致的条件下，如果发现变异体与原始亲本表现基本一致，都是高秆，说明它是不遗传的变异；如果变异体与原始亲本不同，仍表现为矮秆，说明它是可遗传的变异。

（二）显隐性的鉴定

突变体究竟是显性突变还是隐性突变，可采用杂交试验加以鉴定。让突变体矮秆植株与原始亲本杂交，如果 F_1 表现高秆，F_2 既有高秆植株又有矮秆植株，表明矮秆突变是隐性突变。如属显性突变，也可用同样方法加以鉴定。

（三）突变率的测定

测定突变率的方法很多，其中最简便的是利用花粉直感现象，以估算配子的突变率。例如，玉米籽粒的非甜质（Su）和甜质（su）性状，当籽粒成熟时非甜质籽粒饱满，而甜质籽粒表现皱缩，二者很容易区别，且已知非甜粒（Su）对甜粒（su）为显性，为了测定玉米子粒由非甜粒变为甜粒（Su–su）的突变率，用甜粒玉米纯种（susu）作母本，由诱变处理非甜粒玉米纯种（SuSu）的花粉作父本进行杂交，若母本果穗上出现了甜质籽粒，就说明花粉中的非甜质基因 Su 突变为甜质基因 su，从而可检出甜质突变体。假定在 1 万个子粒中出现了 1 粒甜粒玉米，就是说在父本的 1 万粒花粉中有 1 粒花粉的基因已由 Su 突变为 su，这样就测知基因 Su 的突变率为 1/10 000。同样道理也可以检出甜质基因 su 突变为非甜质 Su 的突变体。其他表现种子直感现象的性状突变也能按此原理检出。

在禾谷类作物中，由于体细胞突变往往只发生在一个分蘖的幼芽或幼穗原基内，因而只影响到一个穗子或其中的少数籽粒。如果发生了隐性突变，还必须分穗、分株收获，按穗行、株行分别种植若干代，才能检出稳定的突变类型，这时突变率的测定应以单穗或子粒作为估算单位。通常将诱变处理的种子长成的植株称为 M_1，M_1 自交后获得的子代用 M_2 表示，以此类推。假定某一大麦植株的主茎发生隐性突变（A→a），在 M_2 的主茎穗行有大约 1/4 表现纯合突变体 aa，其余都表现正常。然后把表现隐性突变和尚未表现突变的单穗统统按单行播种为 M_3。在 M_3 中，其中有一行可能全部个体表现正常，说明其上一代单株为 AA 型纯合体；其中一行可能全部个体为突变型，没有性状分离，它们是上一代隐性突变体 aa 的后代；另外，其他株行中可能出现约 1/4 的个体表现突变性状，说明它们的上一代单株为 Aa 型杂合体。原来未发生突变的两个侧蘖，经过第二代、第三代仍未表现突变，说明它们的遗传组成仍然是 AA。

二、生化突变的鉴定

研究表明，基因是 DNA 分子链上具有特定功能的一段核苷酸序列，不同的碱基序列编码的遗传信息就隐于其中，碱基的变化会导致基因结构和功能的改变。生物的大部分遗传性状都是直接或间接地通过蛋白质表现出来的，而蛋白质是由基因指导合成的。如果基因的最终产品是结构蛋白或功能蛋白，那么基因的变异可以直接影响到蛋白质的特性，从而表现出不同的遗传性状。如果基因是通过指导酶的合成而影响生物性状的表达，那么基因突变后也会影响到酶的特性，结果使其原来催化的代谢过程不能正常进行，导致生物性状发生改变。利用生物化学的方法可以检测基因突变在 DNA 或蛋白质分子水平上的变化，从而检出突变体。

早在 1941 年，比德尔（Beadle，G. W.）等人便开始以红色面包霉为材料，研究生化突变，结果阐明基因是通过酶的作用来控制性状的。于是他提出"一个基因一个酶"的假说，将基因与性状联系起来。由于诱变因素的影响导致生物代谢功能的变异，一般称作生化突变。例如，用 X 射线诱发引起的红色面包霉的营养缺陷型（auxotroph），它与正常野生型的区别在于丧失了合成某种生活物质的能力。当提供这种生活物质时，它同野生型一样又能正常生长。生化遗传研究指出，红色面包霉在合成其生活所需物质时，要经过一系列的生化过程，而每一个生化过程又由一定的基因所控制。红色面包霉生化突变的鉴定方法，主要分诱发突变和鉴定突变两个步骤。以 X 射线或紫外线照射纯型的分生孢子，可以诱发突变。再让诱变过的分生孢子与其野生型交配，产生分离的子囊孢子，放在完全培养基里生长。完全培养基是在基本培养基里另加多种维生素和氨基酸制成的，各种突变型都能在这里生长和繁殖，产生菌丝和分生孢子。为了鉴定诱发材料是否发生突变，需将在完全培养基里生长的各组分生孢子，取出一部分分别培养在基本培养基里，观察它们的生长。如果能够正常生长，说明没有发生突变；如果不能生长，说明发生了突变。这样，首先把分生孢子是否发生突变鉴定出来。在此基础上，通过完全培养基、基本培养基，以及一系列基本培养基另分别加各类、各种维生素或氨基酸等的培养基鉴定出具体的生化突变型。

此外，电泳是一种常用有效的生化技术，它可以检测出由于 DNA 碱基变化引起的蛋白质的细微差异。例如，人类的镰形红细胞贫血症患者基因型为 HbSHbS，其能产生一种类型的血红蛋白（S）；正常人的基因型为 HbAHbA，具有另一类型的血红蛋白（A）；基因型为 HbAHbS 的杂合体，具有两种类型的血红蛋白（A 和 S），表现镰形细胞特性，轻度贫血。A 和 S 两种血红蛋白的差异仅是正常人血红蛋白的 β 链第六位上的谷氨酸被缬氨酸取代造成的，并且这两种氨基酸的差异仅仅是由于正常 DNA 分子中的一个碱基 T 被另一个碱基 A 替代产生的。由于这两种血红蛋白的电泳迁移率不同，因此，通过电泳可以分辨它们。现在已经知道，蛋白质中多数氨基酸的代换都可以引起蛋白质分子电荷的变化，因此，许多由基因突变产生的蛋白质变异体都可以通过电泳进行检测。但这种方法也有一定的局限性，有些不能引起蛋白质分子电荷变化的氨基酸代换产生的变异就难以通过电泳检出。

另外，人类基因突变的鉴定比较复杂，而且不易鉴定，主要靠家系分析和出生调查。果蝇伴性隐性致死（或非致死）突变的检出主要采用 CIB 法等。

第四节　基因突变的分子机制及突变的修复

一、突变的分子机制及诱发

（一）突变的分子机制

从细胞水平上理解，基因相当于染色体上的一点，称为位点（locus）。从分子水平上看，一个位点还可以分成许多基本单位，称为座位（site）。一个座位一般指的是一个核苷酸对，有时其中一个碱基发生改变，就可能产生一个突变。因此，突变就是基因内不同座位的改变。这种由突变子的改变而引起的突变，称为真正的点突变。一个基因内不同座位的改变可以形成许多等位基因，从而形成复等位基因。也就是说，复等位基因实际上是基因内部不同碱基改变的结果。基因突变的方式主要有两种。

1. 碱基替换

碱基替换是分子结构的改变，包括碱基替换（substitution）和倒位（inversion）两种方式，其中碱基替换又包括转换（transition）和颠换（transversion）。转换是指一个嘌呤被另一个嘌呤替换，或一个嘧啶被另一个嘧啶替换；颠换是指一个嘌呤被一个嘧啶所替换，或一个嘧啶被一个嘌呤所替换。

2. 移码突变

移码突变（frame – shiftmutation）是指在 DKh 原有的碱基顺序中增加一个或减少一个碱基，致使该碱基以下的编码内容全部改变，使翻译出的氨基酸发生相应改变，主要包括碱基的缺失（deletion）和插入（insertion）等。尽管实质上，碱基缺失和插入也属于分子结构的改变，但二者对基因造成的更大影响来自于碱基数目的减少（缺失）或增加（插入）所造成的以后一系列三联体密码移码。例如，原来的 mRNA 是 GAA GAA GAA GAA…按照密码子所合成的肽链是一个谷氨酸多肽。如果开头增加一个 G，那么 mRNA 就成为 GGA AGA AGA AGA A…按照这些密码子合成的肽链是一个以甘氨酸开头的精氨酸多肽。由此，移码导致了该段肽链的改变，最终将引起蛋白质性质的改变，造成生物个体性状的变异，严重时会造成个体死亡。

（二）基因突变的产生

基因突变可以自发产生，也可以诱导产生。因此，突变通常分为自发突变和诱发突变。

1. 自发突变

自发突变（spontaneous mutation）是在自然状况下产生的突变。引发突变的起因主要有 DNA 复制过程中发生差错和自发损伤两大类。在 DNA 复制中，如果发生碱基转换、颠换、移码、缺失或重复，都可能引起突变。自发损伤主要是指自然产生的对 DNA 的损伤，如脱嘌呤、脱氨基及氧化性损伤碱基等。此外，当病毒或其他外源 DNA 进入生物体的细胞，发生转导、转化或转座作用后，也可能使宿主细胞或受体细胞基因 DNA 分子发生重组而引起突变。基因自发突变的频率通常是很低的，自然界有近三百万个物种，几十亿种不同性状，主要都是由自发突变产生的。

2. 诱发突变

诱发突变（induced mutation）指经各种诱变因素处理后所引起的突变。已知的诱变剂（mutagen）主要有辐射和化学诱变剂两大类。利用诱变剂人工诱发突变，可以大大提高基因突变频率。通过广泛而深入的诱变试验，人们已经在一定程度上认识了各类诱变因素的诱变机制，也进一步认识了自发突变的原因，为定向诱变开辟了道路。随着转基因技术的进一步发展，基因工程和蛋白质工程的研究和应用，利用噬菌体 M13 的单链 DNA 为载体、以寡聚核苷酸为引物进行定点突变的方法已成为一种重要的离体定向诱变方法，它将成为基因工程的重要手段之一。

二、突变的修复

生命状态的生存和延续必须要求 DNA 分子保持高度的精确性和完整性。但是 DNA 复制的忠实性受到很多潜在的威胁，引起 DNA 结构改变的因素是多种多样的，但是作为遗传物质的 DNA 却常能保持稳定。且从诱变过程中观察，也可以看到诱发 DNA 产生的改变常比最终表现出来的相应的突变为多。由此说明，在长期进化过程中，活细胞形成了各种系统来修复或纠正偶然发生的 DNA 复制错误或 DNA 损伤。

（一）光复合

UV（紫外线）是一种有效的杀菌剂。如果使照射后的细菌处于黑暗的条件下，杀死细菌的量与 UV 的照射剂量成正比。如果照射后让细菌暴露于可见光的条件下，存活下来的细菌比同剂量处理的黑暗条件下的多得多。这是光诱导系统对辐射损伤能进行修复的证明。UV 照射能引起很多变异，最为常见的是形成胸腺嘧啶二聚体，也可形成胞嘧啶二聚体及胞嘧啶－胸腺嘧啶二聚体。这些二聚体都可通过光复活单体化。

实际上，光复合是专一地针对紫外线引起的 DNA 损伤而形成的嘧啶二聚体在损伤部位就地修复的修复途径。光复活作用是在可见光（300～600nm）的活化之下，由光复活酶（photoreactivating enzyme，PR 酶），又称光解酶，催化嘧啶二聚体分解成为单体的过程（图 13 - 1）。光复活过程并不是 PR 酶吸收可见光，而是 PR 酶先与

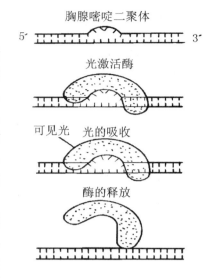

图 13 - 1 光修复过程
（引自朱军，《遗传学》第三版）

DNA 链上的嘧啶二聚体结合成复合物，这种复合物以某种方式吸收可见光并利用光能切断二聚体之间的两个 C - C 键，使嘧啶二聚体变为两个单体，恢复正常的活性；而 PR 酶就从 DNA 上解离下来。光复活的修复功能虽然普遍存在，但主要是原核生物中的一种修复方式。

（二）暗修复

暗修复也叫切除修复（excision repair）。其修复工作不需要光也能进行，但黑暗不是它的必要条件。这种修复方式不仅能消除由紫外线引起的损伤，也能消除由电离辐射和化学诱变剂引起的其他损伤。一般包括 4 个步骤（图 13 - 2）：第一步为切开，即由一种修复内切酶识别 DNA 的损伤部位，并在其前头的糖－磷酸骨架上作一切口，切口的一端是5′- P，另一端是3′- OH。内切酶的种类很多，不同的内切酶有相对的特异性。第二步由 DNA 多聚酶 I 在3′- OH 端聚合一条新的 DNA 链，由此新链取代原来含有损伤部分的 DNA 片段。第三步，被置换出来的原有片段在外切酶的作用下从5′→3′方向切除损伤部分。第四步，在连接酶的作用下，将新合成的 DNA 片段和原有的链之间的缺口封起来，从而完成修复过程。

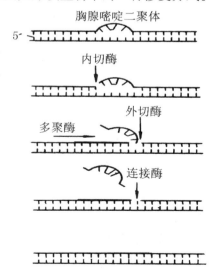

图 13 - 2 暗修复过程
（引自朱军，《遗传学》第三版）

（三）重组修复

这是一种越过损伤部位而进行修复的途径。重组修复（recombination repair）必须在 DNA 复制后进行，因此又称为复制后修复。这种修复并不切除胸腺嘧啶二聚体。修复的主要步骤如下（图 13 – 3）。

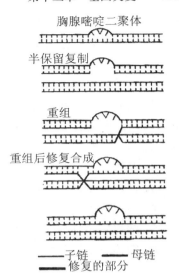

图 13 – 3　重组修复过程

（引自朱军，《遗传学》第三版）

1. 含 TT 结构的 DNA 仍可进行复制，但子 DNA 链在损伤部位出现缺口。

2. 完整的母链与有缺口的子键重组，缺口通过 DNA 聚合酶的作用，以对侧子链为模板由母链合成的 DNA 片段弥补。

3. 在连接酶作用下以磷酸二酯键连接新旧链而完成重组修复。

虽然原来的二聚体可能被其他修复机制除去，也可能继续存在，但随着复制的继续，经若干代后，这种含损伤的 DNA 在细胞群体中的比例将越来越少，这对正常的生理功能也没有多大的影响。

重组修复中最重要的一步是重组。它所涉及的基因大多是细胞内正常的遗传重组所需要的基因，但也有些基因的突变只影响其中的一个过程。因此，重组修复和正常的遗传重组并不完全一致。在大肠埃希菌中已经证实，当 DNA 受到损伤（形成嘧啶二聚体）时能诱导产生一种重组蛋白，重组修复中的重组是在这种蛋白的参与下进行的。由于它的精确性较低，所以重组修复容易产生差错，从而引起突变。而前面所说的光复活修复和切除修复则被认为是无误差的修复过程。

（四）SOS 修复

这是在 DNA 分子受损伤范围较大而且复制受到抑制时出现的一种修复作用。它允许新生的 DNA 链越过胸腺嘧啶二聚体而生长，其代价是 DNA 复制的保真度极大降低，这是一个错误的潜伏过程。尽管有时合成了一条和亲本等长的 DNA 链，常常是没有功能的。在 *E. coli* 细胞的 DNA 合成过程中，这种反应由 recA – lexA 系统调控。SOS 反应发生时，可造成损伤修复功能的增强，如 uvrA、uvrB、uvrC、uvrD、ssb、recA、recN 和 ruv 基因表达，从而增强切除修复、复制后修复和链断裂修复。

SOS 越障系统是如何起作用的，目前还不是很清楚。一般认为，当 DNA 受到较大损伤（如产生很多嘧啶二聚体），使固有的 DNA 多聚酶催化的 DNA 复制进行到损伤部位时，便受到抑制。但经短暂的抑制后，便能产生一种新的 DNA 多聚酶。这种新的 DNA 多聚酶能催化损伤部位的 DNA 修复合成。但它识别碱基的精确度较低，据认为是 SOS 系统引起校对系统的松懈，若失去或改变某一个负责校对功能的亚基，以使聚合作用能够向前越过二聚体，而不管二聚体处双螺旋结构的变形。这样，在新链的生长中，不仅在二聚体相对位置上可以出现任何碱基，而且在其他置上也可能出现错配的碱基。尽管错配碱基可以被修复系统校正，但因数量太大，未被校正的仍然很多，于是更容易引起突变。

思考题

1. 解释下列名词：基因突变，基因突变频率，易变基因，正向突变，回复突变，复等位基因，致死突变，中性突变，形态突变，生化突变，条件致死突变，显性突变，隐性突变，大突变，微突变，转换，颠换，光复活，暗修复，重组修复，SOS 修复。

2. 基因突变的特点有哪些？

3. 基因突变通常可以产生哪些类型？

4. 简述基因突变的分子机制。

5. 暗修复包括哪些步骤？

6. 简述重组修复的步骤。

第十四章
染色体结构变异

　　生物的正常细胞中染色体数目和结构是相对稳定的，不同染色体均有特定的形态特征。染色体是遗传物质的主要载体，基因按一定顺序分布在染色体上，一旦染色体结构改变将会引起基因数目和连锁关系的改变，从而导致生物体正常功能的改变，以及引起相应的遗传学效应的改变。这种改变对于医学、农业及遗传学研究的重要性已被人们广泛的认识到。一方面，它提供了一种特殊的基因重排途径，通过研究染色体结构的改变可以了解更多的关于染色体结构对基因功能的影响，了解许多生物学和人类疾病的问题；另一方面，染色体结构的改变和基因突变一样并不总是有害的，我们也可从中获得一些有重要利用价值的材料。

　　染色体的结构变异包括缺失（deletion）、重复（duplication）、倒位（inversion）和易位（translocation）四种类型。就其发生过程来看，一方面是外因的作用，如各种射线、化学药剂、温度的剧变等影响；另一方面是生物体的内因作用，如生理生化过程和代谢的失调、衰老等内因的变化及远缘杂交等。这些内外因素的结合都足以引起遗传物质及染色体的畸变。通过实验观察看到，染色体先发生断裂，这些新的断端具有愈合与重接的能力，当染色体在不同区段发生断裂后，在同一条染色体内或不同染色体之间以不同方式发生重接时，便可导致下列各种染色体结构的改变。

第一节　缺失的类别及遗传效应

一、缺失的类别和鉴定

　　缺失（deletion）是指染色体上某一区段及其带有的基因一起丢失，从而引起变异的现象。Bridges 于 1917 年首先发现了这一现象。他在培养的野生型果蝇中偶然发现一只翅膀边缘有缺损的雌蝇。经证实，其产生是由于果蝇 X 染色体上一小段包括红眼基因在内的染色体的缺失。缺失的区段如果发生在染色体两臂的内部，称为中间缺失（interstitial deficiency），这种情况比较稳定而常见；如果缺失的区段在染色体的一端，则称为顶端缺失（terminal deficiency），它的断头可以和另一染色体的断头接合，形成双着丝点染色体，也可能在两个姊妹染色单体之间接合，这样在细胞分裂的后期由于两个着丝点向相反两极移动，染色体被拉断，再次出现结构变异，因此不能稳定而且是比较少见的（图 14-1）。

　　染色体也可能缺失一个整臂，成为端着丝粒（点）染色体（telocentric chromosome）。某个个体的体细胞内同时含有正常染色体及其缺失染色体，称为缺失杂合体（deficiency heterozygote）；某个个体的缺失染色体是成对的，称为缺失纯合体（deficiency homozygote）。

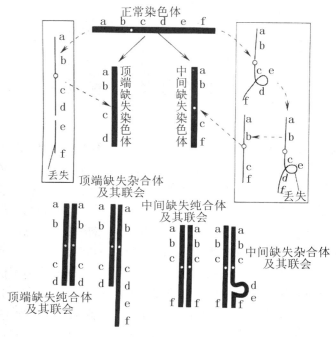

图 14-1　缺失的形成过程及其细胞学鉴定示意图

（引自朱军，《遗传学》第三版）

　　缺失可以通过细胞学方法来鉴别，在减数分裂粗线期前后，根据同源染色体联会的状态和有无断片加以分辨。由于具有缺失的染色体不能和它的正常同源染色体完全相配，所以在一对联会的同源染色体间可以看到正常的一条多出了一段（顶端缺失）或者形成一个拱形的结构（中间缺失），这个正常染色体多出的一段或一个结，正是缺失染色体上相应失去的那一段。此外，最初发生缺失的细胞内常伴随着断片存在，这种断片即染色体的一段。有时可以粘连到其他染色体的断端，进一步组合到子细胞核中，有的则以断片或小环的形式暂时存在于细胞质中，经过一次或几次细胞分裂而最后消失。如果同一染色体的两臂同时发生断裂，而两臂的断端又发生重接，则可形成环状染色体。

　　需要注意的是，由于重复杂合体联会时二价体也会出现类似的环或瘤，故这一特征不能作为区分中间缺失杂合体的唯一特征，必须参考染色体的长度、着丝粒的位置、染色粒和染色结的正常分布等加以鉴定。细胞学鉴定顶端缺失和微小的中间缺失是极为困难的。

二、缺失的遗传效应

　　染色体缺失一个区段后，该区段上所有的基因将会丢失。这对生物个体或细胞的正常生长发育及代谢是极为有害的，有害程度取决于所丢失基因的数量及重要程度。若缺失的区段太长，通常该个体不能成活。缺失纯合体的生物生活力远较缺失杂合体的生活力低，一般难以成活。因为在缺失纯合体中缺失区段的基因全部丢失，缺失杂合体中尚有一条正常的染色体。植物的含缺失染色体的配子体一般是败育的，花粉更是如此，胚囊的活性较花粉略强。因此，缺失染色体一般是通过雌配子传给后代的。

一条染色体缺失后，另一条同源染色体上的隐性基因便会表现出来，称为假显性现象（pseudodominance）。与玉米植株颜色有关的一对基因 P（紫）和 p（绿）在第 6 染色体长臂的外段，紫株玉米（PP）与绿株玉米（pp）杂交的 F_1 植株（Pp）应表现为紫色。麦克林托克（McClintock B.，1931）用 X 射线照射的紫株玉米的花粉给绿株玉米授粉杂交，734 株 F_1 幼苗中出现 2 株绿苗。细胞学鉴定表明，第 6 染色体上载有 P 基因的长臂外段发生缺失，导致对应位点 p 隐性基因发生作用。

缺失除产生假阳性现象外，还可能产生一种新的突变型，这可能是由断裂点效应（breakpoint effects）产生的。例如，当断裂发生在某一基因内部，可能会消除基因产物的一部分而产生另外一种基因产物；当断裂发生在两个不同的基因中，当两个末端连接时，一个基因的5′端区域与另一个基因的3′端区域相连接产生一个杂种基因（bridge gene），这个杂种基因可能具有新的特性，从而产生一个突变表型；也可能是由于位置效应（position effect）而产生一个新的突变型，染色体断裂及其后的末端连接使得染色体的两个不同区域连在一起，这样使一个基因移到一个新的位置，特别是当基因被移到与异染色质区域相邻近时，就会产生位置效应，从而可能改变基因的表达。这种位置效应虽没有改变基因本身的序列，但仍可产生一种突变的表型。

缺失常用来作为一种研究手段来探测某些调控元件和蛋白质的结合位点，如对 *E. coli* 复制起始区的分析、基因的缺失定位等。

第二节　重复的类别及遗传效应

一、重复的类别和鉴定

重复（duplication）是指细胞的染色体组中，存在两段或两段以上相同的染色体片段。这种额外的染色体部分叫做重复片段。重复可以发生在同一染色体的邻近位置，也可发生在同一染色体的其他部位，还可以存在于其他非同源染色体上。当重复出现在同一染色体上时，该染色体多出了一个同源片段，可用符号 p + 或 q + 表示这样的染色体。例如，符号 5p + 即表示第 5 号染色体的短臂有重复，5q + 表示第 5 号染色体的长臂有重复。

在重复区段与染色体的原有区段紧邻时，则有顺接重复（tandem duplication）和反接重复（reverse duplication）两种类型（图 14 – 2）。顺接重复是指某区段按照自己在染色体上的正常直线顺序重复；反接重复是指某区段在重复时直线顺序发生 180°颠倒。例如，某染色体的正常直线顺序为 abc · defgh，若 efg 段重复，则顺接重复是 abc · defgefgh，反接重复是 abc · defggfeh。

重复和缺失总是伴随出现的，某染色体的一个区段转移给另一个染色体后，它自己就成为缺失染色体了。

若一对同源染色体均为相同的重复染色体，则该个体为重复纯合体，若一对同源染色体中一条为正常染色体，一条为重复染色体，该个体称为重复杂合体。

可以用检查缺失染色体的方法检查重复染色体。若重复的区段较长，重复杂合体的重复

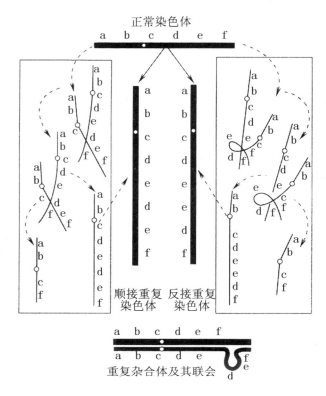

图 14-2　重复的形成过程及其细胞学鉴定示意图
（引自朱军，《遗传学》第三版）

染色体和正常染色体联会时，重复区段就会被排挤出来，成为二价体的一个环或瘤。这与缺失杂合体形成的环或瘤相似。若重复的区段很短，联会时重复染色体的重复区段可能收缩一点，正常染色体在相对的区段可能伸长一点，二价体一般不会有明显的环或瘤突出，这时镜检就很难察觉是否发生过重复。

二、重复的遗传效应

染色体重复了一个区段，该区段上的基因也随之重复。额外基因的存在使某些基因超过正常的数量，破坏了基因组的平衡，对生物体的生长发育有可能产生不良影响。重复与缺失相比，负面效应相对较小。但重复区段过长时，也会严重影响个体的生活力，甚至引起个体死亡。重复对表型的影响主要有位置效应和剂量效应。

1. 剂量效应

剂量效应（dosage effect）是指同一种基因对表型的作用随基因数目的增多而呈一定的累加增长。细胞内某基因出现的次数越多，表型效应越显著。基因的重复可产生剂量效应。例如，果蝇眼色有朱红色（v）和红色（v^+）的差异，v^+对 v 为显性。v^+v 基因型的眼色是红的，可是一个基因型为 v^+vv 的重复杂合体，其眼色却与 vv 基因型一样是朱红色的。也就是说，两个隐性基因的作用超过了等位显性基因的作用，改变了原来显隐性的平衡关系。既然两个 v 的作用比一个 v 的作用显著，说明基因的作用有剂量效应。

2. 位置效应

位置效应（position effect）的重复造成表型变异最早的例证是果蝇 X 染色体上由 16A 区段基因决定的棒眼遗传。棒眼比正常眼小，棒眼效应与 X 染色体上 $16A_1$ 至 $16A_6$ 区段的重复有关，包含了 5 个带纹。这一区域发生重复，果蝇复眼中的小眼数量将会减少。重复产生的原因可能是 X 染色体的 $16A_1$ 至 $16A_6$ 区段发生不等交换所致。如果在两条都具有重复区段的同源染色体之间发生不均等交换，则会出现四种不同类型的棒眼变异。野生型果蝇的复眼由 779 个小眼组成；杂合棒眼为 16 区 A 段重复的重复杂合体，复眼由 358 个小眼组成；棒眼为重复纯合体，复眼由 68 个小眼组成。杂合双棒眼一条 X 染色体上重复 2 次，另一条为正常染色体，小眼数仅为 45 个。显然，棒眼和杂合双棒眼表型的差异是重复区段位置不同所引起，同时也说明 16 区 A 段重复有降低果蝇复眼中小眼数量的剂量效应。

另外，重复是增加基因组含量和新基因的重要途径，其有利于生物从简单到复杂的进化。

第三节　倒位的类别及遗传效应

一、倒位的类别和鉴定

倒位（inversion）是指染色体某一区段的正常直线顺序颠倒了。染色体形成过程中，其需经两次断裂，产生 3 个片段，中间片段发生 180° 的倒转，重新和两端的断片相连接。若一条染色体的直线区段顺序为 abcde，由于某种原因断裂为 3 个片段 a、bc、de，中间的片段 bc 旋转 180° 成为 cb，再与 a 及 de 相连接，即形成的一条倒位染色体 acbde。故倒位仅改变了基因间的连锁程度，基因数量无增减。倒位的符号为 inv。inv（5）表示第 5 号染色体发生倒位。倒位是最常见也是遗传研究中利用较多的染色体结构变异类型。其最早是在果蝇中发现的，随后在许多物种中均发现了这一现象。

倒位分为臂内倒位（paracentric inversion）和臂间倒位（pericentric inversion），或称一侧倒位和两侧倒位。臂内倒位的倒位区段在染色体某一个臂的范围内；臂间倒位的倒位区段内有着丝粒，倒位区段涉及染色体的两个臂。例如，某染色体各区段的正常直线顺序是 abc·def，则 acb·def 是臂内倒位染色体，adc·bef 是臂间倒位染色体。

一对同源染色体中两条染色体若均为倒位染色体，则称为倒位纯合体；若一条染色体为倒位染色体，另一条染色体为正常染色体，则该个体为倒位杂合体。

鉴别倒位的依据是倒位杂合体减数分裂的联会形象。倒位杂合体联会时，若倒位区段过长，则倒位染色体反转过来与正常染色体的同源区段进行联会，于是二价体的倒位区段以外的部分只能处于分离状态（图 14-3）。若倒位区段很短，则倒位区段不配对，难于从细胞学上鉴别。若倒位区段长度适中，则倒位染色体与正常染色体联会形成的二价体在倒位区段内形成"倒位圈"。该倒位圈由一对染色体形成，不同于重复和缺失由单个染色体形成的环或瘤。

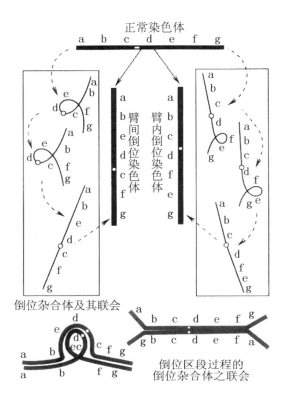

图14-3　倒位的形成过程及其细胞学鉴定示意图
（引自朱军,《遗传学》第三版）

　　减数分裂过程中，若倒位圈内不发生非姊妹染色单体交换，则减数分裂的两次过程均是正常的。但一般情况下，非姊妹染色单体间总是要发生交换的，其结果不仅能引起臂内和臂间杂合体产生大量缺失或重复缺失染色单体，而且能引起臂内杂合体产生双着丝粒染色单体。双着丝粒染色单体的两个着丝粒在后期向相反两极移动时，两个着丝粒之间的区段跨越两极，就构成所谓"后期桥"的形象（图14-4）。所以，某个体在减数分裂时形成后期Ⅰ或后期Ⅱ桥，可以作为鉴定是否出现染色体倒位的依据之一。

二、倒位的遗传效应

　　倒位可造成基因的重排，并不造成倒位区内基因的缺失，所以，倒位通常影响断裂点及其邻近的基因，即断裂点的位置效应是倒位引起的常见表型效应之一。位置效应可分为花斑位置效应（variegated position effect，也称 V 型位置效应）和稳定位置效应（stable position effect，也称 S 型位置效应）两种类型。当倒位的一个断裂端发生在异染色质区，而另一端发生在常染色质区，通常产生花斑位置效应。这时倒位区内的一些基因在某些体细胞内是失活的，在另一些体细胞内是正常活动的，从而使个体表现出花斑的表型。目前对产生这种效应的分子机理不甚清楚，许多遗传学家相信是由于异染色质的特殊结构所致。稳定位置效应是指由于基因位置的改变从而产生的一种新的、稳定的基因表达方式，它类似于一个基因的

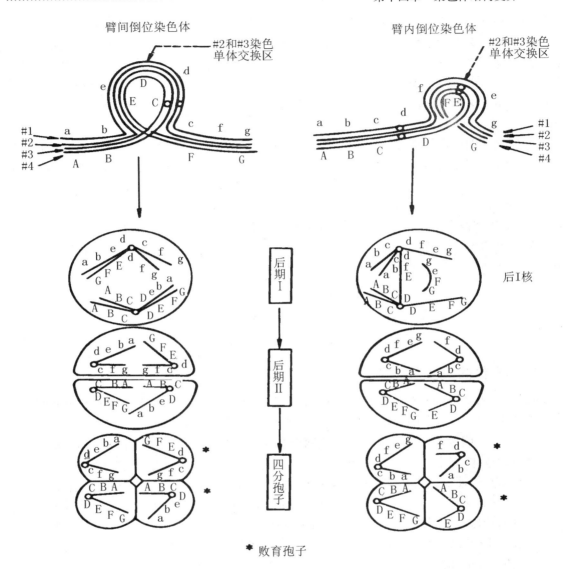

图 14－4 倒位杂合体形成败育的交换配子的过程示意图
(引自朱军,《遗传学》第三版)

永久突变。

倒位对减数分裂重组有很大影响。倒位的另一遗传效应就是降低了倒位杂合体的连锁基因的重组率（交换值）。从表型来看，倒位对交换有抑制作用，其实质是交换产生了部分不育配子。当倒位杂合体在倒位圈内发生非姊妹染色单体交换的交换次数为奇数时，孢母细胞产生的染色单体有四种：①无着丝粒断片（臂内倒位杂合体）；②双着丝粒的缺失—重复染色单体（臂内倒位杂合体），在减数分裂过程中，它将形成后期Ⅰ桥或后期Ⅱ桥而再次断裂，均成为缺失染色单体；③单着丝粒的重复—缺失染色单体（臂间倒位杂合体）；④正常或倒位染色体。前三种均是交换引起的，第一种不能遗传给子细胞而留在孢母细胞的细胞质中，第二种和第三种染色单体均缺失或重复了部分区段，分配到子细胞后，形成的配子均败育。只有获得第四种染色单体的配子才是可育的。由于倒位区段内奇数次交换形成的配子败育，故交换值必然下降。倒位除了降低倒位杂合体倒位区段内连锁基因的交换值外，还降低靠近倒位区段的一些连锁基因重组率。在倒位杂合体的孢母细胞中，正常染色体和倒位染色体间联会不完全，靠近倒位圈的正常区段常不能联会，导致交换的机会下降，因而降低了重组率。

据研究，倒位是物种进化的一个因素，因为它不仅改变了倒位染色体上的连锁基因的重组率，也改变了基因与基因之间固有的相关关系，从而造成遗传性状的变异。自然界中，种与种间的差异有些是由于倒位产生的。例如，头巾百合（Lilium marlagon）和竹叶百合（L. hansonii）是两个不同的种，都是 $n = 12$。这 12 个染色体中，有两个很大，以 M_1 和 M_2 代表，另 10 个相当小，以 S_1、S_2···S_{10} 代表。这两个种种间的分化就在于一个种的 M_1、M_2、S_1、S_2、S_3 和 S_4 等六个染色体是由另一个种的相同染色体发生臂内倒位所形成的。果蝇的种和亚种间就存在多种倒位。

第四节 易位的类别及遗传效应

一、易位的类别和鉴定

易位（translocation）是指非同源染色体之间发生节段转移的现象。倘若两个非同源色体发生断裂，随后折断了的染色体及其断片交换地重接起来，这叫做相互易位（reciprocal translocation）。假设 ab·cde 和 wx·yz 是两个非同源染色体，则 ab·cz 和 wx·yde 就是两个相互易位染色体（图 14-5）。还有一种被称为转移（shift）现象，属于简单易位（simple translocation）性质，因为转移是指某染色体的一个臂内区段，嵌入非同源染色体的一个臂内的现象，如 wx·ydez。简单易位是很少见的，最常见的是相互易位。易位和交换都是染色体片段的转移，不同的是交换发生在同源染色体之间，而易位则发生在非同源染色体之间。交换属于杂交中的正常现象，而易位是异常条件影响下发生的，比较少见，所以也称为不正常交换（illegitimate crossing over）。

易位的鉴定仍然是根据杂合体在偶线期和粗线的联会形象。单向易位杂合体的细胞学表现较为简单，在减数分裂时两对同源染色体常联会成"T"字形。相互易位杂合体的表现则比较复杂，这和易位区段的长短有关。若易位区段很短，两对非同源染色体间可以不发生联会，各自独立；如果易位区段较短，两对非同源染色体在终变期可以联会成链形（或弯 C 形）；当易位区段较长时，则粗线期后两对非同源染色体将联会成"十"字形，以后由于纺锤丝向两极的牵引，可以呈现"8"字形或"O"形大环样的两种四价体排列图像。

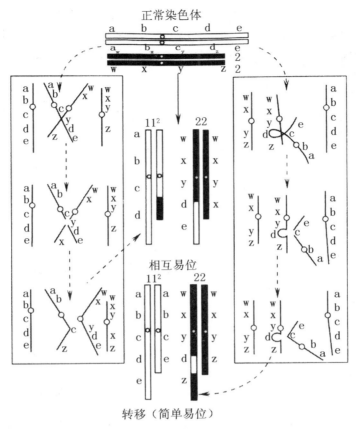

图14-5 易位的各种类型及其形成示意图

（引自朱军,《遗传学》第三版）

二、易位的遗传效应

（一）易位杂合体的半不育现象

在植物中，易位杂合体会出现半不育（semi-sterility）现象，即花粉有50%是败育的，胚囊也有50%是败育的，因而结实率只有50%。由半不育植株的种子长出的植株又会有半数是半不育的，半数是正常可育的。易位杂合体之所以会半不育，是因为它产生配子时，两个正常染色体（1和2）和两个易位染色体（1^2和2^1）在减数分裂的偶线期联会成十字形象，终变期交叉端化成四体环和四体链（图14-6）的缘故。当减数分裂进行到中期Ⅰ时，$1-1^2-2-2^1$四体环在赤道板上的安排有4种可能的形式，即图14-6中表示的相邻式之一和之二，交替式之一和之二。前者仍保持环的形象，后者则表现为"8"字形象。由于1和2两个正常染色体同1^2和2^1两个易位染色体在四体环本来就是交替相连的，所以后期Ⅰ交替式2/2分离，势必使得最后产生的小孢子和大孢子得到两个正常染色体1和2，或得到两个易位染色体1^2和2^1。这两种孢子都不曾缺失正常染色体的任何区段及其所载基因，因而都能发育为正常的配子。但是，相邻式的四个染色体在后期Ⅰ的2/2分离，就只能产生含重复缺失染色体的小孢子和大孢子。这些孢子都只能成为不育的花粉和胚囊。由于发生两种交替式分离和两种相邻式分离的机会一般大致相似，于是导致易位杂合体半不育。在植物方面，只有当易位的区段很短的时候，才可能有少数含重复缺失染色体的胚囊是可育的，但含重复缺失染色体的花粉则一般不育。

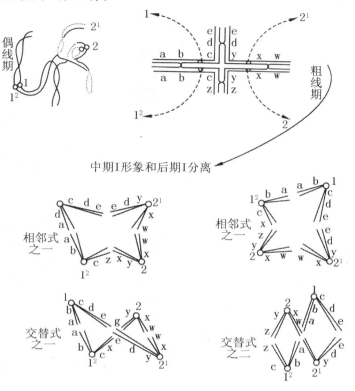

图 14 - 6 易位杂合体的联会和分离示意图

（引自朱军，《遗传学》第三版）

据研究，相邻式分离和交替式分离并不是完全随机发生的。对某些易位杂合体来说，可能是相邻式分离多于交替式分离，致使不育的花粉和胚囊多于50%；对另一些易位杂合体来说，可能是交替式分离多于相邻式分离，因而不育的花粉和胚囊少于50%。

（二）降低连锁基因重组率

同倒位杂合体类似，易位杂合体邻近易位接合点的一些基因间的重组率有所下降。例如，玉米 t5 - 9a 涉及第 5 染色体长臂外侧的一小段和第 9 染色体短臂包括 Wx 座在内的一大段。在正常的第 9 染色体上，Yg2 与 sh 之间的重组率为23%，sh 与 wx 之间的重组率是20%，易位杂合体中两个重组率分别下降为11%与5%。再如，大麦的钩芒基因 k 为直芒基因 K 的隐性，蓝色糊粉层基因 Bi 为白色糊粉层基因 bi 的显性，K - k 和 Bi - bi 都在第 4 对染色体上，重组率为40%，可是 t2 - 4a、t3 - 4a 和 t4 - 5a 等易位杂合体的重组率则分别下降到23%、28%和31%。

易位杂合体重组率下降的原因和倒位杂合体一样，既与基因间距离有关，也与同源染色体或其同源区段之间联会的紧密程度有关。易位杂合体的二条正常染色体和二条易位染色体的联会都是比较松散的，距易位点（t）很近的区段甚至不能联会，这样交换的机会减少，重组率会下降。

（三）改变基因的连锁关系

一般基因改变它在染色体上的位置时并不改变它的功能。但有时会改变了正常的连锁群，相间式分离使两个易位染色体进入一个配子细胞，两个非易位染色体进入另一配子细胞中，所以这种分离方式使非同源染色体上的基因间的自由组合受到限制，使原来在不同染色体上的基因出现连锁现象，这种现象称为假连锁。玉米的糯粒基因 WX 和有色糊粉基因 C 都在第9染色体上呈连锁关系，后来发现糯粒性状与甜粒（su2）和日光红（pl）等基因表现出新的连锁关系，和基因 C 则失去了连锁关系。经细胞学分析了解，原来是带有 wx 基因的染色体易位到第6染色位造成的结果，这种情况通常用 T9－6 符号来表示。

许多新的植物变种正是由于染色体的易位产生的。直果曼陀罗（Daturastra monium）的许多变系就是不同染色体的易位纯合体。直果曼陀罗 n＝12，为研究方便，曾任意选定一个变系当作"原型一系"，把它的12对染色体的两臂分别以数字代号表示，即1·2，3·4，5·6…23·24，"·"代表着丝粒。以原型一系为标准与其他系比较，发现原型二系是1·18 和2·17 的易位纯合体；原型三系是11·21 和12·22 的易位纯合体；原型四系是3·21 和4·22 的易位纯合体。现已查明，有将近一百个变异类型是通过易位形成的易位纯合体。

易位在诱变育种实践中具有特殊的意义，因为它可以定向转移某类遗传性状供选择利用。例如，家蚕（Bombyxmori）雄性个体产丝多、丝质好，为了早期分辨雌雄选择饲养，人们曾用 X 射线处理蚕蛹，使第2染色体上带有显性斑纹基因（PB）的区段易位到性染色体 W 上，得到具有斑纹伴性遗传的新品系。利用这一易位新品系的雌蚕（ZW^{PB}）和任何白色品系的雄蚕杂交，后代中凡是有斑纹的都是雌蚕，这样便可以在幼蚕期鉴别雌雄加以选择了。

在作物方面，前人曾以抗小麦锈病的小伞山羊草（Aegilops umbellulata，2n＝14）和野生二粒小麦（T. dicoccoides，2n＝28）杂交，将 F_1 加倍成双二倍体2n＝42，再用感叶锈病的"中国春"小麦与之杂交和回交，选出抗病植株。然后以 X 射线处理抗病植株，并取其花粉授予未经处理的植株，从中选出一个抗叶锈病的普通小麦新品种。经细胞学分析得知，新品种的抗病性是由于小伞山羊草的一段带有抗叶锈基因 R 的染色体，易位到中国春小麦第6B 染色体上的结果。

思考题

1. 解释下列名词：缺失，中间缺失，顶端缺失，缺失杂合体，缺失纯合体，重复，顺接重复，反接重复，剂量效应，位置效应，倒位，臂内倒位，臂间倒位，易位，相互易位，转移。

2. 如何鉴别缺失，缺失的遗传效应有哪些？

3. 如何鉴别重复，重复的遗传效应有哪些？

4. 如何鉴别倒位，倒位的遗传效应有哪些？

5. 如何鉴别易位，易位的遗传效应有哪些？

第十五章

诱 变 育 种

诱变育种是人为地采用物理、化学等因素诱导生物发生遗传变异，然后按照育种目标进行鉴定和选择，直接培育成新品种或获得有利用价值的种质资源的育种方法。它可突破原有基因库的限制，用各种物理和化学的方法，诱发和利用新的基因，用以丰富种质资源和创造新品种。

第一节　诱变育种的特点和类别

一、诱变育种的意义和特点

（一）诱变育种的意义

1. 丰富植物原有"基因库"，创造新的基因型

人工诱变的范围比较广，往往超出一般的变异范围，甚至出现自然界从未出现或很难出现的突变性状。例如，印度用热中子处理选育的蓖麻突变品种阿鲁姆，比原品种早熟 140 ~ 150 天，增产 55.3%；奥格兰等用 γ 射线和其他诱变因素，获得了一种只改变了酶系的"非光呼吸"大豆新类型。目前，通过诱变获得的改良性状包括矮秆、早熟、抗病、抗虫、优质、高光效、雄性不育、育性恢复、适应性、观赏植物的叶和花冠形状及颜色的变异等。

2. 对改良个别单一性状比较有效

诱变通常能引起一个或少数几个性状的改变，这对于改良现有推广品种的个别缺陷，并保持其他综合优良性状很有利。在抗病育种中，可利用诱变育种方法，获得保持原品种优良性状基础上的抗性突变体。例如，强继业等 2004 年用 ^{60}Co - r 射线对球根海棠（Begonia tuberous）进行照射结果表明，经高剂量辐射后的球根海棠 M_2、M_3 代均有较高的光合作用和抗逆性。

3. 提高突变频率

自然界的自发突变虽然经常发生，但频率极低。诱变的突变率一般可比自发突变率高几百甚至上千倍。据报道，用中子照射苹果，果实红色突变频率高达 7.0% ~ 11.8%；用 Y 射线照射苹果，矮化突变频率高达 5.2%。

4. 缩短育种年限

诱发的变异多为单基因突变或寡基因突变，这种变异一般仅需 3 ~ 4 年即可纯合。即使处理杂交后代或遗传性稳定度不高的材料，到第五代也可基本稳定。特别是对生长周期长、可无性繁殖的药用植物，可通过无性繁殖使优良的变异迅速繁殖固定，显著加快育种进程。

5. 其他

通过人工诱变，可以克服远缘杂交不亲和性、促成远缘杂交、诱导染色体易位产生"平衡致死"效应，以获得"稳定"的杂种，或获得单体、缺体和三体等特殊变异材料，并诱发体细胞突变，在创造无性繁殖药用植物新品种等方面有特殊的作用和一定效果。例如，山川邦夫报道用射线辐射花粉或柱头能克服番茄的栽培种和野生种间杂交的难交配性，用处理花粉授粉者获得了 1.8% 的杂种，而用未经处理的花粉授粉者只获得了 0.19% 的杂种。

（二）诱变育种的特点

诱变育种是常用的育种手段之一。在研究诱变育种的意义时，应该注意到它不同于其他育种途径的特点。

1. 诱发变异的性质和方向尚不能有效控制。由于对诱变内在规律掌握得很少，因此很难实现定向突变，而且除了某些性状受一对主基因支配外，一般情况下难以在同一次处理和同一突变中使多种性状均获得改良。

2. 诱变效果常限于个别基因的表型效应，而且基因型间对诱变因素的敏感性差异很大。因此，必须严格精选只有个别性状需要改进、综合性状优良的基因型作为诱变育种的亲本材料，通常用若干个当地生产上推广的良种成育种中高世代的优良品系。

3. 诱变后代的有益变异较少，通常仅占总突变的千分之一二。必须使诱变处理的后代保持相当大的群体，这样就需要较大的试验地、人力和物力，且往往有益和不利变异相伴随，限制了突变体直接培育成品种，因而大量突变体只能用作育种的中间材料。

4. 诱变对改良微效多基因控制的数量性状效果较差。因为这类性状的多基因系统中个别位点的突变效应甚微，表现型上容易被环境效应所掩盖。但微效多基因突变的发生率可能比主效基因突变的发生率还要高。

另外，突变体的鉴定比较困难，不易区分生理损伤与遗传变异，特别是对体细胞诱变常会形成嵌合体，不易分离出纯的组织变异，加之突变又多是隐性突变，有利突变性状与不良性状常呈连锁关系。这需要结合有性杂交予以分离。

二、诱变育种的类型

诱变育种中，利用的诱变因素较多，通常根据诱变因素将其分为两大类，即物理诱变育种（也称辐射育种）和化学诱变育种。

辐射育种是原子能在农业上的利用，是继系统育种和杂交育种之后发展起来的一项育种技术。它是利用 X、γ、β、中子流等高能电离辐射处理植物种子、花粉、植株或其他器官，使植物体产生遗传性变异，再从变异中直接选择，或利用突变体杂交，培育出新品种的一种方法。早在 1927 年和 1928 年，Muller 和 Stadler 先后发表了射线可诱导生物发生突变的报道。20 世纪 30 年代以后，人们先后开始在小麦、大麦、玉米、豌豆、烟草等多种植物中进行了辐射诱变实验，但未取得显著成效。20 世纪 40 年代以后，瑞典的 Nillson – Ehle 和 Gustafasson 用 X 射线处理植物，并系统地研究了最佳剂量、处理条件、突变率和突变谱。自

20世纪50年代以来，诱发突变在美国、法国、意大利、前苏联、荷兰、日本等国家不断兴起，并对$^{60}Co-\gamma$射线和中子处理的条件，以及辐射前后的附加处理，做了大量的探索和研究。从20世纪60年代起，发展中国家逐渐把突变育种放到了重要地位，并逐渐开始将其应用于药用植物中。国外曾利用35KR的γ-射线照射植株，在其M_2代分离出一些高度、分枝状况、茎色和纹理、形态大小、花色、果实颜色和大小与辐射前显著不同的植株。我国也有辐射育种应用于药用植物的报道。例如，我国辽宁省用快中子产生的γ射线照射延胡索块茎，不但提高了保苗率和块茎繁殖率，而且还使当代和第二代产生了连续增产效应。

除辐射可产生诱变作用外，某些特殊的化学药剂也能和生物体的遗传物质发生作用，改变其结构，使后代产生变异。这些具有诱变能力的药剂称为化学诱变剂。用化学诱变剂处理一定的植物材料，以诱发植物遗传物质的突变，进而引起植物特征、特性的变化，然后根据育种目标，对这些变异植株进行鉴定、培育和选择，直至育成新品种的全过程称化学诱变育种。1910年，摩尔根等人相继发现化学物质能提高果蝇及某些微生物的突变率。随后，有学者利用化学物质对部分动植物进行诱变试验，也得到一些突变体。但化学诱变真正用于育种实践始于20世纪60年代。尽管化学诱变在某些场合比电离辐射更有效，但实际上通过这种方法育成的品种数量远不及辐射育种。苏联学者曾采用DMS、NEU、NMU、EI等化学诱变剂处理沙棘种子，结果分离出了一些生态、生物学特性好，果实成分有所改良的植株类型，含有更多的维生素C（32～35mg/100g）、胡萝卜素（5～11mg/100g）和油分（7～25mg/100g）。

此外，其他药用植物，如牛蒡、灯心草、薏苡、决明、菊花、桔梗、雷公藤和金银花等，也开展了诱变育种工作。

第二节　物理诱变因素及其处理方法

一、辐射源和辐射剂量

（一）常见射线种类和性质

在辐射育种工作中，提高总突变率当然是重要的，但更重要的是提高所需性状的突变率。许多研究已表明，不同的诱变源处理同一植物，以及同一种诱变源处理不同植物，均有不同的诱变率。这可能是组成遗传物质结构的各种基因对各种射线的反应不同所致。为此，选择适当的辐射源非常重要。植物辐射育种中常用射线按物理性质划分，包括非电离射线（紫外线等）及电离辐射两大类（图15-1）。其中，电离辐射又分为电磁辐射（包括X射线和γ射线）和粒子辐射两种类型。粒子辐射则包括不带电粒子（中子），以及带电粒子（α射线、β射线和质子）。

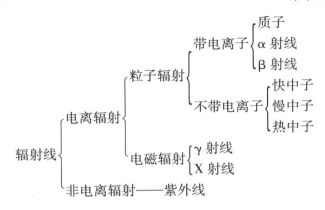

图 15 - 1 辐射育种中常用的几种射线种类

1. X 射线

X 射线由高能的 X 光机和加速器产生，是最早应用于诱变的射线。近年来，由于 X 射线能量较弱，射程没有 γ 射线远，穿透力不如 γ 射线强，不适合照射大量种子，已逐步被 γ 射线和中子取代。

2. γ 射线

γ 射线是由放射性同位素 ^{60}Co 或 ^{137}Cs 核衰变产生的。γ 射线波长很短，穿透力强，射程远，一次可照射很多材料，而且剂量比较均匀，是目前最常用的辐射源。

3. 中子（n）

辐射育种中，中子（n）作为诱变源的比重已越来越大。它是用人工的方法使核内束缚状态的中子释放出来而加以利用。按其所带能量的大小，可分为快中子、慢中子、中能中子、热中子。其中热中子和快中子应用较多。中子的电离密度大，常能引起大的变异。同时，它引起的染色体以外的损伤通常比较轻。

4. β 射线

β 射线属于粒子辐射，是放射性核素磷（^{32}P）、硫（^{35}S）衰变时放出的带阴电的 β 粒子。其质量小，在空气中射程短，穿透力弱，但能量高，在生物体内的电离作用较 X 射线和 γ 射线强，所以也是一种有效的诱变源。常用于内照射。

5. α 射线

α 射线由放射性同位素衰变产生，是带 2 个正电荷的粒子（氦核）辐射，能量高达 200 万 ~ 900 万电子伏特，但穿透力极弱（小于 1mm），主要用于内照射。

6. 质子和氘核

质子和氘核即氢核和重氢核。其由加速器产生，带 1 个正电荷，能量可达几十亿电子伏特，诱变力和穿透力均极强。

7. 紫外线

紫外线穿透力弱，其诱变最有效波长是 DNA 有效吸收波长。DNA 吸收一定波长的能量后，使其电子成为激发态，分子活动力加强，从而引起变异。常用于照射花粉或孢子等。

在各种射线中，γ 射线、X 射线、中子是目前农业上最常用的射线源。质子由于能引起染色体畸变，也是一种常用诱变源。紫外线和β射线只在特定情况下使用。20世纪60年代以后，激光被应用到诱变育种中。此外，无线电微波和电子流也可作为诱变源。

（二）辐射剂量

1. 剂量单位

辐射的剂量单位可用吸收剂量来计算，也可用照射剂量来计算。常用的剂量单位如下。

（1）放射线强度单位

用"贝可"（Bq）或秒$^{-1}$（s^{-1}）表示。1贝克（Bq）表示放射性物质每秒钟有一次核衰变。其原单位为居里（Ci），1居里表示放射性核素每秒时间内有3.7×10^{10}次核衰变。$1Ci = 3.7 \times 10^{10} Bq$（贝克）。

（2）照射剂量单位

"库仑每千克"为照射剂量单位，符号为C/kg。1C/kg的照射量为当以X或γ射线照射1kg质量的空气，使均匀游离的电子（带正电的粒子和带负电的粒子）在空气中充分阻尼，而在干燥空气中所产生的全部同符号电荷总和达到1库仑电离的照射量。1R（伦琴）$= 2.58 \times 10^{-4} C/kg$。

（3）吸收剂量单位

用"戈瑞"（Gy）或"焦耳/千克"（J/kg）表示。1Gy的吸收剂量等于1kg的均匀物质电离辐射能量为1焦耳（J）的均匀剂量。其原单位为拉特（rad），1Gy = 100rad（拉特）。

（4）剂量率

剂量率指单位时间内所接受的照射剂量。通常用库仑/kg·min、中子数/cm^2·s等表示。

（5）中子通量

中子通量又称积分流量，是用以表示中子辐射的剂量单位。一般以每平方厘米上通过的中子数来确定，即中子数/cm^2。

2. 剂量的选择

目前多采用临界剂量作为辐射的最适当剂量，即经照射后植株成活率占40%的剂量。也有应用成活率为10%~20%的更高剂量照射。还有人认为，低剂量辐射可以使后代没有明显的抑制生长的表现，死亡现象也减少，有利变异较多，后代稳定也比较快，故采用很低的辐射剂量辐射的方法。至于各种植物的适宜辐射剂量，一般需要通过反复实验来确认。例如，波塔波夫用^{60}Coγ射线对沙棘嫩枝插条进行辐照处理，剂量为0.5kR时，插条的生枝率最高（达97%），剂量过高则导致插条生根率下降，对取自枝条基部的切穗更是如此。当剂量达2.0kR时，切穗死亡。用0.75~1.1kRγ射线辐照沙棘切穗，可获得诱发突变体。

二、辐射诱变的机理

辐射实质上是能量在空间传递和转移的一种形式。辐射对生物的诱变作用包括直接作用和间接作用。

（一）直接作用

直接作用主要是指 DNA 分子直接吸收电离辐射的能量而引起的分子损伤，其主要表现如下。

1. 核辐射引起电离激发，从而引起碱基结构的变化

例如，由于质子转移产生碱基异构化，以及碱基旋转形成顺式、反式后，即可能构成碱基的颠换现象，从而造成碱基配对上的错误。

2. 核辐射的作用使 DNA 上的各种化学键受到破坏

例如，核辐射的作用会使碱基对间的氢键，碱基与脱氧核糖间的苷键受到一定的破坏。

3. 核辐射

核辐射引起 DNA 上的碱基破坏，四种碱基都可能在复制时无差别的插入链中。

（二）间接作用

电离辐射的间接作用是指辐射引起的化学效应。在辐射处理时，射线除直接作用于遗传物质以外，更多的可能是作用在介质上。活的生物组织中含有大约75%的水，因此水就成为电离辐射最丰富的靶分子。当射线穿入细胞时，首先由水吸收，产生不稳定的 H^+ 和 OH^- 离子及自由基 $H\cdot$ 和 $OH\cdot$，并可进一步产生过氧化氢和过氧化基等。这些过氧化氢、过氧化基和自由基团都是十分活跃的氧化剂，当它们与细胞内核酸等大分子发生化学反应时，就可能改变 DNA 的分子结构，从而导致基因突变。

三、辐射处理的方法

辐射诱变处理方法主要分外照射和内照射两种。

（一）外照射

外照射是指所受辐射来自外部辐射源。根据照射施加时间长短，外照射又分为急性照射和慢性照射。采用较高剂量率在短时间内处理为急性照射；而用低剂量率进行长时间处理则称慢性照射。这种方法比较简便、安全，而且可以大量处理种子。外照射处理植物的部位可以包括干种子、浸泡过的种子和萌动的种子、植株全株或植株的花序、花芽、生长点等，以及子房、无性繁殖植物的营养器官、各种组织培养物等。目前，外照射常用射线种类是 X 射线、γ 射线、快中子和热中子。

（二）内照射

内照射是指将放射性元素引进被照射植物某器官的组织内而起作用的方法。由于有机体不同发育时期、不同部位的组织代谢状况不同，放射性同位素进入有机体的速度及分布也不相同。它常集中于分生组织或代谢较为旺盛的部位，因此，必然会形成不均匀的照射。目前，作为内照射，常用的放射性同位素有^{32}P、^{35}S、^{14}C 等。常用的具体操作方法包括浸泡法、注射法和饲入法等。由于使用这种方法需要一定的设备和防护措施，以预防放射性同位素的污染，而且吸收剂量不易测定，因此，目前在育种中应用较少。

第三节 化学诱变剂及其处理方法

一、常用化学诱变剂的种类及其作用机理

植物的化学诱变研究，曾先后试验过近千种化学物质，发现很多具有诱变效果的物质，但应用较多且较为有效的主要有以下几类。

（一）烷化剂

烷化剂是栽培植物诱发突变的最重要、应用最广泛的一类诱变剂。这类药剂都带有一个或多个活泼的烷基。这些烷基能转移到其他电子密度较高的分子（亲和中心）中去，通过烷基置换，取代其他分子的氢原子称为"烷化作用"，所以这类物质称为烷化剂。它们借助于磷酸基、嘌呤、嘧啶基的烷化而与 DNA 或 RNA 起作用，进而导致"遗传密码"的改变。碱基经常发生的改变是形成 7 - 烷基鸟嘌呤。烷化后的鸟嘌呤由于内部电子分布状况变化，既可与胞嘧啶（C）配对（G－C），也可与胸腺嘧啶（T）配对（G－T），进一步复制时就可能引起碱基对的置换（G－C→A－T）。烷化鸟嘌呤还容易从 DNA 分子上脱离形成一个空位，DNA 复制时在对应位置就可进入 4 种任意碱基，这样就可能产生碱基置换。碱基置换引起三联密码的变化，就会导致基因突变。

双功能团烷化剂则能与 DNA 分子上相邻的鸟嘌呤发生双烷化作用，引起 DNA 分子发生链内和链间交联，从而使一定的碱基钝化。多功能团烷化剂往往毒性更强，但诱变效率较低。常见的烷化剂分为以下几类：甲基磺酸乙酯（EMS）、硫酸二乙酯（DES）、乙烯亚胺（EI）、N - 亚硝基 - N - 乙基脲烷（NEU）等。

（二）核酸碱基类似物

核酸碱基类似物是与 DNA 碱基的化学结构相类似的一些物质。因具有与 DNA 碱基类似的结构，可在不妨碍 DNA 复制的情况下，作为组成 DNA 的成分而掺入到 DNA 中去，由于它们在某些取代基上与正常碱基不同，使 DNA 复制时发生偶然的配对上的错误，从而引起突变。

最常用的有胸腺嘧啶（T）的类似物 5 - 溴尿嘧啶（5 - BU）和 5 - 溴脱氧尿核苷（5 - BUdR），以及腺嘌呤（A）的类似物 α - 腺嘌呤（AP）等。

（三）诱发移码突变的诱变剂

这类诱变剂能结合到 DNA 分子中，使 DNA 分子上增加或减少 1～2 个碱基，引起 DNA 分子中遗传密码的阅读顺序发生改变，从而导致突变，如吖啶类染料和氮芥的衍生物等。5 - 基吖啶、原黄素（proflavin）（2，8 - 二氨基吖啶），吖啶橙（acridine orange）（AO）ICR191，ICR170，吖啶黄（acridine yellow）即属于此类诱变剂。

（四）其他诱变剂

此外，亚硝酸（NA）和羟胺（HA）等能够通过与 DNA 分子中的碱基作用，使碱基分子结构改变，从而导致碱基的替代。

某些抗生素、叠氮化合物等也具有诱变效应。特别是叠氮化钠是一种诱变能力较强的诱变剂，在酸性条件下具有很高的诱变率。它是一种点突变剂，作用后能产生很高的基因突变频率。它主要对复制中的 DNA 发生碱基替换作用，而染色体畸变的几率甚低。它使用时比较安全，无残毒。对于它的真正作用方式，目前尚不清楚。

二、化学诱变的方法

（一）操作步骤和处理方法

1. 药剂配制

药剂的配制是诱变处理工作的第一步。部分化学诱变剂的特性见表 15 – 1。只有采用溶解充分、浓度适宜的诱变剂，才能保证诱变成功。根据其溶解特性和浓度要求将能溶于水的药剂配制成一定浓度的水溶液。不能直接溶于水的，则必须用可溶溶液作为导溶剂先行导溶再配制。例如，硫酸二乙酯可溶于 70% 的酒精，而不能直接溶于水，配制时先用少许酒精导溶，然后再把酒精溶液加水配成一定的浓度使用。

烷化剂如烷基磺酸酯和烷基硫酸酯类在水中很不稳定，能与水起"水合作用"，产生不具诱变作用的酸性或碱性有毒化合物。它们只有在一定的酸碱度条件下，才能保持相对的稳定性，并表现出明显的诱变效应。因此，配制好的药剂绝不能贮存，诱变时应使用新配制的溶液，最好将其加入到一定酸碱度的磷酸缓冲液中使用。几种诱变剂所需 0.01mol/L 磷酸缓冲液的 pH 分别为：EMS 和 DES 为 7，NEH 为 8，NTG 为 9。

亚硝酸溶液也不稳定，常采取在临使用前将亚硝酸钠加入到 pH 4.5 的醋酸缓冲液中生成亚硝酸的方法。

氮芥在使用时，先各自配制成一定浓度的氮芥盐和碳酸氢钠水溶液，然后混合置于密闭瓶中，两者即发生反应放出芥子气。

2. 试验材料的预处理

在化学诱变剂处理前，将干种子用水预先浸泡。实验表明，当细胞处于 DNA 合成阶段（S）时，对诱变剂最敏感。所以浸泡时间的长短决定于材料到达 S 阶段所需的时间，这可通过采用同一种诱变剂处理经不同时间浸泡的种子来确定。一般诱变剂处理应在 S 阶段之前进行。浸泡时温度不宜过高，通常用低温把种子浸入流动的无离子水或蒸馏水中。

对一些需经层积处理以打破休眠的植物种子，药剂处理前可用正常层积处理代替用水浸泡。

3. 化学药剂处理方法

根据诱变材料的特点和药剂的性质有多种处理方法。

（1）浸渍法。将药剂配制成一定浓度的溶液，然后把欲处理的材料如种子、接穗、枝条、块茎、块根等浸渍于其中。此外，也可在作物开花前将花枝剪下插入诱变剂溶液中，使其吸收一定量的诱变剂，开花时收集花粉。对完整植株也可用劈茎法，将植株的茎劈成两半，将其中一半茎插入含诱变剂溶液的管子中，通过植株对水分的吸收把药剂引入体内。也可用诱变剂直接浸根。

（2）涂抹或滴液法。将药剂溶液涂抹或缓慢滴在植株、枝条或块茎等处理材料的生长点或芽眼上。

（3）注入法。用注射器将药液注入材料内，注射时最好在邻近位置插入一个排气针，以保证有足够的药量注入。也可将材料人工刻伤成切口，再用浸有诱变剂溶液的棉团包裹切口，使药液通过切口进入植株、花序或其他受处理的组织和器官。

（4）熏蒸法。将花粉、花序或幼苗置于一密封的潮湿小箱内，使诱变剂产生蒸气对其进行熏蒸。适用于可产生蒸气的诱变剂（如 EI）。

（5）施入法。在生长基质中加入低浓度诱变剂溶液，通过根部吸收或简单的渗透扩散作用进入植物体。

表 15 - 1　　　　　　　　　　　部分化学诱变剂的特性

诱变剂名称	性质	水溶性	熔点或沸点	分子量	浓度范围	保存
甲基磺酸乙酯（EMS）	无色液体	约8%	沸点:85℃～86℃/10mmHg	124	0.3%～0.5% 0.05～0.3mol/L	室温,避光
硫酸二乙酯（DES）	无色液体	不溶	沸点:208℃	154	0.1%～0.6% 0.015～0.02mol/L	室温,避光
亚硝基乙基脲（NEH）	黄色固体	微溶	熔点:98℃～100℃	117	0.01%～0.05%	冰箱,干燥
N－亚硝基－N－乙基脲烷（NEU）	粉红色液体	约0.5%	沸点:53℃/5mm 汞柱	146	0.01%～0.03% 1.2～4.0mo/L	
乙烯亚胺（EI）	无色液体	各种比例均溶于水	沸点:56℃/760mm 汞柱	43	0.05%～0.15% 0.85～9.0mol/L	密闭、低温、避光
N－甲基－N－硝基－N－亚硝基胍（NTG）	黄色固体	溶(气温低时稍加热)	熔点:118℃	147		低温避光

（引自庄文庆，《药用植物育种学》，农业出版社）

（二）影响化学诱变效应的因素

1. 诱变剂性质

化学诱变剂须在溶剂中充分溶解才能保证其应有的诱变效果。同时，它的高度毒性也往往限制其诱变效果。例如，等克分子的 MMS 比 EMS 诱变能力强，但由于 MMS 的毒性比 EMS 强，往往达不到其实际的诱变效率。

2. 植物体本身的遗传特性

不同的植物由于结构不同，如种皮的厚薄、种子的大小等，对诱变剂的敏感性亦有差异。此外，种子成分不同对诱变剂的吸收和作用也有差别，特别是药用植物，由于含有各种不同的药效成分，这些成分在某种程度上可能与化学诱变剂发生化学反应，而影响诱变作用或阻止诱变剂的吸收，从而影响诱变效果。基因型不同的植物、同一植物不同品种对诱变剂的敏感性表现也不同。植物体本身所处的生理状态的差别也影响诱变效果。例如，采用预先浸泡过的种子，即使用较低的浓度，亦会产生较高的效应。亚硝基胍类化合物较适用于大豆等作物。

3. 浓度和处理时间

通常高浓度处理时生理损伤相对增大，而在低温下以低浓度长时间处理，则 M_1 植株存活率高，产生的突变频率也高。关于处理时间长短，是以受处理的组织完成水合作用并保证完全被诱变剂浸透，有足够药量进入生长点细胞为准。对于种皮渗透性差的某些树木种子，则应适当延长处理时间。对处理材料进行预先浸泡可使处理时间缩短。

处理持续时间还要根据所用诱变剂的水解半衰期而定。对一些易分解的诱变剂，只能用适当的浓度在较短的时间内进行处理（0.5~2 小时）。而在诱变剂中添加缓冲液和在低温下进行处理，均可延缓诱变剂的水解时间，使处理时间得以延长。在诱变剂分解 1/4 时更换一次新的溶液，可保持相对稳定的浓度。因此，了解诱变剂的水解反应及其速度也是必要的，表 15-2 是 pH 为 7 时，部分烷化剂在不同温度的水中水解的半衰期。

表 15-2　　　　　　　　　　几种烷化剂水解的半衰期

诱变剂	温度/℃		
	20	30	37
硫芥子气			约 3min
甲基磺酸甲烷	68h	20h	9.1h
乙基磺酸甲烷	93h	26h	10.4h
甲基磺酸丙烷	111h	37h	—
甲基磺酸异丙烷	108min	35min	13.6min
甲基磺酸丁烷	105h	33h	—
硫酸二乙酯	3.34h	1h	—
3-氯-1，2-环氧丙烷	—	—	36.3h
N-亚硝基-N-甲基脲烷	—	35h	—
N-亚硝基-N-乙基脲烷	—	84h	—
N-亚硝基-N-丙基脲烷	—	103h	—

（引自庄文庆，《药用植物育种学》，农业出版社）

4. 处理温度

温度对诱变剂的水解速度有很大影响。在低温下，化学物质能保持一定的稳定性，从而能与被处理材料发生作用。但另一方面，温度增高，可促进诱变剂在材料体内的反应速度和作用能力。因此，一般认为适宜的处理方式应是，先在低温（0℃~10℃）下把种子浸泡在诱变剂溶液中，使溶液有足够的时间进入胚细胞，然后将种子转移到40℃的新鲜诱变剂溶液中处理，以提高诱变剂在种子内的反应速度。

5. 溶液的 pH 及缓冲液的使用

有些诱变剂在一定的 pH 下才能溶解或者才有诱变作用。而另一些诱变剂如烷基磺酸酯及烷基硫酸酯水解后产生强酸，这种强酸产物能显著地提高生理损伤，因而降低了 M_1 植株的存活率，减少了有益突变产生的机会，这种生理损伤可采用缓冲液来缓解。也有一些诱变剂在不同的 pH 中其分解产物也不同，从而产生不同诱变效果。例如，亚硝基甲基脲在低pH 下分解产生亚硝酸，而在碱性条件下则产生重氮甲烷。所以，处理前和处理中都应校正溶液的 pH。

试验证明，缓冲液本身对植物也有影响，一是影响植物的生理状态，二是可起诱变作用。使用一定 pH 的磷酸缓冲液，可显著提高诱变剂在溶液中的稳定性，因此，实践中要注意对缓冲液种类和浓度的选择。一般认为磷酸缓冲液较好，为避免对预先浸泡过的种子造成生理损伤，其浓度不应超过 0.1mol/L。

6. 后处理

进入植物体（或器官）内的药剂，待达到预定处理时间后，如不采取适当的排除措施，则还会继续起作用产生"后效应"。此外，过度的处理还会增加生理损伤，使实际突变率降低。产生"后效应"的原因，一方面是由于残留药物的继续作用；另一方面也可能是由于再烷化作用，即烷基从 DNA 的磷酸上改变到其他的分子受体上。后效应时间的长短，取决于诱变剂的理化特性、水解速度以及后处理的条件。

所谓"后处理"，主要是使药剂中止处理的措施，最常用的方法是用流水冲洗。冲洗时间的长短除取决于上述因素外，还与处理植物的类型有关，一般需冲洗 10～30min 甚至更长时间。也可使用化学"清除剂"，常用的清除剂有硫代硫酸钠等。

经漂洗后的材料应立即播种、扦插或嫁接，若有特殊情况需暂时贮藏种子，应经适当干燥后贮藏在 0℃ 左右低温条件下，且时间不宜过长。几种诱变剂中止反应的方法可参照表15-3。

表 15-3　　　　　　　　　　　几种诱变剂中止反应的方法

诱变剂	中止反应方法	诱变剂	中止反应方法
HNO$_2$（亚硝酸）	0.07mol/L Na$_2$HSO$_4$ 溶液 pH8.6	EI（乙烯亚胺）	稀释
MMS（甲基磺酸甲烷）	Na$_2$S$_2$O$_3$ 或大量稀释	NH$_2$OH（羟胺）	稀释
DES（硫酸二乙酯）	Na$_2$S$_2$O$_3$ 或大量稀释	LiCl（氯化锂）	稀释
MNNT	大量稀释	秋水仙碱	稀释
NMU（N-亚硝基-N-甲基脲烷）	大量稀释	NaN$_3$（叠氮化钠）	甘氨酸或稀释

（引自庄文庆，《药用植物育种学》，农业出版社）

（三）安全问题

绝大多数化学诱变剂都有极强的毒性或易燃、易爆。例如，烷化剂中大部分属于致癌物质，氮芥类易造成皮肤溃烂，乙烯亚胺有强烈的腐蚀作用且易燃，亚硝基甲基脲易爆炸等等。以上诱变剂中毒性最小、诱变效果最好的为 EMS。因此，操作时必须十分仔细认真，注意人身安全，避免药剂接触皮肤、误入口内或熏蒸的气体进入呼吸道。同时要妥善处理残液，避免造成污染。

第四节　诱变材料的培育与选择

一、有性繁殖植物

（一）诱变材料的培育和选择

材料经诱变处理后，其遗传性发生变化，为选择有利变异提供了原始材料，但能否选育出新品种，还需有正确的选育方法。

1. 处理种子和植株

（1）第一代（M_1）的种植与收获

经诱变处理的种子长成的植株或蕾期前处理的植株称为突变一代，用 M_1 表示。由于种子的种胚是多细胞组织，诱变后种子的胚中不是所有的细胞都会发生变异，其中只有个别或极少数细胞发生变异。因此，M_1 常表现为复杂的突变嵌合体（chimera），并且多为隐性突变，遗传变异在 M_1 中通常不表现，只是表现一些严重的形态上的畸形和生理上的一些不正常变化，如一些植物出现的双穗、穗茎扭曲，枝叶丛生或双主茎等。因此，对 M_1 通常不进行选择淘汰，而应全部留种。

处理过的种子应在 15 ~ 30 天内播种，不宜拖延太久。M_1 可采取密植方式，减少分蘖，多收主茎的种子。为防止天然杂交，最好采用套袋方法，或将不同品种的 M_1 群体进行隔离种植。对于异花授粉植物，在隔离区内将其进行随机交配，使其自花授粉，以免有利突变因杂交而混杂。

M_1 的脱粒方式取决于 M_2 的种植方式。一般采用单穗脱粒（M_2 种成穗行）或单株脱粒（M_2 种成株行）或仅收主穗少量种子混合脱粒（M_2 混合种植）。不论采取哪一种方法，必须保证诱变后代有足够的群体供选择之用。

（2）第二代的种植与选育

由 M_2 所结的种子及由它长成的植株称突变二代，以 M_2 表示。M_1 已经发生的突变经过配子体世代，把突变传给雌、雄配子，再经受精，把突变纳入合子。由于染色体上的突变基因在此过程中经过了分离和重新组合。所以，M_2 为主要的分离、选择世代。

对 M_2 要按照种子的收获方式，种植成穗行或混合种植，并要适当稀植；同时应注意生态条件对 M_2 选择的干扰，尽量把 M_2 种子种植在当地有代表性的农艺条件下。

M_2 是诱变育种中工作量最大的一代。一方面为了获得有利突变，需要种植较大的群体，通常达几万株，每一 M_1 个体的后代（M_2）种植 20 ~ 50 株；另一方面要根据育种目标做大量的鉴定、选择工作。因为此代出现的变异以不利变异为多，少数是有利的，故对 M_2 的每一个植株都要仔细观察鉴定，并且标出全部不正常的植株，对于发生了变异的果（穗）行（每行有 1 ~ 5 株发生了突变），则从其中选出有经济价值的突变株。据统计，作物辐射的有利变异率只有 0.18% ~ 0.2%。在选择植株时，要进行综合分析，不仅要考虑某一单一性状，还要考虑综合性状的好坏。

在 M_2 中分离出的明显而易于鉴别的形态变异和生理变异，即所谓"大突变"。经选择和隔离繁殖，即可育成新品种应用于生产，或作为原始材料供今后杂交育种用。近年来的一些试验证明，在辐射处理中，大量的变异还是属于形态差异小，不易识别的"小突变"，这类变异材料中出现有益变异的频率比"大突变"要高得多，它们对植物的数量性状起累积作用。因此，在 M_2 中还需特别仔细地选取那些与原品种性状差异小，形态虽不特殊，但生长势旺盛，表现比较优良的单株，在以后的各世代进行细微观察后再决定取舍。

（3）第三代（M_3）及以后各代的种植与选育

由 M_2 植株形成的种子和由此长成的植株称为 M_3、M_4、M_5……，以此类推。

将 M_2 中各优良变异植株分株采种，分别播种一个小区，称为"株系区"，以进一步分离和鉴定突变。M_3 也是一个分离的世代，但比 M_2 分离要小。一般在 M_3 已可确定是否真正发生了突变，并可确定分离的数目和比例。在 M_3 获得的变异类型，有不少可以在 M_3 达到稳定。若 M_3 稳定，可进入品种试验。若分离，则继续选择。

M_3 以后的世代，优良突变系的筛选、品比试验及繁育推广等程序，与杂交育种、选择育种等相同。

2. 处理花粉

诱变处理后的花粉，一方面可进行单倍体育种，另一方面可用来授粉而获得变异植株。因花粉为单细胞，经诱变产生的变异是整个细胞的变异，获得的变异植株一般不存在嵌合体问题。其后代的培育与选择，单倍体育种可参考倍性育种进行；授粉后代播种选育的基本程序可参照种子处理后的培育与选择，但考虑到花粉诱变后代变异具有全株性，故由 M_1 种子播种 M_2 时，可采用植株为单位播成株系，不必区分 1 株上不同部位的果或分枝。每株系种植 10～16 株。

二、无性繁殖植物

无性繁殖植物突变世代的划分，一般以营养繁殖的次数作为突变世代数。无性繁殖植物的亲本世代、突变世代、突变二代、突变三代，分别另以 VM_0（M_0）、VM_1（M_1）、VM_2（M_2）等符号表示，或简写为 V_0、V_1、V_2、V_3 等。

无性繁殖材料多为异质的，并可不经有性过程进行繁殖。突变细胞在孢子体中就可以传递，可采用各种方法促进产生不定芽，从中选择没有嵌合现象的突变体（枝），进而分割繁殖，也可以用组织培养的方法，获得纯合突变体。

对于可行有性繁殖的无性繁殖材料，也可采收 M_1 的种子，种植后，选择无嵌合现象的突变体。

同一营养器官（如枝条）的不同芽，对诱变的敏感性及反应不同，可能产生不同的变异，故诱变后同一枝条上的芽要分别编号、繁殖，以后分别观察比较、鉴定，从中选出优良的无性系，扩繁后，即可参加品种比较试验。由于无性繁殖材料不产生分离，故辐射育种程序相对简单。但是，无性繁殖植物经诱变处理后突变细胞和其他细胞会发生竞争。由于突变的细胞开始有丝分裂时受到抑制和延迟，因而不易表现出来。应采取一些人工措施，给发生变异的体细胞创造良好的生长发育条件，促使其增殖，如多次的摘心、修剪等。

第五节 创新种质资源的途径

　　大量实践证明，植物诱变技术在创造新种质、新材料，以及解决育种中某些特殊问题，培育植物新品种等方面具有独特的作用。据统计，截至 1985 年，世界各国通过诱变已育成 500 多个品种，1991 年在 143 种植物上育成 1497 个品种，1992 年增至 149 种植物，育成的品种达 1557 个，1995 年又增至 154 种植物，育成 1737 个品种。我国诱变育种始于 20 世纪 50 年代后半期，几十年的发展成就斐然，诱变育成的品种数一直占世界同期育成品种总数的 10% 左右，不论诱变育成的品种数还是种植面积均居世界首位。据 1991 年不完全统计，我国已在 35 种植物上育成 396 个品种，而 1994 年底已在 40 多种植物上育成 430 个品种。

　　随着现代科学技术的进步，人们不断改进诱变方法，探索新的诱变源。近年来，离子注入、激光辐照、空间诱变等新型诱变技术发展迅速，也已经开始应用于植物品种的改良，显示出良好的应用前景。例如，采用液状石蜡 - MS 花粉诱变技术，平均每个位点上单个基因的隐性和显性突变率可达千分之一和万分之一以上，可以在较小的诱变后代群体中筛选出目标突变体。此方法为作物育种工作提供了一条有效的新途径，所产生的有益突变新种质，不仅丰富了植物的基因库，也为植物育种提供了丰富的具有特殊性状的亲本材料。目前，其主要用于水稻、玉米等禾谷类作物的育种研究。离子注入法具有损伤轻、突变率高和突变谱广的特点，目前在诱变机理和育种应用上取得了重要进展，是人工诱变方法的一个新发展。利用离子注入法进行改良的植物品种已涉及几乎所有主要的粮食和经济作物。近年来，空间诱变技术也逐渐展示出它在育种中的巨大作用，人们将植物材料由返回式卫星、高空气球搭载在太空飞行，利用高空特殊的空间环境，诸如宇宙射线辐射、高能重粒子作用、太空微重力及高真空等，引起植物材料产生变异。这种方法与其他诱变方式相比，具有变异范围大，能产生自然界和地面人工诱变未曾出现的变异类型，有益突变高等优点，因此是产生新基因源和创造新种质的重要途径之一。从 20 世纪 90 年代开始，我国利用空间飞行生物仓对一些药用植物如桔梗、红花、藿香、甘草、洋金花开展了空间诱变育种工作，结果发现空间环境对植物过氧化物酶、可溶性蛋白及基因组等均有影响。采用高空气球搭载鸡冠花的两个品种，发现高空环境诱变处理对鸡冠花花序中黄酮类化合物合成产生了显著效应。高空飞行的两个品种鸡冠花花序黄酮醇总量分别比对照组提高 90.04% 和 142.02%。此外，激光诱变育种也在生产中发挥了巨大作用，经激光照射的薏苡，在当代和第 2~4 代，产量均有增加，可增产 10%~130%。

　　利用诱变手段进行育种，可以有效改良早熟性、株高、抗病性、籽粒品质（如甜、糯、含油量）等性状。但诱变育种也存在一些不足，即突变频率和方向的不确定性。要解决这一问题，就必须采用恰当的诱变技术，扩大诱变群体，增加诱变次数，以加大选择机会。在诱变处理方法方面，除了单一应用传统的 γ 射线、X 射线、中子、微波、激光、离子束、卫星搭载、DES、NaN_3、秋水仙碱等诱变因子外，还应注意多种诱变因子的复合处理及与其他方法的联合应用，如"理化诱变 + 杂交选育"、"理化诱变 + 离体培养"、"理化诱变 + 远缘杂交"、"理化诱变 + 杂种优势利用"、"理化诱变 + 分子标记"、"理化诱变 + 组织培养"等复合育种技术，以进一步拓宽诱变育种的应用范围，开辟创造新种质的途径。

思考题

1. 解释下列名词：诱变育种，辐射诱变育种，化学诱变育种，外照射，内照射，急性照射，慢性照射。

2. 诱变育种的意义和特点是什么？

3. 常见的辐射源有哪些？

4. 简述辐射诱变的机理。

5. 简述化学诱变剂的种类和作用机理。

6. 化学诱变中化学药剂处理的方法有哪些？

7. 影响化学诱变的因素有哪些？

8. 简述有性繁殖植物诱变材料是如何培育与选择的？

第十六章

染色体的数目变异

第一节 染色体组与染色体变异类型

一、染色体组与染色体倍性

每种生物的染色体数目都是恒定的，如人参（*Panax ginseng* C. A. Mey.）有 48 条染色体，可配成 24 对；地榆（*Sanguisorba officinalis* L.）有 28 条染色体，可配成 14 对等。但染色体的数目并非一成不变，尤其在人工诱变下更是如此。生物的染色体数目一旦发生变异，其性状的遗传方式也会随之发生变化。

遗传学上把一个正常配子中所包含的染色体的数目称为染色体组（genome）。我们平常见到的大多数植物都是二倍体（diploid），如药用植物淫羊藿（*Epimedium macranthum* Morr. et Decne，$2n = 12$）、厚朴（*Magnolia officinalis* Rehd. et Wils，$2n = 38$）等。动物几乎全部是二倍体。

二倍体生物中来自一个配子的一套染色体及其上的一套基因，通常用符号 n 来表示。例如，党参体细胞核中有 16 条染色体，根据其大小、形态与功能的不同，可排成两套 8 对，表示有两个染色体组，即 $2n = 16$。减数分裂后，性细胞核中只含有每对同源染色体中的一个，共一套 8 个，表示有一个染色体组，即 $n = 8$。同一个染色体组中各个染色体的形态、结构与功能彼此虽不同，但它们却构成一个完整而协调的体系，缺少其中任何一个都会威胁到生物的生存。这是染色体组的最基本的特征。

值得注意的是，许多植物的染色体组包含着若干个祖先种（基本种）的染色体组。基本种的染色体组称为基本染色体组，常用符号 x 来表示，它所包含的染色体数称为染色体基数。因此，符号 n 和 x 的含义是有区别的，一般 n 指配子中的染色体数，x 则指基本种的染色体基数，即同一属中各物种共同的染色体基数。n 可以等于 x，也可能是 x 的倍数。例如，据进化遗传学的研究，水稻配子中的染色体数是 $n = 12$，其染色体基数也是 $x = 12$，$2n = 2x = 24$；但在普通小麦则不同，它的配子染色体数是 $n = 21$，而染色体基数则是 $x = 7$，即 $n = 3x$，$2n = 6x = 42$，即多倍体的 $n \neq x$。各种生物的 n 与 x 是否相等，必须对该物种的染色体组做进化分析方能确定。

染色体数目异常是由于染色体在减数分裂或有丝分裂时不分离，不能平均地分到 2 个子细胞内。前者会出现两种配子，一种配子缺乏某一个染色体，而另一种配子则多了一个染色体，这种配子与正常配子结合时，就可以产生子代的该染色体的单体或三体。如果是整个染色体组都不分离，就会使受精卵具有三套染色体组或四套染色体组，分别称为"三倍体"

（triploid，3n）和"四倍体"（tetraploid，4n），总称为"多倍体"。凡是细胞核中含有一个完整染色体组的称为单倍体（haploid），含有两个完整染色体组的称为二倍体（diploid），染色体数目以染色体组为单位增减，称为倍性改变，超过两个染色体组的称为多倍体（polyploid）。但并非所有染色体数目都以倍性改变，这类改变通常以二倍体（2n）染色体数作为标准，在这个基础上增减几条的则称为非整倍性改变，如单体（2n-1），三体（2n+1）等（表16-1）。

二、染色体组的变异类型

染色体数目的变异可分为两大类：一类是以整套染色体为单位倍增，称为整倍性改变，如单倍体、二倍体、三倍体、四倍体等；另一类是体细胞中个别染色体的增加或减少，细胞内的染色体数不以"基数"成整倍性变化，这种类型称为非整倍性变异，如单体、缺体、三体、四体、双三体等。设染色体基数为4，A物种的四条非同源染色体用（1234）表示，B物种的四条染色体用（1′2′3′4′）表示，染色体数目变异见表16-1。

表16-1 　　　　　　　　　　　　染色体数目变异的类型

类别	名称		染色体组数	染色体类别	染色体组成	联会
整倍体	单倍体		x	A	（1234）	4I
	二倍体		$2x$	AA	（1234）（1234）	4II
	三倍体		$3x$	AAA	（1234）（1234）（1234）	4III
	同源四倍体		$4x$	AAAA	（1234）（1234）（1234）（1234）	4IV
	异源四倍体		$2(2x)$	AABB	（1234）（1234）（1′2′3′4′）（1′2′3′4′）	8II
非整倍体	单体		$2n-1$	A(A-1)	（1234）（123_）	3II+I
	缺体		$2n-2(1)$	(A-1)(A-1)	（123_）（123_）	3II
	多体	三　体	$2n+1$	A(A+1)	（1234）（1234）（1）	3II+III
		四　体	$2n+2(1)$	(A+1)(A+1)	（1234）（1234）（11）	3II+IV
		双三体	$2n+1+1$	(A+1)(A+1)	（1234）（1234）（12）	2II+2III

（引自朱之悌，《林木遗传育种》，中国林业出版社）

三、染色体组的基本特征

1. 染色体组由形态、结构和连锁群不同的一套染色体组成，每条染色体所携带的基因也不同，在生命过程中各自承担不同的角色，发挥不同的功能（图16-1）。

2. 染色体组是一个完整而协调的体系，缺少一个就会造成不育或性状的变异。例如，小麦染色体组为X＝ABD＝21，它的全套21个缺体（2n-2）分别表现出不同的性状（图16-2）。

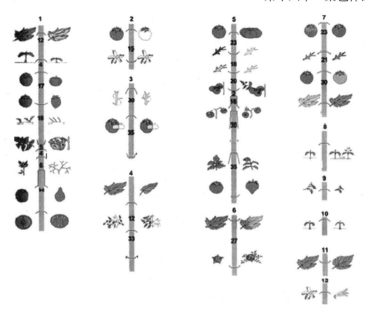

图 16－1　番茄的连锁图谱，12 条染色体的形态特征不同，携带的基因也不同
（引自浙江大学遗传学课件）

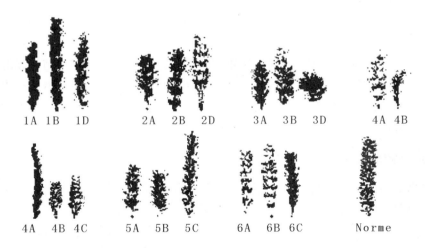

图 16－2　小麦的全套缺体（2n－2）：21 个（1A－7A，1B－7B，1D－7D）
（引自浙江大学遗传学课件）

第二节　单倍体

一、单倍体的特征

单倍体（n）是指由未受精的配子发育而成的个体。由于单倍体的染色体都是单个的，所以在减数分裂时只能形成单价体。单价体的分离十分紊乱，能产生有效的、染色体齐全的配子极少。例如，党参 $n=8$，而形成全套染色体的机会为 $(1/2)^8=1/256$，即在 256 个配子中只有一个能产生 $n=8$ 的可育配子，因此，在自然界中表现为高度不育，几乎不能产生种子。单倍体是大多数低等植物生命的主要阶段。菌藻类的菌丝体是单倍体，苔藓类的配子体世代是单倍体。植物中偶尔也有单倍体出现，但生殖不正常。同源多倍体的单倍体，因具有相同的染色体组而联会，有很高的育性。因此，为了明确起见，将只有一个染色体组的单倍体称为一倍体。

在高等植物中，单倍体发生的频率很低，一般只有万分之一二，多由生殖不正常引起，其个体生长较弱，植株矮小、生活力差，几乎不能形成种子，所以单倍体在生产上毫无意义。但近年来对单倍体的研究有增无减，这是因为它自身或通过染色体加倍获得的多倍体，在科研和生产上均有很大的价值。

二、单倍体的形成

高等生物所有的单倍体几乎都来源于不正常的生殖过程，如孤雌生殖、孤雄生殖。自然界中大部分单倍体是孤雌生殖所形成的。另外，花药培养、小孢子培养也是产生单倍体的途径。低等生物单倍体是大多数低等植物生命的主要阶段，不存在育性的问题，如苔藓的配子体世代即属于此情况。

三、高等植物单倍体的表现

高等植物单倍体主要表现为高度不育。细胞、组织、器官和植株一般比二倍体和双倍体要弱小。然而单倍体研究仍然在遗传学研究及育种方面具有重要的意义。首先，单倍体中每个基因都是成单的，不论显隐性都可表达，是研究基因及其作用的良好材料；其次，它可用于单倍体母细胞减数分裂时异源联会的研究，分析各个染色体组之间的同源或部分同源的关系；第三，单个基因经加倍后，成为一个完全纯合的个体，能由不育变为可育。

第三节　多倍体及其遗传表现

凡体细胞中具有三个以上的染色体组的个体，统称为多倍体。据统计，中欧植物的 652 个属中，就有 419 个属是由异源多倍体组成的；在被子植物中，异源多倍体占了 30%～35%；禾本科中大约有 70% 是异源多倍体，栽培的小麦、燕麦、棉花、烟草、甘蔗等农作物都是异源多倍体的种。异源多倍体多起源于远缘杂种。远缘杂种育性与生活力都很差,原因是异质的染色体组不能进行均衡分离,常导致高度不育。但加倍后,各染色体成员都有了自己的同源染色体,可以进行同源联会,形成可育的配子,不仅克服了育性与生活力的困难,而且还带来杂种优势。

一、整倍体

(一) 整倍体的特征

1. 整倍体的同源性和异源性

同源多倍体指增加的染色体组来自同一物种,一般是由二倍体的染色体直接加倍产生的。异源多倍体指增加的染色体组来自不同物种,一般是由不同种属间的杂交种染色体加倍形成(图 16 - 3)。

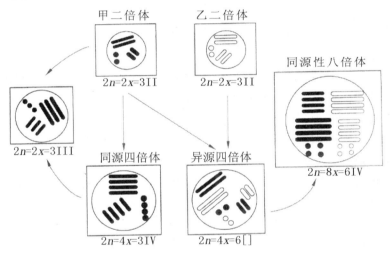

图 16 - 3　多倍体染色体组的组合
(引自浙江大学遗传学课件)

设:三个二倍体种,染色体组(X)分别以 A、B、E 表示,$X = 3$

$2n = 2X = 2A = （a_1 a_2 a_3）（a_1 a_2 a_3） = a_1 a_1 a_2 a_2 a_3 a_3 = 6 = 3 \text{II}$

$2n = 2X = 2B = （b_1 b_2 b_3）（b_1 b_2 b_3） = b_1 b_1 b_2 b_2 b_3 b_3 = 6 = 3 \text{II}$

$2n = 2X = 2E = （e_1 e_2 e_3）（e_1 e_2 e_3） = e_1 e_1 e_2 e_2 e_3 e_3 = 6 = 3 \text{II}$

①同源四倍体:

$AA \xrightarrow{\text{加倍}} AAAA \quad 2n = 4X = 4A = AAAA = 12 = 3 \text{IV}$

$BB \xrightarrow{\text{加倍}} BBBB \quad 2n = 4X = 4B = BBBB = 12 = 3 \text{IV}$

$EE \xrightarrow{\text{加倍}} EEEE \quad 2n = 4X = 4E = EEEE = 12 = 3 \text{IV}$

②同源三倍体:

$AAAA \times AA \xrightarrow{\text{加倍}} AAA \quad 2n = 3X = 3A = AAA = 9 = 3 \text{III}$

$$BBBB \times BB \xrightarrow{\text{加倍}} BBB \ 2n = 3X = 3B = BBB = 9 = 3\text{Ⅲ}$$

$$EEEE \times EE \xrightarrow{\text{加倍}} EEE \ 2n = 3X = 3E = EEE = 9 = 3\text{Ⅲ}$$

③异源四倍体、同源异源八倍体：

AA × BB

↓

$$AB \xrightarrow{\text{加倍}} AABB \ （2n = 4X = AABB = 12 = 6\text{Ⅱ}）$$

加倍 ↓

AAAABBBB （同源异源八倍体）

$$2n = 8X = 24 = 6\text{Ⅳ}$$

④异源六倍体：

AABB × EE

↓

$$ABE \xrightarrow{\text{加倍}} AABBEE \quad 2n = 6X = AABBEE = 18 = 9\text{Ⅱ}$$

2. 同源多倍体的形态特征

同源多倍体不同于异源多倍体，当染色体加倍后，同源染色体配对，形成三价体或四价体，但由于其联会松弛或不联会，造成不均衡分离，导致育性下降。所以，在天然靠种子繁殖的植物中很少能见到同源多倍体植物。

细胞核内染色体组的加倍，常带来一些个体形态和生理上的变化，特别是巨大性变化。一般多倍体细胞的体积、气孔保卫细胞都比二倍体大，叶子、果实、花和种子的大小也随加倍而递增。药用植物大多以根、茎和叶等器官为收获对象，其染色体加倍后，根、茎、叶的巨型化，较好地满足了药材生产的要求。

归纳起来，同源多倍体表现为：①巨大性，染色体倍数越多，核和细胞越大，器官越大。植物的叶片、花朵、花粉粒、茎粗和果实等器官都随着染色体组（X）数目的增加而递增。②气孔和保卫细胞大于二倍体，单位面积内的气孔数小于二倍体。③染色体组的倍数性有一定限度，超过限度其器官和组织就不再增大，甚至导致死亡。例如，甜菜最适宜的同源倍数是三倍（含糖量、产量）；玉米同源八倍体植株比同源四倍体短而壮，但不育；半支莲同源四倍体的花与二倍体相近；车前草同源四倍体的花小于二倍体等。

3. 基因剂量效应

（1）基因剂量增大会改变基因平衡关系，影响植物的生长和发育。

设：二倍体一对等位基因 A - a，基因型是 AA、Aa 和 aa。

同源三倍体：AAA 三式（三显体）、AAa 复式（二显体）

　　　　　　Aaa 单式（单显体）、aaa 零式（无显体）

同源四倍体：AAAA 四式、AAAa 三式、AAaa 复式

　　　　　　Aaaa 单式、aaaa 零式

（2）基因剂量增加会使植株的生化活动加强。

从内部代谢来看，由于基因剂量加大，一些生理生化过程也随之加强，这反映在某些代

谢物的产量上，与二倍体相比都有所增多，药用植物的倍性变化往往能导致次生代谢产物含量的变化，这就有可能获得有效成分含量高的药用植物新品种。例如，石菖蒲在长期自然变异过程中形成了二倍体、三倍体、四倍体和六倍体各种类型。据化学测定，其根茎的含油量、精油的化学成分、植物体内草酸钙的含量均与染色体倍数有关，二倍体中不含 β - 细辛醚，三倍体含 β - 细辛醚和顺甲异丁香油酚的混合物，四倍体精油中含有比三倍体高 2 倍的细辛醚。怀牛膝同源四倍体中蜕皮激素较原植物高出 10 倍之多；白术同源四倍体过氧化物酶含量高于二倍体植株；杭白芷多倍体的药用成分欧前胡素含量比原植物高出近 2 倍。但染色体倍性的增加与化学成分含量的变化并不成正比关系，如毛曼陀罗的三倍体生物碱含量较二倍体和四倍体均高。多倍体与原植物比较，并不只限于原有性状的加强和提高，有的可能会产生新的性状和新的化学成分。菘蓝同源四倍体中游离氨基酸成分组成与二倍体亲本相比也不尽相同，从中可能筛选出具药理活性的前导化合物。

多倍体性状的改变都与基因剂量有关，多倍体的天然产生常出现在分布区的某些边缘地带，一般是在气候条件比较恶劣的地区，所以，多倍体的出现常伴随抗逆性的相对提高。由于多倍体的巨大性、不育性、代谢物增多和抗逆性强等特点而具有很大的经济价值，所以多倍体也从自然产生逐步走向人工诱发，成为育种工作的有力手段。

(二) 同源多倍体

同源多倍体主要依靠无性繁殖途径人为产生和保存。自然界也能产生同源多倍体，往往高度不育，即使少数能产生少量后代，也绝大多数为非整倍体。同源多倍体自然出现的频率为，多年生植物＞一年生、自花授粉植物＞异花授粉植物、无性繁殖植物＞有性繁殖植物。

1. 同源三倍体

同源三倍体是指体细胞内含有三个相同的染色体组的个体。它由四倍体与二倍体杂交而成。因它的同源染色体有三个，所以高度不育。原因是在偶线期染色体联会时，联会只发生在染色体的同源区段。当三个同源染色体出现联会时，有两种可能的联会方式，一种是联会成三价体，但只是局部联合，因在任何同源区区段只能有两条染色体联会，第三条排斥在外，而在另一区段，第二、三染色体联会，第一染色体又排斥在外，这种联会只是局部的，也是松弛的，在减数分裂进入中期 I 以前，可能引起同源染色体提早解离，而形成 2/1 分离。另一种联会形式是两个染色体联会成二价体，另一个不联会，不联会的单价体可能由于移极落后而遗弃在细胞质中，联会的二价体则实行 1/1 分离。同源三倍体的联会和分离的特点有：①联会配对不紧密，为局部联会；②"提早解离"现象和"不联会"现象；③同源染色体的不均衡分离（图 16 - 4）。不管何种联会方式，都会造成同源染色体不均衡分离，最终导致配子不育。这也是无籽西瓜、无籽枸杞不产生种子的原因。

将一般二倍体（$2n = 2x = nII$），在幼苗期用秋水仙素处理生长点，使其体细胞加倍，形成四倍体（$4x = nIV$）植株。四倍体植株气孔大，花粉粒和种子也大。把四倍体作母本与父本二倍体杂交，就可在四倍体植株上结出三倍体种子（$2n = 3x = nIII$）。由此获得的西瓜即无籽西瓜，在甜菜、葡萄上用此方法也都同样获得三倍体品种。

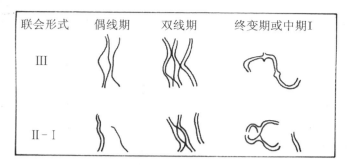

图16-4 同源三倍体染色体的联会和分离
（引自浙江大学遗传学课件）

2. 同源四倍体

同源四倍体是由同一亲本两个不减数的配子（$2x$）结合后发育而成的。同源四倍体的体细胞中每个同源组都有四条染色体，染色体在联会时，由于任何同源区段只能有两条染色体联会，因此形成联会松弛、局部联会的四价体可能引起提早解离或出现不联会的情况。最终导致不均衡分离，形成不育的配子。但也有一些例外情况，如有些同源四倍体，四条同源染色体可能2/2分离，形成可育配子（图16-5）。

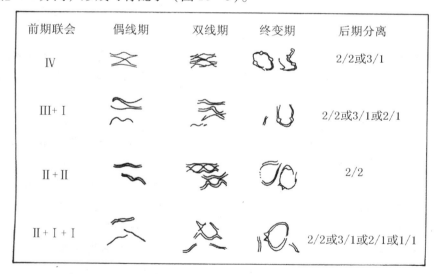

图16-5 同源四倍体染色体的联会和分离
（引自浙江大学遗传学课件）

同源四倍体的遗传行为与二倍体相似，但要复杂得多。例如，当二倍体杂合子的基因型为 Aa 时，自交后 F_2 表型分离为（A：a）^{2} = 1AA：2Aa：1aa = 3A_ ：1aa 的分离；而在同源四倍体中，其杂合子的基因型则为 AAaa，若以染色体为单位进行独立分配，同源染色体按2/2随机分离，则 AAaa 中就有可能形成以下6种配子。

若把 AAaa 记作 $A_1A_2a_1a_2$，4 条染色体随机组合，则有：

A_1A_2，A_1a_1，A_1a_2，A_2a_1，A_2a_2，a_1a_2 6 种配子，即 1AA：4Aa：1aa。

如果 A 对 a 显性，当用杂合体（AAaa）与隐性亲本（aaaa）交配（即测交）时，则有：

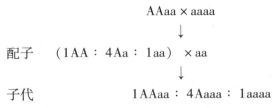

由于 A 对 a 显性，所以将有 5A：1a 的子代表型比例。同理，如果由 AAaa 自交，则会有（1AA：4Aa：1aa）2＝35A：1a 的表型比例。可见，隐性性状个体的出现率远比二倍体中 3：1 要少。这种分离比例，在曼陀罗花色试验中得到证实。

在人工培育的同源四倍体中，有不少成功的例子，如怀牛膝同源四倍体中蜕皮激素较原植物高出达 10 倍之多等。

（三）异源多倍体

异源多倍体可分为偶倍数的异源多倍体和奇倍数的异源多倍体。异源多倍体是物种进化的一个重要因素，在自然界中普遍存在。中欧植物中，在 652 个属中，有 419 个属是异源多倍体：被子植物纲内，占 30%～35%，主要分布在蓼科、景天科、蔷薇科、锦葵科、禾本科等；禾本科中，约占 70%，如栽培的小麦、燕麦、甘蔗，果树中有苹果、梨、樱桃等；花卉中有菊花、大理菊、水仙、郁金香等。

1. 异源四倍体

种间杂种 F_1 经染色体加倍后即可获得异源四倍体。加倍的方式有以下两种：一是用秋水仙素加倍杂种或其幼苗；二是异质单价体无法联会，在后期 I 染色体不规则分离时，形成染色体不等的配子，这些配子是不可育的，但在极少数情况下，可能会获得全部 F_1 的染色体数，即未减数（2n）的配子。两个未减数的配子结合起来形成双二倍体－异源四倍体（图 16－6）。

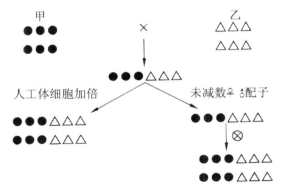

图 16－6 异源四倍体的形成途径示意图

（引自朱之悌，《林木遗传育种》，中国林业出版社）

异源四倍体的著名例子是萝卜甘蓝。卡普钦柯用萝卜（*Raphanus sativus* $2n = RR = 18 = 9II$）和甘蓝（*Brassica Oleracea* $2n = BB = 18 = 9II$）杂交，获得（$2n = RB = 181$）的 F_1 杂种。由于异质的染色体组 R 和 B 间无对应性，所以 F_1 的孢母细胞减数分裂时，18 条染色体都以单价体（1）存在，由它形成的配子，其染色体数和组成都十分混乱，所以形成的配子全都不育，只有极少数的配子，具有 R 和 B 两组全套 18 条染色体，即形成未减数的（$2x$）能育配子。这种雌雄配子结合，获得少数几粒染色体为 $2n = 36 = 18II$ 的种子，即萝卜和甘蓝的异源四倍体或双二位体（$2n = 4x = 36 = RRBB = 9II + 9II$）。目前该双二倍体已被视为一个新属，定名为 *Raphanobbrassica*。自然和人工培育异源四倍体的例子很多。通过远缘杂交，随后染色体加倍，创造了许多有价值的植物。这说明染色体的数量变异，是物种进化的重要原因。

2. 异源六倍体和异源八倍体

如果远缘杂种的亲本不是二个而是三个或四个，则这样的杂种染色体加倍后就是异源六倍体和异源八倍体，如普通小麦和小黑麦。

普通小麦（*Triticum vulgare*）是异源六倍体（$2n = 6x = AABBDD = 42 = 21II$）。染色体组分析证明，普通小麦是由一粒小麦（*Triticum monococcum*，$2n = 2x = AA = 14 = 7II$）与拟斯卑尔脱山羊草（*Aegilops speltoides*，$2n = 2x = BB = 14 = 7II$）杂交，将 F_1（$2n = 2x = AB = 14$）的染色体加倍，形成新的异源四倍体（$2n = 4x = AABB = 28 = 7II + 7II$），其性状恰与野生异源四倍体拟二粒小麦相似。再以此异源四倍体与二倍体粗穗山羊草（*Aegilops squarrosa*，$2n = 2x = DD = 14 = 7II$）杂交得到子代（$2n = 3x = ABD = 21$），但这一异源三倍体高度不育，将它的染色体再加倍，获得了一个育性很好的异源六倍体（$2n = 65 = AABBDD = 42 = 7II + 7II + 7II$），其性状恰与异源六倍体的斯卑尔脱小麦极为相似。可见，新合成的异源六倍体重演了普通小麦的起源过程（图 16 – 7），进一步证明异源杂种的多倍化是进化的因素。

一粒小麦 × 拟斯卑尔脱山羊草

AA ↓ BB

AB

染色体加倍 ↓

AABB

（$2n = 4x = 28 = 14II$，野生拟二粒小麦）× 粗穗山羊草（DD）

↓

ABD 高度不育的三倍体（$3x = 21$）

染色体加倍↓

AABBDD × AABBDD

（$2n = 6x = 42 = 21II$）

↓ 多代选育

AABBDD（完全可育的普通小麦）

图 16 – 7 异源六倍体小麦的形成过程

（引自朱之悌，《林木遗传育种》，中国林业出版社）

异源杂种多倍化是植物育种的主要手段之一，一方面它组合一个目的染色体组到某一目标品种上，另一方面又克服了由此引起的远缘不育。小黑麦异源八倍体就是人工多倍育种比较典型的例子。

小麦是具有优良子粒品质的栽培品种，丰产好，但抗寒性较差，易生病；而黑麦（$2n = 2x = RR = 14 = 7II$）的特点是穗大、子粒大、抗逆性强。黑麦的这种优良性状试图通过杂交传给普通小麦，但因普通小麦（AABBDD）与黑麦（RR）杂交的杂种（$4x = ABDR$）是高度不育的，很难获得可育的后代，表现了远缘杂交的困难。我国学者应用秋水仙素通过处理其杂种 F_1 植株，使染色体加倍为异源八倍体（AABBDDRR，$2n = 8x = 56 = 28II$）。这样不仅杂种获得了育性，而且加倍后八倍体小黑麦成为稳定的纯合子，后代不会分离。目前小黑麦成功地在云贵高寒山区种植，产量比当地的小麦增产 30% ~ 40%，比黑麦增产 29% 左右，淀粉品质和蛋白质含量及抗性等方面，都有很大的改进。

3. 奇倍数的异源多倍体

奇倍数异源多倍体由偶倍数多倍体杂交产生，由于联会时存在的单价体多，染色体分离紊乱，配子染色体不平衡，造成不育或部分不育。因此在自然界中，奇倍数的异源多倍体，只能依靠无性繁殖的方法加以保存。但也有例外，如普通小麦（$2n = 6X = $ AABBDD）×圆锥小麦（$2n = 4X = $ AABB），得到异源五倍体（$2n = 5X = $ AABBD），该异源五倍体结实率高。

二、多倍体的形成途径

（一）多倍体形成的两种主要途径

多倍体形成的两种途径主要是远缘杂交和原种形成未减数配子。远缘杂交缘于卡贝钦科（1928）的设想，他希望育成上面长甘蓝菜、下面长萝卜的新种，结果却相反。但却获得了萝卜与甘蓝的属间杂种异源四倍体，曾定为一个新属"*Raphanobrassica*"。原种形成未减数配子方法是用没有杂交的原种获得多倍体，由未减数产生同源三倍体的花粉粒。

例：桃树　$2n = 2X = 16 = 8$ II

大量花粉

↓选择大花粉粒 1202 粒授粉

30 棵子代植株二倍体桃树

↓

细胞学检查

↓

有 7 株是同源三倍体植株（$3X = 24 = 8$III）。

（二）多倍体的人工诱导与育种

染色体组的加倍在性细胞和体细胞中均可进行。性细胞主要是在减数分裂时形成不减数的（$2x$）配子，然后通过相互结合而成为多倍体；如果在体细胞中加倍，主要通过原种或杂种的顶端分生组织，在其有丝分裂时使染色体加倍，直接形成多倍体。自然界中的某些芽变即属此类。

人工加倍染色体组的方法很多，有生物学方法（如反复切伤）、物理学方法（包括温度骤变、离心力处理、机械创伤刺激及 X 射线处理等）、化学方法（如秋水仙素、咖啡因及三氯甲烷等）。在上述方法中，以秋水仙素效果较好。秋水仙素是从秋水仙（*Colchicum autumnale* L.）的鳞茎和种子中提取出来的，纯的秋水仙素为白色针状结晶，分子式为 $C_{22}H_{25}O_6N$，易溶于水、酒精中。但有剧毒，能使中枢神经麻醉，造成呼吸困难，操作时要特别注意。

一般认为，秋水仙素加倍的机理，主要是通过它作用于顶端生长点分生细胞的有丝分裂中期，破坏或抑制纺锤丝的形成，使核分裂停留在中期状态，使已分开的染色单体停留在赤道板上，不向两极移动，使已复制的染色体共处一个细胞核中，染色体得到加倍。若这时秋水仙素不再发生作用，加倍后的生长点恢复正常的有丝分裂，分生成多倍体枝条或植株。若在配子形成过程中，细胞减数分裂受到秋水仙素抑制，则配子变为二倍性。这种不进行减数分裂的雌雄配子结合后，也产生多倍体。前者是体细胞分生组织染色体加倍的起源方式，而后者则是配子的染色体未减数的起源方式。

秋水仙素诱变多倍体的方法主要有以下几种。①浸泡法。此法又可分为种子处理和植物幼小枝条先端及侧芽处理两种。种子浸泡处理是把干种子放进小瓶里或铺有滤纸的培养器中，然后注入 0.01%～1.0% 的秋水仙素水溶液。置于室温或保持一定温度的条件下，经过一定时间后，用水冲净后播种。另外，用刚刚萌发的种子，经秋水仙素处理效果也很好。幼小枝条先端的处理，是利用幼嫩而易弯曲的枝条，使其先端直接浸泡在药液内。②滴液法。在作物幼小的顶芽或腋芽上，用滴管滴 0.1%～0.4% 秋水仙素溶液。每天一至数次，连续滴 2～3 天。为防止溶液流失，可用药液棉球覆盖在幼芽上，或直接滴在覆盖在芽的棉球上。此法的优点是不致使芽受药害而死亡，且可随时调整处理的时间，成功率较高。③羊毛脂法。用 0.1%～1.0% 的秋水仙素溶液和羊毛脂混合的软膏，在幼芽上涂抹。处理时间因植物种类和秋水仙素浓度不同而异。秋水仙素常用浓度为 0.2%。处理时间为几分钟到 10 天不等。④混培法。直接在培养基中加入无菌的药液，药液的浓度不宜太高，一般为 10～300mg/L，外植体处理时间为几天至一个月，处理完毕后直接转入新鲜培养基中，不用清洗外植体。

（三）多倍体的鉴定

鉴定诱变后的材料是否为多倍体，可观察其形态解剖学特性及结实情况。例如，在苗期调查子叶及叶片是否肥厚、幼芽胚茎是否肥大，在成株时期观察叶片气孔和花粉粒的大小等。凡较对照大者多有可能为多倍体变异，此为间接鉴定。更可靠的是进行染色体直接鉴定，即取植物根尖细胞、嫩叶细胞或花粉母细胞制片，选适当的染色剂，如丙酸–铁–洋红–水合三氯醛（PICCH）等进行染色，用涂抹法或压片法观察诱变材料，确定其染色体的倍数。

以人工诱导黄芩四倍体为例，鉴定过程如下。①诱导愈伤组织。先将表面消毒种子放在培养基上无菌萌发，诱导出愈伤组织，然后变换培养基，诱导出丛生芽，并扩大繁殖。②多倍体诱导。待黄芩愈伤组织表面分化出绿色芽点时，将愈伤组织切成 0.5cm 左右的小块接种在添加不同浓度秋水仙素的 MS 培养基上一个月，然后把培养物转到不含秋水仙素的上述培养基中，使其分化成苗，再进行继代扩大培养并编号建立株系。③试管苗的生根和染色体鉴定。将得到的各株系接种在 1/2 MS 培养基上诱导生根，待根长至 0.5～1.0cm 时切取根尖，进行染色体鉴定，并进行显微摄影，经 3 次以上鉴定确认为四倍体的株系予以保留并扩大繁殖。

三、多倍体的应用

（一）克服远缘杂交的不孕性

杂交之前先使某一亲本加倍为同源多倍体，可提高杂交结实率。

例： 白菜 × 甘蓝   反交：甘蓝 × 白菜

$2X = 20 = 10\,\text{II} \downarrow 2X = 18 = 9\,\text{II}$ $\downarrow$

122 朵花   70 朵杂交花

未结一粒种子   也未结种子

将甘蓝的染色体加倍后，$2n = 4X = 36 = 9\,\text{IV}$

甘蓝 × 白菜   反交：白菜 × 甘蓝

$\downarrow$ $\downarrow$

131 朵花结 4 粒种子   155 朵花结 209 粒种子

$\downarrow$ $\downarrow$

均长成植株   长成 127 株杂种植株

（二）克服远缘杂种不育性

远缘杂种产生大量的单价体，造成严重的不育。将 F_1 加倍后，异源多倍体物种的配子可育。异源多倍体新种具有两个原始亲本种的性状特征，作为再次杂交的亲本之一，能够转移某些优良性状。

例： 普通烟草 × 黏毛烟草

$2n = 4X = TTSS = 48 = 24\,\text{II}$ $\downarrow$ $2n = 2X = GG = 24 = 12\,\text{II}$

$F_1\ 3X = TSG = 36$ 不育

$\downarrow$ 加倍

异源六倍体 $6X = TTSSGG = 72 = 36\,\text{II}$

$\downarrow$ 可育抗病

新种名为 *N. digluta*

（三）创造远缘杂交育种的中间亲本

突出例子是伞形山羊草与普通小麦杂交不能产生有活力的种子，无法将伞形山羊草的抗叶锈病基因直接转移给普通小麦。因此，利用中间亲本可以克服远缘杂种不育性。

二粒小麦 × 伞形山羊草（抗叶锈病基因 R）

$2n = AABB = 14\,\text{II}$ $\downarrow$ $2n = CuCu = 7\,\text{II}$

F_1 $2n = ABCu = 21\,\text{I}$

$\downarrow$ 加倍

F_1 异源六倍体 $2n = AABBCuCu = 21\,\text{II}$，高抗叶锈病

$\downarrow$

用作中间亲本，再与普通小麦杂交和回交

$\downarrow$

普通小麦品系（转入伞形山羊草抗叶锈病基因）

第四节 非整倍体

非整倍体是指比该物种中正常合子染色体数（2n）多或少一个至几个染色体的个体。通常把染色体数大于2n的称为超倍体，在多倍体、二倍体中均能发生。染色体数小于2n的称为亚倍体，通常在多倍体中发生。非整倍体是上几代发生过减数分裂或有丝分裂异常，减数分裂时的"不分离"或"提早解离"所致。

亚倍体可出现在异源多倍体的自然群体中。因为异源多倍体配子中含两个或两个以上的不同染色体组（$n = 2X = AB = a_1a_2a_3b_1b_2b_3$），所以（$n-1$）配子中虽缺少染色体组（A）中某一染色体，但由于该缺失染色体的功能可能由另一染色体组（B）的某一染色体所代替，（$n-1$）配子还能正常发育和参加受精，产生新生的亚倍体子代。

超倍体在异源多倍体和二倍体的自然群体内均可出现。因为在（$n+1$）配子内的各个染色体组都是完整的，一般都能正常发育，所以在二倍体或异源多倍体群体内都能出现超倍体。

一、单体与缺体

单体与缺体的形成是正常个体在减数分裂时个别染色体发生异常活动的结果。例如，某一对染色体没有联会，或联会后没有分离，或分离迟缓没有进入配子中等，其结果有可能产生含有（$n+1$）或（$n-1$）的配子，最终形成单体（$2n-1$）和缺体（$2n-2$）。

如：二倍体为3对染色体，它所形成的单体和缺体如下。

由二倍体植物产生的单体或缺体，因缺少同源染色体的一条或一对往往很难存活，而异源多倍体的单体或缺体可在异源多倍体中存活，这是由于异源多倍体不同染色体组间在作用上可相互替代或补偿。所以异源多倍体的缺体或单体的配子（$n-1$）是可育的，能正常传粉和受精，产生新的单体或缺体后代。

二倍体群体中的单体往往不育。理论上，单体自交产生的双体：单体：缺体$=1:2:1$。实际上（$n-1$）雄配子发芽率、发芽速度均差于n配子。自交后代中双体、单体、缺体的比例因单价体在减数分裂后期 I 中被遗弃的程度、（$n-1$）配子参与受精的程度，以及$2n-$I和$2n-$II幼胚持续发育的程度等因素的改变而改变。以普通小麦为例。

①单体作父本：双体（$2n$）×单体（$2n-1$）→F_1

F_1细胞学鉴定：（$n-1$）♂配子传递率为4%，（$2n-1$）单体有0%~10%，平均4% < 理论值50%；（$2n$）双体有90%~100%，平均96% >理论值50%。

②单体作母本：单体（$2n-1$）×双体（$2n$）→F_1

F_1细胞学结果：（$n-1$）♀配子传递率为75%，（$2n-1$）单体有75% >理论值50%

（减数分裂时，I 易丢失），（2n）双体有 25%。

二、三体与四体

与单体和缺体比较，三体（2n+1）与四体（2n+2）都可在二倍体中发现，其原因为（n+1）配子较（n-1）配子具有更强的活力。由于额外染色体可发生在任一对同源染色体上，所以二倍体中有多少对同源染色体就有多少个三体。因三体基因剂量的原因，在植物形态会发生变异。例如，直果曼陀罗（*Datua stramonium*，2n=24=12II）的球形蒴果的变异，除正常者外，可在其蒴果中区分出 12 种突变型。经研究发现，该 12 种蒴果是由于多了一条染色体（2n=25=12II+I），12 种变形恰好是 12 个三体的反映。多数四体（2n+2）来源于三体子代群体。

三体和四体也是由于减数分裂时，染色体的联会和分离的不正常，造成两条同源染色体不分离所致。

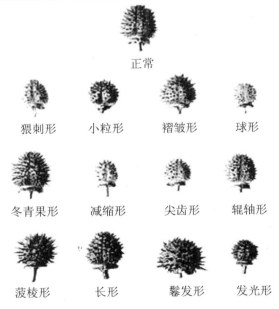

1910 年，人们发现了直果曼陀罗球形蒴果的突变型；1920 年，发现突变型比正常型（2n=24=12II）多了一个染色体，即三体（11II+1III）（图 16-8）。三体传递的一般规律是染色体越长，传递率越大。长染色体中，三价体的交叉也越多，就越容易联系在一起，外加染色体成为单价体而被遗弃的可能性越小。

正常

猥刺形　　小粒形　　褶皱形　　球形

冬青果形　　减缩形　　尖齿形　　辊轴形

菠棱形　　长形　　鬃发形　　发光形

图 16-8　曼陀罗 12 种三体的不同果形
（引自浙江大学遗传学课件）

　　三体的联会有 3 种形式，$(n-1)$ Ⅱ $+$ Ⅲ，n Ⅱ $+$ Ⅰ，$(n-1)$ Ⅱ $+$ Ⅱ $+$ Ⅰ。其中 $(n-1)$ Ⅱ $+$ Ⅲ类型 n、$(n+1)$ 配子，各占 50%；n Ⅱ $+$ Ⅰ类型多数配子是 n，少数配子是 $(n+1)$。因此导致了 $(n+1)$ 配子数少于 n 配子，故自交群体内，多数为双体，少数是三体，而四体 $(2n+2)$ 植株极少。

思考题

1. 染色体数目变异的类型及染色体组的特征。
2. 单倍体的特征。
3. 同源多倍体与异源多倍体的异同。
4. 三倍体在育种实践方面的应用。
5. 异源多倍体形成的途径。
6. 分析单体与缺体、三体与四体染色体的可能联会及其分离特征。

第十七章

倍 性 育 种

第一节　单倍体育种

一、单倍体育种的概述

单倍体是只具有配子体染色体组分的个体、组织或细胞。由这种细胞分化、生长出来的植株叫单倍体植物。利用各种有效方法产生单倍体后，进行染色体人工或自然加倍，使植株恢复正常育性，迅速获得稳定的新品种的育种方法称为单倍体育种。

单倍体植株的产生途径：一是自然产生，即通过植物体的孤雌生殖、孤雄生殖、无配子生殖等产生；二是人工诱导产生，即通过人为的变温处理，用射线照射过的花粉授粉，用远缘花粉授粉，延迟授粉，用化学药品、花药及花粉培养等处理而产生。但除了花药及花粉培养外其他方法产生单倍体的频率均低，而且单倍体的检查也很困难。因此，人工花药及花粉培养的方法是当前人工获得单倍体的重要途径。

单倍体植物由于不能正常进行减数分裂，因而不能生殖。单倍体植株矮小、生长势弱，其本身在育种生产实践上没有利用价值。只有使其染色体组分加倍，才能继续繁殖，获得稳定一致的后代。通过单倍体加倍形成纯系的作物育种方法是单倍体主要的应用途径。一般是利用花药、花粉作外殖体进行组织培养，从小孢子经愈伤组织或胚状体产生植株，或以孤雌生殖、人工诱变等方式产生具有配子体染色体全数的植株（单倍体植株），经染色体加倍后才形成能正常结实的纯合体。纯合体在遗传上是稳定的，不再分离，相当于同质结合的纯系，再经过田间育种试验，获得优良新品种。因此，单倍体育种可以缩短育种年限，提高选育效果。

自从 20 世纪 60 年代用曼陀罗的花粉培养成植株后，单倍体育种首先在烟草上取得成功。20 世纪 70 年代以来，通过花药培养先后诱导出单倍体的蔬菜有结球甘蓝、芥蓝、石刁柏、番茄、茄子、辣椒、甜椒、马铃薯、大白菜等。从 1970 年开始，中国应用单倍体育种方法，已成功地培育出小麦、小黑麦、小冰麦、玉米、辣椒、油菜等花粉植株，有些品种在世界上还是首创。其中春小麦新品种花培 1 号，经云南等地试种，表现出抗寒、早熟、多穗、质好等优点。

二、单倍体育种的重要性

（一）利用单倍体植物可以控制杂种分离、缩短育种年限

利用杂种一代（F_1）或二代（F_2）的花药进行离体培养，诱导其花粉发育成单倍体植株，再经染色体加倍就可以得到遗传上稳定的、纯合的二倍体，相当于同质配子结合的纯系。这样，从杂交到获得不分离的品系一般只需要 2 年时间，大大缩短了育种年限。

（二）单倍体可以大大提高育种的选择效率

如果一个具有 AAbb×aaBB 基因型的杂交组合，其 F_1 的基因型为 AaBb，期望从 F_1 自交后代中分离得到具有 AABB 基因型的新品种，按概率计算，如果 F_1 四种精卵细胞（AB、Ab、aB、ab）随机结合而成 16 种基因型的 F_2 代，则具有 AABB 基因型的选择效率仅有 1/16。若采用单倍体培养、染色体加倍的方法，就可以得到 AABB、AAbb、aaBB、aabb 四种基因型的个体，这样每 4 株中就有一株 AABB 的类型，选择效率为 1/4。可见，某种药用植物花药培养如能有很高的成功率，在这样的情况下，单倍体在提高育种的选择效率上可有明显的作用。

（三）通过单倍体植物可快速获得自交系

杂种优势的利用首先需要掌握一定数量的自交系（纯系）。自交系的培育，一般需要 6 年以上时间，要花费大量的人力和物力进行连续多年的人工自交，而且手续十分繁琐。若采用花药培养的单倍体途径，再经染色体加倍，只需 1~2 年的时间便可得到标准的纯系（自交系），并且一次可以得到许多自交系，大大减少了工作量，缩短了选育年限。这样就为杂种优势利用开辟了一条多快好省的途径。

（四）单倍体植物与诱变育种相结合，可以加速诱变育种的进程

对植株、种子等进行诱变时，因为很难使等位基因的两个成员同时发生变异，因此，产生的隐性突变由于显性基因的掩盖，在处理当代不能表现出来。为了使这些隐性突变不被淘汰，处理当代所收获的种子要全部留下，连续播种，工作量非常大。即便如此，仍有许多有用的变异，因未能及时发现而被淘汰。然而单倍体不存在显隐性问题，并且基因型完全可以表现出来。因此，单倍体培养与诱变育种结合起来，可以加速其育种进程。

（五）有利于远缘杂种新类型的培育和稳定

在远缘杂交中，经常会出现杂种的不育性，若任其自交或天然杂交，很难找到正常可育的后代，通常表现为染色体配对不正常和染色体的部分丢失。如果通过单倍体育种、染色体加倍途径，便可获得稳定纯合的二倍体新类型。

三、花药及花粉培养产生单倍体

（一）花药及花粉培养技术

1. 花药培养

花药培养需预先进行花粉发育期镜检，对试验植物不同发育期的花药在相同的培养条件下培养比较，选定合适的花粉发育期，并找出该花粉发育期与花蕾外部特征的关系。反过来，再根据花蕾的外部特征选取材料。

花药培养的技术比较简单。首先将选取的花蕾用饱和的漂白粉溶液消毒 10~20min 或用 0.1% 升汞消毒 7~10min，再用无菌水冲洗 2~3 次。取花药时应尽可能避免碰伤，去除严重损伤的花药及不必要的花丝。剥离的花药应均匀地平放于培养基上，或悬浮于液体培养基中。

离体花药培养通常在 20℃~28℃，光照为 1000~2000lx 或黑暗条件下进行。经过 20~30 天培养之后，即可发现花药从裂口处长出胚状体或愈伤组织。将愈伤组织转移到分化培养基上进一步分化成植株。如果花药开裂释放出胚状体，一个花药内就可产生大量的幼小植株。花药开裂后，应很快把幼小植株分开，分别移植到新的培养基上，以防下胚轴和根长在一起互相纠缠，难以分开。

许多植物花药培养再生植株常常表现出倍性水平的变异。在石刁柏的花粉植株中就发现过有混倍体产生的情况。特别是通过愈伤组织形成的小植株更易出现倍性的变异。辛克（Sink，1977）归纳其原因为，花粉愈伤组织的多倍化为核融合，不正常的非单倍体花粉诱导生长，花药壁及花丝等母体二倍体组织的愈伤组织参与其中。因此，在保证一个单倍体的植物群体方面，花粉培养要比花药培养，特别是愈伤组织分化成苗好得多。

2. 花粉培养

从花药中分离出花粉接种于培养基上，并诱导形成植株的过程称为花粉培养。花粉培养可以排除花药壁的干扰，在花粉植株诱导的理论和实践上都有重要意义。但是，目前在单倍体育种中，直接利用花粉诱导植株的植物种类还不多，主要是因为对花粉培养诱导花粉植株的条件尚未完全掌握。

花粉培养的方法有哺育培养和单细胞培养。哺育培养法是夏普（Sharp，1972）在番茄花粉培养中创造的。其做法是先将番茄花药划破，放在琼脂培养基上，上面盖一张预先消过毒的滤纸小圆片，使其与花药接触，然后滴一滴番茄花粉悬浮液于滤纸上（约含 10 粒花粉粒），由于花粉与花药接触，可促进小孢子的启动。在光照条件下培养 1 个月左右，便出现薄壁细胞无性系。因此，有人认为花粉分化为胚状体，有一个花药壁因子（诱导者）在起作用。另外，看护培养、平板培养、微室培养等单细胞培养法均可进行花粉培养。例如，以矮牵牛花瓣产生的愈伤组织作为哺育者，看护培养烟草花粉获得成功。

（二）影响因素

大量实践证明，单倍体产生的频率主要受以下一些因素的影响。

1. 供试植株的基因型

通常单倍体植株的产生频率因植物科、属、种或品种的不同而异。烟草属的多数种都能很快地产生花粉植株，而蓝格斯多夫烟草（*N. langsdorffii*）只有在一定生长季节里用特殊培养基才可以诱导出少数的花粉胚。茄科的花药培养得到的成效最大。这说明某些科、属或种的基因型就决定了它们易于花粉植株的诱导，而另一些科、属或种的基因型则决定了它的花粉植株难以产生。

2. 供试植株的生理状况

环境条件影响植物的生理状态。生理状态不同，单倍体的诱导率也不同。当把烟草的光周期从 16 小时减少到 8 小时，获得雄核单倍体的数量可以增加 5 倍。各种生理因素必定影响到内源激素水平，也影响花药的造孢组织和体细胞组织的一般营养状况。深入分析这些因素，有助于充分确定供试植株雄核发育的生理规律，从而提高花药和小孢子培养成功的机率。实践表明，离体花蕾的低温处理有助于改善培养中的花药反应。Nitsch 和 Norree（1973）发现在冰箱贮存 48 小时的毛曼陀罗花蕾，其花药可以增加敏感性。花药经过低温处理 2~3 天，可大大降低其代谢活动，这样就可能积累了大部分小孢子在最适时期改变雄核发育所需要的养分。

3. 小孢子发育期

小孢子的发育时期，通常可划分为四分孢子体时期、单核中央期、单核靠边期、两核花粉期、三核花粉期。成功地诱导单倍体雄核发育的关键是确定离体培养花药中小孢子的适宜发育期。但是，最适宜的花药时期因植物种和品种而不同。例如，毛曼陀罗是在花粉有丝分裂时期或前后为最适时期，而颠茄则以双核早期为最好，人参以单核靠边期为最好。因此，在进行不同物种花药培养时，应对不同发育期的花药加以试验，找出适宜小孢子发育的时期或阶段。

4. 营养条件

花药或花粉培养所需的营养在不同物种及品种间都有差别。虽然烟草、毛曼陀罗等植物的花药在相当简单的培养基中就有少量的胚状体出现，但大多数物种的需要比较复杂。从培养基的使用来看，MS 培养基使用最普遍。培养基中的几种关键成分及其作用是，蔗糖作为能量物质有维持一定渗透压的作用；铁盐以螯合物形式供给最为有效，而且对花粉植株的诱导是不可缺少的；使用高浓度的肌醇、谷氨酸和丝氨酸，对花粉胚的发育是有利的。植物生长调节剂已成功地应用于雄核发育的诱导。使用的关键是各种激素的含量及细胞分裂素之间的比例平衡。开始的培养基要有利于配子体愈伤组织和胚状体的形成，然后再转至分化培养基促进芽的分化，有时还需要转移到别的培养基上促进生根。

（三）单倍体植株的染色体加倍

通过花药或花粉培养形成的单倍体植株，不但株型矮小而且不能结实。所以，若不经染色体加倍，在育种上就没有利用的价值。因此，单倍体育种获得单倍体植株只是一个过渡，最终必须有一个染色体加倍的过程，使其形成完全纯合的能育植株。目前实现染色体加倍的方法有三种。

1. 自然加倍

在诱导单倍体花粉植株的过程中，就会有很少的植株自然加倍。这主要是通过核内有丝分裂而实现的，也有的是由花粉内营养核和生殖核两者的融合而达到加倍的。尽管自然加倍的频率低，但它和人工诱导加倍相比，较少表现出核畸变。值得注意的是，在鉴定真正花粉分化而自然加倍的植株时，要区分由花药壁、花丝等亲本二倍体愈伤组织分化的植株。

2. 人工诱导加倍

人工诱导加倍是指用秋水仙碱溶液处理单倍体植株，此法能显著地提高加倍频率。可以用0.5%的秋水仙碱溶液处理尚未脱离花药的幼小植株24～48小时，再彻底冲洗后移植，也可以用秋水仙碱－羊毛脂膏（0.4%）涂抹成熟的单倍体植株的叶腋。

3. 愈伤组织培养加倍

取单倍体的茎、叶或根进行培养，产生单倍体的愈伤组织，根据单倍体细胞在组织培养过程中核内有丝分裂存在不正常发生的事实，从而导致染色体数目的加倍，然后再分化得到二倍体植株。

总之，无论采取上述何种加倍方法，都要结合细胞学的检查，从而确定是真正的二倍体，还是具有其他倍性的个体，如三倍体、四倍体，以至更高倍性的多倍体。

第二节　多倍体育种

一、多倍体育种的概述

凡体细胞中具有三个以上的染色体组的个体，统称为多倍体。多倍体在生物界广泛存在，常见于高等植物中。由于染色体组来源不同，其可分为同源多倍体和异源多倍体。染色体的多倍化是物种进化和形成的重要途径之一。多倍体的形成有两种方式，一种是本身由于某种未知的原因而使染色体复制之后，细胞不随之分裂，结果细胞中染色体成倍增加，从而形成同源多倍体（autopolyploid）；另一种是由不同物种杂交产生的多倍体，称为异源多倍体（allopolyploid）。

同源多倍体是比较少见的，但可以人为地培育出同源多倍体植株，如四倍体西瓜是在二倍体西瓜幼苗时期，用秋水仙素处理幼苗的生长尖，使细胞内染色体增加了一倍所育成的品种。异源多倍体的例子比较多，如现在栽培的小麦就是天然起源的异源多倍体。

关于多倍体育性方面，人工获得的多倍体往往有不育的特性，比如同源四倍体，其自身的育性，以及和二倍体杂交的育性都很低，选择育性好、结籽性好的品系是一个很繁杂、漫长的过程。

二、多倍体的特点及应用优势

（一）巨大型与产量增加

药用植物大多以根、茎和叶等器官为收获对象。多倍体植株由于染色体的加倍，植株的细胞和器官表现出"巨型性"的显著特征，较好地满足了药材生产的要求，同时药用植物的倍性变化往往能导致次生代谢产物含量的变化，这就有可能获得有效成分含量高的药用植物新品种。

（二）抗逆性与抗性增

多倍体是高等植物染色体进化的特征，对不良环境的抵抗能力也比二倍体强。多倍体植株一般茎秆粗壮，故能较好地抗倒伏，有的还具有抗旱、抗病等其他抗性，如由日本薄荷和库叶薄荷诱导的异源四倍体就具有抗粉真菌、抗寒等优点。

（三）代谢活跃与药效成分提高

从实践中发现，大多数多倍体中次生代谢产物含量都有所增加。例如，石菖蒲在长期自然变异过程中形成了二倍体、三倍体、四倍体和六倍体各种类型。据测定，其根茎的含油量、植物体内草酸钙的含量等均与染色体倍数有关，二倍体中不含 β_2 细辛醚，三倍体含 β_2 细辛醚和顺甲异丁香油酚的混合物，四倍体精油中含有比三倍体高 2 倍的细辛醚；怀牛膝同源四倍体中蜕皮激素较原植物高出达 10 倍之多；杭白芷多倍体的药用成分欧前胡素含量比原植物高出近 2 倍。多倍体与原植物比较，有些还可能会产生新的性状和新的化学成分，如菘蓝同源四倍体中游离氨基酸成分组成与二倍体亲本相比也不尽一致，可从中筛选出具有药理活性的前导化合物。

总之，药用植物是一类具有特殊用途的经济植物。在我国，药用植物经过几千年的应用和发展，已经形成了具有悠久历史的传统中医药。多倍体药用植物一般具有根、茎、叶和花果的巨型性、抗逆性强、药用成分含量高等特性，这正是药材优质、高产育种所期望达到的目标。多倍体是获得高产的主要手段之一，但药用植物育种特殊性还在于考虑药用部位的产量的同时还要考虑其活性成分的含量，不能只注意生长速度，因为有些器官生长过快反而不利于有效成分的积累。根据育种实践，不同多倍体株系之间在生长速度和活性成分含量方面有较大差别，所以还要进行筛选符合的要求的理想株系，实现预期的育种目标。

三、适合多倍体育种的范围

选择具有良好的遗传基础的类型和较多的品种或种作诱变对象，是多倍体育种成功的基础。针对多倍体植物的特点，选择合适的植物类型更适宜多倍体育种。

1. 选择染色体倍数低的植物，这样会减少染色体限制的几率。

2. 对不以种子为主要收获目的，而收获根、茎、叶、花的植物，进行多倍体育种成功性最大，它不仅可以充分利用其巨大性特点，而且使孕性低不致成为主要缺点。这是被各国育种学家所公认的。

3. 选择能够进行无性繁殖的植物，可以减少生产上对种子的依赖性。

4. 选择远缘杂交的后代。远缘杂种孕性很低，当诱变成双二倍体后，往往具有同二倍体植物一样的育性。

5. 选择异花授粉植物。这类植物便于最大限度的提高同源多倍体的杂合性。因为多倍体自交率越高，子代表现越差。至今尚未发现哪一个成功的多倍体是自花授粉植物。

6. 利用多倍体的不孕性，有希望获得无籽果实的植物，如枸杞、山茱萸、罗汉果等，这是奇数多倍体所具有的特点。

四、多倍体人工诱导方法

自然界产生多倍体的过程相当漫长，因此，常用人工诱导的方法来获得多倍体植株。人工诱导方法目前大致可分为物理方法、化学方法和生物学方法三种。

（一）物理方法

利用温度激变、机械创伤、电离辐射、非电离辐射、离心力等物理因素诱导染色体加倍。咖啡花粉母细胞减数分裂时，用骤变低温（8℃~10℃）直接处理花器官，可获得大量二倍性花粉粒；^{60}Co 射线处理萌动的杜仲种子可以产生多倍体。此外，一些愈伤组织内的染色体能自然加倍，发育成多倍体。但物理方法由于效率低且不稳定而未能普及。

（二）化学方法

秋水仙素是最常用的诱变剂。用秋水仙素处理植物的生长点，能在细胞分裂中期防止纺锤体的形成，使细胞不分裂。乔传卓等用 0.05%~0.5% 的秋水仙素处理菘蓝（$2n=14$）种子和茎顶生长点 6~12 小时，均获得四倍体植株（$2n=28$）；陈素萍等采用在添加秋水仙素的 MS 培养基中萌发党参（$2n=16$）种子的方法获得了党参同源四倍体植株（$2n=32$）等。此外，还有用富民农作诱变剂的。例如，远泓等用 0.01% 富民农处理当归（$2n=22$）幼苗生长点 48~72 小时，获得了当归同源四倍体植株（$2n=44$）。

（三）生物学方法

生物技术是本世纪发展最快、最有生命力的一门高新技术前沿学科。生物技术在中药材品种改良方面有很好的应用潜力，对多倍体诱导主要有以下几种方法。

1. 摘心、切伤、嫁接法

摘心、切伤、嫁接法等农艺措施均可以产生愈伤组织，某些愈伤组织细胞内的染色体能自然加倍，进一步发育成多倍体枝条。

2. 体细胞杂交法

体细胞杂交又称原生质体融合，该技术的发展是建立在组织培养和原生质体培养基础上的。首先用纤维素酶和果胶酶处理植物细胞，得到大量无壁的原生质体，再通过物理或化学方法诱导异核体，进一步融成共核体，经培养后诱导分化出同源或异源多倍体植株，如柑橘细胞电融合参数选择及种间体细胞杂种植株再生。

3. 培养法

胚乳是由精子和2个极核融合形成的三倍体组织，通过培养可以直接得到三倍体植株。三倍体植株往往表现出无籽，这对一部分药用植物来说是十分有益的性状，如山茱萸、枸杞由于果核大、种子多会带来加工的困难，且降低产量和质量。我国已成功地用枸杞胚乳诱发获得了染色体接近三倍体的植株，此三倍体的植株经处理加倍可以产生六倍体，这也是产生多倍体植株的又一有效途径。

五、实例

丹参是传统中药，具有活血化瘀、凉血消肿、除烦清心等作用，临床上用于治疗冠心病，有较好的疗效。

1. 组织培养方法

取丹参种子，用75%的乙醇消毒，转入2%次氯酸钠溶液中消毒15min，用无菌水冲洗后，置于1/2 MS培养基上萌发，合适光照、温度条件下培养获得无菌苗，并继代培养。

2. 诱导多倍体

在MS培养基中添加0.0125mmol/L、0.025mmol/L、0.125mmol/L、0.25mmol/L四种不同浓度的秋水仙素，一个月后获得丛生芽，将其切成0.5cm直径块，接种到繁殖培养基上培养1个月。

3. 生根培养

将试管苗或芽分成单株或单芽接种到生根培养基上（1/2MS + IBA，0.2mg/L），10天后长出幼根形成植株。

4. 多倍体鉴定

取诱导的植株根5～10条，经固定、制片后显微镜观察并拍照。

5. 多倍体株系的建立和繁殖

将鉴定后的多倍体植株保留并繁殖，经练苗后移栽大田，并观察记载农艺性状。

6. 主要有效化学成分含量测定

高效液相色谱法测定丹参多倍体株系中隐丹参酮、丹参酮IA、丹参酮IIA的含量（表17－1，朱丹妮），筛选优良品系。

表 17 - 1 丹参主要化学成分分析

品系	年	丹参酮 IIA%	丹参酮 IA%	隐丹参酮%	总量%	对照比较
CK	1992	0.2437	0.0675	0.1712	0.4824	100
	1993	0.1682	0.0959	0.1592	0.4234	
	Average	0.2060	0.0817	0.1652	0.4562	
61 - 2 - 22	1992	0.4101	0.1022	0.3868	0.8991	211.1
	1993	0.2063	0.1266	0.4239	0.7568	
	* 1993	0.3302	0.1891	0.6931	1.2124	
	Average	0.3155	0.1393	0.5013	0.9561	
61 - 3 - 6	1992	0.1161	0.0372	0.0741	0.2273	69.9
	1993	0.1174	0.0965	0.2472	0.4611	
	* 1993	0.0899	0.0605	0.1110	0.2614	
	Average	0.1078	0.0647	0.1441	0.3166	
61 - 4 - 3	1992	0.1838	0.0549	0.1166	0.3553	80.8
	1993	0.0836	0.0542	0.1167	0.2545	
	* 1993	0.1434	0.0995	0.2386	0.4815	
	Average	0.1369	0.0695	0.1573	0.3638	
62 - 5	1992	0.0854	0.0243	0.0405	0.1501	58.0
	1993	0.0981	0.0654	0.1846	0.3481	
	* 1993	0.0911	0.0603	0.1387	0.2902	
	Average	0.0915	0.0500	0.1213	0.2628	
62 - 6	1992	0.0934	0.0257	0.0347	0.1539	49.5
	1993	0.0923	0.0568	0.1176	0.2667	
	* 1993	0.0737	0.0517	0.1262	0.2516	
	Average	0.0865	0.0447	0.0928	0.2241	
62 - 50	1992	0.0906	0.0243	0.0314	0.1463	43.8
	1993	0.0618	0.0415	0.0820	0.1854	
	* 1993	0.0946	0.0562	0.1125	0.2632	
	Average	0.0823	0.0407	0.0753	0.1983	
62 - 91	1992	0.0584	0.0187	0.0174	0.0944	41.1
	1993	0.0777	0.0410	0.0907	0.2094	
	* 1993	0.0806	0.0513	0.1232	0.2551	
	Average	0.0722	0.0370	0.0771	0.1863	
62 - 98	1992	0.0676	0.0185	0.0228	0.1089	41.2
	1993	0.0536	0.0388	0.0947	0.1872	
	* 1993	0.0884	0.0578	0.1168	0.2630	
	Average	0.0699	0.0384	0.0781	0.1864	
62 - 129	1992	0.1435	0.0363	0.0541	0.2339	45.3
	1993	0.0531	0.0392	0.0839	0.1762	
	* 1993	0.0983	0.0378	0.0690	0.2051	
	Average	0.0814	0.0240	0.0289	0.1343	
62 - 166	1992	0.0726	0.0543	0.1261	0.2530	9.4
	1993	0.1468	0.0792	0.1938	0.4200	
	* 1993	0.1003	0.0525	0.1163	0.2691	

* 为栽培的试管苗,其他为扦插繁殖植株

第三节　非整倍体在育种上的应用

非整倍体本身并没有多少应用价值，但可利用它为育种工作服务。例如，通过单体、缺体和三体测定某基因在哪条染色体上，继而利用单体或缺体进行染色体替换等。

一、利用单体测定基因所在染色体

小麦中发现一种有芒隐性突变型（ss），但不知其所在的染色体。要解答这一问题，可用无芒的显性纯合子（SS）小麦的各种单体作母本并与之杂交。若 F_1 中出现有芒的组合，则这个组合的母本属于第几条染色体的单体（设为 2B 单体），那么有芒基因就在该（2B）染色体上（图 17-1）。

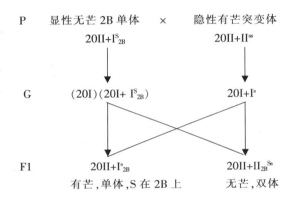

P　　显性无芒 2B 单体　　×　　隐性有芒突变体
　　　　$20II+I^s_{2B}$　　　　　　　　$20II+II^{ss}$

G　　$(20I)(20I+I^s_{2B})$　　　　　　$20I+I^s$

F1　　$20II+I^s_{2B}$　　　　　　　　$20II+II^{Ss}_{2B}$
　　　有芒，单体，S 在 2B 上　　　无芒，双体

图 17-1　小麦有芒隐性基因的染色体定位

二、利用缺体进行染色体替换

发现某些小麦品种具有很珍贵的抗病基因（RR），除此之外，再无可取之处。而当前某栽培品种除无抗病基因（rr）外，其他性状均好。因此，只要把有抗病基因的染色体替换即可。

先预测 R-r 所在的染色体，设为 6B，然后，第一步，用中国春（小麦品种）（C）的 6B 单体（$20_cII+_cI_{6B}^r$）与栽培品种 A（21_AII）杂交，使 A 变成 6B 单体；第二步，将栽培品种 A6B 单体与抗病株（R）杂交，获得 F_1 后，选留单体，单体在多次自交，选择，每次总是淘汰自交后代中的缺体和单体，选留双体，即可获得具有一对抗病基因 RR 的栽培品种 A（图 17-2）。

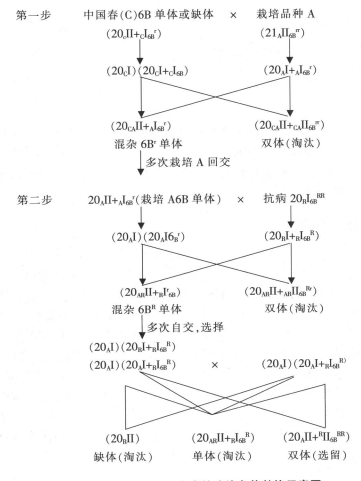

图 17-2　小麦抗病染色体替换示意图

三、利用四体-缺体植株测定异源染色体组间的同源程度

普通小麦 ABD 中，A、B、D 同源到什么程度，其中一组中的个别染色体的作用可否被他组中成员取代，利用四体-缺体植株可解决这一问题。已知普通小麦 2B 四体（$2n + II_{2B}$）正好弥补 2D 缺体（$2n - II_{2D}$）的功能，一株（$2n + II2B - I_{I2D}$）的四体-缺体植株，减数分裂正常，所产生的花粉同双体花粉一样能正常受精。这说明普通小麦的 2D 和 2B 染色体间部分同源。

第四节　倍性育种存在的问题及克服方法

多倍体植物育种具有很多优势，但育种过程中还面临许多问题有待克服，成功地诱变出多倍体只是育种工作的第一步。

一、花药培养成功率低

虽然花药培养的单倍体育种在育种中有重要意义，但是花药小孢子植株诱导成功率低，成为单倍体育种途径应用的主要障碍。

二、嵌合体问题

处理当年不能开花的种子或芽时，由于诱变处理只能作用少量的细胞，而大量的细胞并没有发生染色体加倍。这样，在一个组织内既有加倍的细胞，又有未加倍的细胞，由此获得的多倍体往往是一个嵌合组织，并且还存在恢复为二倍体的可能性。但当处理性细胞或合子时，获得的则不是镶嵌的多倍体。

三、染色体倍数限度问题

多倍体育种中，由于植物种、类型、品种的不同，加倍后反应也不同。有的表现良好，各器官趋向巨大性，适应性强，表现高产优质。但也有一些多倍体，植株变得矮小，生活力下降，甚至不能繁殖后代。试验结果表明，植物都有其最适宜的倍性水平，并非染色体倍数越高越好，如果超过了这个限度，就会产生不良结果，尤其是同源多倍体。例如，甜菜（Beta vulgaris）三倍体比二倍体、四倍体产量高，含糖量也高，而且有害物质（氮）含量低；四倍体除虫菊的除虫菊精含量比二倍体的含量高一倍以外，三倍体比四倍体更有前途；四倍体西瓜含糖量并没有三倍体的高；栽培种马铃薯是一个天然四倍体，诱变成八倍体后，块茎多汁，植株矮小，生长势弱。由此可见，甜菜、除虫菊、西瓜的染色体倍数的限度为三倍体，马铃薯的限度为四倍体。不同种植物的限度是不同的，有的是三倍体，有的是四倍体，也有的是八倍体或更高。至于异源多倍体有无染色体数的限制，目前尚不能肯定。

四、不孕问题

多倍体孕性低表现为结实率低、籽粒不饱满，尤其是同源多倍体植物更是如此。其原因有不同解释。达买顿等人认为，多倍体在减数分裂时染色体配对不正常，产生大量的多价体，使配子发育不正常，造成结实率低。鲍文奎等人持不同意见，认为减数分裂时染色体分配不平衡，只能使同源多倍体降低10%左右的可孕性。其基本原因是由两方面因素引起的，一方面是新产生的多倍体在同化物质的运输上有阻碍，致使性器官和种子得不到足够的养分，另一方面是结合所引起的生活力的降低而影响了可孕性。孕性低是一些多倍体植物应用于生产上的主要障碍。很多学者在提高其孕性方面做了大量工作。

通过不同多倍体品系间有性杂交提高结实率，是解决多倍体孕性低的很好途径。此方法在很多作物上应用效果显著。例如，不同品系四倍体荞麦杂交后代，每公顷产量为1834kg，而二倍体只有690kg。可以采取先将不同品种诱变成同源多倍体，然后再杂交，也可以先进行不同品种的杂交，再将杂种染色体加倍。这两种方法都可以降低多倍体的同质性，增加内部异质而提高生活力。

选择对异花授粉植物的多倍体有很好的效果。例如，新获得的四倍体荞麦，每株平均26粒种子，经一次定向选择后达78粒，经两次选择后增加到182粒。选择不仅可提高孕性，还可以改进植物的品质和增强抗性。通过诱导双二倍体来提高多倍体孕性，是一条被公认的有效途径。双二倍体具有与二倍体同样的育性。例如对小黑麦的研究，早在 19 世纪 70 年代已有人将普通小麦（六倍体）与黑麦（二倍体）杂交获得小黑麦，几乎完全不孕，直到 20 世纪 30 年代，利用多倍体育种方法获得八倍体小黑麦，才使孕性有很大的提高。

　　总之，不孕性在多倍体育种上是一个比较严重而又复杂的问题。育种工作者必须根据具体情况对不同植物进行各方面的研究，采取综合措施，才能很好地克服这个困难。

　　由于多倍体孕育着丰富的遗传变异的潜力，所以，科学家对多倍体育种寄予了很大的希望。据不完全统计，世界上有前苏联、印度、美国、英国、日本、波兰等几十个国家开展了多倍体方面的研究工作，用实验方法获得的多倍体已达 1000 多种。除了粮食、果树、蔬菜、花卉、牧草外，在药用植物方面也开展了多倍体育种工作，其中有薄荷、胡椒薄荷、当归、人参、罂粟、曼陀罗、颠茄、洋地黄、枸杞、刺茄、蛔蒿，多叶薯、紫万年青、薏苡、蛇根木、白菖蒲等等。药用植物开展多倍体育种不仅对增加产量和药效成分含量有重要意义，而且很多种植物适合于多倍体育种。因此，对药用植物的多倍体育种应该引起足够的重视。

思考题

1. 单倍体育种的优势。
2. 非整倍体在育种上的用途。
3. 多倍体育种存在的问题及克服方法。
4. 适合多倍体育种的范围，并分析其原因。

第十八章
无性繁殖植物的芽变

第一节 芽变的发生途径及种类

芽变是植物营养器官所发生的遗传变异，选择突变的芽，经过无性繁殖可以育成新品种。文献记载菊花有四百多个品种，月季有三百多个品种出自芽变。因此，芽变是新品种选择的基础，研究芽变发生机理和特点，是解决营养系育种的关键。

无性繁殖植物芽变构成了无性繁殖植物变异的多样性，使其成为无性繁殖植物变异的丰富源泉。通过优良单株选择分离出新的营养系优良品种，同时不断丰富原有的种质资源库，可以为无性繁殖植物的有性杂交育种提供丰富的种质资源基础。

一、芽变的概念

芽变一词是外来语，直译是"芽子的把戏"，就是说植物的芽子是多变的。育种上应用的真正意义的芽变（sport）是由植物体细胞内遗传物质发生改变所产生的体细胞突变，当该变异发生在体细胞芽的分生组织或经分裂发育成芽的分生组织就会形成变异芽。只有当变异芽萌生成新器官或植株时，即新生体表现出与原类型在性状上有所不同，才易被发现。可见，芽变是新品种选育的重要变异源。

二、芽变的发生途径

（一）基因突变

基因突变及染色体结构、数目变化是产生芽变的重要来源。特别是在国内外远距离的引种时，由于栽培环境的变化亦可出现芽变。一般新育成的品种包括杂交品种，它们的遗传性比较不稳定，容易受到外界条件的诱变的影响，所以往往容易产生芽变。

1. 自然发生

无性繁殖植物长期受环境条件的影响，其中严寒、干旱、水涝、高温、病虫害和机械损伤等，凡能够引起遗传性动摇的因素，就可能使植株产生芽变。由于长期作用，会发生各种各样的变异。因此，无性繁殖植物天然混杂群体本身存在许多变异，一个无性系在生产及繁育过程中，由于环境条件变化的影响也会产生新的芽变。

2. 诱导发生

自然界基因突变频率很低，可通过人工诱变处理来提高突变率。例如，修剪可能激发芽变产生，特别是重度修剪后萌生的不定芽，常会出现芽变。近年来已用化学药品和各种射线来处理枝条，进行人工引变，它可以提高芽变出现的频率，是人主动获得芽变的有效方法之一。

（二）基因分离重组变异

无性繁殖植物群体长期以无性繁殖为主，植株自交和天然杂交是经常发生的，环境条件不断的作用，无性繁殖植物群体中发生自然杂交或进行人为有目的杂交时，其实生后代群体会出现更多的性状分离重组变异，变异、杂交、自交在群体中动态发生，得到更多的后代遗传组成有改变的植物群体，可以为优良营养系品种培育提供丰富的变异。

1. 天然杂交群体

绝大多数无性繁殖植物是异花授粉植物，异花授粉植物的每一次天然有性杂交都将伴随基因重组而引起性状的分离，从而表现一些新的变异。假设一种植物在100个位点上各有两个相对的等位基因，通过天然授粉后的基因重组可能产生的基因型将有3100种，这是一个庞大的数字。可见，基因重组是实生群体个体间遗传变异的主要来源。每一个个体的基因型异质化程度较高，遗传基础较为复杂，它们的有性后代几乎在任何个体之间都表现出一定程度的差异，都会出现多样性的分离现象。因此，实生繁殖可产生变异混杂群体。从变异群体产生种子而繁殖的后代中可获得实生变异的群体材料。

2. 人工杂交后代

对于两个无性繁殖的群体，经过选配亲本后，采用有性杂交的方法进行杂交。由于无性繁殖植物大多数是异花授粉植物，有性杂交一般容易开展，通过人工杂交获得的杂种所产生的后代群体可产生遗传基因的分离重组，可获得实生变异的分离材料。

3. 人工自交后代

对于异花授粉植物，如果通过人工强制自交，其自交群体产生种子而繁殖的后代中会获得实生变异的群体材料。由于无性繁殖植物基因型的高度杂合，自然基因突变又多是正突变的隐性突变，自交的后代必然能分离出隐性的新性状。因此，对无性繁殖植物进行自交，可实现后代变异的分离重组，获得变异的群体。

三、芽变的种类

（一）形态特征变异

1. 叶变异

叶变异包括叶的大小、宽窄、叶形、叶缘有齿无齿，叶色深浅，叶有刺无刺等的变异。

2. 枝条变异

变异的芽内分生组织萌动长成枝条，该枝条表现出与原品种类型不同的现象称为枝变。其包括枝梢长短、粗细，节间长短，刺的有无等变异。

3. 营养器官变异

群体里产生大小特征不同的变异营养器官，其表现出与原品种类型不同的现象称为营养器官变异，如地下根茎等。

4. 果实变异

果实变异包括果实及果穗大小，以及果皮颜色等的变异，也包括果蒂或果顶特征、果皮厚薄、果皮光滑程度，以及果皮颜色等的变异。

5. 花变异

花变异包括花朵大小形状、花瓣形状、单瓣与重瓣，以及花朵颜色等的变异。

6. 植株变异

包含突变细胞的芽发育成一个植株，或采用该芽进行无性繁殖形成新个体都称为株变。其包括植株生势、植株的高矮、株幅的大小，以及植株的形状等的变异。

7. 芽变异

芽按照功能部位分为叶芽、花芽和混合芽；按位置分为定芽、不定芽；按鳞芽苞的有无分为鳞芽、裸芽；按生理状态分为活动芽、休眠芽等。这些分生组织产生的芽与原来植株上的芽有所不同而发生变异。

（二）生物学特性变异

1. 生长与结果习性的变异

生长与结果习性的变异包括生长特点，植株叶片分支着生分配比例，抽梢能力及形成习性，萌芽及成花能力、雌雄花比例，座果能力，连续结果能力等的变异。

2. 物候期的变异

物候期的变异包括萌芽期、开花期、果实成熟期，以及休眠期等提前或延迟的变异。

3. 抗性的变异

有的芽变抗逆性发生改变，产生的新品种在抗旱、抗病虫害方面性能增强。其中，抗寒芽变的发生较常见。

4. 育性的变异

有的芽变使雌蕊瓣化，能育性降低，或使雌、雄蕊退化，失去可育性等。不育性与单性结实特性相结合就可结出无籽果实。

5. 品质的变异

品质的变异包括产品的颜色，气味，质地及有效成分及营养成分等成分含量的变异。

（三）生理生化特性变异

1. 叶片色素含量变异

叶片色素含量的分析显示，金叶植物叶片中叶绿素总量和类胡萝卜素含量普遍比绿叶植物低。

2. 光照强度的敏感程度变异

金叶植物叶片对光照强度的敏感程度有差异，可分为 3 种类型，即光强不敏感型，包括金叶薯和金叶绿萝；光强敏感型，包括金叶国槐、金叶女贞、金叶小檗、金叶红瑞木等；光强高度敏感型，包括金叶菰、金叶连翘、金叶接骨木等。

红檵木、黄檵木与檵木在叶绿素 a、叶绿素 b、类胡萝卜素及花色素苷含量方面存在明显差异。同时，电镜透射下叶绿体超微态也存在差别。红檵木叶绿体的基粒片层排列不规则，基质片层与基粒片层被破坏，叶绿体被分解，质体内积累类胡萝卜素，叶绿体中存在空泡现象。檵木中叶绿体数量多，基粒片层排列规则、紧密，未见空泡现象。黄叶檵木叶绿体较完整，基粒排列整齐、较疏松，结构介于红檵木与檵木之间。

第二节 芽变的细胞学和遗传学基础

一、芽变的细胞学基础

（一）顶端分生组织三层细胞表现特征

表皮原（L_1）为最外一层，由一列排列整齐的细胞构成。它进行垂周分裂而增大表面积，形成一层细胞，将来分化为表皮。如果突变发生在 L_1 层，则表皮产生变异。

皮层原（L_2）是位于表皮原内的几层，细胞具有等径性，进行垂周和平周分裂，形成多层细胞，将来衍生成皮层的外层和孢原组织。当突变发生在 L_2 层时，皮层的外层和孢原组织产生变异。

中柱原（L_3）即中央的轴心部分，与 L_2 的分裂相似，也形成多层细胞，将来衍生成皮层的内层和中柱。只有当顶端分生组织的某一层发生突变时，将来才可能发生芽变。当发生在 L_3 层时，皮层的内层和中柱产生变异。L_3 有多层细胞，既有垂周分裂，又有平周和斜向分裂，分化为皮层的中内层、输导组织和髓心组织。植物种类不同，各组织发生层分化衍生组织时，存在着一定的差异。

（二）嵌合体发生机理

植物嵌合体（plant chimera）是指含有 2 种或 2 种以上遗传型的植物组织的个体。例如，Baur（1909）对黄边心型天竺葵（Pelargonium zonale）植物进行研究，发现其生长点原基（shoot apical meristem，SAM）、茎秆、叶柄和叶均由 2 种遗传型细胞有规律的组成，称为植物嵌合体，由于这种嵌合体是变异产生的，又称芽变嵌合体。

芽变嵌合体的发生机理主要是从梢端分生组织的组织发生层学说中得到的解释。组织发生层学说是由 Satina（1940）和 A. F. Blakeslee（1941）等提出，其基本理论是顶端分生组织的 L_1、L_2、L_3 三层细胞，在正常情况下具有相同的基因型，而突变往往是发生在某一组织层的单一细胞。随着生长发育，突变和未突变细胞同时分裂、竞争共存，结果以镶嵌的嵌合体形式存在。同时，由于植物的特征表现分别由三个层次的细胞分别衍生，因此，又表现为不同的嵌合体类型。

三层细胞同时发生同一突变的可能性几乎不存在。因此，芽变开始发生时总是以嵌合体的形式出现。镶嵌范围的大小取决于突变发生时期的早晚。突变发生时期越早，镶嵌范围越大，反之，镶嵌范围就小，而且嵌合体的类型往往决定于侧芽的位置。若突变发生时间早，未突变的细胞分裂的数少，突变细胞又位于某一组织的最中心处，则突变有可能发育成层间基因型不同的周缘嵌合体（periclinal chimera）。如果突变发生的时间较晚，未突变的细胞分裂的数多，突变细胞的位置又不在中心，则变异细胞只能占据层内的一部分，使同一层次内兼有已变和未变的两类细胞，形成扇形，称为扇形嵌合体（sectorial chimera），或叫做部分周缘嵌合体。周缘嵌合体和扇形嵌合体根据突变细胞所处的层次不同，又分成多种类型。以original（原始的）一词的第一个字母 o 代表未变的细胞组织，以 mutational（突变体）一词第一字母 m 代表突变体的细胞组织，按 $L_1 - L_2 - L_3$ 依次排列，则周缘嵌合体的结构有 m - o - o、o - m - o、o - o - m、m - m - o、o - m - m、m - o - m 等类型；扇形嵌合体的结构有 om - o - oo - om - o、o - o - om、om - om - o、o - om - om、om - o - om、om - om - om 等类型（om 表示未变异与变异细胞在同一层内共存，前面的字母表示数量占优势）（图 18 - 1）。

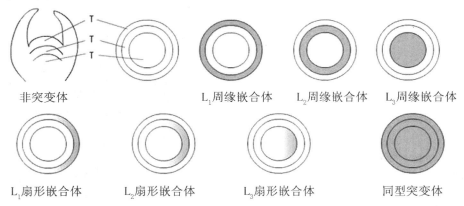

图 18 - 1　顶端组织发生层由突变而形成的嵌合体主要类型示意图

（三）嵌合体表现及利用

各种周缘嵌合体芽变，也会在继续生长发育中出现不同变化。例如，一个 m - o - o 型周缘嵌合体可回复到 o - o - o 型，失去已有的变异；也可由原 m - m - o 型即包括 L_1、L_2 层变异的周缘嵌合体，转变成 m - m - m 型的同型突变体。这种转化现象有来自内部因素的影响，如突变细胞与非突变细胞分裂过程中因竞争发生排挤和层间取代；也有来自外部因素的影响，如辐射线杀死外层细胞，冻害等造成不定芽的萌发，从而造成深层取代，使深层原来的突变体得以表现。扇形嵌合体和边缘嵌合体的直接利用价值不大，即使通过无性繁殖，它还要发生变化，只有等到它又变成周缘嵌合体，才有再利用的可能。

周缘嵌合体是一种最常见的、比较稳定的嵌合体，通过无性繁殖能保持下来，且仍具有原有的特征、特性，在生产上也有一定的利用价值。例如，有一种叫"红纹白"的马铃薯，是表皮周缘嵌合体，其特点是红表皮、红芽眼，内部是白公主马铃薯的组织，它在生产上已使用多年。

扇形嵌合体和边缘嵌合体由于先端优势、自然伤口或人为短截修剪等因素，使扇形嵌合体枝条上的不同节位的芽具有不均等的萌发成枝的机会，从而出现不同情况的转化。一个嵌合体在侧枝发生时，处于变异扇形面内的芽，萌发后将转化成具有周缘嵌合体的新枝；处于扇形面以外的芽，萌发后将长成非突变枝；恰巧正处于扇形边缘的芽，萌发后将长成仍具扇形嵌合体结构的枝条。

二、芽变的遗传学基础

芽变是遗传物质发生改变的结果，它同样包括基因突变、染色体结构及数目的变异，主要情况如下。

1. 基因突变

基因突变是指染色体上个别基因位点的改变，从而造成由它控制的性状发生变异。由显性基因突变成隐性基因（A→a）的正突变，或由隐性基因变成显性基因（a→A）的逆突变，都可能引起性状或特性的突变。突变可以通过自交分离获得，当采用无性繁殖时，突变性状可固定。

2. 染色体结构及数目变异

染色体结构由于易位、倒位、重复及缺失等原因可造成基因顺序的变化，从而使有关的性状发生变异。这种变异在无性繁殖中可以被保存下来，而在有性繁殖中，由于减数分裂而通常被消除。多倍体、单倍体和非整倍体的染色体数目的变异在无性繁殖植物中也同样发生，一般主要是多倍体的体细胞突变，这些变异在无性繁殖群体中更容易发生。

3. 细胞质突变

细胞质突变是指细胞质中的细胞器，如线粒体、叶绿体等具有遗传功能物质的突变。已经知道细胞质可控制的性状有雄性不孕、性分化、叶绿素的形成等。这些突变同样能影响无性繁殖植物。

第三节　芽变特点

一、芽变的共性特点

（一）多样性

突变芽可以引起根、茎、叶、花、果各器官发生变异，并能引起形态、解剖、生理生化等多方面的变异。突变既有主基因控制的明显变异，也有微效多基因控制的不易觉察的变异；突变有染色体数目和结构的变异，也有大量频繁发生的核基因突变；突变既有不利的、甚至有害的变异，也有有利的变异，表现多样性。如经常发生的多倍体芽变、雄性不育芽变、叶绿素合成障碍芽变等，例如在贝母、地黄等无性繁殖群体中的表现。芽变表现范围很广，既有叶、花、果、枝条等形态特征的变异，又有生长、开花习性、物候期、育性等生物学特性及生理生化、抗性等方面的变异。

（二）重演性

同一品种相同类型的芽变，可以在不同时期、不同地点、不同单株上重复发生。也就是说，某一科、属、种曾经发生过某种变异，在后来的时期还会有相同的变异发生。

（三）局限性和多效性

芽变通常仅是单基因突变效应。例如，设 A 和 B 两基因的突变率分别为 3×10^{-5} 和 5×10^{-4}，则同时发生 A、B 突变的几率为 1.5×10^{-10}。可见，同一细胞中同时发生两个以上基因突变的几率极小，表现局限性。但某一性状的变异往往又可引起有机体其他方面的变化，致使造成芽变的多效应性。

（四）稳定性和可逆性

一般的芽变具有相对稳定性，它可以在植物群体中长期存在，无论采用何种繁殖方式，都能将变异性状遗传下去。但有些芽变很不稳定，由于变异细胞竞争不过正常细胞，或又发生突变，回到原来的状态，使得芽变消失。同样，芽变的有性世代也会引起芽变的分离或消失。由此可见，芽变既有相对稳定性，也有相对不稳定性。其实质与基因突变的可逆性及芽变的嵌合结构有关。

二、不同植物类群的芽变特点

（一）木本植物的芽变特点

1. 芽变性状选择鉴定容易

木本植株的芽变通常表现为枝变，芽变发生后很容易鉴定。同时，由于植物是多年生，优良芽变一经出现能在植物体上多年保存，提供了多次选择鉴定机会。

2. 早期分离优良芽变

由于木本植物具有扦插、压条、嫁接的几种可分割的无性繁殖方式，在田间如果发现优良枝变产生，不必寻求全株都有此类变异，可将其从母体上分离，实现提早选育和扩繁利用。

（二）草本植物的芽变特点

1. 根茎芽变植物鉴定特点。根茎主要有鳞茎、块茎、球茎，它们多数既是药用植物繁殖器官又是其收获部位，性状鉴定一般都很困难。对其收获部位的优良性状的鉴定，一般依据植株的地上部位与地下部位的相关性，在生长期进行初步的选择鉴定。

2. 根茎芽变繁殖退化特点。根茎芽变分株繁殖可获得优良群体，但在多世代繁殖后常常会出现退化现象。长期无性繁殖的植物繁殖过程中总是用母体的一部分，如果母体带病毒，病毒就会经过无性繁殖植物影响后代。如此随着繁殖代数增加，就会表现产量低、品质变劣的退化现象。例如，地黄、天麻、薄荷等长期无性繁殖植物的后代，表现为块根变小，产量降低，这时需要用有性繁殖分离培育新品种进行复壮，或茎尖组织培养无毒苗，更换种栽。

3. 芽变后的地上植株变异鉴定。由于芽变繁殖后代植株通常在群体中较易被发现，因此，可以在性状表现最明显的时期进行鉴定，在最有利于繁殖的时期进行繁殖。

（三）实生后代的变异特点

1. 具有多样性基因异质性的遗传基础特点

无性繁殖植物因为长期进行无性繁殖，没有有性繁殖的自交纯化过程，所以植物体内基因组合是高度异质性的，尤其是药用植物无性繁殖的品种资源表现更加高度的体内异质性基因的组合，具有多样性的遗传基础。可表现较广泛的性状分离，从中获得大量的变异材料。

2. 实生后代可分离出多样性变异

实生变异的发生更为普遍。在药用植物的实生后代中，很难找到两个个体遗传型是完全相同的个体。因此，无性繁殖植物一旦进行有性繁殖便会发生重组。实生群体的后代单株之间出现多种多样的变异和分离，其突出表现为变异广泛、程度大。这样，给新品种选育提供了较广泛的选择范围，对培育高产量及抗性、优良品质的无性繁殖植物新品种十分有效。但是在实生繁殖的各种变异中常表现劣多优少的性状分离，给选择带来很多不便，应注意加强优良单株鉴定选择技术研究，明确目标性状指标标准，提高选择的成功率。

3. 有性杂交后代常表现杂种优势

无性繁殖植物通过有性杂交，异质性进一步提高，杂交后代常出现性状互补或超亲性状，从而表现出杂种优势。因此，对无性繁殖杂交实生后代表现杂种优势的单株进行选择，可快速选育出优势品种。

4. 存在可选育的珠心系变异

对具有珠心多胚现象的植物，由于其实生后代中存在着珠心胚实生系的变异，珠心胚实生苗通常具有生理上的复壮作用。其一般表现为长势旺盛、丰产稳产、适应性强，且又保持原品种的优良品质。因此，利用珠心系变异是选育出新的优良品种的有效途径。

思考题

1. 什么是芽变？芽变的发生途径主要有哪些？
2. 芽变主要分为哪几类？
3. 芽变的细胞学和遗传学基础是什么？
4. 芽变的共性特点是什么？
5. 木本无性繁殖植物芽变特点是什么？
6. 草本无性繁殖植物芽变特点是什么？

第十九章

营养系育种

药用植物中可进行无性繁殖的植物占有较大的比例，有的科、属基本上都能进行无性繁殖，如百合科、石蒜科等。多年生植物采取无性繁殖的方法，其世代进程周期短，具有变异性状保持不分离的特性。因此，利用群体存在的变异及有性杂交分离的变异进行营养系育种，是投入少、见效快的有效育种途径。营养系育种在提高药用植物产品的商品价值上起着特别重要的作用。

第一节　无性繁殖植物概述

一、概念

无性繁殖（vegetative propasation）是指没有雌雄配子结合而繁殖后代的过程。植物无性繁殖是利用植物体的体细胞、组织或器官，通过其细胞的有丝分裂，分化发育成各种组织和器官，直到长成完整植株的一种繁殖方式，又称营养繁殖。由于它不通过两性细胞的结合产生后代，而是靠营养器官的再生特性产生后代，其后代的表现型及基因型与母体一致，能够保持原始亲本的性状和特性。表现出无性繁殖的遗传稳定性。优良单株的营养繁殖选择育种成为新品种培育的一个有效育种方法。

二、不同类型植物的无性繁殖方式

（一）木本植物的无性繁殖方式

1. 扦插繁殖

扦插繁殖（cuttage propagatio）是切取植物的茎（枝条）、叶或根的一部分，插入基质中，使其成为新植株的繁殖方法。

木本植物按照插条的不同又可分成硬枝扦插、嫩枝扦插。硬枝扦插是用成熟枝条进行扦插，如银杏的扦插等。嫩枝扦插又称绿枝扦插，是用半木质化的或嫩绿色枝条进行扦插，如绞股蓝、卫矛、冬青、小檗、银杏的扦插等。

2. 压条繁殖

压条繁殖法是将母株生长旺盛的枝条中段弯曲压入土中，使其萌发生根，然后剪离母体，让其长成新植株的方法。例如，山茱萸即是采用压条繁殖的方法。对于枝条不易压入土中实施地上压条的植物，可考虑采取高枝做袋培根的压条方法，如龙眼、荔枝等。

3. 嫁接繁殖

嫁接繁殖是将一株植物的枝条、芽（接穗）接到另一株带有根系的植物（砧木）上，使它们愈合生长在一起而成为一个统一的新个体。例如，辛夷、胖大海、罗汉果、猕猴桃、枳壳等均可采用嫁接的方法。

（1）枝接。枝接一般是在树木萌发的早春，将母树枝条的一段（有 1~3 个芽），基部削成与砧木切口易于密接的削面，然后插入砧木的切口处，形成层相对吻合绑缚，使之结合成新植株。例如，天女木兰做砧木，厚朴做接穗进行嫁接。

（2）芽接。芽接是从枝上割取一芽，略带或不带木质部，插入砧木上的切口中并予绑扎，使之密接愈合的方法。

（二）草本植物的无性繁殖方式

1. 根茎繁殖

根茎繁殖（rhizoma）是采用外形似根，有明显的节和节间或芽眼、鳞片叶、腋芽、顶芽、不定根块茎的植物，进行分割繁殖的方法，如绞股蓝、款冬、薄荷、莲藕、砂仁、姜、重楼、附子、川芎、防风、黄精等均可用此法繁殖。

（1）鳞茎繁殖。鳞茎（bulb）繁殖是将鳞茎四周常生长的小鳞茎用作种栽进行繁殖，如贝母、百合、天南星、半夏、番红花、唐菖蒲等均可采用此法。有的鳞片也可以做种栽繁殖，如百合。

（2）块茎繁殖。块茎（tuber）繁殖是将块茎按芽和芽眼的位置分割成若干小块，每小块须保留一定表面积和肉质部分，同时带有 2 个左右的芽做种栽繁殖，如知母、地黄、山药、何首乌、半夏等即用此法。

（3）球茎繁殖。球茎（corm）繁殖是将母球茎四周生有的小球茎取下做种栽繁殖。例如，唐菖蒲主芽伸长后在基部形成新球，在新球与母球之间形成多数子球，可利用此子球自然分离栽培。

2. 分株繁殖

在早春萌芽前，将多年生宿根的草本植物的宿根挖出，按芽的多少分割成若干小块进行繁殖，如黄芩、丹参、贯叶连翘（*Hypericum perforatum* L.）、知母、天冬、细辛、黄芩、玄参、鱼腥草等的繁殖。

3. 扦插繁殖

（1）茎插繁殖。茎插（stem cutting）繁殖是选择粗壮的新枝作插条进行繁殖。川芎、黄芩、菊花等均可进行茎插繁殖。

（2）叶插繁殖。叶插（leaf cutting）繁殖是选择具有粗壮肥厚的叶柄、叶脉或叶片，其上能发生不定芽及不定根的植物。球兰、虎兰、千岁兰、象牙兰、大岩桐、秋海棠、落地生根、千屈菜等可进行叶插繁殖。

（3）根插繁殖。根插（root cutting）繁殖是利用根能形成不定芽的能力进行繁殖的方法。玄参、丹参、马兜铃、补血草、博落回等可用此法。

（4）珠芽繁殖。珠芽繁殖是利用植物叶腋部常生有的珠芽进行繁殖。百合、半夏、山药等能够进行珠芽繁殖。

三、无性繁殖植物的育种特点

(一) 无性繁殖植物的育种共性特点

1. 无性繁殖植物蕴藏着丰富的体细胞突变 (芽变)

芽变是无性繁殖植物产生变异的主要形式。一个新产生的无性系,其个体间表现较为一致,几乎没有差异。较长时间栽培的无性系,由于环境条件的影响会发生遗传的突变,如染色体数目及结构的变异、基因突变等。例如,个别细胞的变异,可以扩大到组织和器官,甚至成为在形态上能够被人们发现的芽变。

2. 无性繁殖植物后代群体常可分离出各个营养系 (无性系)

无性繁殖的药用植物群体很多是野生引种驯化后没有经过严格选择纯化的混杂群体,其群体中一些个体常表现相对相似,实际上是分散存在在群体中的无性系,如果进行分类选择,可选出不同的营养系品种。同时,无性繁殖植物发生的芽变,只要将它从母体上及时分割下来进行繁殖,便可获得突变体,突变体通过扩繁会发展成无性系。可见,芽变能够通过体细胞分裂遗传给后代,并分离出永久性改变的新的营养系。

3. 无性繁殖方法能保持性状遗传的稳定性,有利于进行良种繁育

无性繁殖通过植物营养器官而繁殖,没有发生双亲有性过程的遗传物质的分离、重组、交换等,可将全部的染色体连同细胞质从母细胞传递到子细胞中。即使是基因型高度异质化的异花授粉植物,无性繁殖方法繁殖的后代也不分离,能够保持源于同一个体的后代个体间的表现型和基因型与母体相同。无性繁殖方法育种能保持性状遗传的稳定性。

无性繁殖植物通过无性繁殖方法进行良种繁育,在培育品种和良种繁育时,不存在串粉问题,也无须设置隔离区。品种的性状具有遗传的稳定性,有利于优良品种特性的保存。

4. 无性繁殖与有性繁殖互换是无性繁殖植物的一种特有形式

无性繁殖植物的有性后代可进行实生选种,其后代可分离出优良芽变单株,对于异花授粉植物,其遗传物质是杂合的,通过自交,其杂交后代往往发生性状分离,可出现优良的单株,为选择提供了丰富的种质资源。然后对分离出的优良实生个体进行选择,这些杂种后代便可通过无性繁殖使这些优良性状稳定,获得优良的营养系品种,是无性繁殖植物特有的一种育种形式,同时是对有性与无性繁殖相结合的另一个育种特点,是杂种优势固定的理想途径。将两个不同的亲本或自交系杂交,当后代中一旦出现杂种优势,即使只有几株,也可采用无性繁殖进行固定,使杂种优势能够"永久"地得到利用,免去了年年制种的工作。从植物能有性与无性繁殖相结合的意义来说,用有性繁殖产生杂种优势、用无性繁殖来固定杂种优势,是一种十分有利、方便的育种方式。

5. 营养系选种方法育种周期短、见效快

采用无性营养系繁殖方法,其后代生长较快、产量较高,如地黄、玄参、贝母、延胡索等植物的无性繁殖后代,当年或第二年即可收获。而用种子繁殖,则需生长 2~4 年后才能收获。例如,荷花采用播种繁殖,种子处理复杂,幼苗期长,见效慢。采用莲藕当年新生地下茎（俗称藕鞭）分株繁殖，简便易行，成活率高，生长势旺，当年 8 月就可见花，繁殖快。实生营养系选种和有性繁殖植物的单株选择法相比，同样方法简单、育种周期短。实生营养系选种通常只进行一代有性繁殖，入选个体的优良变异通过无性繁殖在后代固定下来。既不需设置隔离区防止杂交，也不存在自交生活力退化问题。同时，群体主要是当地条件下形成变异类型，它们对当地环境具有较好的适应能力，选出的新品种较易于在当地推广。此方法大大地缩短了育种年限，是一个投资少而收效快的有效育种途径。

6. 无性繁殖的植物有病毒感染等退化问题

地下根茎分株繁殖的无性繁殖植物，由于采用母体的一部分进行繁殖，常出现病毒延续感染问题，造成品种退化。

（二）不同类型植物的育种特点

1. 木本植物的育种特点

（1）利用特定的繁殖方式来实现营养系育种。无性繁殖植物可以通过嫁接、扦插、压条繁殖方式对所选育的优良枝变进行扩繁，建立优良营养系，进行营养系育种。其中，嫁接常被应用到引种中，通过嫁接可有效地保证引进的优良接穗的优良性被保留和遗传下来，从而得到新的营养系品种。例如，汪冶等人 2004 年报道以灰毡毛忍冬的自然变异株为接穗，灰毡毛忍冬、细苞忍冬和忍冬为砧木，选育出无性系"蕾金银花"，其具有花蕾多、产量高、花蕾期长、采收方便、药材色浅质优、植株适应性广、抗病害能力强等特点。扦插、压条繁殖可使优良个体扩繁成优良营养系，实现营养系育种。

（2）无性繁殖技术成功是营养系育种的先决条件。有些药用植物采用扦插、压条、嫁接等无性繁殖方式都十分困难，因此，保证无性繁殖技术成功将成为营养系育种工作开展的先决条件。

（3）枝变采集应防止对母本的过度破坏。在优良变异株的选育及良种扩繁时，通常要对母株上的变异枝进行采集，对于一些枝条发育不十分茂盛的木本药用植物，如果对于优良变异植株进行过度采集，容易影响母体的正常生长。因此，枝变采集时应防止对母本的过度破坏。

2. 草本植物的育种特点

（1）优良性状的选育可以在生长的各个时期进行。但收获期是收获部位最集中、性状最容易鉴定和选择的最好时期，可在此期进行决选。

（2）一些草本植物繁殖十分容易，一般不存在繁殖障碍，但其性状表现很容易受土壤等环境条件影响，选择时要注意排除环境影响的饰变。

（3）分株繁殖的繁殖器官为独立体的，一般不会造成破坏，如平贝母的鳞茎繁殖。

（4）一些植株采取地上部位繁殖，而收获地下根茎，不存在选择和繁殖的矛盾。例如，丹参收获的部位是地下根茎，但繁殖是选取丹参地上茎进行扦插繁殖。

（5）很多植物繁殖器官数量大，成活率高，繁殖周期短，扩繁快，表现方法简单，基本不存在良种繁育障碍，有利于良种扩繁。

（6）有些根茎类药材，其根茎既是繁殖器官又是收获部位，为了获得较多的产量，很容易发生选大的采收，留小的做种栽的现象，此方式很有可能造成优良性状的退化。

第二节　芽变的鉴定与分析

一、芽变的鉴定

在芽变选种中，为提高优良芽变选择的准确性，应排除由环境条件等产生的饰变造成的干扰，必须对芽变性状进行鉴定，其方法主要有以下几种。

1. 直接鉴定

（1）形态学鉴定　通过形态观察来鉴定芽变品种与原始品种的差异，其操作简单，结果直观明了，但有时易受环境因素的影响而产生偏差。

（2）细胞学鉴定　借助光学显微镜及染色体分带技术，将其染色体数目、倍性、结构等的变异进行分析。这是芽变鉴定最直接有效的方法，能够揭示芽变品种与原始品种的染色体水平的差异。

（3）生化标记　最常用的是同工酶鉴定技术，如对红、黄檵木的同工酶谱分析表明，芽变品种除具有檵木共有的谱带外，还各自具有一条特征谱带，由此证明发生的变异性状是由遗传物质变异后引发的可遗传变异。

（4）分子标记技术　近年来发展起来的 AFLP、RAPD、ISSR 等分子标记技术，能够从分子水平成功鉴别芽变种类。利用 RAPD 技术对山茶花、月季花色芽变品种进行分析，分别筛选出芽变品种明显不同的 DNA 片断。

2. 移植鉴定

利用无性繁殖法将变异的芽或植株与对照组植株定植在相同的环境条件下，进行比较鉴定以排除环境影响，也就是用田间观察和植物组织及细胞学与生物统计分析相结合的方法对芽变的特征、特性进行观察。该方法简便易行，但耗时长，所需人力、物力较多。

3. 综合鉴定

一般是根据芽变特点、芽变发生的细胞学及遗传特性进行综合分析，先剔除大部分显而易见的饰变，对少量不能确定的类型进行移植鉴定，从而减少工作量，提高芽变选种效率。

二、芽变的分析

在芽变选种工作中，需要依据以下几方面对多种性状综合分析，通过比较进行筛选。

1. 变异性质分析

质量性状一般不会随环境条件而改变，如毛的有无、花粉育性、花朵颜色等，一旦改变，即可断定为芽变而非饰变。

2. 突变部位与嵌合体类型分析

叶的茸毛、针刺和气孔发生变异是 L_1 层细胞发生了突变，叶子或果实的色素发生变化、花粉粒发生变化是 L_2 层细胞发生了突变，中柱细胞发生变异是 L_3 层发生了细胞突变。

3. 变异大小分析

变异体一般包括枝变、单株变及多株变。如果为多株变异，若立地条件不同，就可能为环境的影响；如果为单株变异，应考虑到是芽变、实生变异，还是有饰变的可能，可进一步鉴定区分。如果为枝变，只要观察分析其为扇形嵌合体则可肯定为芽变。

4. 变异方向分析

饰变一般表现与环境条件的变化相一致，而芽变有时具有相反的情况。例如，通常果实着色与光照条件密切相关，若在树冠下部及内部光照较差区域仍出现浓色型果实，则很有可能为芽变所致。

5. 变异稳定性分析

饰变是在特定环境条件下产生的，若该环境因素消失，饰变也将消失，而芽变则不是。连续观察突变性状与环境之间关系后就可做出正确判断。

6. 变异程度分析

环境条件所造成的饰变，一般不会超出某一品种的基因型反应规范，也就是中型一般不会变成大型，小型不会变成中型。如果树中的果型大小、花卉中的花径大小，出现了超范围的变异，则可断定为芽变。

三、芽变的分离

芽变嵌合体的存在对突变体的选择十分不利，因此一旦发现突变体，不管嵌合体大小，也不管所处的位置，应设法从植物体上取下变异部分进行细胞培养，然后用单胞化的愈伤组织分化植株，从而获得纯合突变体，可以提高有利嵌合体芽的应用。

芽变嵌合体发展成明显的芽变后，一经发现应将芽变部位保护起来，以防碰伤、丢失。同时要加强田间管理，创造一个有利于芽变发育的环境条件，限制未变异部分的生长，摘除一定的枝叶，注意促进优良的突变体细胞形成的突变芽、枝、植株，使芽变部分生长良好。

当植物进入繁殖季节时，应采用最佳方法保证无性繁殖成活的芽变体，最好采取组织培养、芽嫁接等技术将芽变从植物体上分离后扩繁保存。芽变扩繁过程中要防止病毒携带及传播。因此，选择无病个体和繁殖过程中的防疫工作在无性繁殖植物选择培育时非常重要。分离后仍然要加强各方面的管理工作，以培育出新生健康植株。

如果芽变通过生长发育，已在植株的某一枝条、根茎等繁殖器官上得以表现，则可通过扦插、分株或根茎分割繁殖等方式，将该优良芽变得到扩繁，获得纯合突变体，从而达到保护芽变、选择品种的目的。

根据实践经验，芽变的选择方法为，面上调查应定点进行，点上的观测鉴定要定株观测，对株间进行综合分析后才能定性。芽变选种的对象一般是大面积的生产园，采取这种方法可获得较好的效果。

第三节　营养系选种

一、概念

无性繁殖植物育种是利用无性繁殖后代具有稳定遗传的特点，对优良单株进行选育，进而培育出新品种的育种方法。从一个个体通过无性繁殖产生的后代群体，称为营养系或简称无性系（clone）。

营养系中对任何个体适用的条件都可以应用到这个营养系的每一个个体上。例如，当营养系的植株要求杂交授粉才能座果时，必须用另一营养系的植株进行传粉，表现了营养系遗传的稳定性和一致性。一个营养系经过培育可育成一个营养系品种。

营养系选种是指对无性繁殖的植物发生的芽变进行选择，从而育成新品种的选择育种法。也就是人们有意识地对发生的优良芽变进行选择，进行单株无性扩繁而形成的各个营养系，做进一步比较鉴定，选育成新品种的育种方法称为营养系选种。

二、营养系选种的途径

现代植物育种学认为，改变各基因型在植物群体植株中所占的比例，主要取决于突变及由于群体中某些等位基因自然随机丧失形成的遗传漂移。选择作用最为明显，是生物进化的主要动力，但选择的作用是共同的，营养系选种的途径主要依据变异的来源，因此，根据变异产生途径的不同，营养系选种可以通过以下 4 条途径进行。

1. 以自然界突变的优良表现型或优良种源的子代为基础。
2. 以人工诱变的优良表现型或优良种源的子代为基础。
3. 以自然杂交形成的杂种的实生后代为基础。
4. 以人工杂交或自交的实生后代为基础。

三、芽变选种时期

为了增加无性繁殖植物芽变及实生苗变异性状选种的准确性，确定合理的选择时期尤为重要。丰产性及优良品质受植株的长势、生育期进程、病害发生情况等综合因素影响，包括许多具体性状协调生长及主要性状对产量的贡献率的因素，同时，这些因素也决定有效成分的代谢和合成能力。因此，选择时期应在植物出苗期、展叶期、开花期、结实期、枯萎期等各个时期进行细致的观察和选择。但为了提高芽变选择的效率，除经常性观察选择外，还应抓住目标性状最易发现的时期集中力量进行选择。

1. 产品形成期

无性繁殖的药用植物产品收获部位存在多样性，因此，产品器官形成期也有很大差异。例如，以花收获的产品其形成期在盛花期，以果实收获的在盛果期，以根或根茎收获的在根或根茎的生长最大期，并且各个产品器官形成均有其持续期，因此要进行持续观察，并在产品商品器官形成并表现明显时期进行选择。对于在一个季节里多次收获的药用植物或连续多年作货的多年生药用植物，由于收获期不同，其经济价值会有差别，因此，在鉴定产量性状时需要鉴定早期产量及产量形成期和可持续的经济寿命等。

2. 产品的收获期

因为收获期是产品大量集中的时期，又是繁殖材料成熟留种的最好时期。因此除了对已选择的单株进行留种外，还可利用材料相对集中的良好时机，发现并收集到其他各种变异材料，从而提高选择机会。尤其是对于大部分地下根或根茎收获的药用植物，不到产品的收获期，对其选择只能依靠地上植株的表现及地下根的抽样检测来确定，因此，地下根或根茎的选择更多的应该在收获期进行。

3. 灾害期

在霜冻、旱涝、病虫害等严重自然灾害发生后，一些存活下来的植株可能出现较强的抗逆性芽变。应在调查受害损失的同时对抗性强的植株进行观察，以便选择出抗性较强的变异材料。另外，由于原有正常的叶、茎、芽遭损失后，深层组织的潜伏变异得到表现机会，重新萌发出来的不定芽、萌蘖枝条很可能是优良的芽变材料。因此，灾害期是抗逆芽变选择的最好时期。

四、芽变选择的技术要求

（一）正确鉴定优良单株并保证选择准确

抓主要经济性状的变异，对那些仅是形态变异、生产推广价值不大的类型进行淘汰；注意优良单株的选择，要正确区分饰变和遗传变异，排除饰变的干扰；选择的单株必须是生长正常，没有严重病虫害的健壮植株；要重视田间农艺性状的调查分析，避免片面性。

（二）保证优良芽变性状获得的准确性

收获部位为地上植株的芽变选择，在田间观察到地上植株有优良变异表现，可直接挂牌选择。例如，对树体紧凑、枝条节间短、生长量适中、连续结果能力强，而且果大、色泽艳丽、抗逆性强、性状符合传统药材的典型特征，有效成分含量高的枸杞优良芽变性状植株，育种应在具有优良性状的单株上采集枝条。收获部位为地下根茎的植物芽变选择，可根据地上植株与地下植株相关表现，在田间地上植株观察优良变异表现时先挂牌标记，但还必须等到地下收获器官成熟期，对收获部位的优良性状做进一步的鉴定才能进行选择。

（三）木本植物应在最适宜繁殖成活的时期采集

一般来说，应在生长旺盛期经过田间观察并对优良株或枝变选择的同时挂牌标记，待该植株适宜繁殖期再采集枝变进行无性繁殖。采集母树年龄应在保证芽变不丢失的情况下，在适宜的年生及发育状态下进行采集。

（四）长期无性繁殖的植物群体力求分离无性系

长期采用无性繁殖方法进行繁殖，又没有进行过选择的植物群体，常常有无性系分散在群体中，可以通过混合选择法分离无性系。如果发现特殊优良单株，应采用单株选择方法对优良单株进行种栽的单株采集、单株保留、单株编号、单株种植来培育无性系。

（五）注意采取选择方法适宜的芽变材料的保存方法

注意保护良种单株，在未作系统比较以前，要防止大量繁殖、盲目推广，这样，对于材料合理保存才能达到选择的效果；单株选择法通常可明显地提高选择效果，可将来自同一单株的枝变插穗、枝条单独编号、保存。但在很多时候，为获得大量种栽可采用混合选择法。例如，枝变如果是通过混合选择进行的，采集后要将相同表现的枝变混合扎捆保存。

（六）采取合理的保留方法，保证种栽质量优良

收获部位为地下根茎的药材，优良单株种栽的采收时经常出现选大的做产品，选择小的做种栽的现象。同时，由于总是用母体的一部分做种栽，容易引起病毒在体内积存而出现退化现象。选留时一方面要注意产量，同时还要特别注意药材的外观质量，满足用药性状要求。必要时要进行脱毒苗的培养。为了扩繁一定的数量，有时在一个优良单株上要采集较多的材料进行繁殖，应本着保证最大繁殖系数及对母本伤害最小为原则。根茎类草本药材种栽由于多是肉质性的鲜品，很不利于保存，因此，采收时要注意轻拿轻放，然后放置在阴凉处，适当洒水保湿，防止积压和伤热，及时移栽。为了提高用来扦插的繁殖材料的成活率，可进行适当的低温保存，对于不需要低温处理就能很好成活的枝条，应防止抽干，要做到随采随栽。

（七）采用适宜的繁殖方法

不论地上还是地下选择的繁殖材料，均要在适宜扩繁的条件下进行繁殖，并且要按照各种药材传统无性繁殖方法进行繁殖。应根据具体的条件，进行硬枝嫁接、绿枝嫁接、芽接、枝插、嫩枝插、芽插、叶插，甚至组织培养等方法。

（八）诱导植物开花获得种子

1. 诱导开花

开花结实是实生营养系选种的先决条件，多数无性繁殖植物可以正常开花、结实，能够正常实施实生营养系选种。但也有些植物虽可以开花，却不易形成成熟的种子，还有一些植物甚至不能形成花器。为此，应研究植株开花结实障碍的原因，采取相应的技术措施，诱导无性繁殖植物开花结实。

（1）嫁接法诱导。用嫁接法来诱导开花，例如，将已春化的菊花的芽嫁接到未春化的植株上，则这个芽长出的枝梢能开花。然而，将已春化的二年生天仙子枝条嫁接到未春化的植株上，能诱导未被春化的植株开花。甚至将已春化的天仙子枝条嫁接到烟草或矮牵牛上，也能使这两种植物开花。由此可推测在春化的植株中产生了某种开花刺激物，它可以传递到未春化的植株上并诱导其开花。

（2）光周期诱导。采用调节植物光照时间及环境温度来促进植物开花，也是一种有效

的方法。用摘心、修剪、摘蕾、剥芽、摘叶、环刻等栽培技术调节植株生长速度，从而实现花期调节。

2. 获得种子

自交或杂交时要进行套袋隔离，当柱头接受花粉有效期过后，应及时摘除隔离袋。要加强田间管理，适时适量地进行浇水和施肥，防止落花、落果，并做好病虫害防治。为了使自交或杂交种子充分成熟，对一些无限花序的植株，要注意摘除非自交和杂交的花序和花，应尽量延迟采收期，以促进果发育及充分成熟。果实达到成熟后，可按自交或杂交组合或单果分别采下，连标牌一同装入纸袋，并在标牌上写明收获日期及编号，分别脱粒、晒干和保管，不同的种子应按其不同特性保存。

五、营养系选择选育方法与程序

（一）基本选择法

利用无性繁殖的药用植物遗传变异多样性的特点进行优良营养系选种，其方法同样遵循混合选择和单株选择的两个基本选择方法（图 19 – 1）。

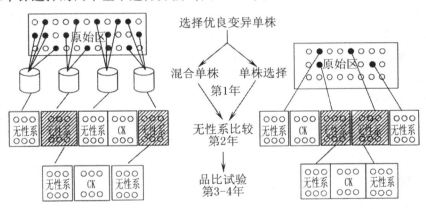

图 19 – 1　无性繁殖植物的两个基本选择方法示意图

1. 混合选择法

根据植株的表型性状，从无性繁殖的混杂群体中，对同一类型的芽变单株进行选择，混合留种栽，下一代混合种植在一个小区，与对照品种进行比较，如此可将已经存在在混杂群体中的营养系分离出来，通过去杂去劣，培育成营养系新品种。如果将分散在群体中的各个不同类型的变异材料按照不同的方向进行分离，则可分离出多个营养系品种。

2. 单株选择法

单株选种法是将在群体中发现的优良芽变单株的营养器官进行移栽，扩繁成各个单株的后代营养系的方法。将各营养系分别编号进行比较鉴定，再经过品比试验鉴定，优良者在进一步扩繁便可育成新的营养系品种。例如，"梅园 1 号"品种就是从浙贝母多籽品种中分离选育到的 20 个自然变异株系，经过四年的优选和纯化形成了性状稳定的新品种。

对于既可无性繁殖又可有性繁殖的植物，将天然或人工的自交或杂交获得的种子，播种在实生选种圃内，然后选取若干优良单株，分别以单株收获其营养繁殖体，编号，提纯，形成营养系。每一营养系再分别播种成株行圃进行比较鉴定，同样可育成新的、优良的营养系品种。

（二）目标选择法

1. 株选方法

株选是指单一性状的选择，根据每个性状的重要性或性状出现的先后次序，每次只根据一种性状进行选择，具体有以下两种方法。

（1）分项累进淘汰法

按性状的相对重要性排序，最重要的性状排在最前，次要性状置后。这种方法按单个性状依次进行田间对比。先按第一性状进行选择，然后在入选的植株内按第二性状顺序进行选择。为保证最后获得所需当选植株数，并在每次选择时能有所淘汰，各性状的入选率应该是愈在前面的愈大。

（2）分次分期淘汰法

按目标性状出现的自然顺序，进行分次分期淘汰选择的方法。在第一个目标性状显露时进行第一次鉴定选择，并对选留群体做好标记；至第二个目标性状出现时，在做了标记的群体内依据第二性状再进行选择，除去第一次的标记，重新标记，以后依次进行。这种方法对那些重要经济性状陆续出现的植物较为适用。但该方法比较麻烦，操作过程较长，还容易使前期性状最优者由于过于注意后期性状而被淘汰。

2. 综合性状选择

为克服单一性状选择法存在的问题，可根据综合经济性状进行选择，对一些综合性状和数量性状进行变异分析时，为排除环境影响，可分析综合性状的构成因素，逐个与原类型相比较，进行按经济性状的重要性评分，决定取舍时以积分最高的植株为当选株。按此法选择出来的单株一般较符合生产上需要。

（1）多次综合评比法

多次综合评比法是营养系选种中常用的方法，一般分为初选、复选和决选三次鉴定选择。例如，株选可在收获前，先按植株的几个性状进行初选和中选并做出标记，所选株数应为计划选留株数的 1.5~2 倍。在初选株内再按综合性状的较高标准进行复选，淘汰其中一部分植株，去掉标记。把复选株收获后再进行决选，决选时根据单株质量（重量）、病虫危害程度等性状，按更高级综合标准进行最后的比较鉴定，确定中选株。

（2）加权评分比较法

加权评分比较法就是根据不同性状的相对重要性分别给予不同的加权系数的方法。测定单株各性状的观测值乘以加权系数后累加，即得该植株的总分数，然后根据总分高低择优录取。对有些不便度量的性状可以根据群体内性状变异幅度划定分级标准，分别给予一定的级差值，统计时用级差值乘以加权系数。采用加权评分法时必须使各性状的数值与优劣关系相统一。

如果有关性状的遗传力已有测定值，则在计算式中加入遗传力一项就更能提高株选的效果，这样算出的总分数通常称为选择指数。其计算公式如下。

$$Y = \frac{W_1 h_1^2}{M_1} X_1 + \frac{W_2 h_2^2}{M_2} X_2 + \frac{W_3 h_3^2}{M_3} X_3 + \wedge \frac{W_n h_n^2}{M_n} X_n$$

式中：Y 为选择指数；W_1，W_2，……W_n 分别为第一个到第 n 个性状的加权系数；h_1^2，h_2^2，……h_n^2 为第一至第 n 个性状的遗传力；M_1，M_2，……M_n 为第一到第 n 个性状的群体平均数；X_1，X_2，……X_n 为第一到第 n 个性状的观察值。

（3）限值淘汰法

限值淘汰法又叫独立标准法，是将需要鉴定的性状分别规定一个最低标准，只要一个性状不够标准，不管其他性状如何均不能入选。这种方法简单易行，但缺点是会把只是某个性状达不到标准，而其他性状都优秀的个体淘汰掉，同时对超过标准的个体不能作进一步评比。

（三）营养系选育的工作程序

无性繁殖植物品种选育工作程序见图 19−2。各个程序的具体要求如下。

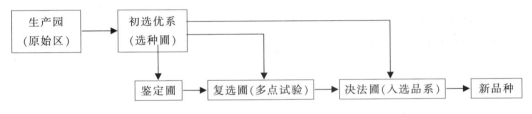

图 19 − 2　无性繁殖植物品种选择程序示意图

1. 确定原始区

原始区是指在栽培历史久远的实生苗中，存在着可供育种选择的变异材料的无性繁殖后代群体。育种时，首先对原始区进行群体植株的混杂情况调查，并对种质资源进行分析和评价，摸清芽变及实生苗变异性状存在方式、类型，找出可能利用的价值，对有益的变异植株及芽变进行分离及品种选育。

2. 建立选种圃

对于混合选择方法选择的后代，将其混合种植在选种圃；对于单株选择方法选择的后代，则以单株为单位移栽成无性株系小区，按株系的来源顺序编号。在圃地中将变异选择区与原品种对照区的植株一同移栽，在相同条件下进行优良性的比较。无性繁殖植物稳定快，后代不分离，因此，选种圃设置期限一般仅为 1 年。

3. 设置鉴定圃及品种比较试验

无性系鉴定圃是种植从选种圃入选的无性系繁殖后代，对所选择的变异的优良性、一致性及稳定性进行鉴定，淘汰一部分经济性状表现较差的无性系。对后代稳定较快的品种，鉴定圃一般设置期限为 1 年。同时担当无性系扩繁任务，增加苗木的数量来进行品种比较试验。以当地最优良的品种为对照，共同按照其生产上所采用的栽培技术进行品种比较试验。对生长发育特性、抗逆性、产品产量的丰产性、适应性、繁殖特性、品质表现等的综合评价，确定哪一个品系最终成为选择的优良新品种，一般需设置 1~2 年。

4. 开展区域性的生产试验

通过品种比较试验或初步比较试验选出的优良品系，在育种服务地区，按区域试验的要求，选点进行区域试验，以确定优良品种生态适宜区域和推广地区。

当选择出符合育种目标的品种后，通过扩大群体数量，进行多点的生产试验，进而为新品种在较大面积上的进一步推广做好技术上、宣传上的各项准备。

思考题

1. 什么是无性繁殖植物育种？

2. 无性繁殖植物育种有哪些特点？

3. 如何对芽变进行鉴定？

4. 如何进行芽变的分析？

5. 什么是营养系？什么是营养系选种？

6. 营养系选育的主要途径是什么？

7. 芽变重要的选种时期是什么？

8. 优良芽变选择的技术要求是什么？

9. 无性繁殖植物品种选育的工作程序及技术要求是什么？

第二十章
生物技术育种

第一节　细胞和组织培养育种

以植物细胞作为实验系统，大量筛选拟定目标的突变体，是改变植物遗传性状的一种方法。运用此方法可以进行药用植物品质改良、抗病突变体筛选、抗逆突变体筛选和高光效突变体筛选。

一、植物细胞突变体的离体筛选

对体细胞突变体的选择可以在组织培养期间进行，选择的对象是单个自发或诱发的突变细胞。因此，这种选择方式的最大特点就是把高等植物的育种程序微生物化，使我们可以在完全均匀一致的人工条件下，在很小的空间和很短的时间内，一次就可以培养及筛选大量细胞。植物细胞突变体的离体筛选是用分子生物学的知识、微生物学的研究方法，以植物细胞作为实验系统，大量筛选拟定目标的突变体，来改变植物遗传性状的一种方法。也就是说，把植物细胞培养附加在一定化学物质的培养基上，用生物化学的方法，从细胞水平上大量筛选拟定目标的突变体。自然界的自发突变，如芽变，其诱变率仅为百万分之一到千万分之一。后来人们采用物理和化学方法（如 X 射线、γ 射线等）进行人工诱发突变，用以提高诱变率。与自然界自发突变相比，人工诱发突变可使诱变率提高到万分之一到百万分之一，但盲目性较大。植物细胞突变的筛选是用生物化学的方法筛选突变体，其优点是，诱变数量大、诱变几率高。1ml 单细胞可有十几万至几十万个细胞。与种子、苗木、插条比较，从细胞水平上诱发突变，重复性和稳定性好。

（一）突变体筛选的原理和方法

1. 突变体筛选原理

生物有机体的生物合成代谢，是受末端产物的反馈抑制调控的。如果选择一个突变体，其对这种反馈调控不敏感，那么，突变体内末端产物的含量，就可能比未突变的正常体高。这一原理早已应用于微生物育种，同样也可以应用于高等植物品质育种。

如氨基酸的代谢，是受其末端产物的反馈抑制调控的。如果选择一个对某一氨基酸的反馈抑制不敏感的突变体，那么这一突变体内氨基酸的含量，就可能比正常体高出许多倍。水稻高赖氨酸突变体筛选和烟草抗野火病（高蛋氨酸）突变体筛选，就是利用生物合成代谢过程中反馈调控的原理而获得的。

2. 诱变剂及其作用

不同诱变剂对植物细胞的作用不同。以下是常用的诱变剂种类。

（1）在 DNA 复制时，可诱发配对错误的诱变剂，如 5 - 溴脲嘧啶（BU）和去 - 溴去氧核苷，均为碱基类似物。它与 DNA 碱基（腺嘌呤、鸟嘌呤、胞嘧啶、胸腺嘧啶）性质相近。在 DNA 复制时，它们能加入 DNA 中一起复制，取代正常碱基，发生偶然配对错误，从而使取代后的 DNA 电子结构发生改变。

（2）诱发染色体断裂的诱变剂。例如，马来酰肼（MH）是腺嘧啶的异构体，可诱发染色体断裂。其他如重氮丝氨酸、丝裂霉素 C、链霉黑素 C 等，均能引起染色体断裂。

（3）改变 DNA 化学结构的诱变剂。如烷化剂类，甲基磺酸乙酯（EMS）、甲基磺酸钾酯（MMS）、乙基磺酸乙酯（EES）、乙烯亚胺（EI）、亚硝基乙基脲烷（ENU）、亚硝基乙基脲（ENU）、硫酸二乙酯（DES）；叠氮化物类，如叠氮化钠（NaN$_3$）、亚硝基胍（CH$_5$N$_5$）即 N - 甲基 - N - 硝基 - N - 亚硝基胍（NTG）。

烷化剂是栽培作物中诱发突变极其重要的一类化学诱变剂。它带有多个活烷基，烷基能够转移到其他分子中电子密度极高的位置上去。这种通过烷基在分子内置换的作用称为烷化作用。所有这些物质通过磷酸基、嘌呤、嘧啶基的烷化而与 DNA 作用。烷化剂作用的最终生物学结果是能引起遗传物质的破坏、修复与错误修复的各种酶反应。

叠氮化物是在常规诱发突变中，植物诱变效果最好的一种化学诱变剂。其在诱发大麦、豌豆、二倍体小麦、水稻等作物上都获得相当高的诱变率。例如，对大麦叶绿素缺失突变体诱变的效果，比 γ 射线和中子诱导率高得多，对人毒性小，对植物引起的生理损伤也小。叠氮化钠诱变率为 40% ~ 50% 或 70%。

3. 突变体的选择方法和程序

（1）选择方法

①直接选择法。此法主要用于抗性突变体的选择，用生长抑制剂如抗生素、代谢类似物，某些金属及非金属离子等，来分离培养植物细胞，从中选择对生长抑制剂具有抗性的突变细胞。这一方法的技术关键是对生长抑制剂浓度的筛选。

方法：初始平板培养，要选择一个抑制细胞生长的起始密度，即最低有效密度，然后在这种起始密度下，选择能存活、生长的细胞团，在具有一系列浓度梯度的抑制剂中进一步培养，最终可将能耐受最高生长抑制剂浓度的突变细胞团筛选出来。

②富集选择法。此法主要用于营养缺陷型突变体的筛选。在植物细胞突变体选择中，常用致死富集法，但经诱变剂处理后的细胞，需及时进行选择。在最低培养基上，与未突变的细胞相比，突变细胞往往会被淘汰，及时选择非常必要。

方法：将经诱变剂处理的细胞，培养在加入 5 - 去氧脲核苷（BUdR）的培养基上，放置在光下培养。正在进行 DNA 合成的非突变细胞，由于 5 - 去氧脲核苷不能参入，大部分细胞死亡。存活下来的突变细胞在这种最低培养基上，不能进行 DNA 合成，不进入 S 期，处于饥饿状态。洗去 5 - 去氧脲核苷，将细胞悬浮液转移培养在适宜突变细胞生长的培养基上，进行平板培养，能长出细胞团的就是营养缺陷型突变细胞系。

若想从突变细胞系中选择出某些特殊缺陷型，可在最低培养基中，加入某些特殊物质，再进行平板培养。例如，想得到一个氨基酸缺陷型突变体，可在培养基中补加氨基酸，在补加氨基酸的培养基上能正常分裂的细胞团就是氨基酸缺陷型突变体。

（2）筛选程序

突变体筛选程序包含预处理、预培养、反馈诱发突变、高抗（高产）突变细胞株选择、突变细胞团的形成及再生、突变系鉴定等六个部分。

①预处理（制备单细胞）

A. 材料选择。用于突变体筛选的最理想材料为单细胞或原生质体，也可用茎尖、腋芽等，但其容易诱发嵌合体。B. 预处理。采用诱变剂进行化学诱变处理，根据植物种类需对诱变剂的浓度、时间进行筛选。选用最适浓度、最适处理时间方可收到良好的效果。C. 制备细胞悬浮液。经预处理的材料用糖液洗净备用。若材料是愈伤组织，需借助酶处理，同样经过过滤、离心沉降，最后获得纯净的细胞悬浮液。

②预培养

单细胞或愈伤组织经诱变剂处理和酶处理后活力下降，为恢复细胞活力必须进行预培养。预培养可采用平板培养法，亦可采用悬浮培养法，无论哪种方法均需考虑细胞起始密度。

③反馈诱发突变

诱发突变一般采用平板培养法，并在培养基中加入某种选择因子，长时间饲喂培养植物细胞，使其发生拟定目标的突变，反复饲喂需数月时间。

④高抗、高产细胞株的选择

将在具有选择因子的培养基中培养数月的细胞团，转入不加选择因子的培养基中培养，脱除选择因子。经数周后再转入具有选择因子的培养基上，培养数周后选择能旺盛分裂的细胞团（细胞株），该细胞团具有抗某种选择因子的突变细胞株。

⑤细胞增殖与器官建成

如果采用的材料是单倍体细胞，则可在分化培养基中加入秋水仙素，诱发染色体加倍。分化出来的植株是正常可育二倍体。如果采用的材料是原生质体，尚需按原生质体培养程序，诱导细胞壁再生，然后器官分化，植株再生。如果采用的是体细胞愈伤组织，则按正常的方法诱导愈伤组织器官分化、植株再生。

⑥突变株系的鉴定和遗传分析

根据诱发突变目标进行生化分析、细胞学观察和性状分析（田间性状观察），通过分析鉴定突变是属于遗传的变异（基因突变），还是非遗传的变异（表型变异）。

（二）筛选变异的表达和遗传

在大多数情况下，都要求筛选的性状不但能在再生植株中表达，而且还必须能通过有性过程传递给后代。在有些情况下，一个在细胞水平上筛选的突变性状能否在再生植株中表达是无关紧要的。例如，假若选择的目的只是为了获得一个标记性状，以便用于以后的细胞杂交实验，那么只要这个性状能在培养的细胞中表达就足够了。在另外一些情况下，虽然要求突变性状必须能在再生植株中稳定的表达，但是能否通过有性过程传递则无关紧要，在营养繁殖植物中情况就是这样。

1. 变异体和突变体

在一项离体选择实验中，如果我们还没有足够的依据把入选的一种新的表现型确认为一种新的基因型，那么，应当把具有这种新的表现型的细胞或个体称为变异体（variant），而不应当称为突变体（mutant）。因为严格地说，突变体只限于由真正的遗传事件所造成的变异体。这些事件包括核苷酸的取代、插入、缺失、染色体节段的重复、倒位、易位，以及染色体数目的增加或减少等。而一个变异体则也有可能是由后生遗传事件造成的，在植物育种中并没有实用价值。

2. 后生遗传和遗传

后生遗传变异（epigenetic variation）是指在细胞的发育和分化过程中，对基因表达的调控上所发生的变化，而不涉及基因结构的变化。这些变化在诱发条件不复存在时，还能通过细胞分裂在一定时间内继续存在，即表现所谓的"驯化现象"（habituation）。后生遗传变异具有这种特殊的稳定性，因此不同于生理上的变化。生理变化是作为对刺激的反应而出现的，刺激一停止，变化也就消失。在一般情况下，后生遗传变异不能通过再生过程传给植株，因而也就不能继续表现在由再生植株的组织所产生的二次培养物中。但在某些情况下，如果在表达方式上发生了改变的基因具有比较一般的细胞学功能，在分化的组织中也很活跃的时候，那么这种后生遗传变异也有可能通过分化和脱分化的过程，而继续保持在二次培养物中。因此，鉴别遗传变异和后生遗传变异的唯一标准，就是看一个变异了的性状能否通过有性过程传递给后代。凡是能够通过配子传递的性状，必然是一个能够通过减数分裂和有丝分裂而稳定延续的性状，因而也就是一个由 DNA 结构变异造成的遗传变异性状。

（三）突变体筛选的应用

突变体可以为细胞杂交和基因导入提供选择记号，可以帮助分析结果，用于遗传和代谢研究，并对农作物性状进行遗传改良。

1. 改良农作物品质

作物品质是指食品的营养价值，其主要取决于蛋白和氨基酸的含量，特别是氨基酸的组成。谷类作物中多数作物的赖氨酸、苏氨酸、异亮氨酸含量偏低，豆类作物中蛋氨酸偏低。如果能够提高谷类作物和豆类作物必备的氨基酸含量，那么就提高了食品的营养价值，也就等于提高了农作物的产量。例如，高赖氨酸水稻突变体筛选的研究，其诱变剂为甲基磺酸乙酯，用 S−（2−氨乙基）−L−半胱氨酸为选择因子，所得突变株经测定，蛋氨酸含量增加14%；游离天冬氨酸增加17%，而且比野生种增加3%；游离异亮氨酸和亮氨酸比野生种增加4~8倍。其他有提高玉米色氨酸含量、提高大豆蛋氨酸含量等研究。

2. 抗病突变体筛选

对于多数植物病害来说，抗性都不是由单基因控制的，而且在组织培养中可能不易察觉。不过，在有些情况下，植物毒素对组织、细胞或原生质体的毒害作用与对整体植株的作用一致。此外，如果植物毒素是致病的唯一因素，那么就应当有可能用植物毒素在离体条件下对抗病性进行直接选择。例如，烟草抗野火病突变体筛选，以烟草野火病类似物蛋氨酸磺基肟为选择因子，获得烟草抗野火病突变体。其他研究还有，甘蔗抗菲基病（Fiji）、鞘枯病、毛霉病突变体筛选，玉米抗小斑病突变体的筛选等。

3. 抗逆突变体筛选

环境因子，如土壤含盐量过高和低温等，常常是某一作物分布地区的主要限制因素。抗盐突变体筛选已成功应用。用辣椒愈伤组织细胞进行悬浮培养，用甲基磺酸乙酯（EMS）作为诱变剂，进行抗低温（或高温）突变体筛选，得到两个抗低温的突变"细胞株"。

4. 高光效突变体筛选

自然界有高光效、低光呼吸植物，即所谓 C4 植物，如玉米、高粱、甘蔗、苋菜。自然界还有低光效、高光呼吸植物，即 C3 植物，如小麦、水稻、大豆、番茄。将 C3 植物变为 C4 植物，使 C4 植物具有高光效、低光呼吸的特点，将会大大提高作物的产量和品质。

5. 其他目标

如抗除莠剂营养缺陷型突变体筛选。

二、组织培养育种

（一）组织与器官培养的类别

1. 植物组织培养的一般概念

广义的组织培养，不仅包括在无菌条件下利用人工培养基对植物组织的培养，而且包括对原生质体、悬浮细胞和植物器官的培养。根据所培养植物材料的不同，组织培养分为 5 种类型，即愈伤组织培养、悬浮细胞培养、器官培养（胚、花药、子房、根和茎的培养等）、茎尖分生组织培养和原生质体培养。其中愈伤组织培养是一种最常见的培养形式。所谓愈伤组织，原是指植物在受伤之后于伤口表面形成的一团薄壁细胞；在组织培养中，则指在人工培养基上由外植体长出来的一团无序生长的薄壁细胞。愈伤组织培养是一种最常见的培养形式，除茎尖分生组织培养和一部分器官培养以外，其他几种培养形式最终都要经历愈伤组织才能产生再生植株。此外，愈伤组织还常常是悬浮培养的细胞和原生质体的来源。

2. 器官培养在育种中应用的类别

（1）组织及愈伤组织培养。在一定的时间内从一个茎尖或外植体（如根、茎、叶、花器官，以及其形成的体细胞胚等）中，繁殖出比常规繁殖多几百倍甚至千万倍与母体遗传性状相同而健康的植株，其标准可达到大田生产种苗的要求。以此方法快速繁殖药用植物的优良品种是在当前生产中得到最广泛应用的内容。

（2）花药培养。通过培养未成熟花药使花粉发育为单倍体的胚状体和植株。由于单倍体植物加倍之后即成为纯合二倍体，在育种上可以从杂种快速获得稳定的后代，因此，此方法受到育种学家的极大重视。

（3）子房培养。近年来，在那些用花药培养和染色体消除方法很难得到单倍体植株的植物上，如甜瓜、黄瓜和玉米，未受精子房培养和用照射过的花粉授粉结合子房培养的方法重新受到重视。

（4）胚胎培养。20 世纪 20 年代，用胚胎培养技术培养了亚麻的种间杂种胚，得到了杂种植物，克服了杂交不亲和的障碍，从而开创了植物胚胎培养应用于实践的时代。因为在通常情况下，高等植物在种间或属间远缘杂交时，由于不亲和性常常发生花粉不能在异种植物柱头上萌发，或花粉管生长受到抑制不能伸入子房，或即使受精，由于胚乳发育不良或胚与胚乳间不亲和而使胚在早期败育。目前，胚胎培养除了用于育种的实践之外，也广泛地被用来研究胚胎发育过程中，与胚发育有关的内外因素，以及与其发育有关的代谢和生理生化变化。

（5）茎尖培养。茎尖培养包括十到几十微米的茎尖分生组织和大到几十毫米的茎尖或更大的芽的培养。由于在培养中它会长出茎叶，并分化出根而形成小植物，使之在培养过程中失掉器官培养的含义，但这并不妨碍它成为研究植物形态建成，尤其是研究由营养生长转入生殖发育过程的有用工具。由于它能长成小植物，并可进一步培养成正常植株，可进行开花生理研究、无病毒植株的培养和进行良种提纯复壮繁育，使得茎尖培养具有一定的实用价值。

（6）原生质体培养。除去细胞壁的原生质体经诱导后可进行细胞融合实现体细胞杂交，体细胞杂种可能具有性生殖的能力，成为人工合成的新物种。这类研究不仅在育种上有意义，而且可以用来研究近缘物种之间的亲缘关系和物种的起源与进化。体细胞杂交育种的一个重要内容是获得抗病的野生近缘种与栽培品种的体细胞杂种，培育抗病的新种质。但应注意是，野生近缘种在把抗病性状带给体细胞杂种的同时，也将不利的野生性状传递给体细胞杂种。

（二）组织与器官培养的应用

植物细胞具有潜在地分化成整个植株的能力，即具有形态建成全能性。利用这种特性诱导器官分化，繁殖大量无性系试管苗，在药用植物的繁殖、育种、脱病毒，以及在种质保存上越来越显示其优越性，特别对一些珍稀濒危中草药的保存、繁殖和纯化来说，是一条有效途径。运用组织培养技术可以快速繁殖药用植物种苗，而药用植物种苗的工业化生产，可以达到迅速、大量、无病、高质量、一致性等效果，无疑对药材产量与质量都是非常有益的。另外，植物组织培养技术的发展，也为药用植物品种改良提供了新的途径。

药用植物地黄、薏苡、枸杞、人参、乌头、茶树、芦笋等通过花药培养，诱导出单倍体植株；枸杞胚乳培养获得三倍体植株；石刁柏、丹参等药用植物无菌苗，发现农杆菌转化系统有可能改良现有药材品质，提高药材质量。

第二节　原生质体培养与体细胞杂交

原生质体融合（protoplast fusion）又称为体细胞杂交（somatic hybridization），是指将不同种、属甚至科间的原生质体通过原发或人工诱发融合后进行离体培养，使其再生杂种植株的技术。

一、原生质体的分离

（一）材料的来源及预处理

植物体的幼嫩部分是制备原生质体的理想材料。双子叶植物的幼叶、子叶、根和下胚轴的切段通常被用来制备原生质体。有时也用成熟叶片制备原生质体，不过需要将叶片的下表皮撕去，以便酶液可以与叶肉组织作用。单子叶植物，特别是禾本科植物的表面通常含有硅质，不易被酶液降解，因而不适于作为原生质体制备的起始材料。对于禾本科植物而言，疏松易碎的愈伤组织或悬浮培养的细胞是制备原生质体的理想材料。无论利用哪一种材料，保持材料培养条件的相对稳定是十分重要的。

由同一种植物不同的基因型游离的原生质体，其分裂频率相差甚远。一般来讲，由子叶、下胚轴等组织游离的原生质体，仅适于某些双子叶植物的原生质体培养。对于单子叶植物和大多数双子叶植物，由胚性悬浮细胞系或胚性愈伤组织游离的原生质体更易获得持续的细胞分裂和植株再生。

在酶解前有时需要通过对材料的预处理，改变细胞和细胞壁的生理状态，增加细胞膜的强度，达到提高细胞壁酶解的效率，减少原生质体损伤的目的。主要的预处理方法有枝条暗处理、叶片萎蔫预处理、叶片预培养、预先质壁分离处理、胚性愈伤组织和悬浮细胞系的预培养等。

所用的实验材料，除无菌培养物外，均需用漂白粉、次氯酸钠或升汞作表面灭菌，方可使用。

（二）用于制备原生质体的酶类

纤维素酶制剂是从绿色木霉中提取的复合酶，主要作用于天然和结晶的纤维素的纤维素酶 C，也作用于无定形的纤维素的纤维素酶 Cx（表 20-1）。

崩溃酶是一种活力很强的酶的粗制剂，同时具有纤维素酶和果胶酶的活性，通常与果胶酶混合使用，常常用于从根尖细胞和培养细胞中分离原生质体。

果胶酶是从根霉中提取的，能够分解植物细胞之间由果胶质组成的中层，使植物组织解析为单个的细胞。

半纤维素酶是专门分解半纤维素的酶类。

蜗牛酶是从蜗牛胃液中分离的酶的粗制剂，含有多种解离酶，对孢粉素和木质素均有一定的分解能力，可用于从花粉母细胞、四分体、小孢子或较老的植物组织中分离原生质体。

在制备植物原生质体时，通常将果胶酶和纤维素酶混合使用，同时完成细胞的解离与细胞壁的分解。

表 20 – 1 在原生质体分离中常用的商品酶

酶	来源	生产厂家
纤维素酶类		
Onozuka R – 10	绿色木霉	Yakult Honsha Co. Ltd. , Tokyo, Japan
Meicelase P	绿色木霉	Meiji Seika Kaisha Ltd. , Tokyo, Japan
Cellulysin	绿色木霉	Calbiochem. , San Diego, CA 92037, USA
Driselase	Irpe lutens	Kayowa Hakko Kogyo Co. , Tokyo, Japan
果胶酶类		
Macerozyme R – 10	根霉	Yakult Honsha Co. Ltd. , Tokyo, Japan
Pectinase	黑曲霉	Sigma Chemical Co. , St. Louis, MO 63178, USA
Pectolyase Y – 23	日本黑曲霉	Seishin Pharm. Co. Ltd. , Tokyo, Japan
半纤维素酶类		
Rhozyme HP – 150	黑曲霉	Rohm and Haas Co. , Philadelphia, PA 19105, USA
Hemicellulase	黑曲霉	Sigma Chemical Co. , St. Louis, MO 63178, USA

（三）酶溶液的配制

为了保持释放出的原生质体的活力和膜稳定性，酶液的渗透压必须与处理的细胞的渗透压相近似。通常加入葡萄糖、甘露醇或山梨醇等渗透压调节剂来调节酶液的渗透压，使用的浓度范围随植物材料的不同而异。

酶溶液 pH 对原生质体的产量与活力有重要的影响，最适宜的范围为 5.4 ~ 5.8，若 pH 降至 4.8，则原生质体破裂。酶溶液配制完成后，可用微孔滤膜过滤灭菌备用。

（四）原生质体的制备与活力检测

将材料放入装有酶液的培养皿中，材料和酶液的体积比大约为 1 : 10。酶解所需时间因材料而异，子叶、幼叶和下胚轴等一般需要几小时，而愈伤组织和悬浮细胞等难游离的材料，酶解时间需要十几小时。酶解温度控制在 25℃ ~ 30℃ 的范围。由于光照可能引起质膜损伤，造成原生质体活力下降，所以酶解物应当放在黑暗或弱光条件下进行。酶解在静置条件下进行，但每隔一段时间应用手轻轻摇动几下。也可将培养皿一直放在 50r/min 的摇床上轻轻振荡来游离原生质体。酶解结束后，用孔径 20 ~ 80pm（取决于原生质体的大小）的金属或尼龙筛网过滤酶解混合物，滤去未被酶解的组织残余物。然后将原生质体与酶液的混合物转移到离心管中，在 50g 下离心 5min，收集原生质体，再用原生质体洗液或培养基洗 2 次，去掉残留的酶液。

所得的原生质体活力可以用原生质体的形态来判断，生活的叶肉细胞来源的原生质体呈绿色，叶绿体和细胞内的小颗粒在不停地运动。来源为愈伤组织或悬浮细胞的原生质体的活力，可根据细胞质内原生质的环流速度或颗粒状内含物布朗运动的快慢来判断。还可以用 0.1% 酚番红或伊文斯蓝染色来检测原生质体的活力，生活的原生质体不着色。最常用的方法是用荧光染料荧光素双醋酸盐（FDA）活体染色。FDA 能透过原生质膜，并在内酯酶的作用下水解为不能排出的、积累在质膜内的荧光素，在荧光显微镜下观察时，凡是发淡绿色荧光的都是生活的原生质体，无荧光或荧光很微弱的是已经死亡的原生质体。

二、原生质体的培养方法

（一）培养基

虽然一般的细胞培养和组织培养的培养基也可用于原生质体培养，但是必须对其成分做适当的调整。在设计原生质体培养基时，应当考虑无机盐、碳源和渗透压、有机附加物和激素、条件培养基、培养基的 pH 值等几方面的因素。常用的原生质体培养基为 KM8p 和 NT，通常原生质体培养只有在 5000～100000 细胞/ml 的高密度下才能成功，如果向培养基中进一步添加营养物质，悬浮细胞或原生质体可以在更低的密度下生长。

（二）培养方式

培养方式对于原生质体的生长和分裂也很重要。对于容易分裂的植物的原生质体，可以采用简单的固体培养或液体浅层培养。较难培养的原生质体则需要采用固体液体结合培养，乃至看护培养。近年来，由于采用了琼脂糖包埋、液体浅层、固体双层及看护培养等培养方式，使一些过去认为难以培养成功的豆科、禾本科和木本植物的原生质体实现了植株再生。

1. 固体培养

固体培养又称琼脂培养法或平板培养法。其优点是可以定点观察一个原生质体的再生、生长和分裂的过程，但分裂速度较慢，操作过程也较繁琐。

2. 液体浅层培养

液体浅层培养的方法是将制备好的具有一定密度的原生质体悬浮液 1ml，置于直径约 4cm 的培养皿或 25ml 的三角瓶中，使其成一薄层。然后用封口膜封口，封口时要多封两层，而且要封得紧密，这样培养液不容易蒸发，可以维持较长时间的培养。这种方法操作简单，对原生质体的损伤较小，且易于添加新鲜培养基和转移培养物。缺点是原生质体分布不均匀，常常发生原生质体之间的粘连现象而影响进一步的生长和发育，并且难以定点追踪单个原生质体的生长和发育。

3. 微滴培养

微滴培养是由液体浅层培养发展起来的一种方法。将 0.1ml 或更少的原生质体悬浮液用滴管滴于培养皿或凹玻片的底部，封口后进行培养。其优点是可进行较多组合的试验，或进行融合体及单个原生质体的培养和观察。缺点是这样小的微滴极易挥发，解决这个问题最简单的办法就是在液滴上覆盖矿物油。

4. 滋养培养

滋养培养是将能够分泌生物活性物质的细胞或组织培养物作为滋养者，来培养原生质体，以促进原生质体的分裂和生长的一种培养方法。

三、原生质体融合与体细胞杂交

（一）原生质体融合类型

1. 自发融合

在酶解细胞壁过程中，有些相邻的原生质体能彼此融合形成同核体，每个同核体包含2～40个核。这种类型的原生质体融合称为"自发融合"，它是由不同细胞间胞间连丝的扩展和粘连造成的。在由分裂旺盛的培养细胞制备的原生质体中，这种多核融合体更为常见。

2. 诱发融合

在体细胞杂交中，彼此融合的原生质体应有不同的来源，因此，自发融合是无意义的。为了实现诱发融合，一般需要使用一种适当的融合剂。目前，$NaNO_3$、高 pH – 高浓度钙离子及聚乙二醇（PEG）得到了广泛的应用。

（二）杂种细胞的选择系统

在经过融合处理后的原生质体群体内，既有未融合的两种亲本类型的原生质体，也有同核体、异核体和各种其他的核–质组合。异核体是未来杂种的潜在来源，但其在这个混合群体中只占一个很小的比例（0.5%～10%），而且在生长和分化两个方面皆无竞争优势可言。因此，如何能有效地鉴别和选择杂种细胞，一直被视为体细胞杂交成功的关键，其方法之一是使用某些可见标志，如亲本原生质体含有的色素等，用以对融合产物进行鉴别，并在其可辨特征消失之前，将它们由混合群体中分离出来单独培养。另外，各种选择系统是基于以下的原理，即两个亲本对培养基成分、抗代谢物或温度等的敏感性存在着天然的互补性差异；隐性基因互补；利用其代谢过程在不同环节上被不可逆的生化变异所阻滞的突变系。

（三）体细胞杂种植株的核型

在迄今所得到的各种体细胞杂种中，只有少数几种是双二倍体，即染色体数恰为两个亲本染色体数之和。现在还难以断定，是否近缘物种间通过体细胞杂交所产生的就是真正的双二倍体。即使在两个有性亲和亲本之间产生的体细胞杂种中，也会出现染色体数不正常的现象。这表明由于核质之间的相互作用，导致了与有性杂种不同的结果。

体细胞杂种倍数性水平的变异也可能是由原生质体的自发融合造成的，或是由原生质体供体细胞的细胞学状态造成的。培养细胞的原生质体可能比叶肉细胞原生质体更容易发生变异。为了减少染色体变异，应当尽量缩短由原生质体培养到植株再生所经历的时间。

（四）细胞质杂种

在有性杂交中，细胞质基因组只是来自双亲之一（母本），而在体细胞杂交中，杂种却拥有两个亲本的细胞质基因组。因而，有可能使两种来源不同的核外遗传成分（细胞器）与一个特定的核基因组结合在一起，这种杂种称作细胞质杂种（cybrid）。经过原生质体融合和培养，有可能分离出一种细胞系，其中携有一个亲本的核和两个亲本的细胞质。

为了把细胞质特性由一个亲本转给另一个亲本，制备去核原生质体具有重要意义。利用细胞质供体细胞的去核原生质体与受体亲本的完整原生质体融合，就完全不必再用一个选择系统以抑制其中一个亲本的生长。

（五）体细胞杂种和胞质杂种的鉴定方法

1. 形态学观察

观察再生植株的株高、株型、叶片形态与大小、气孔的大小与多少，以及花的形态与大小等。体细胞杂种植株应具有两个亲本的形态特征或介于两亲本的中间类型，也可能与两亲本有所区别。

2. 细胞学的检查

即使在两个有性亲和亲本之间产生的体细胞杂种中，也会出现染色体数不正常的现象。这表明，由于核质之间的互相作用，导致了与有性杂种不同的结果。引起染色体数偏差的另一个原因是两个以上的原生质体发生了融合。培养细胞的原生质体比叶肉细胞原生质体更容易发生染色体数目变异，因为培养细胞的染色体数目常不稳定。

3. 生物化学与分子生物学检测

早期多采用酯酶、过氧化物酶、苹果酸脱氢酶和乙醇脱氢酶等的同工酶谱分析来鉴定体细胞杂种，以及根据植株中的特征酶进行鉴定。近年来，核基因组 DNA 的 RAPD 和 AFLP 分析及细胞器 DNA 的 Southern 杂交分析被广泛用于体细胞杂种的鉴定。

四、原生质体培养与体细胞杂交的应用

在 Carlson（1972）第一次获得体细胞杂种植株之后，人们对体细胞杂交在植物改良上的前景寄托了许多希望。而远缘的体细胞杂种通常是不育的，因此，不能产生有性生殖的后代。无性繁殖作物的体细胞杂种虽然可以繁殖和扩大群体，但是双亲的缺点也结合在一起，在农业上无法直接利用。尽管有这样的局限性，在特定的情况下，体细胞杂交在育种上仍有重要的利用价值。

（一）体细胞杂交合成新物种

当在染色体组没有同源性的种间或属间的体细胞杂种是双二倍体时，如果双亲的染色体组之间没有相互排斥的现象，这样的杂种有可能具有有性生殖的能力，成为人工合成的新物种。这类研究不仅在育种上有意义，而且可以用来研究近缘物种之间的亲缘关系和物种的起源与进化。

（二）体细胞杂交培育抗病新种质

体细胞杂交育种的一个重要内容是获得抗病的野生近缘种与栽培品种的体细胞杂种培育抗病的新种质。野生种不仅把抗病性状带给体细胞杂种，而且也将不利的野生性状传递给体细胞杂种。一般说来，体细胞杂种只有经过回交、分离和选择，才能形成有利用价值的新种质和新品种。

（三）胞质杂种在育种上的利用

与常规的有性杂交过程不同，原生质体融合涉及了双亲的细胞质。它不仅可把细胞质基因转移到全新的核背景中，也可使叶绿体基因组与线粒体基因组重新组合。双亲线粒体基因组之间的重组已被很多实验所证实，也有叶绿体在融合产物中重组的报道，这些研究创造了细胞质变异的新源泉。

第三节 基因工程与育种

漫长的生物进化过程中，基因重组从来没有停止过。在自然力量及人的干预下，基因重组、基因突变、基因转移等途径，推动生物界无止境的进化，不断使物种趋向完善，于是出现了今天各具特色的种类繁多的物种，种种生物的特殊性状成为今天定向改造生物、创造新物种的丰富遗传资源。但是，没有一种生物是完美无缺的，因此，有待科技工作者按照人们的愿望进行严密的设计，通过体外 DNA 重组和转基因等技术，有目的地改造生物种性，使现有的物种在较短时间内趋于完善，创造出更符合人们需求的新的生物类型，这就是基因工程。基因工程最突出的优点是打破了常规育种难以突破的物种之间的界限，使原核生物与真核生物之间、动物与植物之间、甚至人与其他生物之间的遗传信息可以进行相互重组和转移。人的基因可以转移到大肠埃希菌中表达，细菌的基因可以转移到动植物中表达。

一、基因工程的基本理论和方法

（一）基因工程研究的理论依据

1. 不同基因具有相同的物质基础。地球上的一切生物，从细菌到高等植物和动物，直至人类，其基因都是一个具有遗传功能的特定核苷酸序列的 DNA 片段，而所有生物的 DNA 的组成和基本结构都是一样的。因此，不同生物的基因（DNA 片段）原则上是可以重组互换的。虽然某些病毒的基因定位在 RNA 上，但是这些病毒的 RNA 仍可以通过反转录产生 cDNA（complementaryDNA，互补 DNA），并不影响不同基因的重组或互换。

2. 基因是可切割的。基因直线排列在 DNA 分子上，除少数基因重叠排列外，大多数基因彼此之间存在着间隔序列。因此，作为 DNA 分子上一个特定核苷酸序列的基因，允许从 DNA 分子上被一个一个完整地切割下来。即使是重叠排列的基因，也可以把其中需要的基因切割下来，只不过破坏了其他的基因。

3. 基因是可以转移的。基因不仅是可以切割下来的，而且研究发现，携带基因的 DNA 分子可以在不同生物体之间转移，或者在生物体内的染色体 DNA 上移动，甚至可以在不同染色体间进行跳跃，插入到靶 DNA 分子之中。由此表明，基因是可以转移的，而且是可以重组的。

4. 多肽与基因之间存在对应关系。普遍认为，一种多肽就有一种相对应的基因。因此，基因的转移或重组最终可以根据其表达产物——多肽的性质来考察。

5. 遗传密码是通用的。一系列三联密码子（除极少数几个以外）同氨基酸之间的对应关系，在所有生物中都是相同的。也就是说，遗传密码是通用的，重组的 DNA 分子不管导入什么样的生物细胞中，只要具备转录翻译的条件，均能转录翻译出同样的氨基酸。即使人工合成的 DNA 分子（基因）同样可以转录翻译出相应的氨基酸。

6. 重组的基因通常是可遗传的。基因可以通过复制把遗传信息传递给下一代。经重组的基因一般来说是能传代的，可以获得相对稳定的转基因生物。

（二）基因工程研究的技术方法

1. 基本方法

（1）基因切割。从不同的细胞或病毒分离和纯化 DNA 分子，用特异的限制酶切割，得到大小从几百到上万碱基对的片段。同样，无性增殖的载体（如环形质粒 DNA）也可以用限制酶切割产生线性分子。

（2）基因重组。产生的 DNA 片段，通过它们的黏性末端由氢键随机连接 DNA，连接酶与载体共价相连。所有的片段复合物（二聚体、三聚体、环形二聚体或三聚体，包括有几个质粒的环形分子）同 DNA 片段相连形成杂种 DNA。

（3）基因转化。产生杂种 DNA 的混合物经过特别处理感染细菌细胞，转化后吸引 DNA。含有杂种 DNA 分子的细菌很容易识别，因为它带有特定的遗传标记，抵抗某一种药物或对某一种药物敏感。通过大量培养细菌和分离很容易得到一定数量的 DNA 片段。当不能选择发生转化的抗药性或不能确定需要的无性增殖物时，可考虑下述几种方法：①用放射性标记的核酸探针与无性增殖物或噬菌体进行杂交；②用限制酶确定无性增殖的 DNA 片段的大小并用凝胶电泳对其进行分离；③细菌寄主中的突变体与无性增殖载体上携带的基因进行遗传互补；④用免疫学方法筛选细胞中合成的蛋白质产物；⑤通过 DNA - RNA 杂交方法，利用无性增殖的 DNA 库来纯化特异的 mRNA，然后鉴定从 mRNA 翻译的蛋白质产物；⑥利用无性增殖的 DNA 进行 DNA - RNA 杂交，形成的杂种抑制特异的 mRNA 的体外翻译。

（4）基因表达。一旦需要的无性增殖物被选择出来，即可用物理图谱或 DNA 顺序分析方法确定无性增殖基因的均一性和结构。DNA 顺序确定可以选择出假基因或需要基因的假均一性。确定基因的一级结构是重要的，因为不仅可以鉴定基因，而且也可以提供基因的组织情况和在分子水平上调节的细节，同时也可推知蛋白质的顺序。

基因工程的最终目标是得到由无性增殖的基因产生的大量蛋白质产物，为此，必须使需要基因在寄主细胞中进行有效的转录和翻译。以上技术流程可归纳为基因工程的"四部曲"。

2. 基本技术路线

基因工程是一项比较复杂的技术，基因工程操作的基本技术路线如图 20 - 1 所示。

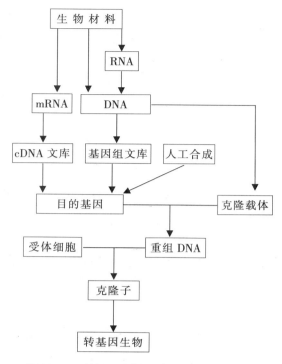

图 20 - 1　基因工程操作的基本技术路线

二、基因工程在植物育种中的应用

基因工程技术已广泛应用于医、农、林、牧、渔等产业。其研究成果最显著的是基因工程医药。干扰素、白细胞介素、生长因子、肿瘤坏死因子、人生长激素、集落刺激因子、促红细胞生成素等一系列基因工程，人体活性多肽已生产和上市。转基因植物的研究也取得了可喜的成果。应用基因工程技术，在抗病毒病（图 20 - 1）和真菌病、抗虫、抗旱、抗寒、抗高温、抗盐，以及改善植物品质、雄性不育、延缓果实成熟、改变花色和表达药用蛋白或多肽等方面选育出了一批转基因植物。

（一）农作物基因工程

植物生物技术的首要目的是获得各种符合人类需要的植物品种，其中以农作物占多数。在最初的研究工作中，有相当多的课题是集中在培育那些产量更高，而食用价值不变的新品种上。现在人们做得更多的是把各种抗性基因转到植物体内，以使其获得对昆虫、病毒、除草剂、环境胁迫、衰老等的抗性，还有人为对植物花卉、果实进行修饰改造等。

1. 培育抗虫植物

向作物中转入的抗虫基因主要有两种，一是利用一种具有杀虫活性的原毒素基因，它存在于苏云金杆菌中，其杀虫谱相对窄些；二是利用蛋白酶抑制剂的编码基因，它们有很广的杀虫谱，这是因为蛋白酶抑制剂能够影响昆虫对食物的消化吸收，它通过干扰昆虫对植物蛋白的水解作用，最终导致昆虫食欲不振，食量减少，直至死亡。

2. 培育抗病毒植物

植物病毒常常造成农作物大幅度减产，故可将植物天生具有的抗病毒基因从一个植物品种转移到另一个植物品种中。对病毒的自然抗性可通过许多方法获得，如阻断病毒的传播途径，阻断病毒的组装，使植物不受病毒症候影响或对病毒感染有耐受性等。迄今为止，人们已发展出很多种不同的方法来获得转基因抗病毒植物，其中使用最早和最广的方法是利用弱毒株病毒的外壳蛋白基因或其他基因转化植物，从而使植物获得对强毒株病毒的抗性。

3. 培育抗除草剂植物

很多除草剂无法区别庄稼与杂草，而有些除草剂必须在野草长起来以前就施用，因此，制造抗除草剂的转基因作物是克服这些缺点的理想途径。人们对制造抗除草剂的农作物的生物学操作提出了很多设想：①抑制植物对除草剂的吸收；②过量产生对除草剂敏感的靶蛋白，使它的量足以在除草剂存在下供给细胞执行正常功能；③降低对除草剂敏感的靶蛋白与除草剂的亲和力；④赋予植物在新陈代谢过程中使除草剂失活的能力。以上这些设想中，后3 种方案已经用来培育抗除草剂的转基因植物。

4. 改进农产品的品质

将一些用传统育种方法无法培育出的性状通过基因工程的手段引入作物。例如，将单子叶作物中的性状导入双子叶中，或将双子叶作物中的性状导入单子叶作物中，以提高作物的营养价值；改进食用和非食用油料作物的脂肪酸成分；引入甜味蛋白质改善水果及蔬菜的口味等。包括人在内的多数动物都不具有合成某些氨基酸的能力，因此必须从食物中获取这几种必需氨基酸（essential amino acid）。谷物和豆类（种子）是人类食物的主要来源，而种子所贮存的蛋白质中所含的氨基酸种类有限，可针对性地将富含某种特异性的氨基酸的蛋白转入目的植物，以提高相应的植物中特定氨基酸的含量。

（二）植物类中药生产中的高效潜力

了解和控制传统药材的有效成分是其生产和加工技术现代化的基础。传统药材含有的有效成分绝大部分是次生代谢产物。它们的合成途径非常复杂，往往有几十个酶参与反应，因此，找出形成特定产物的关键酶就成为利用基因工程技术生产传统有效成分的关键步骤之一。然后就是分离或合成关键酶的基因，寻找合适的载体和外源基因的表达（物）等一系列步骤。例如，天仙子胺和莨菪胺是广泛使用的作用于自主神经系统的抗胆碱能药物，由于天仙子胺对中枢神经系统有不良作用，因此，莨菪胺更易为病人所接受。市场上后者的占有率比前者高 10 倍。在莨菪烷生物碱合成途径的研究中，人们发现天仙子胺 6β - 基化酶是参与天仙子胺转化为莨菪胺的关键酶。将该酶基因通过 Ri 质粒转入到富含天仙子胺的莨菪毛状根中，与对照相比，莨菪胺含量增加了 5 倍。再如，科研人员正在研究将与多糖合成有关的酶的基因通过 Ri 质粒转入黄芪毛状根，希望通过基因工程方法改进黄芪毛状根中多糖的种类和数量。

借助基因技术，人们可望保存和繁殖那些濒临灭绝的药物资源，保持自然界生物的多样性。人们可以利用基因技术将那些数量极为稀少而又极为有价值的新结构新类型化合物进行扩增，以满足临床需要。人们还可以通过基因技术在遗传上改变现存的传统药材的有效成分，或附加新的遗传成分，成为"转基因药材"。这样，基因工程的广泛使用，将彻底改变传统药材生产和加工技术，使之适合新时代的要求。基因工程技术正在我国显示出前所未有的生命力。现已成功建立高效表达体系"植物反应器"，即基因植物药厂。植物反应器就是把构建或克隆的基因（如有治疗疾病作用的基因等）转入到高效表达载体中去。筛选到高效表达植株后，只需增加耕种面积就能扩大产量，再从植株中提取出有效成分，即成为药品或疫苗。利用转基因植物生产药物或疫苗易于形成产业化规模；省略了一整套制药工业化设备，成本大为降低；植物病毒不会感染给家畜及人类，安全性能好，各种转基因植物及疫苗都可用口服的方式给药，易被接受。

第四节　分子标记与育种

一、分子标记技术

　　植物的存活、生育力、基因流等方面的变异经常导致种群内和种群间等位基因频率发生改变。同时，要理解对特定生态环境的适应过程就必须对植物的交配系统、传粉机制、基因流等进行深入的研究。对这些问题的研究往往需要利用一些不影响生物表型性状的遗传标记。等位酶标记在研究种群机制方面做出了很大的贡献。20 世纪 90 年代以来，各种各样的DNA 分子标记技术的迅速发展更为植物进化生态学中诸多问题的研究提供了技术平台，在确定个体繁殖成效、测定自交率和基因流，度量遗传分化程度等方面得到了广泛的应用。

　　交配系统和基因流（gene flow）研究是植物进化生态学研究的两个重要课题。植物的交配系统不仅决定了种群未来世代的基因型频率，对植物种群的有效大小、基因流和进化等因素也有重要的影响（葛颂 1998）。通过对基因流的研究，我们就可能对种群分化等种群遗传学内容和植物的繁殖过程进行深入的研究。近来，通过分子标记，估计种群自交率、确定种群内的交配格局、借助亲本分析的方法直接测量基因流，或借助种群遗传学模型间接推导基因流及进行克隆鉴定等方面的工作正在逐渐增多。

　　面对各种各样的分子标记，如何针对特定问题选择恰当的分子标记，是亟待解决的问题。首先要确定解决某一特定问题需要测量的参数及其依附的理论模型，有时甚至包括模型假设，然后根据各种分子标记在这方面优缺点进行取舍，最终找到既能解决问题又最有效的分子标记。

（一）等位酶标记与 DNA 分子标记

　　遗传标记作为检测个体间遗传差异的方法，在进化生态学中有着非常重要的作用。早期的植物种群生物学研究一般都采用形态上的多态性状来检测个体间遗传差异。这些形态标记在早期的一些研究中起到了积极的作用，但是基于表型变异的形态标记通常只受一个位点控制，许多表型性状（如花色等）必须在生活史后期才能度量，而且对大多数植物而言都很难找到合适的形态变异，所以，形态标记有很明显的局限性。随着电泳技术的发展，在蛋白质和 DNA 多态性的基础上相继发展了蛋白质标记和 DNA 分子标记。蛋白质标记包括种子贮藏蛋白和同工酶（指由一个以上基因位点编码的酶的不同分子形式）及等位酶（指由同一基因位点的不同等位基因编码的酶的不同分子形式）。

1. 随机引物扩增 DNA 多态性标记

随机引物扩增 DNA 多态性标记（random amplified polymorphism DNA，RAPD）为应用人工合成的 10 个碱基的随机引物，通过 PCR 扩增来检测 DNA 多样性的技术。它可以进行广泛的遗传多样性分析，在对物种没有任何分子生物学研究背景的情况下进行，适用于近缘属、种间及种以下等级的分类学研究。

2. 扩增片段长度多态性

扩增片段长度多态性（amplification fragment length polymorphism，AFLP）是通过对基因组 DNA 酶切片段的选择性扩增来检测 DNA 酶切片段的长度多态性。它适用于种间、居群、尤其是品种的分类学研究。

3. 限制性酶切片段长度多态性标记

限制性酶切片段长度多态性标记（restriction fragment length polymorphism，RFLP）为 DNA 基因组经过特定的内切酶消化后，产生大小不同的 DNA 片段，利用单拷贝的基因组 DNA 克隆或 cDNA 克隆为探针，通过 Southern 杂交检测多态性的技术。它适用于研究属间、种间、居群水平直至品种间的亲缘关系、系统发育与演化。

4. 简单序列重复长度多态性标记

简单序列重复长度多态性标记（length polymorphism of simple sequence repeat，SSR）也称为微卫星 DNA（microsatellite DNA），是由 2 ~ 6 个核苷酸为基本单元组成的串联重复序列，不同物种的重复序列及重复单位数都不同，而形成 SSR 的多态性。此方法适用于植物居群水平的研究。几种常用分子标记特点见表 20 - 2。

表 20 - 2　　　　　　　　　　　　　　几种常用分子标记特点比较

标记特征	RAPD	AFLP	RFLP	SSR
遗传特性	显性	显性/共显性	共显性	共显性
多态性水平	较高	高	较低	中等
检测技术	随机扩增	特异扩增	分子杂交	特异扩增
检测基因组部位	全基因组	全基因组	单/低拷贝区	重复序列
技术难度	易	中等	难	易
DNA 质量要求	较低	高	较高	较低
DNA 用量	少于 50ng	少于 50ng	5 ~ 10μg	50ng
探针或引物	随机引物	专一引物	DNA 短片段	专一引物
结果可重复性	差	好	好	好
费用	低	较高	高	低

（二）分子标记与交配系统

交配系统是生物有机体通过有性繁殖将基因从上一代传递到下一代的模式。简单地说，就是指雌与雄交配及其交配方式与频率。母本的自交率和父本的繁殖成功率是植物交配系统研究中最重要的两个参数。植物的交配受传粉者的行为，以及风、水等非生物传粉媒介影响着传粉后生殖成功的一些过程的控制。遗传标记使我们可以掌握植物种群中出现的各种交配模式。

（三）分子标记与基因流

基因流是基因在种群内和种群间的运动。在植物中，基因流是借助于花粉、种子、孢子、营养体等遗传物质携带者的迁移或运动来实现的，其中花粉和种子的扩散是两种最主要的形式。单纯地靠种子传递遗传物质，其结果只能是使遗传物质的空间位置发生改变，而花粉对基因的扩散却受花粉运动、种子扩散和自交率的影响。在很大程度上，研究植物的基因流就是度量配子（主要是花粉）和种子在植物种群内和种群间迁移的方式和机制。目前，无论是对花粉基因流强弱的直接研究还是对种子扩散的研究都比较少。

基因流是植物种群动态和进化研究中的一个中心问题。植物种群的空间动态在一定程度上是由种子的扩散决定的。而且，基因流研究在转基因植物逸生后的风险分析、入侵植物的控制等方面也有重要的作用。对基因流，尤其是长距离的基因流进行定量研究一直是植物种群生物学研究中的一个难题。传统的测定基因流的方法仅限于直接观察传粉者和帮助种子扩散的动物的活动、用化学染料或同位素进行标记跟踪花粉和种子的运动等。这些传统的方法往往低估种群的基因流，尤其是花粉或种子的长距离扩散，而且灵敏度不高，无法测量低频率的基因流事件，也无法计算有效基因流的大小。所以，有必要为定量研究基因流寻找更好的方法。而采用等位酶标记或 DNA 分子标记等方法可以通过研究花粉或种子扩散的种群遗传学后果（如种群间遗传分化等）而不是扩散过程本身来研究基因流。

（四）分子标记与克隆鉴定

个体是组成种群的基本单位，种群的特征、结构和动态都是由个体体现的。而克隆生长占优势的植物，主要通过匍匐茎、根状茎、根系、营养体的某一部分等进行克隆生长所体现。如何确定遗传上的独立个体（即克隆鉴定）就成了研究克隆植物的关键。只有真正了解了种群中的分株是由多少个遗传上独立的基株（genet）形成的，才能准确掌握种群的大小、结构和动态机制，进一步研究种群中的各种遗传参数，如基因流、交配系统等。

克隆分株和有性繁殖产生的种子在空间扩散距离上通常都存在差异。克隆分株往往生长在母株周围，而种子的扩散范围相对较大，应该在远离母本的地方出现。所以，通过克隆系的聚集程度，我们就可以推知克隆繁殖和有性繁殖发生的相对频率。另外，从遗传上看，克隆分株的基因型与母株的基因型几乎完全相同，而由于有性繁殖过程中存在遗传重组，所以，种子和母本及种子和种子之间在基因型上都可能有差异。如果能够找到足够的多态位点，就能确定亲本和子代。总而言之，克隆鉴定不仅是研究克隆植物的基础和关键，同时也能估计克隆繁殖和有性繁殖发生的相对频率。

早期的研究一般根据形态变异和其他的表型性状进行克隆鉴定，或者直接根据分株之间的连接情况来确定克隆系。但是由于可供利用的形态性状太少，而且对许多形态性状的遗传基础不了解，加之鉴定效率太低，其应用受到很大限制。近年来，利用分子标记进行克隆鉴定的研究越来越多。出现了等位酶、RAPD、AFLP、SSR、SNP 等分子标记，这些标记能检测出大量的多态位点，能更有效地进行克隆鉴定。在所有多态位点上都具有相同基因型的分株可以被认为属于同一克隆系。克隆鉴定的结果一般都通过图谱的形式来表现，这种克隆图谱能清楚地表明各个基因型的分株在种群中的位置。通过基因型的分布，我们可以发现同一克隆系的不同分株往往都是彼此相邻的。

二、DNA 指纹技术的应用

自从 1985 年 Jeffreys 等建立了 DNA 指纹技术以来，这一技术迅速在动植物的进化关系、亲缘关系分析及法医学方面得到广泛的应用，并由此使得 DNA 指纹技术更加充实和完善。它不仅在分子生物学研究中显示出强大的生命力，而且在育种、遗传作图与分子标记、品种品系的鉴定、植物亲缘关系确定和分离等诸多方面得到了广泛应用。

（一）在作物育种中的应用

1. 细胞质雄性不育

由于线粒体 DNA 分子量相对较小，用限制性内切酶降解产生的 DNA 片段可以在琼脂糖胶上呈现 DNA 指纹。通过分析线粒体 DNA 可以准确地将未知细胞质雄性不育的不育类型划分到所属组别或确定是否为新类型。这在细胞质单性不育的研究及合理应用雄性不育细胞质进行种子生产上有重要意义。

2. RFLP 遗传标记的应用

（1）利用 RFLP 作标记进行间接选择。作物基因与 RFLP 标记的紧密连锁为利用 RFLP 对植物基因间接选择提供了方便。通过对 RFLP 基因型进行选择，不仅可以省却人工接种诱发、测交等大量费工费时的田间工作，而且不受基因显隐性关系的限制，同时选择的准确性高且节约大量人力、物力和时间。许多重要基因与 RFLP 标记连锁。例如，水稻叶枯病的抗性与 RFLP 标记的紧密连锁、玉米抗矮花叶病毒基因与 RFLP 标记的连锁等都是育种中十分关心的问题，而水稻光敏色素基与 RFLP 的连锁关系，在光控发育研究上取得了重大进展。

（2）RFLP 在回交育种中的特殊用途。连续回交是改变优良品种的个别性状的常用方法，并且能够尽可能多地保留该品种的基因型。但有些性状要等开花之后才表达，有些隐性基因控制的性状必须要到下一代才能表现出来，所以育种时只能做大量的杂交来碰运气，或不得不等到下一代再做杂交。应用 RFLP 标记，在苗期即可检测到目标基因的存在，所以能够从容准确地选择单株进行回交，省时、省事。

在回交育种中，"连锁牵扯"常常造成供试亲本的不良性状无法消除，特别当以野生种作为亲本时，问题更加严重。RFLP 可用于标记对每代回交亲本的单株进行选择，在选择来自于供体亲本目标基因的同时，在与目标性状紧密连锁的染色体区段选轮回亲本的 RFLP 标记，就可能在导入目标基因的同时，最大限度地降低供体亲本的遗传物质在回交后代中的比例。

RFLP 与回交育种相结合，有可能使优良品种的个别性状在很短时间内得以改进或使优良品种在很短时间获得特殊性状，以满足生产的需要，减少突然出现的病害造成的损失。

（3）RFLP 在遗传资源评估中的应用。目前对遗传资源的评估一般采用两种方法：一种是出于育种的急需（如抗病基因）到资源库和变异中心筛选；另一种是考虑长远的需要对资源的许多性状经田间观察后编目，以田间观察结果作为遗传多样程度的指标。由于与育种目标有关的性状多易受环境影响，田间观察的结果很难反映出不同材料在基因型上的真正差异，而且编目的性状一般反映的还只是近期的需要。而 RFLP 分析可以比较客观地揭示品种资源在基型上的多样性，依据品种资源在 DNA 水平上的变异程度来制订方案，将会更能满足作物育种的长期需要。

（二）植物品种和品系的鉴定

1. RFLP 技术与不同类型的探针相结合，可以鉴定许多作物的品种与品系

用 RFLP 法的探针进行品种间和种间鉴定，在水稻、玉米、西红柿、小麦、大麦、马铃薯、莴苣、油菜等植物中已有许多成功的报导。

2. 用 RAPD 方法检测 DNA 的多态性

用 RAPD 分析可以鉴定不同的品种、品系等。通过 RAPD 分析花椰菜、番茄、玉米和水稻、大豆，用随机引物 PCR（AP－PCR）法进行了指纹图谱构建。所获得的这些指纹图谱各不相同并相当稳定，利用这些指纹图谱对品种和品系进行了鉴定和系谱分析。这为在 DNA 分子水平上对物种进行品种和品系的鉴定提供了一个快速、简便的方法。

（三）在植物亲缘关系和系统分类及遗传多样性检测中的应用

由于 RAPD 能对整个基因组进行多态性检测，所以也可用于进行基因组指纹图谱的构建，并利用指纹图谱了解 DNA 同源程度，从而确定亲缘关系和进化地位；可利用指纹图谱对种、生理小种、品系和品种进行鉴定和系谱分析。并据此对近缘种进行分枝分析和分析种的相对遗传距离。

在杂种种子生产上一个令人棘手的问题是 F_1 代杂交种子中常混有其亲本品种、品系及其他假杂种，这将会对生产带来直接的影响。对种子纯度的鉴定越来越引起种子生产部门的重视。过去常采用两种方法进行纯度鉴定，一是田间观察，二是用同工酶检测。前者耗时、费工，后者则由于只有有限的植物种具有同工酶表达差异，所以应用范围很窄。应用 RAPD 技术不仅简便、快捷，而且可以更为准确地检测出同工酶分析无法分辨的近缘样品、亲本及自交系与 P_1 代中的差异，西瓜和番茄的杂种种子已可以进行准确鉴定并商业化。

（四）易位系的鉴定

利用染色体易位把外源有益基因引入栽培种是作物改良的一个重要途径，其关键是易位系的鉴定。传统的鉴定方法包括对回交 F_1 代减数分裂染色体核型分析，以及染色体分带技术。这些方法在易位系鉴定中起了积极作用，但也有一定的局限性。而利用 RAPD 技术可以快速、准确地鉴定易位系。这种方法只需用两亲本作对照，根据其特异 RAPD 带型即可判断中间材料是否发生了易位。另外，无论易位片段大小，通过 RAPD 分析都能准确检出，而且根型统计可以判断易位片段的大小。

（五）基因图谱的构建

目前应用最广泛的遗传作图技术是 RFLP 图。在大豆、玉米、水稻、番茄、莴苣、油菜及马铃薯等作物中已经建立起了具有一定密度的 RFLP 图谱。RAPD 标记定位提高了大豆 RFLP 图谱的饱和度。1991 年，Welsh 首次直接利用 RAPD 进行遗传作图，为基因图谱的构建提供了新方法，它同利用 RFLP 基因作图、重复序列基因组作图相比，不需要预先克隆标记或进行序列分析，而是直接完成多态性 DNA 标记的寻找，并同时完成对这些标记的遗传作图。这使得基因组遗传作图变得容易，而且快速方便。

综上所述，DNA 指纹技术是一个迅速发展的领域，随着研究工作的深入发展和生产上的需要，将会更加实用与完善。植物固有的特点，为新技术的应用提供了广阔的领域，为植物分子生物学带来蓬勃生机。第二代植物基因工程的时代已经来临。可以预测，以新技术为主的植物基因工程，必将拓宽改良植物的应用范围，从而进一步满足人类对自然界日益增长的需要。

思考题

1. 植物组织培养有哪些类别？其主要应用于药用植物遗传育种的哪些方面？
2. 原生质体培养过程与培养方法是什么？如何鉴别体细胞杂种和胞质杂种？
3. 突变体筛选的原理、方法和程序是什么？试述突变体筛选的应用前景。
4. 什么是基因工程？它在药用植物遗传育种中有哪些应用？
5. 分子标记技术有哪些？它在药用植物遗传育种中有哪些应用？

第二十一章

品种审定及良种繁育

第一节 新品种的鉴定、审定和推广

培育新品种的目的是为了给生产上提供优良品种,良种繁育的目的是使优良品种得到扩繁,在扩繁的过程中保持优良品种的特性,满足生产对优质种源的需要。因此,良种繁育是新品种推广的基础。

一、品种区域试验

药用植物品种的区域试验主要由当地特产站或农业技术推广站配合育种机构组织进行。它是在一定自然区域范围内布置的多点试验,参加区域试验的品种必须经过连续两年以上的品种比较试验。

(一) 区域试验的任务

1. 客观鉴定新品种的主要特征、特性

通过各种方法选育出的新品系或杂交组合,在选育及品系(组合)观察、比较阶段,都是在固定的试验田内进行的,试验面积小,试验区的环境条件基本一致,在这样的条件下观察到的新品系(组合)的特征、特性,具有一定的局限性。为了更准确、客观的鉴定新品系(组合)的特征、特性,需要选取在自然、栽培条件方面有代表性、技术条件较好的试验地点,在较大范围内对新品系(组合)进行丰产性、稳产性、适应性和品质等方面的鉴定。

2. 为优良品种划定最适宜的推广区域

药用植物具有很强的地域性,从试验田里培育出的新品系(组合),在适宜的生态环境下能否具有产量和品质上的优势,还必须经过区域试验的验证。区域试验的任务是考察新品种在不同区域、不同栽培条件下的综合表现,为新品种确定最适宜的栽培区域。

(二) 区域试验的方法

1. 划分试验区、选择试验点

根据新品系(组合)比较试验阶段的观察,初步划定该品系(组合)的适宜栽培区域,在该区域内选择栽培条件有代表性、有示范带动能力的农户作为试验承担人。

2. 设置合适的对照品种

对照设置的恰当与否,对准确评价新品系(组合)有着重要的影响。对照水平低,会夸大新品系（组合）；对照水平高，又不足以显示出新品系（组合）应有的水平。一般应选用当地的主栽品种为对照。

3. 保持试验点和工作人员的稳定性、试验设计的统一性

农业生产是在一个大的系统中进行的生产活动，其影响因素是多方面的。有些因素可以观察到，也可以人为控制，而有些因素则不易为人所观察，也不易准确地控制。因此，能否保持试验点和工作人员的稳定性、试验设计的统一性、试验操作的规范化，是试验结果是否准确一致的关键。

4. 定期进行观摩评比

在试验进行的关键时期，可邀请专业人士对参试品种进行观摩，对各个试验点进行评比，听取各方面的意见，以期对新品系（组合）进行改良，改正试验工作中的不足之处。

二、生产示范和栽培试验

（一）生产示范

生产示范又叫生产试验，是在较大的面积条件下，对新品系（组合）进行试验鉴定。栽培方法和田间管理与当地生产相同，在产品器官成熟期，进行观摩评比。由于试验面积大，试验条件与大田生产条件一致，因此，具有很强的代表性，同时，还可以起到示范推广的作用。

（二）栽培试验

栽培试验的目的在于进一步了解适合新品种特点的栽培技术，为大田生产制订栽培措施提供依据，做到良种、良法一齐推广。被试验的栽培措施多种多样，有密度、肥水、播期等，视具体情况选择 1~3 项，以当地常用的栽培方式为对照，结合区域试验进行。

三、药用植物品种审定程序

2000 年 12 月 1 日实施的种子法规定，主要农作物品种在推广应用前应当通过国家级或省级审定。主要农作物的界定，种子法规定了小麦、水稻、玉米、大豆、棉花等五种作物，农业部又确定了油菜、马铃薯两种作物。另外，各省、自治区、直辖市也可以确定 1~2 种作物为主要农作物。其余农作物品种，包括药用植物品种，在推广前可不通过国家或省、市、自治区农业行政部门设立的农作物品种审定委员会的审定。

药用植物品种的认定一般可通过科技成果鉴定的形式体现，可参考遵循下列一般程序。

1. 报告和总结

（1）提交试验资料

提交连续 2~3 年的品种比较试验、区域试验、生产试验等完整的试验资料。

试验资料主要反映育种目标所要求的各优良性状，如高产、稳产、优质、抗逆性等的评价报告。

报告书写格式如下。

第一部分　试验目的、意义

第二部分　试验材料、方法和主要措施

第三部分　结果分析

第四部分　品种简评

第五部分　附录

等等

（2）品种推广现场

可在生产期间组织专家、科技部门、种植户等方面的代表到田间实际观摩、测产，并由专家出具现场鉴定意见。

（3）照片和标本

照片标本要求充分体现新品系（组合）的特征。特性，标本以该新品系（组合）的种子、产品器官为主，照片要反映各生育时期的生长状况，突出不同时期的特点。

2. 鉴定结果

由该领域专家组成的鉴定小组，通过现场观摩、资料审查、质疑等方式，对鉴定品系（组合）全面了解后，出具专家鉴定意见。

3. 品种命名方法

药用植物品种的命名目前也没有统一的规定。根据现有品系（组合）命名的方式大体可分为以下几种。

（1）按照育种单位命名

枸杞品系"宁杞1号"、"宁杞2号"，反映这两个品系为宁夏培育；川红1号红花为四川培育；江西1号、江西2号薄荷为江西培育。

（2）按性状分类命名

吉林黄果参表明人参的果实为黄色，有刺红花表示植株叶缘有刺。

（3）按单位、育种方法、编号等综合命名

"川激苡78-1"则表示四川用激光照射诱导突变的方法，育成了代号为78-1的薏苡品系。

第二节　品种混杂退化的原因及防止措施

一、品种的混杂与退化的概念

品种混杂是指一个优良品种在生产上应用的过程中，由于人为的、自然的或生物的影响，在本品种内出现了异品种或其他种类的现象。品种退化是指优良品种在生产过程中，逐渐丧失其优良性状，失去原品种典型性的现象，如产量降低、品质变劣、成熟期改变、生活力降低、抗逆性减弱、性状不一致等。

混杂和退化是不同的概念，但彼此间是有联系的。由于品种的混杂，群体的基因型变得复杂，增加了天然杂交率，导致品种退化，同时，杂交后代又会产生分离，使得群体内的表现型更加复杂，造成更严重的混杂。可以说，混杂是引起退化的一个主要原因。

药用植物的种子，目前仍处于自繁自用的阶段，良种的市场化程度很低，这使得品种的混杂退化现象尤其严重。例如，河南地黄初引到北京时，良种率89%，劣种仅占11%。在几年的栽培过程中，由于不注意去杂去劣，3年后良种仅占5.76%，亩产由1972kg下降到461.4kg。可见，品种退化给生产造成的损失是十分惊人的。

二、品种混杂退化的原因

引起品种混杂退化的原因很多，主要有以下几个方面。

(一) 机械混杂

机械混杂是指在良种繁育过程中，在播种、收获、运输、脱粒、晾晒、贮藏等作业时由于人为的疏忽，使繁育的品种内混进了异品种或其他种类的种子。此外，前作物和杂草种子的自然脱落，也会造成机械混杂。自花授粉作物的混杂退化主要是由这种人为的机械混杂引起的。

(二) 生物学混杂

在留种过程中，由于没有严格的隔离区而发生不同变种、品种或类型之间的天然杂交（俗称串粉），产生一些杂合的个体，这些个体在继续繁殖的过程中，会分离出许多新的变异，造成品种的混杂和退化。另外，在杂交制种过程中，由于隔离不好会发生异花授粉作物的自交系间互相授粉，直接影响父本或母本的纯度，当再进行杂一代的制种时，就会造成杂种一代的优势变劣。

(三) 不适宜的环境条件及自然突变

品种的特征、特性是在一定的自然环境和栽培条件下形成的，如果把优良品种种植在不适宜的环境条件下，优良品种就表现不出其优良特性。例如，将产于河南的地黄引种到南方后，由于不能忍受南方的高温、高湿气候，地黄生长发育不良，产量变低，性状变劣。极端的温度变化、某些化学物质的刺激、宇宙射线的作用等都可能使品种的遗传特性发生变异，而且往往是不利变异大于有利变异。

(四) 品种本身的性状分离

作为品种来说，其遗传性状应是基本稳定的。但对任何一个品种来说，其遗传组成不可能完全纯合，就纯度很高的自花授粉作物品种而言，依然或多或少带有一些杂合性，在不断的繁殖过程中，必然要产生性状分离，从而造成品种的混杂退化。

(五) 不科学的繁殖方法

许多药用植物既能用种子繁殖，又可进行无性繁殖，尤其是根茎类药材，大部分可用根茎繁殖。在目前药用植物种子产业化程度很低的情况下，没有专门的种子生产田，往往是把健壮的根茎用作生产田,而把弱小的营养体留做种苗,长期下去,必然导致种性退化。同时,长期用营养体繁殖,还会造成病毒病的发生。

三、品种混杂退化的遗传学实质

无论品种是机械混杂还是生物学混杂,最终都造成了群体内基因的杂合,产生了杂合体。杂合体在以后的世代中,会分离出许多不同基因型的个体,在田间也就会出现不同表现型的个体,使得群体混杂,导致种性退化。

四、防止品种混杂退化的措施及技术

品种的混杂退化是农业生产中不可避免的现象,对于良种繁育工作来说,就是使混杂的程度降到最低,使退化的速度减至最慢。其工作的重点在于预防,在预防工作中,管理措施的到位和技术措施的落实是不可分割的两个方面,仅有技术措施是不够的,还必须有严格的管理手段来督促技术措施的落实。

(一) 建立严格的种子繁育制度,防止人为的机械混杂

机械混杂多是由于操作者的疏忽造成的,如果有一套严格的制度来规范操作者的行为,则可以大大减少机械混杂的机会。

1. 合理安排种子田的轮作和耕作

繁种田不可连作,以防上季残留的种子出苗,造成混杂。早期中耕锄草,以免杂草种子混入。

2. 规范种子处理程序

播种前的选种、浸种、拌种等措施必须做到不同品种分别处理,更换品种时,用具必须彻底清理。处理后的种子,必须分别放置,盛放工具要完好牢固。

3. 严格去杂去劣

在苗期、开花前、采收前要进行严格的去杂去劣。尤其是开花前,要全面彻底地检查一遍,以免杂株开花造成串粉。

4. 认真做好收贮工作

这是容易引起混杂的过程。繁种田必须做到单收、单脱、单晒、单藏。在后熟、脱离、晾晒等操作中,必须事先对场地和用具进行清理,清除残存的种子。晾晒种子时不同品种的种子间要保持较大的距离。包装、储藏时,容器内外均应附上标签,标明品种名称、数量、等级、产地、收获日期等。

以上各点,应该作为制度,由专人负责落实、监督。

(二) 采用隔离措施,防止生物学混杂

对于异花受粉和常异花授粉的药用植物,为了防止异交,在繁种时必须采取隔离措施。根据授粉习性,不同的药用植物有不同的隔离方式。常用的方法有空间隔离,如板蓝根等十字花科植物,隔离距离必须在 1000m 以上;时间隔离,若在空间上无法隔离,可采用错期

播种等办法，使花期错开；屏障隔离，可利用房屋、树木、高秆作物等自然屏障作为隔离设施；人工隔离，对于少数濒危药用植物的繁殖，可采用人工隔离的办法，如搭塑料棚、罩纱网、人工套袋等。就目前的生产现状来说，空间隔离是最经济实用的方法。

（三）加强选择

品种的混杂退化与不注意选择有很大的关系。人工选择不仅可去除杂株，避免机械混杂，并且有巩固和提高优良性状的作用，但必须掌握品种的特点并具有一定的育种知识，以便进行正确的选择。在选择中必须注意以下几点。

1. 连续定向地每代进行选择。选择人员应固定，选择标准应统一，并且需连续进行。

2. 在品种特征、特性容易鉴别时，分阶段对留种植株进行多次淘汰和选择，地上部分的选择和地下部分的选择要结合起来。

3. 原种要进行严格的株选，生产用种可进行片选。

不同的药用植物有其不同的生长特性，防止混杂退化的措施实施时，在选择时期及选择标准上也应予以注意。例如，当归容易早期抽薹，在留种时必须选择三年生植株留种，这样可以防止由于留种不当，助长了早期抽薹性状的表现。又如，元胡的块茎分"母元胡"和"子元胡"两种，"母元胡"由栽子块茎内部形成，组织相应较老化，生活力较"子元胡"低。用其作种栽，地下茎纤细，所结块茎小，产量低。"子元胡"则由地下茎节膨大而来，块茎扁圆光滑，生命力强，选其作种栽，可保持较强的种性。

（四）改变繁殖方式

很多药用植物都可以无性繁殖，但是长期无性繁殖容易引起生活力衰退，采用有性繁殖可使生活力得到提高。例如，天麻长期采用无性繁殖方法，种栽有退化现象，而用树叶菌床法的种子进行有性繁殖，种栽生长势旺盛，生命力强，产量高。这不仅解决了天麻种源缺乏的问题，同时也有效地防止了种栽退化。

（五）异地换种

本地品种退化严重，可以从外地调进种子以提高其生活力和适应性。例如，在雅连的栽培中，为了保持品种的优良特性和减少病害，产区习惯将海拔 2000m 以上的高山秧子运到海拔 1600~1800m 以下的低山种植，或者将低山秧子运到高山种植。

（六）组织培养获得无病毒植株

利用组织培养手段，可将幼嫩的茎尖培养成无病毒病的再生植株。例如，地黄品种金状元，经过茎尖培养的无病毒苗与原品种相比，病害轻、产量高，使得因感染病毒病而退化的品种得到了复壮。

（七）选择适宜的自然环境和栽培技术

任何一种药用植物都有其适宜的生长环境和相应的栽培技术。因此，选择最适合的生态环境，采用各种农业措施，加强水肥管理，注意防治病虫害，也是提高种性、防止退化的有效措施。

第三节　良种繁育

一、良种繁育的意义和任务

（一）良种繁育的意义

选育出的新品种经过区域试验和生产示范，确定推广地区后就要做好良种繁育工作。良种繁育即繁殖优良种子、种苗的过程，是品种选育的继续和新品种推广的前提，也是保证育种成果长期发挥作用的重要措施。良种繁育过程所采取的繁殖技术及所遵循的繁殖制度的科学合理性是新品种能否迅速取代原有品种，优良品种能否较好地发挥应有作用的根本保证。

（二）良种繁育的任务

1. 大量繁殖优良种子、种苗　良种繁育的首要任务就是大量繁殖新品种种子、种苗，使新品种迅速应用到生产上，产生经济效益。同时也要根据需要，繁殖现有品种的种子。

2. 保持品种的纯度和种性　优良品种在大量繁殖过程中，往往由于播种、收获、脱粒、贮藏等方面的疏忽而造成机械混杂，或由于天然杂交而造成生物学混杂，或由于自然条件的影响而发生变异，致使纯度降低、种性变劣。因此，在良种繁育的过程中，如何避免上述现象的发生，是良种繁育过程中始终贯穿的工作，也是良种繁育的一项主要任务。

以上两个任务，是一项工作的两个方面，即在大量繁殖优质种子的同时，提高种子质量，保证品种纯度，满足生产需要。从当前药用植物生产的现状来看，质量问题比数量问题更为突出。目前最迫切的工作应是对现有栽培品种的提纯复壮。

二、良种繁育方法

（一）原原种重复繁殖

原原种（Basic seed）又叫育种家种子，是指育种家刚选育出新品种时所拥有的种子。它具有纯度高、世代低、种性优良、数量少等特点。为了进一步推广新品种、扩大种植面积，就必须要对原原种进行扩大繁殖。

原原种扩繁的主要任务是扩大原种数量，为生产商品种子提供原种。在生产中应注意以下几点。

1. 选择适宜的栽培环境和栽培措施　适宜的生长环境，再附之以合理的栽培措施，药用植物才能充分表现出它的特征、特性，田间选择的效果才会更好。

2. 选择好隔离区　对于异花授粉和常异花授粉作物来说，隔离区的选择尤其重要。例如，十字花科植物，隔离区必须在 2000m 以上；自花授粉的豆科植物，也须有 10～20m 的隔离区。

3. 严格去杂去劣 这是原原种扩繁过程中的主要工作，也是最为细致的工作。在形态发生显著变化的各个生育时期，都要进行严格的去杂去劣，这是保证纯度和优良种性的关键。对于某些有疑问的植株，要坚决去除，宁可错拔不可漏拔。

4. 科学选择 按照全息定域选种法，合理选择花序、花朵、种子着生部位；脱粒晾干的种子还须过筛风选，淘汰下风头种子。对于以根茎繁殖的药用植物，营养体的选择除了要符合本品种的典型性状外，根、茎等营养器官不需要太大，也不能太小，要求大小中等，形状一致，生长健壮，无伤残、病虫害。

5. 低代繁殖 为保持品种的优良种性，原原种的世代应低，根据需要，一次尽可能多繁殖一些，储藏在低温干燥的环境中，一次繁殖可多年使用。

（二）三圃制提纯更新原种

原原种经扩繁后，很快就会扩散开来，产生原种（original seed）。原种再进一步繁殖生产种，又叫合格种子（certified seed）。在生产上，经过多年的利用和繁殖后，生产种渐渐会失去原有性状的典型性，变杂变劣。要长期保持品种的原有遗传性和纯度，需要采取科学而合理的措施，作好原种的选优提纯工作。

原种是原原种扩繁后的产物，是用来繁殖生产种子的种子，它是生产种子质量的源头。原种的优劣对生产种子质量有着直接的影响。因此，对其典型性、生活力、丰产性、纯度等方面有着严格的要求。对已退化的原种，普遍采用"三圃制"提纯更新。一般程序是，单株选择、株系比较、混系繁殖。生产过程中，防杂去劣是保证，选择比较是手段，提高质量是目的。

1. 选择优良单株（穗） 将纯度较高、符合原品种典型性状的原种种植在选择圃中。为了选择和操作方便，种植密度不宜太大，留单苗或单株定植，采用优良的栽培措施，使植株旺盛生长，以充分表现出品种的特征、特性。在不同的生育期进行选择，根据品种的特点，选择植株健壮、抗病力强、生育期适当、丰产性好、子粒饱满的典型优良单株（穗），分别收获，收获后再按穗、粒性状进行决选，中选单株（穗）单脱单藏。

前期选择的群体要大，后期在前期选择的基础上，逐步淘汰不符合品种特点的植株。中选的单株要挂牌标记；异花或常异花授粉作物，在开花前还要套袋隔离。

2. 株（穗）行比较鉴定 将上一年入选的单株（穗）种于株（穗）行圃，进行比较鉴定。每株（穗）种一行或数行，行头和地边留保护行。在各个关键生育阶段对主要性状进行观察记载，并比较鉴定每个株（穗）行的性状优劣、典型性和整齐度。收获前综合各株（穗）行的全部表现进行决选，选择符合本品种典型特征的优良单株，其余单株（穗）淘汰。

对于根茎类、花果类药用植物，株（穗）行圃应设置两个圃，即将上年中选的单株（穗）种子分成两份，分别种植在观察圃和采种圃里。观察圃进行观察、比较、鉴定，采种圃采收中选株（穗）行的种子。株（穗）行圃最好与选择圃用同一块地，肥力水平和管理措施与上年一致。

3. 株（穗）系比较试验 上年中选的株（穗）行种子混合采收，成为一个株（穗）

系，每系一个小区，种植于株（穗）系圃。对其典型性、丰产性、适应性等进一步观察比较。方法与选留标准同株（穗）行圃。入选的各系经去杂、去劣后，混收、混脱、精选，即为提纯的原种。

4. 混系繁殖　将从株（穗）系圃中混收的种子种于原种圃，扩大繁殖。原种圃要求隔离安全，土壤肥沃，管理措施得当，去杂、去劣严格。

三、良种繁育的程序

良种繁育即生产上繁殖优质种子的过程。目前，我国药用植物的良种繁育体系尚未建立起来，这是影响中药材产业化发展的一大障碍。同时，由于中药材产业化发展的程度不高，也制约了药用植物新品种选育、良种繁育的进程。"科技兴农，种子先行"，这句话同样可以用到药用植物生产上来。因此，尽快建立药用植物的良种繁育体系，是药用植物生产面临的一项紧迫任务。

在良种繁育的过程中，技术措施是指导，管理办法是保障，应遵守的基本程序有以下几点。

（一）制定周密的繁种计划

对一家一户的农民来说，其种植中药材的盲目性和随意性很大，这也使得对种子的需求具有不确定性。因此，药用植物种子的生产者和经营者，就需要对市场做全面而详细的了解，根据市场走势确定繁殖的种类，对于每一个具体的品种，还要根据该植物种子的特性，确定繁殖面积。种子寿命短的药用植物，在满足需要的前提下尽量少繁，以免销售不利，造成损失。

（二）制定详细而实用的制种技术

药用植物种类繁多，各种植物的生长习性不同，各个品种又具有不同的特征、特性。因此，针对每一个繁殖的品种，都要制定具体的制种技术。技术的制定不但要符合该品种的生长特性，还要具有简便、实用、可操作性强的特点。

（三）制定严格的管理措施

制种技术的落实，需要严格而有效的管理办法，否则，再好的技术也无法实施，达不到预期的效果。管理办法一经公布，就要严格执行，这也是田间技术人员的主要工作。

（四）田间管理

上述都是制种前的准备工作，田间管理才进入了良种繁育的实施阶段，这也是各项技术措施落实的阶段。技术措施能否得到有效的落实，是制种成败的关键。

（五）种子检验

种子收获后，先取样封存。封存的种子先存放在基地，样品拿回检验。检验的主要内容有纯度、净度、含水率、发芽率。净度、含水率、发芽率可在实验室内检验，纯度既可在实验室内测定，也可在田间实际测定。经检验合格的种子方可采用，不合格种子应就地销毁。

四、提高繁殖系数的方法

刚选育出的新品种或者刚提纯复壮的原种，数量都比较少，为了使品种尽快在生产上发挥作用，就必须加速繁殖过程，尽量提高它的繁殖系数。所谓繁殖系数，就是指种子繁殖的倍数，通常用单位面积的种子产量与单位面积的播种量之比来表示。即：

繁殖系数 = 单位面积的种子产量/单位面积的播种量

提高种子的繁殖系数，可以采取以下一些途径。

1. 育苗移栽

育苗移栽可以大大节约种子播种量，提高出苗率，增加种植面积，从而提高繁殖系数。采用种子繁殖的药用植物，都可以通过育苗移栽来扩大原种量。

2. 宽行稀植

由于营养面积的扩大，单株的生长发育处在最佳状态，不仅单株产量高，而且可以获得品质较好的种子。

3. 一年多茬

充分利用阳畦、大棚、温室等设备，附之以温度、光照处理（如春化、光照处理），来增加一年的繁殖代数。

4. 异地繁殖

我国幅员辽阔，利用南北自然气候条件的差异，通过异地加代，就可提高繁殖系数，扩大繁种量。对一年生药用植物来说，一年内可繁殖 2~3 代。

5. 无性繁殖

栽培的药用植物中，有很多是多年生根茎类药材，因而可普遍采用扦插、分株等方法，利用根茎、鳞茎、枝条、子芽等营养器官来提高繁殖系数。例如，天麻可用块茎繁殖，大黄可用子芽或根茎繁殖。

6. 组织培养快速繁殖

利用药用植物的茎尖、叶片、腋芽等营养器官，采用组织培养的方法，可以快速培养出大量的再生植株，获得繁殖材料。三七、秦艽等药用植物，通过组织培养的方法都获得了再生植株。

第四节　良种繁育基地建设

一、良种繁育基地的意义

随着社会经济水平的飞速发展，各个产业逐渐向专业化、规模化、效益化方向发展。对于药用植物栽培来说，目前的种子供应，仍处于农户自繁自用的初级阶段。因此，建立药用植物的良种繁育基地，具有开创性的意义。

1. 增加农民收入，促进农村社会经济水平的提高

对于制种农户来说，其单位土地面积上的收益一般要高于当地主栽作物的收益，而且这种收益比较有保障。同时，对药材生产者来说，由于选用了优良品种，其生产效益也会大大提高。

2. 有助于中药材质量的提高

目前药用植物栽培中所谓的品种，大部分是多年沿袭下来的农家栽培类型，其群体中个体间差异极大。即使有人工选育的品种，也由于不重视良种繁育，一个新品种使用不了几年便严重退化，失去了优良品种的本性。因此，建立药用植物的良种繁育基地，是增加药材产量、提高药材质量的基础。

3. 促进中药材产业健康有序的发展

在整个中药材产业中，种子是最基础的一环，只有优良的品种和优质的种子，才能生产出优质的中药材；也只有优质的药材，才能生产出优质的中药，即所谓的"药材好，药才好"。

二、良种繁育基地的建立

药用植物的良种繁育，与粮食、蔬菜等作物的良种繁育一样，既是种子产业链的一段，又是农业生产的一部分。因此，完全可以借鉴粮食、蔬菜等作物的良种繁育模式。但在基地建立的形式、基地的选择条件等方面，应充分考虑药用植物的生产特点，因物而异，因地制宜，建立符合药用植物生产特点的良种繁育基地。

（一）基地的建立形式

根据中药材种子生产企业的自身状况及药用植物的生产特点，良种繁育基地可采用自有良种繁育基地和特约良种繁育基地两种形式。

1. 自有良种繁育基地

自有良种繁育基地是指种子生产企业自己拥有良种繁育所需要的土地、生产工具、生产人员，自主投入、自主管理、自担风险的良种繁育模式。其特点是生产条件一致，田间管理措施一致，技术措施容易落实，有利于种子产量和质量的提高。但生产企业需要拥有土地及配套的灌溉、农机、贮藏等设施，需要人员、资金及物力的投入，风险由企业自身承担，对企业经济实力及基地管理能力的要求较高。

2. 特约良种繁育基地

有些企业由于自己没有土地，采取委托其他企业或农户繁殖种子的方式称为特约繁殖。依托其他企业或农户建立起来的繁种基地称为特约良种繁育基地。其具体形式有三种。

（1）区域特约繁种基地指以乡、村、社为区域建立的特约繁种基地。其特点是繁种面积较大，管理层次复杂，参与管理的人员多，适合于大面积制种。

（2）联户特约繁种基地是以几户或者数十户农户组成的特约繁种基地。这是一种较松散的组合方式，适于繁种面积不大，品种较少时采用。

（3）专业户特约繁种基地是由制种专业户组成的特约繁种基地。其特点是繁种面积较小，专业户素质较高，技术措施容易落实，但风险较大。

以上三种形式中，区域特约繁种基地是一种"企业＋基地"的形式，联户特约繁种基地和专业户特约繁种基地都是"企业＋农户"的形式。无论何种形式，企业与基地或农户都是一种经济合作关系，双方依靠合同来约束彼此的行为。对于农户来说，其只管按照企业的技术规程去生产种子或种苗，而无须考虑销售问题；而对于企业来说，省去了生产期间的资金和劳力投入，大大降低了企业的运营成本。

"企业＋基地＋农户"是一种适合我国目前国情的制种方式，对增加农民收入，壮大企业的经济实力，提升中药材产业化水平都有着积极的意义。

（二）基地建设原则

1. 统筹安排，分类建设

对于制种企业来说，繁种基地就是其生产车间。由于药用植物种类繁多，生活习性差异极大，因此，在建设基地时，对不同品种时间和空间上的布局，多年生和一年生植物的配置，不同植物的间、套、复种的搭配等问题，必须要有一个全面而系统的建设规划。

2. 质量优先，兼顾效益

制种是企业和农户间的一种经济行为，双方都以利益最大化为目的。但是，质量是获得利益的前提和根本，也是双方合作的基础。如果没有质量作保证，不仅企业和农户没有经济效益，药材生产者也会因种子（种苗）质量差而遭受经济损失，更有甚者，还会给药材的消费者带来意想不到的伤害。

3. 平等协商，互惠互利

在"企业＋基地＋农户"的繁种方式中，企业与农户间是一种合约关系，双方在平等自愿、互惠互利的基础上展开合作。对于繁种的具体事宜，双方应本着相互理解、相互支持的态度，共同协商解决。

（三）基地的选择条件

良种繁育基地的选择应综合考虑各方面的条件，若不能完全达到要求，也要具备最基本的生产条件。

1. 自然条件

根据药用植物的生长发育特点，选择适宜的生态环境，这是基地选择的基础。自然条件一般包括以下几个方面。

（1）气候条件。这是自然条件中最基本的内容，它包括光照强弱、日照长短、光谱成分、温度高低、温度变化、水分形态、数量、持续时间、蒸发量、空气、风速、雷电等。

（2）土地条件。包括土壤结构、有机质、水分、养分、空气、酸碱度、地温等。

（3）隔离条件。是指同一个种内不同品种间为了防止异交所需的天然隔离条件及人为隔离措施。

（4）检疫条件。指繁种地是否有检疫性病菌及虫害。

（5）干燥条件。指种子干燥所需要的晾晒场地、烘干设施等。

（6）交通条件。包括人员进出、种子（种苗）运输所需的道路、交通工具等。

2. 社会经济条件

相对于自然条件而言，社会经济条件更多地带有人文性质，它是繁种基地的软环境。完善的繁种基地应具备以下条件。

（1）认识统一，观念先进。对于传统的以粮食生产为主的地区来说，人们的观念往往比较保守，要让人们接受制种这一新鲜事物，需要有一个统一认识的过程。只有广大制种户的认识统一了，各项技术措施和管理办法才能够得到落实，制种工作才能够顺利进行。

（2）劳动力资源充足。制种是一项劳力密集型和技术密集型产业，尤其在杂交制种中，去雄授粉期需要大量的劳力，因此，繁种基地应具有充足的劳动力资源。

（3）劳动者具有一定的文化基础。制种工作要求生产者深刻理解各项技术措施的原理，熟练掌握操作方法，不具备相应的文化基础是难以胜任的。

（4）生产水平高。在农业生产中，制种是一项技术要求高、管理精细的工作，要求基地具有精耕细作的传统，生产水平高，经济效益好。

（5）经济条件。制种需要大量的劳力和物力投入，要求制种户具有一定的经济基础，才能满足生产的需要，取得较高的经济效益。

（四）良种繁育基地的管理

基地选定以后，基地的管理就成为一项重要的日常工作。不同于工业企业的管理，由于企业与制种户关系的松散性和农民的散漫性，基地的管理具有更多的复杂性和特殊性。

1. 管理体系建设

健全的管理体系是顺利实施各项管理措施，保证管理出效益的基础。从企业到基地都要建立相应的管理组织，各级组织要明确责任，健全岗位责任制，做到责任到人、责任到户。

2. 制定管理制度

制度是各项技术措施落实的保证。没有制度的约束，再先进的技术措施也难以落实。管理制度应体现在合同中，以合约的形式约束双方的行为。

3. 技术培训

技术培训是制种户掌握制种技术、提高产量、保证质量、增加效益的基础。培训的形式应多样，除集中培训外，大量的工作是在田间指导，这是解决技术问题的主要途径。

思考题

1. 最优品系（组合）选出后，还需进行哪些工作品系（组合）才能应用于生产？
2. 品种混杂退化的实质和主要原因是什么？如何防止品种混杂退化？
3. 试简述"三圃制"的主要内容。
4. 如何加速良种繁育？
5. 试设计一个药用植物良种繁殖基地的建立模式及相适应的管理方法。

附　录

药用植物基本遗传繁殖特性一览表

序号	中文名	学名	2n(X)	生活型	花性	繁殖方式	入药部位
	昆布科	*Laminariaceae*					
0001	海带	*Laminaria japonica* Aresch	40~45	多年生大型褐蕨		孢子	叶状体
	瓶尔小草科	*Ophioglossaceae*					
0002	有梗瓶尔小草	*Ophioglossum peliolalum* Hook	960	多年生草本		无性孢子	全草
0003	狭叶瓶尔小草	*O. thermale* Kom	480	多年生草本		无性孢子	全草
	凤尾蕨科	*Pteridaceae*					
0004	野鸡尾	*Dnychilum japanicum* (Thunb.) Kunze	116	多年生草本		无性孢子	全草
0005	半边旗	*Pteris semipinnata* L.	116	多年生草本		孢子	带根全草
0006	蜈蚣草	*P. vittata* L.	116	多年生草本		孢子	全草、根
	中国蕨科	*Sinopteridaceae*					
0007	银粉背蕨	*Aleuaitopleris argenlea* (Gmel.) Fee	116	多年生草本		孢子	全草
	铁线蕨科	*Adiantaceae*					
0008	团羽铁线蕨	*Adiantum capilluszunosis* Rupr	60	多年生草本		孢子	全草
	裸子蕨科	*Cymnogrammaceae*					
0009	凤丫蕨	*Coniogramme japonica* Diels	120	多年生草本		孢子	根茎、全草
	铁角蕨科	*Aspleniaceae*					
0010	虎尾铁角蕨	*Asplenium incisum* Thunb.	72	多年生草本		孢子	全草
0011	北京铁角蕨	*A. pekinense* Hance	144	多年生草本		孢子	全草
	金星蕨科	*Thelypteridaceae*					
0012	齿牙毛蕨	*Cyclosorus dentatus* (Forsk) Ching	144	多年生草本		孢子	根茎
0013	短毛针毛蕨	*Macrathelypterisoligophlebia* (*Bak*) *Var. elegans* (Koide.) Ching	120	多年生草本		孢子	根茎
0014	延羽卵果蕨	*Phegopteris decunsivepinnata* Fee	120	多年生草本		孢子	根茎
	球子蕨科	*Onocleaceae*					
0015	荚果蕨	*Matteuccia strutniopteris* Todaro	78	多年生草本		孢子	根茎
	鳞毛蕨科	*Dryopteridaceae*					
0016	贯众	*Cyrtominum fortunri* J. Sm.	123	多年生草本		孢子	根茎

序号	中文名	学名	2n(X)	生活型	花性	繁殖方式	入药部位
0017	润鳞鳞毛蕨	*Dryopteris championii* (Benth) C. Chr. ex Chong	123	多年生草本		孢子	根茎
0018	黑足鳞毛蕨	*D. fuscipes* C. Chr.	123	多年生草本		孢子	根茎
0019	粗茎鳞毛蕨	*D. crassirhizoma* Nakai	123	多年生草本		孢子	根茎
	槐叶萍科	*Salviniaceae*					
0020	槐叶萍	*Salvinia natans* (L.) All	18	一年生浮水草本		孢子	全草
	苏铁科	*Cycadaceae*					
0021	苏铁	*Cycas revoluta* Tnunb.	22	常绿灌木或乔木	单性花异株	种子、分株	叶、花、种子
	银杏科	*Ginkgoaceae*					
0022	银杏	*Ginkgo biloba* L.	24	落叶乔木	单性花异株	种子	种子、根、根皮、树皮、叶
	松科	*Pinaceae*					
0023	白皮松	*Pinus bungeana* Zucc.	24	多年生常绿乔木	单性花同株	种子	球果
0024	红松	*P. koraiensis* Sieb. et Zucc.	12	多年生常绿乔木	单性花同株	种子	种子
0025	马尾松	*P. massoniana* Lamb.	24	多年生常绿乔木	单性花同株	种子	结节、幼根、幼枝、叶、花粉、球果、树皮、树脂
0026	油松	*P. tabulaeformis* Carr.	24	多年生常绿乔木	单性花同株	种子	结节、幼根、幼枝、叶、花粉、球果、树皮、树脂
0027	金钱松	*Pseudolarix kaempferi* Gord.	44	落叶乔木	单性花同株	种子	树皮、根皮
	杉科	*Taxodiaceae*					
0028	日本柳杉	*Cryptomeria japonica* D. Don	22	常绿乔木	单性花同株	种子	树脂
0029	杉	*Cunninghamia lanceolata* (Lamb.) Hcok	24	常绿乔木	单性花同株	种子	心材、树皮、根叶、枝干、结节、种子、油脂
	柏科	*Cupressaceae*					
0030	侧柏	*Biota orientalis* Endl.	22	常绿乔木	单性花同株	种子	嫩枝、叶、种子
0031	柏木	*Cupressus funebris* Endl.	22	常绿乔木	单性花同株	种子	枝叶
0032	龙柏	*Sabina chinensis* Ant. *var.* KaizuakaNakai	44	常绿乔木	单性花同株或异株	种子	叶
	罗汉松科	*Podocarpuceae*					
0033	油柏	*Podocarpus fleuryi* Hickei	26	常绿乔木	单性花异株	种子	种子中油、果、根皮
0034	罗汉松	*P. macrophyllus* (Thunb.) D. Don.	38~40	常绿乔木	单性花异株	种子	种子、根皮、叶

序号	中文名	学名	2n（X）	生活型	花性	繁殖方式	入药部位
0035	竹柏	*P. nagi*（Thb.）Zell. *et* Mor. ex Zoll.	26	常绿乔木	单性花异株	种子	种子、根皮
	红豆杉科（紫杉科）	*Taxaceae*					
0036	南方红豆杉	*Taxus chinensis*（Pilg）Rend. *var. mairei* Cheng et L. K. Fu	16	常绿乔木	单性花异株	种子	种子、茎皮
0037	榧	*Torreya grandis* Fort.	22	常绿乔木	单性花同株	插枝、压条、分根	种子、根皮、花
	麻黄科	*Ephedraceae*					
0038	双穗麻黄	*Ephedra distachya* L.	28	草本状灌木	单性花异株	种子	草质茎
	木麻黄科	*Casuarinaceae*					
0039	细叶木麻黄	*Casuarina cunninghamiana* Miq.	18	常绿乔木	单性花同株	种子	树皮
0040	木麻黄	*C. equistifolia* L.	18、24	常绿乔木	单性花同株	种子	树皮
	胡椒科	*Piperaceae*					
0041	山鸡椒	*Litsea cubeba*（Lour.）Pers.	24	落叶灌木或小乔木	单性花异株	种子	果实
0042	豆瓣绿	*Peperomia tetraphylla*（Forst. f.）Hook. et. Avm.	22	一年生肉质草本	两性花	种子	全草
0043	蒌叶	*Piper betle* L.	32、64	常绿藤本	两性花	种子	果穗、叶、叶之蒸馏油
0044	荜拔	*P. longum* L.	24、48、52、96	多年生藤本	单性花异株	种子	未成熟果穗、根
0045	胡椒	*P. nigrum* L.	36、48、52、60	常绿藤本	单性花异株	扦插	果实
	金粟兰科	*Chloranthaceae*					
0046	金粟兰	*Chloranthus spicalus*（Thunb.）Mak	30	亚灌木	两性花	种子	茎、叶、根
	杨柳科	*Salicaceae*					
0047	山杨	*Poulus davidiana* Dode	38	乔木	单性花异株	种子	树皮、根皮、枝、叶
0048	毛白杨	*P. tomentosa* Carr.	38	大乔木	单性花异株	种子	树皮
	杨梅科	*Myricaceae*					
0049	杨梅	*Myrica rubra* Sieb. et Zucc.	16	常绿乔木	单性花异株	分株、嫁接	果实、根、树皮、种仁
	胡桃科	*Juglandaceae*					
0050	黄杞	*Engelhardtia roxburghiana* Wall.	32	常绿乔木	单性花同株	种子	树皮、叶
0051	胡桃（核桃）	*Juglans regia* L.	32	落叶乔木	单性花同株	种子	根、根皮、种仁、树皮、嫩枝、叶、花、果皮

序号	中文名	学名	2n(X)	生活型	花性	繁殖方式	入药部位
	壳斗科	*Fagaceae*					
0052	栗	*Casianea crenaia* Sleb. et Zucc	22	落叶乔木	单性花同株	种子	树皮、外果皮
0053	板栗	*C. mollissima* Bl.	24	落叶乔木	单花性同株	嫁接	种仁、树根、树皮、叶、花、外果皮、内果皮、总苞
0054	苦槠	*Castanopsis sclerophylla* Schott.	24	常绿乔木	单性花同株	种子	种仁、树皮、叶
	榆科	*Ulmaceae*					
0055	榔榆	*Ulmus parvifolia* Jacq.	28	落叶乔木	两性花	种子	树皮、根皮、茎叶
0056	榆	*U. pumila* L.	28	落叶乔木	两性花	种子	树皮、根皮、叶、花、果实、种子
0057	大叶榉树	*Zelkova schneideriana* Hand – Mazz.	28	乔木	杂性花同株	种子	树皮、叶
	桑科	*Moraceae*					
0058	木菠萝	*Heterophyllus* Lam.	56	乔木	单性花异株	种子	果实、树液、叶、种子
0059	楮实	*Broussonetia papyrifera*(L.) Vent.	26	落叶乔木	单性花异株	种子、根插	果实、嫩根、根皮、树皮、树枝、叶、茎皮部的白色乳汁
0060	大麻	*Cannabis sativa* L.	20	一年生草本	单花性异株	种子	种仁、根、茎皮纤维、叶、雄株花枝、雌株幼嫩花穗
0061	柘树	*Cudrania tricuspidata*(Carr.)Bur.	56	落叶灌木或小乔木	单性花异株	种子	木材、树皮、根皮、根、茎叶、果实
0062	无花果	*Ficus carica* L.	26	落叶灌木或小乔木	单性花同株	扦插、分株	干燥花托、根、叶
0063	思维树	*F. religiosa* L.	26	常绿秃净大乔木	单性花同株	种子	树皮
0064	忽布	*Humulum lupulus* L.	20	多年生缠绕草本	单性花异株	地下茎、扦插	雌花序
0065	桑	*Morus clba* L.	28	落叶乔木	单性花异株	种子	叶根、根皮、嫩枝、树皮中白汁液
0066	长果桑	*M. laevigata* Wall.	28、56	落叶乔木	单性花异株	种子	叶根、根皮、嫩枝、树皮中白汁液

续表

序号	中文名	学名	2n(X)	生活型	花性	繁殖方式	入药部位
	荨麻科	*Urticaceae*					
0067	苎麻	*Boehmeria nivea* Gaud.	28	半灌木	单性花同株	种子	根、叶
0068	墙草	*Parietaria micrantha* Ledeb.	16	一年生或多年生草本	花杂性	种子	根
0069	恓麻(麻叶荨麻)	*Urtica cannabina* L.	52	多年生草本	单性花同株、异株	种子	全草、根
	檀香科	*Satalaceae*					
0070	檀香	*Santalum album* L.	20	常绿小乔木	两性花	种子	心材、心材中树脂
	马兜铃科	*Aristolochiiaceae*					
0071	北马兜铃	*Aristolochia contorta* Bge.	14	多年生缠绕或匍匐状细弱草本	两性花	种子	果实、根、茎、叶
	蓼科	*Polygonaceae*					
0072	沙拐枣	*Calligonum mongolicum* Turcz.	18	灌木	两性花	种子	根、带果全草
0073	苦荞麦	*Fagopyrum tataricumm* Gaertn.	16、32	一年生草本	两性花	种子	根、根茎
0074	竹节蓼	*Homalocladium platycladus* (F. Muell) Bailey	20	多年生直立草本	两性花	种子	全草
0075	两栖蓼	*Polygonum amphibium* L.	88	多年生草本	两性花	种子、根茎	全草
0076	拳参	*P. bistorta* L.	48	多年生草本	两性花	种子、根茎	根茎
0077	虎杖	*P. cuspidatum* Sieb. et Zucc.	88	多年生草本	单性花异株	种子、分根	根茎、叶
0078	水蓼	*P. hydropiper* L.	22	一年生草本	两性花	种子	全草、根、果实
0079	旱苗蓼	*P. lapathifolium* L.	22	一年生草本	两性花	种子	果实、全草
0080	何首乌	*P. multiforum* Thunb.	22	多年生缠绕草本	两性花	种子	块根
0081	红蓼	*P. orientale* L.	22	一年生草本	两性花	种子	全草、果实、花序
0082	桃叶蓼	*P. persicaria* L.	40	一年生草本	两性花	种子	全草
0083	印边大黄	*Rheum emodi* Wall.	22	多年生草本	两性花	种子	根茎
0084	药用大黄	*Rheum officinale* Biall.	22	多年生草本	两性花	种子	根茎
0085	掌叶大黄	*Rheum palmalum* L.	22	多年生草本	两性花	种子	根茎、茎、苗
0086	食用大黄	*Rheum rhaponticum* L.	44	多年生草本	两性花	种子	根茎
0087	波叶大黄	*Rheum undulatum* L.	44	多年生草本	两性花	种子	根
0088	新疆大黄	*Rheum wittrockii* Lundstr.	66	多年生草本	两性花	种子	根、根状茎
0089	酸模	*Rumex acetosa* L.	22	多年生草本	单性花异株	种子	根、叶
	藜科	*Chenopodiaceae*					
0090	莙荙菜	*Beta vulgaris* L. var. Cicla L.	18、19、20、27、36、42、45	一年生或二年生草本	两性花	种子	茎、叶、种子

序号	中文名	学名	2n(X)	生活型	花性	繁殖方式	入药部位
0091	藜(灰菜)	*Chenopodium album* L.	18、36、54	一年生草本	两性花	种子	幼嫩全草、老茎
0092	土荆芥	*Chenopodium ambrosioides* L.	16、32、56	一年生或多年生草本	两性花	种子	带果穗的全草
0093	虫实(绵蓬)	*Corispermum hyssopifolium* L.	18				全草
0094	地肤	*Kochia scoparia* Schrad.	18	一年生草本	两性花	种子	果实、嫩茎、叶
0095	菠菜	*Spinacia oleracea* Mill.	12	一年生草本	花单性异株	种子	带根全草、果实
0096	灰绿碱蓬	*Suaeda glauca* Bge.	18	一年生草本	两性花	种子	全草
	苋科	*Amaranthaceae*					
0097	喜旱莲子草	*Alternanthera philoxeroides* Griseb.	100	一年生草本	两性花	种子	根、茎叶
0098	尾穗苋	*Amaranthus caudatus* L.	32	一年生草本	单性花同株	种子	根
0099	苋	*Mangostanus* L.	32	一年生草本	单性花同株	种子	茎叶、根、种子
0100	刺苋菜	*spinosus* L.	34	多年生直立草本	单性花同株	种子	根、全草
0101	鸡冠花	*Celosia cristata* L.	36	一年生草本	两性花	种子	花序、茎叶、种子
0102	杯苋	*Cyathula prostrata*(L.) Bl.	42	一年生草本	两性花	种子	全草
	紫茉莉科	*Nyctaginaceae*					
0103	光叶子花	*Bougainvillea glabra* Choisv.	20	攀援灌木	两性花	种子	花
0104	紫茉莉	*Mirabilis jalapa* L.	58	一年生或多年生草本	两性花	种子	块根、叶、种子内的胚乳
	商陆科	*Phytolaccaceae*					
0105	商陆	*Phytolacca acinosa* Roxb.	36	多年生草本	两性花	种子	根、花
0106	美洲商陆	*P. americana* L.	36	多年生草本	两性花	种子	根、叶、种子
	番杏科	*Aizoaceae*					
0107	番杏	*Tetragonia expansa* Murr.	32	一年生肉质草本	两性花	种子	全草
	马齿苋科	*Portulacaceae*					
0108	大花马齿苋	*Portulaca grandiflora* L.	18、36	一年生草本	两性花	种子	全草
0109	马齿苋	*P. olecracea* L.	45、54	一年生草本	两性花	种子	全草、种子
0110	土人参(栌兰)	*Talinum paniculatum* Gaertn.	24	一年生草本	两性花	种子	根、叶
	落葵科	*Basellaceae*					
0111	落葵	*Basella rubra* L.	44	草质藤本	两性花	种子	叶、花、全草
	石竹科	*Caryophyllaceae*					
0112	石竹	*Dianthus chinensis* L.	30、60	多年生草本	两性花	种子、分株	带花全草
0113	瞿麦	*D. superbus* L.	30、60	多年生草本	两性花	种子、分株	带花全草

序号	中文名	学名	2n(X)	生活型	花性	繁殖方式	入药部位
0114	毛剪秋罗	*Lychnis coronaria* Desr.	24	多年生草本	两性花	种子	全草、根
0115	剪秋罗	*L. senno* Sieb. et Zucc.	24	多年生草本	两性花	种子	全草
0116	女娄菜	*Melandrium apricum* Rohrb.	48	一年生或二年生草本	两性花	种子	全草
0117	肥皂草	*Saponaria officinalis* L.	28	多年生草本	两性花	种子	根茎
0118	银柴胡	*Stellaria dichotoma* L. Var. lancealata Bge.	28	多年生草本	两性花	种子	根
0119	繁缕	*S. media*(L.)Cyr.	40、44	一年生草本	两性花	种子	茎、叶
0120	赛繁缕	*S. neglecta* Weihe	22、44	二年生草本	两性花	种子	全草
0121	王不留行	*Vaccaria segetalis*(Neck.)Garcke	30	一年生或二年生草本	两性花	种子	种子
	睡莲科	*Nymphaeaceae*					
0122	芡	*Euryale ferox* Salisb.	58	一年生水生草本	两性花	种子	成熟种仁、根、花茎、叶
0123	莲	*Nelumbo nucifera* Gaertn.	16	多年生水生草本	两性花	种子、根茎	果实、种子、根茎、叶、叶柄、花柄、花蕾、花托、雄蕊、种皮、胚芽
0124	睡莲	*Nymphaea tetragona* Georgi	28	多年生水生草本	两性花	种子、根茎	花
	金鱼藻科	*Ceratophyllaceae*					
0125	金鱼藻	*Ceratophyllum demersum* L.	24、48	多年生沉水草本	单性花同株	种子	全草
	毛茛科	*Ranunculaceae*					
0126	乌头	*Aconitum carmichaeli* Debx.	48、64	多年生草本	两性花	块根、种子	块根、子根
0127	露蕊乌头	*A. gymnandrum* Maxim.	16	一年生草本	两性花	种子	根、叶、花
0128	拳距瓜叶乌头	*A. hemsleyanum* Pritz.	16	多年生缠绕草本	两性花	块根、种子	块根
0129	藤乌	*A. hemsleyanum var. Circinatum* W. T. Wang	16	多年生缠绕草本	两性花	块根、种子	块根
0130	北乌头	*A. kusnezoffii* Rchb.	32	多年生草本	两性花	块根、分根	块根
0131	雾灵乌头	*A. kusnezoffii var. wulingense*(Nakoi)W. T. Wang	32	多年生缠绕草本	两性花	块根、种子	块根
0132	高乌头	*A. sinomontanum* Nakai	16	多年生缠绕草本	两性花	块根、种子	块根
0133	类叶升麻	*Actaea asiatica* Hara.	16	多年生草本	两性花	种子、分株	根茎
0134	福寿草	*Adonis amurensis* Regel. et Radde	40	多年生草本	两性花	种子	带根全草
0135	阿尔泰银莲花	*Anemone altaica* Fisch.	32	多年生草本	两性花	种子、根茎	根茎
0136	大火草根	*A. iomentosa*(Maxim.)Pei	16	多年生草本	两性花	种子	根
0137	尖萼楼斗菜	*Aquilegia oxysepala* Trautv. et Mey.	14	多年生草本	两性花	种子	带根的全草
0138	绿花楼斗菜	*A. viridiflora* Pall.	16	多年生草本	两性花	种子	全草

序号	中文名	学名	2n(X)	生活型	花性	繁殖方式	入药部位
0139	单叶升麻	*Beesia calthaefolia* (Maxim.) Ulbr.	16	多年生草本	两性花	分株、种子	根茎、全草
0140	鸡爪草	*Calathodes oxycarpa* Sprague	16	多年生草本	两性花	种子	全草
0141	升麻	*Cimicifuga foetida* L.	16	多年生草本	两性花	种子、分根	根状茎
0142	芹叶铁线莲	*Clematis aethusaefolia* Turcz.	16	半木质藤本	两性花	种子	全草
0143	短尾铁线莲	*C. brevicaudata* DC.	16	落叶攀援藤本	两性花	种子	茎叶
0144	大叶铁线莲	*C. heracleifolia* DC.	16	落叶亚灌木	杂性花异株	种子	根、茎
0145	棉团铁线莲	*C. hexapetala* L.	16	多年生草本	两性花	种子	根
0146	黄花铁线莲	*C. intricata* Bge.	16	藤本	两性花	种子	全草
0147	黄连	*Coptis chinensis* Franch.	18	多年生草本	两性花	种子、扦插	根茎
0148	翠雀	*Delphinium grandiflorum* L.	16	多年生草本	两性花	种子	全草、根
0149	蕨叶人字果	*Dichocarpum dalzielii* (Drumm. et Hutch.) W. T. Wang et Hsiao	24	多年生草本	两性花	种子	根
0150	铁筷子	*Helleborus thibetanus* Franch.	32	多年生草本	两性花	种子	根、根状茎
0151	野牡丹	*Melastoma candidum* D. Don. *var. nobotan* Makino	28	常绿灌木	两性花	种子	全草、根、果实
0152	黑种草	*Nigella glandulifera* Freyn	12		两性花	种子	种子
0153	白芍	*Paeonia lactiflora* Pall.	10	多年生草本	两性花	芽头	根
0154	牡丹	*P. suffruticosa* Andr.	20	多年生落叶草本或小灌木	两性花	分株、种子	根皮、花
0155	独蒜兰	*Pleinoe bulbocodioides* (Franch.) Rolfe	40	多年生草本	两性花	种子	假球茎、叶花
0156	掌叶白头翁	*Pulsatilla patens* Mill.	16	多年生草本	两性花	种子、分根	根
0157	禺毛茛	*Ranunculus cantoniensis* DC.	32	多年生草本	两性花	种子	全草
0158	杨子毛茛	*R. sieboldii* Miq.	48	多年生草本	两性花	种子	全草
0159	兴安毛茛	*R. smirnovii* Ovcz.	14	多年生草本	两性花	种子	全花
0160	金莲花	*Trollius chinensis* Bge.	16	多年生草本	两性花	种子	花
	木通科	*Cardizabalaceac*					
0161	三叶木通	*Akebia trifoliata* (Thunb.) Koidz.	32	落叶木质藤本	单性花同株	种子	果实、根、木质茎、种子
0162	猫儿屎	*Decaisnea fargesii* Franch.	30	落叶灌木	杂性花	种子	根、果实
0163	六叶野木瓜	*Stauntonia hexaphylla* Decne.	32	常绿灌木	单性花同株	种子	茎、根
	小檗科	*Berberidaceae*					
0164	大叶小檗	*Berberis amurensis* Rupr	28	落叶灌木	两性花	分株、种子	根、茎、叶
0165	安徽小檗	*B. chingii* Cheng	28	常绿或落叶灌木	两性花	种子、分株	根
0166	欧小檗	*B. vulgaris* L.	28	落叶小灌木	两性花	分株、种子	根、茎叶
0167	山荷叶	*Diphylleia grayi* F. Schmidt	12	多年生草本	两性花	种子	根、根状茎

续表

序号	中文名	学名	2n(X)	生活型	花性	繁殖方式	入药部位
0168	八角莲	*Dysosma pleiantha* (Hance) Woods.	12	多年生草本	两性花	种子、根茎	根茎、根
0169	淫洋藿	*Epimedium macranthum* M-Orr. et Decne.	12	多年生草本	两性花	种子	茎叶、根茎
0170	冬青卫茅	*Euonymus japonicus* Thunb.	32	常绿灌木或小乔木	两性花	种子	根
0171	鲜黄连	*Jeffersonia dubia* (Maxim.) Benth. et Hook. f.	12	多年生草本	两性花	种子	根茎
0172	南天竹	*Nandina domestica* Thunb.	20	常绿灌木	两性花	种子、分株	根、梗、叶、果实
	木兰科	*Magnoliaceae*					
0173	红茴香	*Illicium henryi* Diels	28	常绿灌木或小乔木	两性花	种子	果实
0174	芥果	*Illicium religlosum* Sieb. et Zucc.	28	常绿亚乔木	两性花	种子	果实
0175	八角	*I. verum* Hcok. f.	28	常绿乔木	两性花	种子	果实
0176	鹅掌楸	*Liriodendron chinense* (Hemsl.) Sarg.	38	落叶乔木	两性花	种子	树皮、根
0177	夜合花	*Magnolia coco* (Lour) DC.	38	常绿秃净灌木	两性花		花朵
0178	玉兰	*M. denudata* Desr.	14	落叶乔木	两性花	种子、插条	花蕾
0179	望春花	*M. fargesii* Cheng	76	落叶灌木	两性花	种子、扦插	花蕾
0180	紫玉兰(辛夷)	*M. liliflora* Desr.	38、76	落叶灌木	两性花	种子、插条嫁接	花蕾、树皮、花
0181	厚朴	*M. officinalis* Rehd. et Wils.	38	落叶乔木	两性花	种子	树皮、根皮
0182	乳源木莲	*Manglietia yuyanensis* Law	38	常绿乔木	两性花	种子	根皮、树皮
0183	白兰	*Michelia alba* DC.	38	常绿乔木	两性花	嫁接	花
0184	黄兰	*M. champaca* L.	38	常绿乔木	两性花	种子	根、果实
	腊梅科	*Calycanthaceae*					
0185	夏腊梅	*Calycanthus chinensis* Cheng et S. Y. Chang	22	落叶灌木	两性花	种子	花、根
0186	亮叶腊梅	*C. nitens* Oliv. aff.	22	常绿灌木	两性花	种子	叶
0187	腊梅	*Chimonanthus praecox* Rchd. et Wils.	22	落叶灌木	两性花	分株种子	花蕾
	肉豆蔻科	*Myristicaceae*					
0188	肉豆蔻	*Myristica fragrans* Houtt.	42、44	常绿乔木	单性花异株	种子	种子、假种皮
	樟科	*Lauraceae*	(12)				
0189	樟	*Cinnamomum camphora* (L.) Presl	24	常绿乔木	两性花	种子	根、树皮、树叶、果实、木材、枝叶

序号	中文名	学名	2n(X)	生活型	花性	繁殖方式	入药部位
0190	肉桂	*Cinnamomum cassia* Bl.	24	常绿乔木	两性花	种子	干皮、枝皮、嫩枝、嫩果实
0191	月桂	*Laurus nobilis* L.	42、48	常绿乔木	单性花异株	种子	果实
0192	钓樟	*Lindera chienii* Cheng	24	灌木或小乔木	单性花异株	种子	根
0193	檫树	*Sassafras tzumu* Hemsl.	24	落叶乔木	杂性花	种子	根、茎、叶
	罂粟科	*Papaueraceae*					
0194	白屈菜	*Chelidonium majus* L.	10、12	多年生草本	两性花	种子、分根	带花全草、根
0195	血水草	*Eomecon chionantha* Hance	18	多年生草本	两性花	根茎、种子	根、根茎、全草
0196	博落回	*Macleaya cordata* (Willd) R. Br.	20	多年生草本	两性花	种子	带根全草
0197	丽春花	*Papaver rhoeas* L.	14	一年生或二年生草本	两性花	种子	花、全草、果实
0198	罂粟	*P. somniferum* L.	22	一年生或二年生草本	两性花	种子	种子、嫩苗、果实、果壳
	白花菜科	*Capparidaceae*					
0199	白花菜	*Cleome gynandra*(L.)Briq.	30、32、34	一年生草本	两性花	种子	种子、全草
	十字花科	*Cruciferae*					
0200	垂果南芥	*Arabis pendula* L.	21	二年生草本	两性花	种子	果实
0201	白芥	*Brassica alba*(L.)Boiss.	24	一年生或二年生草本	两性花	种子	嫩茎叶
0202	油菜	*B. campestris* L. *var. oleifera* DC.	20	一年生或二年生草本	两性花	种子	嫩茎叶、种子
0203	球茎甘蓝	*B. caulorapa* Pasq.	18	二年生粗壮草本	两性花	种子	球状茎
0204	青菜	*B. chinensis* L.	20	一年生或二年生草本	两性花	种子	幼株、种子
0205	芥菜	*B. juncea*(L.)Coss.	36	一年生或二年生草本	两性花	种子	嫩茎叶、种子
0206	塌棵菜	*B. narinosa* Bailey	20	二年生草本	两性花	种子	全草
0207	甘蓝	*B. oleracea* L. *var.* Capitata L.	18	二年生草本	两性花	种子	茎叶
0208	大白菜	*B. pekinensis*(L.)Rupr.	20	二年生草本	两性花	种子	叶球
0209	芜菁	*B. rapa* L.	20	二年生草本	两性花	种子	块根、叶、花、种子
0210	荠荠菜	*Capsella bursa-pastoris*(L.)Medic	32、40	一年生或二年生草本	两性花	种子	花序、带根的全草、种子
0211	碎米荠	*Cardamine hirsuta* L.	16、32	一年生或二年生草本	两性花	种子	全草

续表

序号	中文名	学名	2n(X)	生活型	花性	繁殖方式	入药部位
0212	芝麻菜	*Eruca sativa* Gais.	22	一年生草本	两性花	种子	种子
0213	菘蓝	*Isatis indigotica* Fort.	14	二年生草本	两性花	种子	根茎、根
0214	欧洲菘蓝	*I. tinctoria* L.	28	二年生草本	两性花	种子	根茎、根
0215	离蕊芥	*Malcolmia africana*（L.）R. Br.	28	一年生草本	两性花	种子	种子
0216	印度蔊菜	*Nasturtium indicum*（L.）DC.	24、28、32、48	多年生草本	两性花	种子	全草、花
0217	蔊菜	*N. montanum* Wall.	28	多年生草本	两性花	种子	全草、花
0218	水田芥	*N. officinale* R. Br.	32	多年生水生草本	两性花	种子、扦插	全草
	茅膏菜科	*Droseraceae*					
0219	锦地罗	*Drosera burmannii* Vahl	20	多年生草本	两性花	种子	全草
0220	毛毡苔	*D. rotundifolia* L.	20	细小草本	两性花	种子	全草
0221	匙叶茅膏菜	*D. spathulata* Labill.	80	多年生草本	两性花	种子	全草
	景天科	*Crassulaceae*					
0222	落地生根	*Bryophyllum pinnatum*（L.）Kurz.	40	多年生肉质草本	两性花	种子、扦插	全草、根
0223	景天三七	*Sedum aizoon* L.	128	多年生肉质草本	两性花	种子、扦插	全草、根
0224	景天	*S. alboroseum* Baker	48、50	多年生草本	两性花	分株	全草
0225	费菜	*S. Kamtschaticum* Fisch.	32、48、64	多年生肉质草本	两性花	分株	全草、根
0226	蝎子掌	*S. spectabile* Boreau	50	多年生肉质草本	两性花	种子	全草
	虎耳草科	*Saxifragaceae*					
0227	绣球	*Hydrangea macrophylla*（Tbunb.）Ser.	36	落叶灌木	两性花	种子	根、叶、花
0228	梅花草	*Parnas siapalustris* L.	36	多年生草本	两性花	种子	全草
	海桐花科	*Pittosporaceae*					
0229	海桐花	*Pittosporum tobira* Ait	24	常绿灌木	两性花	种子	枝、叶
	金缕梅科	*Hamamelidaceae*					
0230	蜡瓣花	*Corylopsis sinensis* Hemsl.	24	灌木或小乔木	两性花	种子、分根	根皮
0231	风香	*Lquidambar formosuna* Hance.	32	落叶乔木	单性花同株	种子	树脂
0232	苏合香	*L. orientalis* Mill.	32	乔木	单性花同株	种子	分泌的树脂
	杜仲科	*Eucommiaceae*					
0233	杜仲	*Eucommia ulmoides* Oliv.	34	落叶乔木	单性花异株	种子、扦插、压条	树皮、嫩叶
	蔷薇科	*Rosaceae*					
0234	扁桃	*Amygdalus communis* L.	16	落叶乔木	两性花	种子	种子
0235	蒙古扁桃	*A. mongolicus*（Maxim.）Yu	16	灌木	两性花	种子	种仁
0236	长柄扁桃	*A. pedunculata* Pall.	96	落叶乔木	两性花	种子	种子
0237	西康扁桃	*A. tangutica* Korsh.	16	落叶乔木	两性花	种子	种子
0238	榆叶梅	*A. triloba*（Lindl.）Rick	64	落叶乔木	两性花	种子	种子
0239	杏	*Armeniaca vulgaris* Lam.	16	落叶乔木	两性花	种子、嫁接	种子

序号	中文名	学名	2n(X)	生活型	花性	繁殖方式	入药部位
0240	木瓜	*Chaenomeles sinensis* (Thouin)Koehne	32	落叶灌木或乔木	两性花	分株、种子	果实
0241	榅桲	*Cydonia oblonga* Mill.	34	灌木或小乔木	两性花	种子	果实、树皮
0242	枇杷	*Eriobotrga japonica* Lindl.	34	常绿小乔木	两性花	种子	果实、叶、花种子、茎的韧皮部、根
0243	水杨梅	*Geum aleppicum* Jacq.	42	多年生草本	两性花	种子	根、全草
0244	日本水杨梅	*G. japonicum* Thvnb.	42	多年生草本	两性花	种子	全草、根茎、根
0245	林檎	*Malus asiatica* Nakai.	34	小乔木	两性花	种子、嫁接	果实、根、叶
0246	垂丝海棠	*M. halliana* Koehne	34、51	乔木	杂性花	种子	花
0247	西府海棠	*M. micromalus* Mak.	34	小乔木	两性花	种子	果实
0248	苹果	*M. pumila* Mill.	34	落叶乔木	两性花	种子、嫁接	果实、果皮、叶
0249	石南	*Photinia serrulata* Lindl.	38	常绿灌木或小乔木	两性花	种子	叶、果实
0250	单花扁桃木	*Prinsepia unifiora* Batal.	32	落叶灌木	两性花	种子	干燥成熟果核
0251	郁李	*Prunus japonica* Thunb.	16	落叶灌木	两性花	种子、分株	种子、根
0252	稠李	*P. padus* L.	32	落叶乔木	两性花	种子	果实
0253	桃	*P. persica*(L.)Batsch	16	落叶小乔木	两性花	种子、嫁接	种子、根、根皮、去掉栓皮的树皮、嫩枝、叶、花成熟的果实、未成熟的果实树脂
0254	西伯利亚杏	*P. sibirica* L.	16	落叶乔木	两性花	种子	种子
0255	山毛樱桃	*P. tomentosa* Thunb.	16	落叶灌木	两性花	种子	果实、种子
0256	大棘	*Pyracantha fortuneana* (Maxim.)Li.	34	常绿小灌木	两性花	种子	果实、根、叶
0257	棠梨	*Pyrus betulaefolia* Bge.	34	落叶乔木	两性花	种子	果实、枝叶
0258	豆梨	*P. calleryana* Decne	34	落叶乔木或灌木	两性花	种子	果实、枝叶、根皮
0259	仙顶梨	*P. hondoensis* Nakai et Kikuchi	34	落叶乔木	两性花	种子	果皮
0260	川梨	*P. pashia* Buch.－Ham. ex D. Don	34	落叶乔木	两性花	种子、嫁接	果实
0261	沙梨	*P. pyrifolia*(Burm. f.)Nakai	34	乔木	两性花	种子、嫁接	果实、根、枝叶、树皮

序号	中文名	学名	2n(X)	生活型	花性	繁殖方式	入药部位
0262	秋子梨	*P. ussuriensis* Maxim.	34	乔木	两性花	种子	果实、根、树皮、枝、叶、果皮
0263	木香	*Rosa banksiae* R. Br.	14	灌木	两性花	种子	根、叶
0264	硕苞蔷薇	*R. bracteata* Wendl.	14	常绿灌木	两性花		根
0265	洋蔷薇	*R. centifolia* L.	35	小灌木	两性花		花
0266	月季花	*R. chinensis* Jacq.	14、28	常绿直立灌木	两性花	扦插	花、根、叶
0267	刺玫蔷薇	*R. davurica* Pall.	14	落叶灌木	两性花		果实、根、花
0268	金樱子	*R. laevigata* Michx.	14	常绿攀援灌木	两性花	扦插	果实、根、根皮、叶、花
0269	多花蔷薇	*R. multiflora* Thunb.	14、28	落叶小灌木	两性花		花、根、茎、叶、果实
0270	峨嵋蔷薇	*R. omeiensis* Rolfe	14	落叶灌木	两性花		果实、根
0271	刺梨	*R. roxburghii* Tratt *f. normalis* Rehd. et Wils.	14	落叶灌木	两性花	种子	果实、根、叶、花
0272	玫瑰	*R. rugosa* Thumb.	14	直立灌木	两性花	分株、压条、扦插	花
0273	红枝蔷薇	*R. sempervirens* L.	14、21、28	落叶灌木	两性花	种子	花
0274	地榆	*Sanguisorba officinalis* L.	28	多年生草本	两性花	种子、分根	根、根茎
0275	匐茎五蕊梅	*Sibbaldia procumbens* L.	14	半灌木	两性花	根茎、种子	全草
	豆科	*Leguminosae*					
0276	相思子	*Abrus precatorius* L.	22	缠绕藤本	两性花	种子	种子、根、茎叶
0277	儿茶	*Acacia catechu* Willd.	26	落叶乔木	两性花	种子、分株	枝干
0278	台湾相思	*A. confusa* Merr.	26	乔木	两性花	种子	树皮
0279	黑荆	*A. decurrons* Willd. *var. mollis* Lindl	26	乔木	两性花	种子	树皮
0280	鸭皂树	*A. farnesiana* Willd.	52、104	有刺灌木或小乔木	两性花	种子	树皮、根
0281	海红豆	*Adenanthera pavoninal* L.	26、28、64	落叶乔木	两性花	种子	种子
0282	合萌	*Aeschynomene indica* L.	20、40	一年生半灌木状草本	两性花	种子	全草、根、茎的木质部、叶
0283	木田菁	*Agati grandiflora*(L.)Desv.	12、24	高大乔木	两性花	种子	树皮、叶
0284	楹树	*Albizzia chinensis*（Osb. ）Merr.	26	落叶乔木	两性花	种子	树皮
0285	金合欢	*A. concinna* DC.	78	灌木或小乔木	两性花	种子	根
0286	合欢	*A. julirissin* Durazz.	26、52	落叶乔木	两性花	种子	树皮、花、花蕾
0287	山合欢	*A. kalkora*(Roxb.)Prain	26	落叶乔木	两性花	种子	树皮、花
0288	骆驼刺	*Alhagi pseudalhagi* Desv.	16	落叶灌木	两性花	种子	叶中分泌液

序号	中文名	学名	2n(X)	生活型	花性	繁殖方式	入药部位
0289	狗蚁草	*Alusicarpus vaginalis* (L.) DC.	16	一年生草本	两性花	种子	全草、根、叶
0290	沙冬青	*Ammopiptanthus mongolicus* (Maxim.) Cheng.*f.*	18	常绿灌木	两性花	种子	茎叶
0291	小沙冬青	*A. nanus* (M. Pop.) Cheng *f.*	18	常绿小灌木	两性花	种子	茎叶
0292	落花生	*Arachis hypogaea* L.	40	一年生草本	两性花	种子	种子、枝叶、脂肪油
0293	直立黄芪	*Astragalus adsurgens* Pall.	16、32	多年生草本	两性花	种子	种子
0294	达乎里黄芪	*A. dahurcus* (Pall.)DC.	16	多年生草本	两性花	种子	根
0295	草木樨状黄芪	*A. melilotoides* Pall.	16、48	多年生草本	两性花	种子	全草
0296	膜荚黄芪	*A. membranaceus* (Fisch.) Bge.	16、32	多年生草本	两性花	种子	根
0297	内蒙古黄芪	*A. mongholicus* Bge.	16	多年生草本	两性花	种子	根
0298	紫云英	*A. sinicus* L.	16	一年生草本	两性花	种子	全草
0299	羊蹄甲	*Bauhinia blakeana* Dunn.	28	乔木	两性花	种子	花、树皮
0300	总状花羊蹄甲	*B. racemosa* Lam.	22、24、28	灌木	两性花	种子	叶
0301	黄花羊蹄甲	*B. tomentosa* L.	28	乔木	两性花	种子	叶、花
0302	紫矿	*Butea monsperma* (Lam.) Kuntze	18	乔木	两性花	种子	花、种子、叶
0303	鹰叶刺	*Caesalpinia bonducella* Flem.	24	木本蔓生	两性花	种子	树皮
0304	刺果苏木	*C. crista* L.	24	藤状灌木	两性花	种子	叶
0305	金凤花	*C. pulcherrima* (L.)Sw.	24	乔木	两性花	种子	全株、果、叶、根
0306	苏木	*C. sappan* L.	24	常绿小乔木	两性花	种子	心材
0307	云实	*C. sepiaria* Roxb.	24	攀援灌木	两性花	种子	种子
0308	木豆	*Cajanus cajan* Millsp.	22	小灌木	两性花	种子	种子
0309	洋刀豆	*Canavalia ensiformis* (L.) DC.	22、24	一年生缠绕草质藤本	两性花	种子	种子、根、果壳
0310	刀豆	*C. gladiata* (Jacq.) DC.	22	一年生缠绕草质藤本	两性花	种子	种子、根、果壳
0311	黄刺条	*Caragana frutex* K. Koch	32	灌木	两性花	种子	花
0312	柠条	*C. intermedia* Kuang et H. C. Fu	16	矮小灌木	两性花	种子	全草、根、种子、花
0313	鬼箭锦鸡儿	*C. jubata* (Pall.) Poir.	16	灌木	两性花	种子	皮、茎、叶
0314	小叶锦鸡儿	*C. microphylla* Lam.	16	多分枝矮灌木	两性花	种子	果实、全草
0315	云南锦鸡儿	*C. tibetica* Kom.	16	落叶灌木	两性花	种子	花、根
0316	有翅决明	*Cassia alata* L.	24、28	灌木或小乔木	两性花	种子	叶
0317	狭叶番泻树	*C. angustifolia* Vahl	26、28	草本状小灌木	两性花	种子	叶
0318	耳状决明	*C. auriculata* L.	14、16、28	草本状小灌木	两性花	种子	叶

续表

序号	中文名	学名	2n(X)	生活型	花性	繁殖方式	入药部位
0319	尖叶番泻	C. acutifolia Del.	26、28	草本状灌木	两性花	种子	叶
0320	腊肠树	C. fistula L.	24、26、28	乔木	两性花	种子	果实
0321	山扁豆	C . mimosoides L.	16、32、48	亚灌木状草本	两性花	种子	全株
0322	望江南	C. occidentalis L.	26、28	一年生草本	两性花	种子	茎叶、荚果、种子
0323	倒卵叶番泻	C. obovata Collad.	28	草本状小灌木	两性花	种子	叶
0324	槐叶决明	C. sophera L.	24、28	灌木或亚灌木	两性花	种子	种子
0325	决明	C. tora L.	26、28、56	一年生草本	两性花	种子	种子、全草、叶
0326	紫荆	Cercis chinensis Bge.	14	落叶乔木	两性花	种子	树皮
0327	蝙蝠草	Christia vespertilionis (L. f.) Bahn. f.	18	直立草本	两性花	种子	全草
0328	鹰嘴豆	Cicer arietinum L.	16	一年生草本	两性花	种子	种子
0329	蝴蝶花豆	Clitoria tannatea L.	14、16	一年生或多年生草本	两性花	种子	根、叶
0330	响铃豆	Crotalaria alata Hamilt.	16	多年生草本	两性花	种子	根、全草
0331	线叶猪屎豆	C. linifolia L.	16	多年生草本	两性花	种子	全草
0332	猪屎豆	C. mucronata Desv.	16	多年生草本，半灌木	两性花	种子	全草
0333	金雀花	Cyrisus scoparius (L.) Link	46、48	矮灌木	两性花	种子	种子
0334	海南黄檀	Dalbergia ha nanensis Merr. et Chun	20	常绿藤本	两性花	种子	茎、根
0335	藤黄檀	D. hancei Benth.	20	蔓生木本植物	两性花	种子	根、茎
0336	降香檀	D. odorifera T. Chen	20	乔木	两性花	种子	根部心材
0337	印度黄檀	D. sisso Roxb.	20	乔木	两性花	种子	根部心材
0338	凤凰木	Delonix regia Rafin	24、48	落叶高乔木	两性花	种子	树皮
0339	木荚豆	Dendrolobium triangulare (Retz.) Schindl	22	落叶灌木	两性花	种子	根
0340	毛鱼藤	Derris elliprica Benth.	22、24、36	蔓生木本植物	两性花	种子	根皮
0341	鱼藤	D. trifoliata Lour.	20、22、24	攀援灌木	两性花	扦插、种子	全草、根
0342	羊带归	Desmodium caudatum DC.	22	灌木	两性花	种子	全草、根
0343	大叶山蚂蝗	D. gangeticum (L.) DC.	22	亚灌木状草本	两性花	种子	茎、叶
0344	舞草	D. gyrans (L.) DC.	22	小灌木	两性花	种子	枝、叶
0345	圆叶舞草	D. gyroides Hassk.	20、22	小灌木	两性花	种子	种子
0346	假地豆	D. heterocarpum DC.	22	小灌木或亚灌木	两性花	种子	全株
0347	小叶三点金草	D. microphullum (Thunb.) DC.	22	草本	两性花	种子	全草、根
0348	假木豆	D. triangulare Merr.	22	灌木	两性花	种子	全草、根
0349	三点金草	D. triflorum (L.) DC.	22	一年生草本	两性花	种子	全草
0350	扁豆	Dolichos lablab L.	22	一年生缠绕草质藤本	两性花	种子	种子

序号	中文名	学名	2n(X)	生活型	花性	繁殖方式	入药部位
0351	毛野扁豆	*Dunbaria villosa* Mdk.	22	多年蔓生草本	两性花	种子	种子
0352	榼藤	*Entada phaseoloides*(L.) Mer.	28	常绿藤本	两性花	种子	茎藤、种子
0353	乔木刺桐	*Erythrina arborescens* Roxb.	42	落叶乔木	两性花	种子	根、叶、果、树皮
0354	龙芽花	*E. corallodenfron* L.	42	乔木	两性花	种子	树皮
0355	大叶千斤拔	*Flemingia macrophylla*(Will D.)Merr.	20、22	亚乔木	两性花	种子	根
0356	山羊豆	*Galega officinalis* L.	16	多年生草本	两性花	种子	花序
0357	日本皂荚	*Gleditsia japonica* Miq.	28	落叶乔木	两性花	种子	茎刺、果实
0358	山皂荚	*G. melanacantha* Tang et Wang	28	落叶乔木	两性花	种子	果实
0359	皂荚	*G. sinensis* Lam.	28	落叶乔木	两性花	种子	果实、根皮、叶、种子
0360	大豆	*Glycine max*(L.)Merr.	40	一年生草本	两性花	种子	种子、叶、花、黑色种皮
0361	野大豆	*G. soja*(L.)Sieb. et Zucc.	22	一年生缠绕草本	两性花	种子	茎、叶、根、种子
0362	光果甘草	*Glycyrrhiza glabra* L.	16	多年生草本	两性花	种子、根茎	根、根状茎
0363	胀果甘草	*G. inflata* Bat.	16	多年生草本	两性花	种子、根茎	根、根茎
0364	刺果甘草	*G. pallidiflora* Maxim.	16、18	多年生草本	两性花	种子	果实
0365	乌拉尔甘草	*G. uralensis* Fisch.	16	多年生草本	两性花	种子、根茎	根、根茎
0366	拟蚕豆岩黄芪	*Hedysarum vicoides* Turcz.	14	多年生草本	两性花	种子	根
0367	多花木蓝	*Indigofera amblyantha* Craib	16、48	小灌木	两性花	种子	根
0368	华东木蓝	*I. fortunei* Craib	16	小灌木	两性花	种子	根、根茎
0369	单叶槐蓝	*I. kirilowii* Maxim.	16				种子
0370	花木槐蓝	*I. linifolia*(L. f.)Retz.	16	灌木	两性花	种子	根、根茎
0371	马棘	*I. pseudotinctoria* Mats.	16	小灌木	两性花	种子	全草、根
0372	野青树	*I. suffruticosa* Mill.	32	直立灌木或亚灌木	两性花	种子	茎叶、种子
0373	梯氏木蓝	*I. teysmannii* Miq.	32	小灌木	两性花	种子	根、叶
0374	木蓝	*I. tinctoria* L.	16	直立灌木	两性花	种子	叶、茎、根
0375	长萼鸡眼草	*Kummerowia stipulacea*(Maxim.)Mak.	20、22	一年生或多年生草本	两性花	种子	全草
0376	鸡眼草	*K. striata*(Thunb.)Schindl.	22	一年生或多年生草本	两性花	种子	全草
0377	柔毛沼生山黧豆	*Lathyrus palustris* L. var. *pilosus* Ledeb.	14	多年生草本	两性花	种子	全草
0378	牧地香豌豆	*L. pratensis* L.	14、28	多年生草本	两性花	种子	叶
0379	胡枝子	*Lespedeza bicolor* Turcz.	18、20、22	灌木	两性花	种子	茎叶

续表

序号	中文名	学名	2n(X)	生活型	花性	繁殖方式	入药部位
0380	截叶胡枝子	L. cuneata (Dum. Cours.) G. Don.	18、20、22	直立小灌木	两性花	种子	全草、带根全草
0381	大叶胡枝子	L. davidii Franch.	22	落叶灌木	两性花	种子	根、全草
0382	美丽胡枝子	L. formos Koehne	22	直立灌木	两性花	种子	茎叶、根、花
0383	百脉根	Lotus corniculatus L.	24	多年生草本	两性花	种子	根、全草、花
0384	细叶百脉根	L. tenuis Kitag.	12、24	多年生草本	两性花	种子	全草
0385	白羽扇豆	Lupinus albus L.	30、40、50	一年生或多年生草本	两性花	种子	种子
0386	仪花	Lysidica rhodostegia Hance	16、24	小乔木或灌木	两性花	种子	根
0387	黄花苜蓿	Medicago falcata L.	16、32	多年生草本	两性花	种子	全草、根
0388	南苜蓿	M. hispida Gaertn.	14、16	一年生或二年生草本	两性花	种子	全草、根
0389	天蓝苜蓿	M. lupulina L.	16、32	一年生或二年生草本	两性花	种子	全草
0390	紫苜蓿	M. sativa L.	32	多年生草本	两性花	种子	全草、根
0391	白香草樨	Melilotus albus Desr.	16、24	一年生或二年生草本植物	两性花	种子	全草、根
0392	黄香草樨	M. officinalis Desr.	16	高大草本	两性花	种子	全草
0393	草木樨	M. suaveolens Ledeb.	16	一年生或二年生草本	两性花	种子	根、全草
0394	亮叶岩豆藤	Millettian itida Benth.	32	攀援状灌木	两性花	种子	茎、根
0395	鸡血藤	M. reticulata Benth.	32	攀援状灌木	两性花	种子	茎
0396	巴西含羞草	Mimosa invisa Mart.	24、26	草本	两性花	种子	全草
0397	含羞草	M. pudica L.	52	直立或蔓生或攀援半灌木	两性花	种子	全草、根
0398	长荚油麻藤	Mucuna macrocarpa Wall.	22	大藤本	两性花	种子	茎
0399	常绿油麻藤	M. sempervirens Hemsl.	22、44	常绿攀援灌木	两性花	种子	根、茎、叶
0400	秘鲁香胶树	Myroxylon pereirae (Royle) Klotzsch	28	乔木	两性花	种子	树脂
0401	刺芒柄花	Ononis spinosa L.	30、32、60	多年生草本	两性花	种子	茎、花
0402	练荚木	Ormocarpum sennoides DC.	24	灌木	两性花	种子	果实
0403	花榈木	Ormosia henryi Prain	16	小乔木	两性花	种子	木材、根、茎、叶
0404	豆薯	Pachyrhizus erosus (L.) Urb.	20、22	一年生藤本	两性花	种子	块根、种子
0405	扁轴木	Parkinsonia aculeata L.	28	灌木	两性花	种子	树枝、叶
0406	双翼豆	Peltophorum pterocarpum Baker	26	大乔木	两性花	种子	树皮
0407	赤豆	Phaseolus angularis Wight	22	一年生直立草本	两性花	种子	种子、叶、花、发芽种子

序号	中文名	学名	2n(X)	生活型	花性	繁殖方式	入药部位
0408	赤小豆	*P. calcaratus* Poxb.	22	一年生草本	两性花	种子	叶、花、种子、发芽种子
0409	金甲豆	*P. lunatus* L.	22	一年生蔓生草本	两性花	种子	种子
0410	绿豆	*P. radiatus* L.	22	一年生直立或末端缠绕草本	两性花	种子	种子、叶、花、种皮
0411	豌豆	*Pisum sativum* L.	14	一年生攀援草本	两性花	种子	种子
0412	水黄皮	*Pongamia pinnata* (L.) Merr.	20、21	乔木	两性花	种子	种子
0413	补骨脂	*Psoralea corylifolia* L.	20、22	一年生草本	两性花	种子	果实
0414	紫檀	*Pterocarpus indicus* Willd.	20	乔木	两性花	种子	心材
0415	奇诺紫檀	*P. marsunium* Roxb.	44	高大乔木	两性花	种子	树分泌物
0416	葫芦茶	*Pteroloma triquetrum* (DC.) Benth.	22	木质状草本	两性花	种子	全株
0417	葛	*Pueraria lobata* (Willd.) Ohwi	22、24	多年生藤本	两性花	种子、分株、压条	块根、藤茎、叶、花、种子
0418	鹿藿	*Rhynchosia volubilis* Lovr.	22	多年生缠绕草本	两性花	种子	茎、叶、根
0419	刺槐(洋槐)	*Robinia pseudoacacia* L.	20	落叶乔木或灌木	两性花	种子	花
0420	无忧花	*Saraca indica* L.	24	高大乔木	两性花	种子	树皮
0421	田基豆	*Smithia sensitiva* Ait.	32、38	一年生灌木状草本	两性花	种子	全草
0422	苦豆子	*Sophora alopecuroides* L.	36	灌木	两性花	种子	全草、种子、根
0423	苦参	*S. flavescens* Ait.	18	亚灌木	两性花	种子	根、种子
0424	槐	*S. japonica* L.	28	落叶乔木	两性花	种子、分株	花、根、嫩枝、叶、果实、根、茎的韧皮部
0425	白刺花	*S. viciifolia* Hance	32	矮小灌木	两性花	种子、分株	根、叶
0426	酸豆	*Tamarindus indica* L.	24、28	常绿乔木	两性花	种子	果实
0427	灰叶	*Tephrosia purpurea* (L.) Pers.	22、44	半灌木	两性花	种子	全草、根
0428	披针叶黄华	*Thermopsis lanceolata* R. Br.	18	多年生草本	两性花	种子	全草
0429	野火球	*Trifolium lupinaster* L.	32、40、48	多年生草本	两性花	种子	全草
0430	红车轴草	*T. pratense* L.	14、16、28、48、56	多年生草本	两性花	种子	花序、枝叶
0431	白车轴草	*T. repens* L.	16、22、30、32、48、64	多年生草本	两性花	种子	全草
0432	葫芦巴	*Trigonella foenum-graecum* L.	16、24、32	一年生草本	两性花	种子	种子
0433	花苜蓿	*T. ruthenica* L.	16	多年生草本	两性花	种子	全草

续表

序号	中文名	学名	2n(X)	生活型	花性	繁殖方式	入药部位
0434	狸尾草	*Uraria lagopodio des* Desv.	22	多年生草本	两性花	种子	全草
0435	美花兔尾草	*U. picta* Desv.	16、22	半灌木	两性花	种子	根
0436	山野豌豆	*Vicia amoena* Fisch.	12、24	多年生草本	两性花	种子	全草
0437	广布野豌豆	*V. cracca* L.	14、28	多年生草本	两性花	种子	全草
0438	蚕豆	*V. faba* L.	12、24	一年生草本	两性花	种子	种子、茎叶、花、荚壳、种皮
0439	硬毛果野豌豆	*V. hirsuta*(L). S. F. Gray	14、28	一年生或二年生草本	两性花	种子	全草
0440	假香野豌豆	*V. pseudo - orobus* Fisch. et Mey.	12、14	多年生草本	两性花	种子	全草
0441	巢菜	*V. sativa* L.	12	一年生草本	两性花	种子	全草
0442	歪头菜	*V. unijuga* A. Br.	12、24、36	多年生草本	两性花	种子	根、嫩叶
0443	饭豇豆	*Vigna cylindrica*(L.)Skeels	22	一年生直立草本	两性花	种子	种子
0444	豇豆	*V. sinensis*(L.)Savi	22、24	一年生缠绕草本	两性花	种子	种子、根、叶、荚壳
0445	紫藤	*Wisteria sinensis* Sweet	16	落叶攀援灌木	两性花	种子	茎叶、根、种子
0446	丁葵草	*Zornia diphylla*(L.)Pers.	20、22	多年生或一年生小草本	两性花	种子	全草、根
	酢浆草科	*Oxalidaceae*					
0447	阳桃	*Averrhoa carambola* L.	22、24	灌木或小乔木	两性花	种子	果实、根、花、叶
	牻牛儿苗科	*Geraniaceae*					
0448	牻牛儿苗	*Erodium stephanianum* Willd.	16	一年生草本	两性花	种子	带有果实的全草
0449	草原老鹳草	*Geranium pratense* L.	24	多年生草本	两性花	种子	根茎、全草
0450	细叶老鹳草	*G. robertianum* L.	64	一年生草本	两性花	种子	全草
0451	香叶天葵	*Pelargonium graveolens* Lher.	90	多年生草本	两性花	种子	全草
0452	天竺葵	*P. hortorum* Bailey	18	多年生草本	两性花	种子	花
	旱金莲科	*Trodaeolaceae*					
0453	旱金莲	*Tropaeolum majus* L.	27、28	一年或多年生攀援状肉质草本	两性花	种子	全草
	亚麻科	*Linaceae*					
0454	蒨根亚麻	*Linum perenne* L.	18	多年生草本	两性花	种子	花、果
0455	亚麻	*L. usitatissimum* L.	16、30、32	一年生草本	两性花	种子	根、茎、叶、种子
	古柯科	*Erythroxylaceae*					
0456	古柯	*Erthroxylum coca* Lam.	24	灌木	两性花	种子	叶
	蒺藜科	*Zygophyllaceae*					
0457	骆驼蓬	*Peganum harmala* L.	22	多年生草本	两性花	种子、分株	全草、种子

序号	中文名	学名	2n(X)	生活型	花性	繁殖方式	入药部位
0458	大花蒺藜	*Tribulus cistoides* L.	12	多年生草本	两性花	种子	果实、全草
0459	蒺藜	*T. terrestris* L.	12	一年生或多年生草本	两性花	种子	果实、根、茎叶、花
	芸香科	*Rutaceae*					
0460	酸橙	*Citrus aurnatium* L.	18	小乔木	两性花	种子、嫁接	幼果
0461	柚	*C. grandis*(L.)Osbeck	18、36	常绿乔木	两性花	种子、高空压条、嫁接	果实、根、叶、花、果皮、外层果皮、种子
0462	柠檬	*C. limonia* Osbeck	18、36	丛生性秃净灌木	两性花	种子、嫁接	果实、根、叶、果皮
0463	枸木缘	*C. medica* L.	18	常绿小乔木	有两性花和雄性花	种子、嫁接	成熟果皮、根、叶
0464	桔	*C. reticulata* Blanco	18	常绿小乔木	两性花	高空压条、嫁接	果皮
0465	甜橙	*C. sinensis*(L.)Osbeck	18	常绿小乔木	两性花	种子、嫁接	果实、叶、果皮
0466	黄皮	*Clausena lansium*(Lour.)Skell	18	常绿灌木或小乔木	两性花	种子	果实、根、树皮、叶、种子
0467	白鲜	*Dictamnus dasycarpus* Turcz	32	草本	两性花	种子	根皮
0468	金弹	*Fortunella crassifolia* Swingle	18	常绿小乔木或灌木	两性花	种子、嫁接	果实、根、叶、种子
0469	山橘	*F. hindsii* Swingle	36	有刺灌木	两性花	种子、分株	叶
0470	金柑	*F. japonica*(Thunb.)Swingle	18	常绿小乔木或灌木	两性花	种子、嫁接	果实、根、叶、种子
0471	金橘	*F. margarita*(L.)Oswingle	18	常绿灌木或小乔木	两性花	种子、嫁接	果实、根、叶、种子
0472	九里香	*Murraya paniculata*(L.)ack.	18	灌木或乔木	两性花	种子	枝叶、根
0473	黄柏	*Phellodendron amurense* Rupr.	66	落叶乔木	单性花异株	种子、扦插	树皮
0474	芸香	*Ruta graveolens* L.	81	多年生草本	两性花	种子	全草
	橄榄科	*Burseraceae*					
0475	橄榄	*Canarium album* Raeusch.	48	常绿乔木	两性花	种子、嫁接	果实、根、果皮、种仁
0476	乌榄	*C. pimela* Koenig	48	常绿大乔木	两性花、单性花同存	种子	果实、根、叶、种仁
	楝科	*Melliaceae*					
0477	苦楝	*Melia azedaracah* L.	28	落叶乔木	两性花	种子	根皮、干皮、叶、花
0478	小果香椿	*Toona microcarpa* DC.	56	乔木	两性花	种子	皮

续表

序号	中文名	学名	2n(X)	生活型	花性	繁殖方式	入药部位
0479	香椿	*T. sinensis*(A. Juss.)Roem.	52	乔木	两性花	种子	树皮、根皮的韧皮部、叶、果实、树汁
	大戟科	*Euphorbiaceae*					
0480	油桐	*Aleurites fordii* Hemsl.	22	落叶乔木	单性花同株	种子	种子、根、叶、花、未成熟的果实、种子油
0481	石栗	*A. molucana*(L.)Willd.	44	常绿乔木	单性花同株	种子	种子、叶
0482	乳浆大戟	*Euphorbia esula* L.	60	多年生草本	花单性同株	种子	根
0483	泽漆	*E. helioscopia* L.	42	二年生草本	单性花同株	种子	全草
0484	续随子	*E. lathyrus* L.	20	一二年生草本	花单性同株	种子	全草
0485	斑叶地锦	*E. maculata* L.	40	二年生草本	花单性同株	种子	全草
0486	铁海棠	*E. milii* Ch. des Moulins	24、36、42	多年生肉质灌木	花单性同株	种子	茎叶、根、乳汁
0487	南欧大戟	*E. peplus* L.	16	多年生草本	单性花同株	种子	全草
0488	小狼毒	*E. prolifera* Buch. – Ham.	28	多年生宿根草本	单性花同株	种子	根
0489	猩猩木(一品红)	*E. pulcherrima* Willd.	26、28、30	多年生灌木	单性花同株	种子	根
0490	霸王鞭	*E. royleana* Boiss.	30、120	多年生肉质灌木	单性花同株	种子	茎叶、茎中白色乳汁
0491	红雀珊瑚	*E. tihymaloides* L.	36	多年生肉质草本	单性花同株	种子	全草
0492	麻疯树	*Jatropha curcas* L.	22	灌木或小乔木	单性花同株	种子	叶、树皮
0493	红雀珊瑚	*Pedilanthus tithymaloides* (L.)Poit.	36	半直立亚灌木	单性花同株	种子	全草
0494	余甘子	*Phyllanthus emblica* L.	28、98	落叶灌木或小乔木	单性花同株	种子	果实、根、树皮、叶
0495	蓖麻	*Ricinus communis* L.	20	一年生草本	单性花同株	种子	种子、根、叶、种子油
0496	乌桕	*Sapium sebiferum* Roxb.	36	落叶乔木	单性花同株	种子	根皮、茎皮、叶、种子
	虎皮楠科(交让木科)	*Daphniphyllaceae*					
0497	交趾木	*Daphniphyllum macropodum* Miq.	32	常绿乔木	单性花异株	种子	种子、叶
	黄杨科	*Buxaceae*					
0498	黄杨	*Buxus sinica*(Sieb. et Zucc.)Cheng	56	常绿灌木	单性花同株	种子	根、叶
	漆树科	*Anacardiaceae*					
0499	鸡腰果	*Anacardium occidentale* L.	24	常绿乔木	杂性花	种子	树皮、果实
0500	杧果	*Mangifera indica* L.	40、52	常绿大乔木	杂性花	种子、压条、嫁接	果实、果核、树皮、叶
0501	黄连木	*Pistacia chinensis* Bge.	24	落叶乔木	单性花异株	种子	叶、芽

序号	中文名	学名	2n(X)	生活型	花性	繁殖方式	入药部位
0502	粘胶乳香树	*P. lentiscus* L.	24	乔木	单性花异株	种子	树脂
0503	盐肤木	*Rhus semialata* Murr.	30	落叶灌木或小乔木	杂性花	种子、根插	果实、根、根皮、树皮、叶、花、幼嫩枝苗
0504	野漆树	*R. succedanea* L.	30	落叶灌木或小乔木	杂性花	种子、根插	根、根皮
0505	漆树	*R. verniciflua* Stokes	30	落叶乔木	花单性或两性	种子	树脂加工后的干燥品、根、根皮、干皮、心材、树脂、叶、种子
	卫矛科	*Celastraceae*					
0506	卫矛	*Euonymus alatus* (Thunb.) Sieb.	32	落叶灌木	两性花	种子	具翅状物的枝条、翅状物
	无患子科	*Sapindaceae*					
0507	倒地铃	*Cardiospermum halicacabum* L.	22	一年生或二年生缠绕草本	两性花与雄花同株	种子	全草
0508	坡柳	*Dodonaea viscosa* (L.) Jacq.	28、30、32	常绿灌木	杂性或单性异株	种子	叶、根
0509	龙眼	*Euphoria longan* (Lour.) Steud.	30	常绿乔木	单性两性花共存	种子	假种皮、根、根皮、树皮、叶、嫩芽、花、种子、果皮
0510	栾树	*Koelreuteria paniculata* Laxm.	30	落叶灌木或乔木	两性花	种子	花
0511	荔枝	*Litchi chinensis* Sonn.	28	常绿乔木	杂性花	种子	果实、根、叶、外果皮、种子
0512	红毛丹	*Nephelium lappaceum* L.	22	常绿乔木	单性花异株	种子	果实
0513	文冠果	*Xanthocera ssorvifolia* Bge.	30	灌木或乔木	杂性花	种子	木材、枝叶
	凤仙花科	*Balsaminaceae*					
0514	凤仙花	*Impatiens balsamina* L.	14	一年生草本	两性花	种子	全草、根、花、种子
0515	水金凤	*I. noli – tangere* L.	20	一年生草本	两性花	种子	根、全草
	鼠李科	*Rhamnaceae*					
0516	枣	*Ziziphus jujuba* Mill.	24、40、42、60、72、96	落叶灌木或小乔木	两性花	种子	果实、根、树皮、叶、果核
0517	滇刺枣	*Z. mauritiana* Lam.	24	常绿小乔木	两性花	种子	树皮
	葡萄科	*Vitaceae*					
0518	山葡萄	*Vitis amurensis* Rupr	38	木质藤本	单性花异株	扦插	根、藤
0519	葡萄	*V. vinifera* L.	38、57、76	高大缠绕藤本	杂性花异株	扦插	果实、根、藤叶

序号	中文名	学名	2n(X)	生活型	花性	繁殖方式	入药部位
	椴树科	*Tiliaceae*					
520	黄麻	*Corchorus Capsularis* L.	14	一年生草本	两性花	种子	叶、根、种子
521	田麻	*C. tomentosa* Makino	20	一年生草本	单性花	种子	全草
522	小刺蒴麻	*Triumfetta annua* L.	20	灌木	两性花	种子	根、叶
	锦葵科	*Malvaceae*					
523	黄蜀葵	*Abelmoschus manihot* Medic.	68	一年生或多年生粗壮直立草本	两性花	种子	花朵、根、茎、叶、种子
524	黄葵	*A. moschatus*（L.）Medic.	72	一年生或二年生草本	两性花	种子	根茎、叶花、种子
525	苘麻	*Abutilon avicennae* Gaertn.	42	一年生草本	两性花	种子	全草、叶
526	磨盘草	*A. indicum*（L.）G. Don	36、42	一年生或多年生亚灌木状草本	两性花	种子	种子、根
527	药蜀葵	*Althaea officinalis* L.	42	多年生宿根草本	两性花	种子	根
528	蜀葵	*A. rosea*（L.）Cav.	26、42、56	二年生草本	两性花	种子	花朵、根、茎叶、种子
529	树棉	*Gossypium arboreum* L.	26	一年生草本或亚灌木	两性花	种子	棉毛、根、根皮、外果皮、种子、种子脂肪油
530	海岛棉	*G. barbadense* L.	52	一年生草本或亚灌木	两性花	种子	棉毛、根、根皮、外果皮、种子、种子脂肪油
531	陆地棉	*C. hirsutum* L.	52	一年生草本或亚灌木	两性花	种子	棉毛、根、根皮、外果皮、种子、种子脂肪油
532	木芙蓉	*Hibiscus mutabilis* L.	92、96、100	落叶灌木或小乔木	两性花	扦插	花
533	水芙蓉	*H. mutabilis* L. var. *plenus* Horr	88	灌木	两性花	种子、扦插	花
0534	扶桑	*H. rosa - sinensis* L.	36、46、72、92、144、168	灌木或小乔木	两性花	扦插、种子	花朵、根、叶
0535	玫瑰茄	*H. sabdariffa* L.	18、36、72	一年生草本	两性花	种子	花
0536	木槿	*H. suriacus* L.	90	落叶灌木或小乔木	两性花	扦插	茎皮、根皮、花
0537	黄槿	*H. tiliaceus* L.	80、96				叶、树皮、花
0538	圆叶锦葵	*Malva rotundifolia* L.	42	多年生草本	两性花	种子	根
0539	冬葵	*M. verticillata* L.	42	多年生宿根草本	两性花	种子、分株	根
0540	马松子	*Malvastrum tircuspidatum* A. Gray	36	一年生草本	两性花	种子	茎、叶
0541	肖梵天花	*Urena lobata* L.	28、56	直立半灌木	两性花	种子	根、全草

序号	中文名	学名	2n(X)	生活型	花性	繁殖方式	入药部位
0542	梵天花	*U. procumbens* L.	28	直立半灌木	两性花	种子	全草、根
	猕猴桃科	*Actinidiaceae*					
0543	软枣猕猴桃	*Actinidia arguta* Planch.	116	大藤本	两性花	种子、压条	根、叶、果实
0544	猕猴桃	*A. chinensis* Planch.	58、116、160	藤本	杂性花	种子、压条	果实、根、枝叶、茎中汁液
0545	硬毛猕猴桃	*A. chinensis var. hispida*	174	藤本	杂性花	种子、压条	果实、叶、根、茎中汁液
0546	毛花杨桃	*A. eriantha* Benth.	58	落叶藤本	两性花	种子	根、叶
0547	狗枣猕猴桃	*A. kolomikta* (Maxim. et Rupr) Maxim.	112	落叶缠绕藤本	单性异株或杂性花	种子	果实
0548	葛枣猕猴桃（木天蓼）	*A. polygama* (Sieb. EtZucc.) Maxim.	58、116	落叶缠绕藤本	单性花异株	种子	枝叶、根、有虫瘿的果实
0549	镊猕猴桃	*A. valvata* Dunn	116	木质藤本	两性花	种子	根
	山茶科	*Theaceae*					
0550	山茶花	*Camellia japonica* L.	30	常绿灌木或小乔木	两性花	扦插	花
0551	油茶	*C. oleifera* Abel	30、90	常绿灌木或小乔木	两性花	种子	种子、花、根皮、种子的渣滓
0552	茶	*C. sinessis* O. Ktze.	30、60	常绿灌木	两性花	种子	芽叶、根、果实
0553	木荷	*Schima superba* Gardn. et. Champ.	36	乔木	两性花	种子	根皮
0554	毛木树	*S. wallichii* (DC.) Choisy	36	灌木	两性花	种子	叶、皮
0555	普洱茶	*Thea assamica* Mast.	30	常绿灌木或小乔木	两性花	种子	叶
	藤黄科	*Guttiferae*					
0556	贯叶连翘（赶山鞭）	*Hypericum perforatum* L.	32、36	多年生草本	两性花	种子	全草
	柽柳科	*Tamaricaceae*					
0557	柽柳	*Tamarix chinensis* Lour.	24	灌木或小乔木	两性花	扦插、种子	细嫩枝叶
0558	多枝柽柳	*T. ramosissima* Ldb.	24	灌木或小乔木	两性花	扦插、种子	细嫩枝叶
	大风子科	*Hyacourtiaceae*					
0559	大风子	*Hydnocarpus anthelmintica* Pier.	24	常绿乔木	杂性花或单性	种子	成熟果实
	旌节花科	*Stachyuraceae*					
0560	中国旌节花	*Stachyurus chinensis* Franch.	24	小乔木或灌木	两性花	种子	茎髓
0561	凹叶旌节花	*S. retusus* Yang	24	小乔木或灌木	两性花	种子	茎髓
0562	柳叶旌节花	*S. salicifolius* Franch.	24	常绿灌木	两性花	种子	茎髓
0563	云南旌节花	*S. yunnanensis* Franch.	24	小乔木或灌木	两性花	种子	茎髓

续表

序号	中文名	学名	2n(X)	生活型	花性	繁殖方式	入药部位
	西番莲科	*Passifloraceae*					
0564	西番莲	*Passiflora caerulea* L.	36	多年生缠绕草本	两性花	种子	全草
0565	鸡蛋果	*P. edulis* Sims	18	多年生草本	两性花	种子	果实
0566	龙珠果	*P. foetida* L.	18、20、22	多年生草质藤本	两性花	种子	全珠、果实
	番木瓜科	*Caricaceae*					
0567	番木瓜	*Carica papaya* L.	18	小乔木	单性花异株	种子、扦插	果实、叶
	仙人掌科	*Cactaceae*					
0568	量天尺	*Hylocereus undatus*（Haw.）Britt. et Rose	22	多年生攀援植物	两性花	扦插	花
	瑞香科	*Thymelaeaceae*					
0569	瑞香	*Daphne odora* Thunb.	28、30	常绿灌木	两性花	种子	花根、根皮、叶
	胡颓子科	*Elaeagnaceae*					
0570	沙枣	*Elaeagnus angustifolia* L.	12	落叶灌木或小乔木	两性花	种子	果实、树皮、树胶、花
0571	胡颓子	*E. pungens* Thunb.	28	常绿灌木	两性花	扦插	果实、根、叶
0572	牛奶子	*E. umbellata* Thumb.	28	落叶灌木	两性花	种子	根、叶、果实
0573	沙棘	*Hippopha erhamnoides* L.	44	落叶灌木或小乔木	单性花异株	种子	果实
	千层菜科	*Lythraceae*					
0574	千层菜	*Lythrum salicaria* L.	30	多年生草本	两性花	种子	全草
	石榴科	*Punicaceae*					
0575	石榴	*Punica granatum* L.	16	落叶灌木或乔木	两性花	扦插、分株	果实、叶、花、根皮
	珙桐科（蓝果树科）	*Nyssaceae*					
0576	喜树	*Camptotheca acuminata* Decne.	44	落叶乔木	单性花同株	种子	果实、根、树皮、枝叶
0577	紫树	*Nyssa sinensis* Oliv.	44	乔木	花杂性异株或单性	种子	果实、根
	八角枫科	*Alangiaceae*	22				
0578	瓜木	*Alangium platanifolium* Harms	22	落叶小乔木或灌木	两性花	种子、分株	根、须根、根皮
	桃金娘科	*Myrtaceae*					
0579	柠檬桉	*Eucalyptus citriodora* Ru. f.	22	乔木	两性花	种子	叶
0580	蓝桉	*E. globulus* Lab.	20、22、28	常绿乔木	两性花	种子	叶、根皮
0581	番石榴	*Psidium guaiava* L.	22	落叶乔树	两性花	种子	未成熟的干燥幼果、树皮、根皮、叶
0582	海南蒲桃	*Syzygium cumini*（L.）Skeels	33、44、46、55	乔木	两性花	种子	果实、树皮

序号	中文名	学名	2n(X)	生活型	花性	繁殖方式	入药部位
0583	蒲桃	*S. jambos* (L.) Alston	28、33、42、44、46、54	常绿乔木	两性花	种子	干燥果皮、种子
	菱科	*Trapaceae*					
0584	菱	*Trapa bispiosa* Roxb.	36、48	一年生水生草本	两性花	种子	果肉、茎叶、果柄、果皮
	柳叶菜科	*Oenotheraceae*					
0585	柳兰	*Epilobium angustifolium* L.	36	多年生草本	两性花	种子	全草、根、种缨
0586	山桃草	*Gaura lindheimeri* Engleet A. Gray	18	多年生草本	两性花	种子	
	五加科	*Araliaceae*					
0587	藤五加	*Acanthopanax leucorrhizus* (Oliv.) Harms	127	灌木	两性花	种子、扦插	根皮
0588	无梗五加	*A. sessiliflorus* Seem.	54	灌木	两性花	种子、扦插	根皮
0589	三叶五加	*A. trifoliatus* (L.) Merr.	46	灌木	两性花	种子、分株	根、根皮
0590	辽东楤木	*Aralia elata* Seem.	24	小乔木	两性花	种子、分株	根皮、树皮
0591	人参	*Panax ginseng* C. A. Mey.	48	多年生草本	两性花	种子、根茎	根、叶、花
0592	竹节参	*P. japonicum* C. A. Mey.	24、48	多年生草本	两性花	种子、根茎	根、根茎、叶
0593	三七	*P. pseudo – ginseng* Wall. Var. notogi – nseng (Bnrkill) Hoo & Tsen.	24	多年生草本	两性花	种子	根、根茎
0594	西洋参	*P. quinquefolium* L.	48	多年生草本	两性花	种子	根
0595	三叶人参	*P. trifolium* L.	24	多年生草本	雄性花两性花异株	种子	根
	伞形科	*Umbelliferae*					
0596	时萝	*Anethum graveolens* L.	22	一年生或二年生	两性花	种子	果实、苗叶
0597	东当归	*Angelica acutiloba* Kitag.	22	多年生草本	两性花	种子	根
0598	川白芷	*A. anomala* Lall.	44、66	多年生草本	两性花	种子	根
0599	骨缘当归	*A. cartilagino – marginata* Nakai	22	多年生草本	两性花	种子	全草
0600	隔山香	*A. citriodora* Hance	22	多年生草本	两性花	种子	根、全株
0601	兴安白芷	*A. dahurica* (Fisch.) Benth. et Hook. f. ex Franch. et Sav.	22	多年生草本	两性花	种子	根
0602	大独活	*A. gigas* Nakai	22	多年生草本	两性花	种子	根
0603	紫茎独活	*A. porphyrocaulis* Nakai et Kitag.	22	多年生草本	两性花	种子	根、根茎
0604	毛当归	*A. pubescens* Maxim.	22	多年生草本	两性花	种子	根、根茎
0605	重齿毛当归	*A. pubescens* Maxim. f. *biserrata* Shan et Yuan	22	多年生草本	两性花	种子	根、根茎
0606	当归	*A. sinensis* (Oliv.) Diels.	22	多年生草本	两性花	种子	根

序号	中文名	学名	2n(X)	生活型	花性	繁殖方式	入药部位
0607	峨参	*Anthriscus sylvestris*（L.）Hoffm.	16	多年生草本	杂性花	分根	根
0608	双梗柴胡	*Bupleurum bicaulez* Helm.	12、22、28、36	多年生草本	两性花	种子、分根	根
0609	柴胡	*B. chinense* DC.	12	多年生草本	两性花	种子、分根	根
0610	长白柴胡	*B. komarovianum* Lincz.	8	多年生草本	两性花	种子、分根	根
0611	大叶柴胡	*B. longiradiatum* Turcz.	12、16	多年生草本	两性花	种子	根
0612	竹叶柴胡	*B. marginatum* Wall. ex DC.	12、14、24	多年生草本	两性花	种子	根
0613	多脉柴胡	*B. multinerve* DC.	14、16	多年生草本	两性花	种子、分根	根
0614	少花红柴胡	*B. scorzonerifolium f.* Pauciflorum	12	多年生草本	两性花	种子	根
0615	狭叶柴胡	*B. scorzonerifolium* Willd.	12	多年生草本	两性花	种子	根
0616	黄蒿	*Carum carvi* L.	20、22	二年生或多年生草本	两性花	种子	果实、全草、根
0617	明党参	*Changium smyrnioides* H. Wolff	20、22	多年生草本	两性花	种子	根
0618	毒芹	*Cicuta virosa* L.	22	多年生草本	两性花	种子	根
0619	芫荽	*Coriandrum sativum* L.	22	一年生草本	两性花	种子	带根全草、果实
0620	鸭儿芹	*Cryptotaenia japonica* Hassk.	18、20、22	多年生草本	两性花	种子	茎叶、根、果实
0621	野胡萝卜	*Daucus carota* L.	18	二年生草本	两性花	种子	全草、果实
0622	新疆阿魏	*Ferula casqica* Marsh. – Bieb.	22	多年生草本	两性花	种子	茎中油胶树脂
0623	小茴香	*Foeniculum vulgare* Mill.	22	一年生或多年生草本	两性花	种子	果实、根、茎叶
0624	珊瑚菜	*Glehnia littoralis* F. Schm. ex Miq.	22	多年生草本	两性花	种子	根
0625	白亮独活	*Heracleum candicans* Wall. ex DC.	22	多年生草本	两性花	种子	根、根茎
0626	永宁独活	*H. yungningense* Hand – Mazz.	22	多年生草本	两性花	种子	根
0627	天胡荽	*Hydrocotyle sibthorpioides* Lam.	48、96	多年生草本	两性花	种子	全草
0628	防风	*Ledebouriella seseloides* Wolff	16	多年生草本	两性花	种子	根
0629	欧当归	*Levisticum officinale* Koch	22	多年生草本	两性花	种子	根
0630	日本当归	*Ligusticum acutilobum* Sieb. et Zucc.	22	多年生草本	两性花	种子	根
0631	川芎	*L. chuanxiong* Hort.	22	多年生草本	两性花	茎节	根茎、苗叶
0632	辽藁本	*L. jeholense* Nak. et Kitag.	22	多年生草本	两性花	根芽	根茎、根

序号	中文名	学名	2n(X)	生活型	花性	繁殖方式	入药部位
0633	藁本	*L. sinense* Oliv.	22	多年生草本	两性花	种子、根茎	根茎、根
0634	紫茎芹	*Nothosmyrnium japonicum* Miq.	18	多年生草本	两性花	种子	根茎
0635	水芹	*O. japanica* DC.	22	多年生湿生或水生	两性花	分株、扦插	全草
0636	紫花前胡	*Peucedanum decursivum* Maxim.	22	多年生草本	两性花	种子	根
0637	石防风	*P. praeruptorum* Dunn	22	多年生草本	两性花	种子	根
0638	白花前胡	*P. terebinthaceum* Fisch.	22	多年生草本	两性花	种子、分根	根
0639	异叶茴芹	*Pimpinella diversifolia* DC.	18	多年生草本	两性花	种子	全草、根
0640	伊犁防风	*Seseli iliense* Lipsky	22	多年生草本	两性花	种子	根、叶、花
0641	窃衣	*Torilis japonica*（Houtt.）DC.	16	一年生或二年生	两性花	种子	果实
0642	阿育魏实	*Trachyspermum ammi*（L.）Sprague	18	一年生草本	两性花	种子	种子
	鹿蹄草科	*Pyrolaceae*					
0643	红花鹿蹄草	*Pyrola incarnata* Fisch.	46	多年生草本	两性花	种子、根茎	全草
	杜鹃花科（石南科）	*Ericaceae*					
0644	杜香	*Ledum palustre* L.	26	常绿小乔木	两性花	种子	叶
0645	马缨杜鹃	*Rhododendron delavayi* Franch.	26	常绿乔木	两性花	种子	花
0646	迎红杜鹃	*R. mucronatum* G. Don	26	常绿或半常绿灌木	两性花	种子	花、根、茎叶
0647	越桔	*Vaccinium vitis－idaea* L.	24	常绿小灌木	两性花	分根、种子	叶、果实
	紫金牛科	*Myrsinaceae*					
0648	百两金	*Ardisia crispa*（Thunb.）A. DC.	24、46	常绿灌木	两性花	种子	根、根茎、叶
	报春花科	*Primulaceae*					
0649	珍珠花	*Lysimachia clethroides* Duby	24	一年生草本	两性花	种子	根、全草
0650	黄连花	*L. vulgaris* L.	28	多年生草本	两性花	种子	根
0651	小报春	*Primula forbesii* Franch.	18	一年生草本	两性花	种子	全草
0652	鄂报春	*P. obconica* Hance	24		两性花	种子	根
0653	三月花	*P. sieboldii* E. Morr. Forma sqontanea Takeda.	24	多年生草本	两性花	种子	根
	柿树科	*Ebenaceae*					
0654	君迁子	*Diospyros lotus* L.	30	落叶乔木	单性花异株	种子	果实
	木犀科	*Oleaceae*					
0655	白蜡树	*Fraxinus chinensis* Roxb.	46、92	落叶乔木	两性花	扦插、种子	树皮、叶、花
0656	探春	*Jasminum floridum* Bge.	26	半常绿灌木	两性花	种子、分株	根
0657	小黄素馨	*J. humile* L.	26	半常绿灌木	两性花	种子、分株	叶

续表

序号	中文名	学名	2n(X)	生活型	花性	繁殖方式	入药部位
0658	迎春花	*J. nudiflorum* Lindl.	52	落叶灌木	两性花	扦插	花、叶
0659	素馨花	*J. officinale* L. var. *grandiflorum* Bailey	26	灌木	两性花	种子	干燥花蕾
0660	茉莉	*J. sambac*(L.) Aiton	26、39	常绿灌木	两性花	扦插	根、叶、花
0661	女贞	*Ligustrum lucidum* Ait.	22、23、46	常绿大灌木或小乔木	两性花	种子	果实、根、树皮、叶
0662	小叶女贞	*L. quihoui* Carr.	21、24	半常绿灌木	两性花	种子	叶、树皮
0663	桂花	*Osmanthus fragrans* Lour.	46	常绿灌木或小乔木	单性花异株	种子	花、根皮、果实、根
	马钱科	*Loganiaceae*					
0664	驳骨丹	*Buddleia asiatica* Loor.	30	落叶灌木	两性花	种子	根、茎叶、果实
	龙胆科	*Gentianacae*					
0665	东北龙胆	*Gentiana manshurica* Kitag.	26	多年生草本	两性花	种子、分株	根、根茎
0666	龙胆	*G. scabra* Bge.	26	多年生草本	两性花	种子、分株	根、根茎
	夹竹桃科	*Apocynaceae*					
0667	长春花	*Catharanthus roseus* (L.) G. Don	18	亚灌木	两性花	种子	全草
0668	夹竹桃	*Nerium indicum* Mill.	22	常绿灌木	两性花	扦插	叶、树皮
0669	鸡蛋花	*Plumeria rubra* L.	36	灌木至小乔木	两性花	种子、扦插	花
0670	蛇根木	*Rauvolfia serpentina*(L.) Benth. et Hook. f.	20、22、24、44	灌木	两性花	种子、扦插	根、茎叶
0671	黄花夹竹桃	*Thevetia peruviana*(Pers.) K. Schum.	20、22	常绿灌木	两性花	种子	果仁、叶
	萝藦科	*Asclepiadaceae*					
0672	白薇	*Cynanchum atratum* Bge.	22	多年生草本	两性花	种子	根
0673	飞来鹤	*C. auriculatum* Royle	22	多年生草本	两性花	种子、根头	茎叶、块根
0674	徐长卿	*C. paniculatum*(Bge.) Kitag.	22	多年生草本	两性花	种子、分株	根、根茎、带根全草
0675	变色白前	*C. versicoior* Bge.	22	多年生草本	两性花	种子	根
0676	球兰	*Hoya carnosa*(L. F.) R. Br.	22	多年生藤本	两性花	种子	藤茎、叶
	旋花科	*Convolvulaceae*					
0677	大叶银背藤	*Argyreia wallichii* Choisy	30	多年生藤本	两性花	种子	全草
0678	月光花	*Calonyction aculeatum* Hovse	30	蔓生草本	两性花	种子	全株、种子
0679	田旋花	*Convolvulus arvensis* L.	32、48	多年生草本	两性花	种子	全草、花
0680	蕹菜	*Ipomoea aquatica* Forsk.	30、31	一年生草本	两性花	种子	茎、叶、根
0681	甘薯	*Dioscorea batatas* Lam.	90	多年生蔓状草质藤本	两性花	块根、扦插	块根
0682	茉栾藤	*Merremia hederacea* (Burm. f.) Hall. f.	30	一年生缠绕藤本	两性花	种子	种子、全株

序号	中文名	学名	2n(X)	生活型	花性	繁殖方式	入药部位
0683	牵牛	*Pharbitis nil*（L.）Choisy	30	一年生攀援草本	两性花	种子	种子
0684	圆叶牵牛	*P. purpurea* Voigt	30	一年生攀援草本	两性花	种子	种子
0685	茑萝	*Quamoclit pennata*（Lam.）Boj.	30	一年生柔弱缠绕草本	两性花	种子	全草、根
	花葱科	*Polemoniaceae*					
0686	花葱	*Polemonium laxiforum* Kitam.	18	多年生草本	两性花	种子、分株	根、根茎
	紫草科	*Borrginaceae*					
0687	麦家公	*Lithospermum* arvensis L.	28	一年生或二年生草本	两性花	种子	果实
0688	紫草	*L. eryhthorrhizon* Sieb. et Zucc –	28	多年生草本	两性花	种子	根
0689	梓木草	*L. zollingeri* A. DC.	16	多年生草本	两性花	种子	果实
	马鞭草科	*Verbenaceae*					
0690	假连翘	*Duranta repens* L.	36	常绿灌木	两性花	种子	果实、叶
0691	马鞭草	*Verbena officinalis* L.	12、14、42	多年生草本	两性花	种子	全草
	唇形科	*Labiatae*					
0692	藿香	*Agastache rugosa*（Fisch. et Mey.）O. Ktze.	18	一年生或多年生草本	两性花	种子、扦插	全草、根
0693	香青兰	*Dracocephalum moldavicum* L.	10	一年生草本	两性花	种子	全草
0694	海洲香薷	*Elsholtzia splendens* Nakai ex F. Maekawa	18	多年生草本	两性花	种子	带花全草
0695	活血丹	*Glechoma hederacea* L.	18	多年生草本	两性花	种子、根茎	全草
0696	神香草	*Hyssopus officinalis* L.	12	小灌木	两性花	种子	全草
0697	益母草	*Leonurus heterophyllus* Sweet	16、18、20	一年生或二年生草本	两性花	种子	全草、花、果实
0698	錾菜	*L. pseudomacranthus* Kitag.	18、19、20	一年生草本	两性花	种子	全草
0699	鼻血草	*Melissa parviflora* Benth.	16	一年生或多年生草本	两性花	种子	全草
0700	薄荷	*Mentha haplocalyx* Briq.	96	多年生草本	两性花	种子、根茎	全草、叶
0701	家薄荷	*M. haplocalyx* Briq. *var.* Piperascens（Malinvaud）C. Y. Wu et H. W. L.	96	多年生草本	两性花	种子、根茎	全草、叶
0702	欧薄荷	*M. piperita* L.	72、144	多年生草本	两性花	种子、根茎	全草
0703	欧薄荷	*M. pipeata* L. *var. officinalis* Sole	36、66、68、70、94	多年生草本	两性花	种子、根茎	全草
0704	兴安薄荷	*M. sachalinensis* Kudo	16、54、60、64、72、92	多年生草本	两性花	种子、根茎	全草
0705	留兰香	*M. spicata* L.	36、48	多年生草本	两性花	种子、根茎	全草
0706	姜味草	*Micromeria biflora* Benth.	30	多年生草本	两性花	种子	全草

续表

序号	中文名	学名	2n(X)	生活型	花性	繁殖方式	入药部位
0707	罗勒	*Ocimum basilicum* L.	48	一年生草本	两性花	种子	全草、根、果实
0708	丁香罗勒	*O. gratissimum* L.	40、48、64	一年生草本	两性花	种子	全草
0709	牛至	*Origanum vulgare* L.	30、32	多年生草本	两性花	种子	全草
0710	白苏	*Perilla frutescens* Britt.	38、40	一年生草本	两性花	种子	果实、根、茎、叶
0711	线纹香茶菜	*Plectranthus striatus* Benth.	24	多年生草本	两性花	种子	全草
0712	三叶香茶菜	*P. ternifolius* D. Don	24	多年生草本	两性花	种子	全草、根
0713	夏枯草	*Prunella vulgaris* L.	32	多年生草本	两性花	种子、分株	果穗
0714	迷迭香	*R. officinalis* L.	24	常绿小灌木	两性花	种子	全草
0715	撒尔维亚（鼠尾草）	*Salvia officinalis* L.	14、50	多年生草本	两性花	种子	叶
0716	裂叶荆芥	*Schizonepeta tenuifolia* (Benth.) Briq.	24	一年生草本	两性花	种子	全草、根
0717	北欧百里香	*Thymus serpyllum* L.	24	小灌木	两性花	种子	叶、全草
0718	百里香	*T. vulgaris* L.	30	灌木状常绿草本	两性花	种子	全草
	茄科	*Solanaceae*					
0719	颠茄	*Atropa belladonna* L.	72	多年生草本	两性花	种子	叶、根
0720	辣椒	*Capsicum annuum* L.	24、36、48	一年生草本	两性花	种子	果实、茎、根
0721	重瓣曼陀罗	*Datura fastuosa* L.	24	一年生草本	两性花	种子	花
0722	毛曼陀罗	*D. innoxia* Mill.	24、48	一年生草本	两性花	种子	花、根、叶、果实
0723	白花曼陀罗	*D. metel* L.	24	一年生草本	两性花	种子	花、根、叶、果实
0724	欧曼陀罗	*D. stramonium* L.	24、48	一年生草本	两性花	种子	花
0725	紫花曼陀罗	*D. tatula* L.	24	一年生草本	两性花	种子	花
0726	莨菪	*Hyoscyamus niger* L.	34	一年生或二年生草本	两性花	种子	种子、根
0727	宁夏枸杞	*Lycium barbarum* L.	24、36	灌木	两性花	种子、扦插	成熟果实、根皮、嫩叶
0728	枸杞	*L. chinense* Mill.	24	蔓生灌木	两性花	种子、扦插	成熟果实、根皮、嫩叶
0729	番茄	*Lycopersicum esculentum* Mill.	24、36、48	一年生或多年生草本	两性花	种子	果实
0730	假酸浆	*Nicandra physaloides* Gaertn.	19、20、40	一年生草本	两性花	种子	全草、种子、果实、花
0731	烟草	*Nicotiana tabacum* L.	48	一年生草本	两性花	种子	叶
0732	酸浆	*Physalis alkekengi* L.	24	一年生或多年生草本	两性花	种子、分株	全草、根
0733	苦蘵	*P. angulata* L.	24	一年生草本	两性花	种子	全草、根、果实

续表

序号	中文名	学名	2n(X)	生活型	花性	繁殖方式	入药部位
0734	灯笼草	*P. peruviana* L.	24、48	一年生草本	两性花	种子	全株
0735	黄姑娘	*P. pubescens* L.	24	一年生草本	两性花	种子	全草、果实
0736	毛叶冬珊瑚	*Solanum capsicastrum* Link	24	小灌木	两性花	种子	全草
0737	千年不烂心	*S. dulcamara* L.	24	多年生蔓生草本或亚灌木	两性花	种子	果实、全草
0738	紫花茄	*S. indicum* L.	24	小灌木	两性花	种子	果实、种子、叶、根
0739	茄子	*S. melongena* L.	24	一年生草本	两性花	种子	果实、根、茎、叶、花、宿萼
0740	龙葵	*S. nigrum* L.	24、48、72	一年生草本	两性花	种子	全草
0741	冬珊瑚	*S. pseudo – capsicum* L.	24	小灌木	两性花	种子	根
0742	刺茄	*S. surattense* Burm. f.	24	直立亚灌木	两性花	种子	全株
0743	水茄	*S. torvum* Sw	48	多年生草本	两性花	种子	根
0744	马铃薯	*S. tuberosum* L.	18、24、48	多年生草本	两性花	块茎、种子	块茎
	玄参科	*Scrophulariaceae*					
0745	大花洋地黄	*Digitalis ambigua* Murr.	56	多年生草本	两性花	种子	叶
0746	毛花洋地黄	*D. lanata* Ehrh.	56	多年生草本	两性花	种子	叶
0747	白花毛地黄	*D. lutea* L. non SM.	112	多年生草本	两性花	种子	叶
0748	毛地黄	*D. purpurea* L.	56	二年生或多年生草本	两性花	种子	叶
0749	柳穿鱼	*Linaria vulgaris* Mill.	12	多年生草本	两性花	种子	全草
0750	通泉草	*Mazus japonicus* (Thunb.) O. Ktze.	40	一年生草本	两性花	种子	全株
0751	顺顾马先蒿	*Pedicularis resupinata* L.	12	多年生草本	两性花	种子	茎叶、根
0752	输叶马先蒿	*P. verticillata* L.	16	多年生草本	两性花	种子	根
0753	地黄	*Rehmannia glutinosa* (Gaertn.) Libosch.	28、56	多年生草本	两性花	种子、根茎	根茎、叶、花、种子
0754	玄参	*Scrophularia ningpoensis* Hemsl.	90	多年生草本	两性花	种子、分株	根
0755	独脚金	*Striga asiatica*(L.) O. Ktze.	24	一年生草本	两性花	种子	全草
0756	(黄花)毛蕊花	*Verbascum thapsum* L.	34、36	多年生草本	两性花	种子	全草
0757	水苦荬 (仙桃草)	*Veronica anagallis – aquatica* L.	36	一年生或两年生草本	两性花	种子	全草、根、果实、带有虫瘿的果实
0758	直立婆婆纳	*V. arvensis* L.	16	一年生或二年生草本	两性花	种子	全草
0759	白婆婆纳	*V. incana* L.	34	多年生草本	两性花	种子	全草
0760	小婆婆纳	*V. serpyllifolia* L.	28	多年生草本	两性花	种子	有虫瘿的全草
0761	卷毛婆婆纳	*V. teucrium* L.	16	多年生草本	两性花	种子	全草

续表

序号	中文名	学名	2n(X)	生活型	花性	繁殖方式	入药部位
	紫葳科	*Bignonicaeae*					
0762	紫葳	*Campsis grandiflora* (Thunb.) Loisel.	40	落叶木质藤本	两性花	扦插、压条、分根、种子	花、根、茎、叶
0763	美口凌霄花	*C. radicans* (L.) Seen.	40	落叶木质藤本	两性花	压条、扦插、分根	根、花
0764	梓	*Catalpa ovata* G. Don	40	落叶乔木	两性花	种子	韧皮部、木材、叶、果实
0765	姊妹树	*Millingtonia hortensis* L. f.	30	乔木	两性花	种子	树皮、叶
0766	木蝴蝶	*Oroxylonin dicum* (L.) Vent.	38	乔木	两性花	种子	种子、树皮
	脂麻科(胡麻科)	*Pedaliaceae*					
0767	脂麻	*Sesamum indicum* L.	26、52	一年生草本	两性花	种子	种子、茎、叶、花、果壳
	列当科	*Orobanchaceae*					
0768	西藏列当	*Orobanche asiatica* Kirschl.	38	一年生草本	两性花	种子	全草
	爵麻科	*Acanthaceae*					
0769	衷篱椎	*Justicia gendarussa* L. F.	26、28、30、32	多年生草本	两性花	种子	茎叶
	车前科	*Plantaginaceae*					
0770	车前	*Plantgo asiatica* L.	32、34、36	多年生草本	两性花	种子	全株、种子
0771	平车前	*P. depressa* Willd.	12、32、34、36	多年生草本	两性花	种子	全株、种子
0772	大车前	*P. major* L.	12	多年生草本	两性花	种子	全株、种子
0773	大车前	*P. major* L. *var. asiatica* Decne.	24	多年生草本	两性花	种子	种子
	茜草科	*Rubiaceae*					
0774	吐根	*Cephaelis ipecauanha* (Stokes) Baill	22	半灌木多年生草本	两性花	种子	根
0775	莱氏金鸡纳	*Cinchona ledgeriana* Moens.	34	常绿大型乔木	两性花	种子	树皮、枝皮、根皮
0776	栀子	*Gardenia jasminoides* Ellis.	22	常绿灌木	两性花	种子、扦插	果实、根、叶、花
0777	九节木	*Psychotria rubra* (Lour.) Poir.	44	直立灌木	两性花	种子	嫩枝、叶、根
0778	茜草	*Rubia cordifolia* L.	22	多年生攀援草本	两性花	种子	根、根茎、茎叶
0779	白马骨	*Serissa serissoides* (DC.) Druce.	22	落叶小灌木	两性花	扦插	全草、根
	忍冬科	*Caprifoliaceae*					
0780	忍冬	*Lonicera japonica* Thunb.	18	多年生常绿灌木	两性花	扦插、压条、种子	茎叶、花、种子

序号	中文名	学名	2n(X)	生活型	花性	繁殖方式	入药部位
0781	西洋接骨木	*Sambucus ngra* L.	36	灌木或乔木	两性花	扦插、种子	茎枝、根皮、花、叶
0782	无梗接骨木	*S. sieboldiana* Bl. ex Graebn.	38	落叶灌木或乔木	两性花	扦插、种子	茎枝、根皮、叶、花朵
0783	接骨木	*S. williamsii* Hance	36	落叶灌木或乔木	两性花	扦插、种子	茎枝、根皮、叶、花朵
0784	荚迷	*Viburnum dilatatum* Thunb.	18	落叶灌木	两性花	种子	茎、叶、果实、根
0785	荚迷	*V. dilatatum* Thunb. *var. xanthocarpum* Rehd.	18	落叶灌木	两性花	种子	茎、叶、果实、根
0786	木绣球	*V. macrocephalum* Fort.	18	落叶或常绿灌木	两性花	种子	茎
	败酱科	*Valerianaceae*					
0787	窄叶败酱	*Patrinia angustifolia* Hemsl.	22	多年生草本	两性花	种子	根
0788	异叶败酱	*P. heterophylla* Bge.	22	多年生草本	两性花	种子	根
0789	缬草	*Valeriana officinalis* L.	28	多年生草本	两性花	种子、根茎	根、根茎
	川续断科	*Dipsacaceae*					
0790	华续断	*Dipsacus chinensis* Bat.	36	多年生草本	两性花	种子	果实
0791	拉毛果	*D. fullonum* L.	18	多年生草本	两性花	种	种子
0792	山萝卜	*Scabiosa camosa* Fisch	16	多年生草本	两性花	种子	花
	葫芦科	*Cucurbitaceae*					
0793	冬瓜	*Benincasa hispida* Cogn.	24	一年生攀援草本	单性花同株	种子	果实、茎、叶、果皮、种子
0794	西瓜	*Cotrullus vulgaris* Schrad.	22	一年生蔓生草本	单性花同株	种子	果瓤、根、叶、种仁、种皮
0795	甜瓜	*Cucumis melo* L.	24	一年生攀援草本	单性花同株	种子	果实、种子、茎、叶、花、果蒂、果皮
0796	黄瓜	*C. sativus* L.	14	一年生攀援草本	单性花同株	种子	果实、根、茎、叶
0797	南瓜	*Cucurbita moschata* Duch.	24、40	一年生蔓生藤本	单性花同株	种子	果实、茎、基卷须、根
0798	桃南瓜	*C. pepo* L.	20、21、40	一年生蔓生藤本	单性花同株	种子	果实
0799	粤丝瓜	*Luffa acuranngula* Roxb.	13、26	一年生攀援草本	单性花同株	种子	果实、根茎、叶、种子、花、果皮、瓜蒂
0800	丝瓜	*L. cylindrica* Roem.	96	一年生攀援草本	单性花同株	种子	果实、根茎、叶、种子、花、果皮、瓜蒂
0801	苦瓜	*Momordica charantia* L.	22	一年生草本	单性花同株	种子	果实、根茎、叶、花、种子

序号	中文名	学名	2n(X)	生活型	花性	繁殖方式	入药部位
0802	罗汉果	*M. grosvenori* Swingle	24	多年生攀援藤本	单性花异株	压条、种子	果实、叶
	桔梗科	*Campanulaceae*					
0803	阔叶沙参	*Adenophora pereskiaefolia* (Fisch) G. Don	34	多年生草本	两性花	种子	根
0804	长柱沙参	*A. stenanthina* (Ledeb.) Kitag.	34	多年生草本	两性花	种子	根、分头
0805	轮叶沙参	*A. tetraphylla* (Thunb) Fisch.	34	多年生草本	两性花	种子	根
0806	荠苨	*A. trachelioides* Maxim	36	多年生草本	两性花	种子	根、苗叶
0807	紫斑风铃草	*Campanul apunctata* Lam.	34	多年生草本	两性花	种子、根茎	全草
0808	四叶参羊乳	*Codonopsis lanceolata* Benth. et Hook.	16	多年生草本	两性花	种子	根
0809	党参	*C. pilosula* (Franch.) Nannf.	16	多年生草本	两性花	种子、分根	根
0810	半边莲	*Lobelia chinensis* Lour.	42	多年生草本	两性花	种子、分株、扦插	带根的全草
0811	山梗菜	*L. sessilifolsia* Lamb.	28	多年生草本	两性花	种子	根、带根全草
0812	桔梗	*Platycodon grandiflorum* A. DC.	16	多年生草本	两性花	种子、根头	根、根茎
	菊科	*Compositae*					
0813	多叶蓍	*Achillea millefolium* L.	36、54、108	多年生草本	两性花	种子	带花序的全草
0814	顶羽菊(苦蒿)	*Acroptilon repens* (L.) DC.	26	多年生草本	两性花	种子	全草
0815	藿香蓟	*Ageratum conyzoides* L.	40	一年生草本	两性花	种子	全草
0816	山萩	*Anaphalis margaritacea* (L.) Benth. et Hook. f.	28、42、56	多年生草本	边缘雌性花中部两性花	种子	全草、带根草
0817	打火草	*A. nepalensis* (Spr.) Hand. – Mazz.	28	多年生草本	两性花	种子	全草
0818	牛蒡子	*Arctium lappa* L.	32、36	二年生草本	两性花	种子	果实、根、叶
0819	小白蒿	*Artemisia frigida* Willd.	18、54	多年生草本	杂性花	种子	幼嫩茎叶
0820	魁蒿(黄花艾)	*A. princeps* Pamp.	34	多年生草本	杂性花	种子	叶
0821	北苍术	*Atractylis chinensis* Koidz.	20、22、24	多年生草本	两性花	根茎、种子	根茎
0822	关苍术	*A. japonica* Koidz ex Kitam.	24	多年生草本	两性花	根茎、种子	根茎
0823	南苍术	*A. lancea* (Thunb.) DC.	24	多年生草本	两性花	根茎、种子	根茎
0824	白术	*A. macrocephala* Koidz.	24	多年生草本	两性花	种子、根茎	根茎、苗叶
0825	鬼针草	*Bidens bipinnata* L.	48、72	一年生草本	杂性花	种子	全草
0826	三叶鬼针草	*B. pilosa* L.	72	一年生草本	杂性花	种子	全草
0827	狼把草	*B. tripartita* L.	72、96	一年生草本	两性花	种子	全草、根
0828	大风艾	*Blumea balsamifera* (L.) DC.	20	多年生木质草本	单性花同株	分株	叶、嫩枝
0829	见霜黄(红头草)	*B. lacera* DC.	36	一年生草本	两性花	种子	全草
0830	六耳铃(走马风)	*B. laciniata* (Roxb.) DC.	18	多年生草本	单性花同株	种子	全草、叶

序号	中文名	学名	2n(X)	生活型	花性	繁殖方式	入药部位
0831	柔毛艾钠香	B. wightiana DC.	18	多年生草本	异花同株	种子	叶、全草
0832	金盏菊	Calendula officinalis L.	32	一年生或二年生草本	异花同株	种子	花、根
0833	绵毛红花	Carthamus lanatus L.	44	一年生草本	两性花	种子	花
0834	红花	C. tinctorius L.	24	一年生草本	两性花	种子	花
0835	北野菊	Chrysanthemum boreale Mak.	18	多年生草本	杂性花	种子	全草、根、花序
0836	野菊	C. indicum L.	36	多年生草本	杂性花	种子	全草、根、花序
0837	菊	C. morifolium Ramat.	18、27、36、54	多年生草本	杂性花	分根、扦插	头状花序、根、叶、嫩叶
0838	茼蒿	C. coronarium var. spatiosum Bailey	18	一年生草本	杂性花	种子	茎叶
0839	菊苣	Cichorium intybus L.	18	多年生草本	两性花	种子	全草
0840	秋英	Cosmos bipinnata Cav.	24	一年生草本	两性花	种子	全草
0841	旱莲草	Eclipta prostrata L.	22	一年生草本	杂性花	种子	全草
0842	一点红	Emilia sonchifolia DC.	10	一年生草本	两性花	种子	全草、带根全草
0843	一年蓬	Erigeron annuus (L.) Pers.	27	二年生草本	杂性花	种子	全草、根
0844	小飞蓬	E. canadensis L.	18	一年生草本	杂性花	种子	全草
0845	飞机草	Eupatorium odoratum L.	60	多年生草本	两性花	种子	全草
0846	向日葵	Helianthus annuus L.	34	一年生草本	两性花	种子	花序托、种子
0847	菊芋	H. tuberosus L.	41、102	一年生草本	两性花	种子	块根、茎、叶
0848	狗哇花	Heteropappus ispidus (Tnunb.) Less.	36	多年生草本	杂性花	种子	根
0849	山莴苣	Lactuca indica L. var. dracoglossa Kitamvra.	18	一年生或二年生草本	两性花	种子	全草
0850	莴苣	L. satuva L.	18	一年生或二年生草本	两性花	种子	茎、叶、种子
0851	火艾	Leontopodium japonicum Miq.	26	多年生草本	两性花	种子	花
0852	土木香	Inula helenium L.	20	多年生草本	杂性花	枝条、扦插	根
0853	蜂斗菜	Petasites japonicus Miq.	58、87	多年生草本	单性花异株	种子、根茎	根茎
0854	祁州漏芦	Rhaponticum uniflorum (L.) DC.	26	多年生草本	两性花	种子	根、花序
0855	大苞雪莲花	Saussurea involucrata Kar. et Kir.	32	多年生草本	两性花	种子	带花全株
0856	山牛蒡	S. ussuriensis Maxim.	26	多年生草本	两性花	种子	根
0857	林荫千里光	Senecio nemorensis L.	40	多年生草本	杂性花	种子	全草

续表

序号	中文名	学名	2n(X)	生活型	花性	繁殖方式	入药部位
0858	水飞蓟	*Silybum marianum* Gaertn.	34	一年生或二年生草本	两性花	种子	瘦果
0859	匍茎苦菜	*Sonchus arvensis* L.	54	多年生草本	两性花	种子	全草
0860	大叶苦苣菜	*S. asper* Vill.	18、36	一年生草本	两性花	种子	全草
0861	苦苣菜	*S. oleraceus* L.	32	一年生或二年生草本	两性花	种子	全草、根、花、种子
0862	金腰箭	*Synedrella nodillora*(L.) Gaertn.	36、38	一年生草本	两性花	种子	全草
0863	万寿菊	*Tagetes erecta* L.	20、24	一年生草本	杂性花	种子	花序、叶
0864	孔雀草	*T. patula* L.	48	一年生草本	杂性花	种子	全草
0865	药蒲公英	*T. officinale* Wigg.	24	多年生草本	两性花	种子	根
0866	斑鸠菊	*Vernonia anthelmintica* Willd.	20	一年生草本	两性花	种子	种子、全草
0867	夜香牛	*V. cinerea*(L.)Less.	18	一年生草本	两性花	种子	全草、根
0868	苍耳	*Xanthium strumarium* L.	36	一年生草本	单性花同株	种子	茎叶、根、花、带总苞的果实
	香蒲科	*Typhaceae*					
0869	宽叶香蒲	*Typha latifolia* L.	30	多年生草本	单性花同株	根茎	全草、根茎、花粉、果穗
	泽泻科	*Alismataceae*					
0870	大箭	*Alisma canaliculatum* A. Br. et Bouche	42	多年生水生草本	两性花	种子	全草
0871	泽泻	*A. orientale*(Sam.)Juzep.	14	多年生沼泽植物	两性花	种子	块茎、叶果实
0872	矮慈菇	*Sagittaria pygmaea* Miq.	22	多年生草本	单性花同株	种子、根茎、分株	全草
0873	慈菇	*S. sagittifolia* L.	22	多年生水生草本	单性花同株	球茎	球茎、花、叶
	禾木科	*Gramineae*	a				
0874	看麦娘	*Alopecurus aequalis* Sobol.	14	一年生草本	两性花	种子	全草
0875	芦竹	*Arundo donax* L.	110	多年生草本	两性花	分株、扦插	根茎、嫩苗、茎秆炙而沥出的液汁
0876	野燕麦	*Avena fatua* L.	42	一年生草本	两性花	种子	茎叶
0877	青稞	*A. nuda* L.	42	一年生草本	两性花	种子	种仁
0878	竹节草	*Chrysopogon aciculatus* (Retz.)Trin.	20	多年生草本	两性花	种子	全草、根
0879	薏苡	*Coix lacryma – jobi* L.	20	一年或多年生草本	单性花同株	种子	种仁、根、叶

序号	中文名	学名	2n(X)	生活型	花性	繁殖方式	入药部位
0880	川谷	*C. lacryma - jobi var. ma - yuen* Stapf	20	一年生或多年生草本	单性花同株	种子	种仁、根、叶
0881	香茅	*Cymbopogon citratus*(DC.) Stapf	40、60	多年生草本	两性花	分株	全草、根
0882	芸香草	*C. distans*(Nees.) A. Camus	20	多年生草本	两性花	种子、分株	全草
0883	狗牙根	*Cynodon dactylon*(L.)Pers.	16、36	多年生草本	两性花	种子、根茎	全草
0884	马唐	*Digitaria sanguinalis*(L.) Scop.	36	一年生草本	两性花	种子	全草
0885	稗	*Echinochloa crusgalli* Beauv	42、48	一年生草本	杂性花	种子	根、苗叶
0886	牛筋草	*Eleusinei ndica*(L.)Gaertn	18	一年生草本	两性花	种子	带根全草
0887	鲫鱼草	*Eragrostis tenellla*(L.) Beauv. ex Schult.	60	一年生草本	两性花	种子	全草
0888	茅香	*Hierochloe odorata*(L.) Beauv.	28、56	多年生草本	两性花	种子、根茎	花序
0889	大麦	*Hordeum vulgare* L.	14	一年生草本	两性花	种子	果实、茎秆、发芽的颖果幼苗
0890	芒	*Miscanthus sinensis* Anderss	42	多年生草本	两性花	种子	茎、根
0891	稻	*Orysasa tiva* L.	24	一年生草本	两性花	种子	种仁、稻草、芒、谷芽、种皮、糯稻根茎、根
0892	黍	*Panicum miliaceum* L.	40	一年生草本	两性花	种子	种子
0893	白草	*Pennisetum flaccidum* Griseb.	36、45	多年生草本	两性花	种子、根茎	根状茎
0894	五色草	*Phalaris arundinacea* L.	28	多年生草本	两性花	种子	全草
0895	芦苇	*Phragmites commumis*(L.) Trin.	36、48、72、84、96	多年生草本	杂性花	种子、根茎	根茎、茎、叶、嫩苗、箬叶、花
0896	硬质早熟禾	*Poa sphondylodes* Trin.	28	多年生草本	两性花	种子、分株	地上部分
0897	甘蔗	*Saccharum sinense* Roxb.	20	一年生或多年生草本	杂性花	切茎	茎秆、茎皮、嫩芽
0898	黑麦	*Secale cereale* L.	14、24	一年生草本	两性花	种子	菌核
0899	金色狗尾草	*Setaria glauca*(L.)Beauv.	36、44、72	一年生草本	两性花	种子	全草
0900	谷子	*S. italica*(L.)Beauv.	18	一年生草本	两性花	种子	种仁、粟芽、粟糖
0901	皱叶狗尾草	*S. plicata*(Lam.)T. Cooke.	54	多年生草本	杂性花	种子	全草
0902	狗尾草	*S. viridis*(L.)Beauv.	18	一年生草本	两性花	种子	全草
0903	高粱七	*Sorghum propinquum* (Kunth)Hitche.	20	一年生草本	两性花	种子	根状茎
0904	高粱	*S. vulgare* Pers.	20	一年生草本	两性花	种子	种仁、根
0905	小麦	*Triticum aestivum* L.	42	一年或二年生草本	两性花	种子	种子、面粉、茎、叶、种皮

序号	中文名	学名	2n(X)	生活型	花性	繁殖方式	入药部位
0906	玉蜀黍	*Zea mays* L.	20	一年生草本	单性花同株	种子	种子、根、叶、花柱、穗、轴
	莎草科	*Cyperaceae*					
0907	碎米莎草	*Cyperus iria* L.	128	一年生草本	两性花	种子	全草、带根全草
0908	莎草(香附子)	*C. rotundus* L.	96	多年生草本	两性花	种子、根茎	茎叶、根茎
0909	丛毛羊胡子草	*Eriophorum comosum* Nees	52	多年生草本	两性花	种子	花、全草
0910	野马蹄草	*Scirpus erectus* Poir.	74	多年生草本	两性花	根茎、种子	全草
0911	水葱	*S. tabernaemontani* Gmel.	42	多年生草本	两性花	根茎、种子	全草
	棕榈科	*Palmae*					
0912	槟榔	*Areca catechu* L.	32	乔木	单性花同株	种子	种子、花蕾、嫩果、果皮
0913	桄榔	*Arenga pinnata* (Wurmb.) Merr.	26、32	乔木	单性花同株	种子	果实、髓部
0914	鱼尾葵	*Caryota ochlamdra* Hance	32	乔木	单性花同株	种子	叶鞘纤维、根
0915	椰子	*Cocos nucifera* L.	32	乔木	单性花同株	种子	根皮、内果皮、胚乳
0916	海枣	*Phoenix dactylifera* L.	28、36	常绿大乔木	单性花异株	种子	果实
0917	棕榈	*Trachycarpus fortunei* (Hook. f.) H. Wendl.	36	常绿乔木	单性花异株	种子	叶柄、鞘元的纤维、果实
	天南星科	*Araceae*					
0918	菖蒲	*Acorus calamus* L.	24、36、48	多年生草本	两性花	根茎	根
0919	石菖蒲	*A. gramineus* Soland.	24	多年生草本	两性花	根茎	根茎、叶、花
0920	魔芋	*Amorphophallus konjac* K. Koch	26、39	多年生草本	单性花同株	块茎、种子	块茎
0921	花秆莲	*A. rivieri* Durieu	26、39	多年生草本	单性花同株	块茎、种子	块茎
0922	东北天南星	*Arisaema amurense* Maxim.	56	多年生草本	单性花异株	种子、块茎	块茎
0923	中南星(土半夏)	*A. intermedium* Bl	28	多年生草本	单性花同株	块茎	块茎
0924	野芋	*Colocasia antiquorum* Schott	28、42	多年生草本	单性花同株	种子、根茎	根茎、叶
0925	芋	*C. esculenta* (L.) Schott	28、36、42、48	多年生草本	单性花同株	块茎	块茎、叶、叶柄、花
0926	掌叶半夏	*Pinellia pedatisecta* Schott	26	多年生草本	单性花同株	块茎、种子	块茎
0927	大藻	*Pistia stratiotes* L.	28	多年生浮水草	单性花同株	种子	全草
	谷精草科	*Etiocanlaceae*					
0928	赛谷精草	*Eriocaulon sieboldianum* Sieb. et Zucc.	18	一年生草本	单性花同株	种子	带花茎的花序
	鸭跖草科	*Commelinaceae*					
0929	饭包草	*Commelina benghalensis* L.	22	多年生草本	两性花	种子、压条	全草

序号	中文名	学名	2n(X)	生活型	花性	繁殖方式	入药部位
0930	紫背鹿衔草	*Murdannia divergens*（C. B. Clarke）- Bruckn.	60	多年生草本	两性花	种子、根茎	根、全株
0931	竹叶莲	*Pollia japonica* Thunb.	32	多年生草本	两性花	种子、根茎	根茎、全草
0932	紫万年青	*Rhoes discolor* Hance	12	多年生草本	两性花	种子、根茎	叶、花
0933	吊竹梅（水竹草）	*Zebrina pendula* Schnizl.	24	多年生草本	两性花	扦插	全草
	雨久花科	*Pontederiaceae*					
0934	水葫芦	*Eichhornia crassipes*（Mart.）Solms - Laub.	32	浮水植物	两性花	种子	全草、根
0935	鸭舌草	*Monochoria vaginalis*（Burm. f.）Presl	52	多年生草本	两性花	种子、根茎	全株
0936	窄叶鸭舌草	*M. vaginalis Presl var. plantaginea*（Roxb.）Solms - Laub.	52	一年生草本	两性花	种子	全草
	百合科	*Liliaceae*					
0937	胡葱	*Allium ascalonicum* L.	16	多年生草本	两性花	鳞茎、种子	鳞茎、种子
0938	洋葱	*A. cepa* L.	16	多年生草本	两性花	鳞茎	鳞茎
0939	葱	*A. fistulosum* L.	16	多年生草本	两性花	种子、鳞茎	鳞茎
0940	大蒜	*A. sativum* L.	16	多年生草本	两性花	种子、鳞茎	鳞茎、叶、花茎
0941	细香葱	*A. schoenoprasum* L.	16、24、32	多年生草本	两性花	鳞茎	全草、根头部
0942	辉葱	*A. splendens* Willd.	48	多年生草本	两性花	鳞茎、种子	鳞茎
0943	韭	*A. tuberosum* Rottl ex Spreng	24	多年生草本	两性花	种子、鳞茎	鳞茎、叶、根、种子
0944	茖葱	*A. victorialis* L.	16、32	多年生草本	两性花	种子、鳞茎	鳞茎
0945	芦荟	*Aloe vera* L.	10、14	多年生草本	两性花	分株、扦插	叶中的汁液
0946	知母	*Anemarrhena asphodeloides* Bge.	22	多年生草本	两性花	种子、根茎	根茎
0947	天门冬	*Asparagus cochinchinensis*（Lour.）Merr	18	攀援状多年生草本	两性花	种子、分根	块根
0948	石刁柏	*A. officinalis* L.	20、40	多年生草本	单性花同株	种子、扦插	块根
0949	蜘蛛抱蛋	*Aspidistra elatior* Blvme	32、36	多年生草本	两性花	种子、根茎	根茎
0950	大百合	*Cardiocrinum giganteum*（Wall.）Mak.	24	多年生草本	两性花	种子、鳞茎	鳞茎
0951	吊兰	*Chlorophytum mcapense*（L.）Ktze.	28	多年生草本	两性花	分株	全草
0952	挂兰	*C. comosum*（Thunb.）Bak.	28	多年生草本	两性花	分株	全草
0953	疏花吊兰	*C. laxum* R. Br.	16	多年生草本	两性花	种子	全草、根
0954	七筋姑	*Clintonia alpina*（Royle）Kunth	28	多年生草本	两性花	种子、根茎	全株
0955	秋水仙	*Colchicum autumnale* L.	38	多年生草本	两性花	种子、球茎	种子、全草

序号	中文名	学名	2n(X)	生活型	花性	繁殖方式	入药部位
0956	黑贝母	*Fritillaria camtschatcensis* Ker – Gawl.	24、36	多年生草本	两性花	鳞茎、种子	鳞茎
0957	湖北贝母	*F. hupehensis* Hsiao et K. C. Hsia	24	多年生草本	两性花	鳞茎、种子	鳞茎
0958	伊贝母	*F. pallidiflara* Schrenk.	24	多年生草本	两性花	鳞茎、种子	鳞茎
0959	浙贝母	*F. thunbergii* Miq.	24	多年生草本	两性花	鳞茎、种子	鳞茎
0960	平贝母	*F. ussuriensis* Mixim.	24	多年生草本	两性花	鳞茎、种子	鳞茎
0961	嘉兰	*Gloriosa superba* L.	20	多年生草本	两性花	种子	块根
0962	金针菜	*Hemerocallis citrina* Baroni	22	多年生草本	两性花	分株	根、嫩苗、花蕾
0963	黄花	*H. flava* L.	22	多年生草本	两性花	分株	根、嫩苗、花蕾
0964	萱草	*H. fulva* L.	22	多年生草本	两性花	分株	根、嫩苗、花蕾
0965	重瓣萱草	*H. fulva* L. var. *kwanso* Regel	33	多年生草本	两性花	分株	根、嫩苗、花蕾
0966	小萱草	*H. minor* Mill	22	多年生草本	两性花	分株	根、嫩苗、花蕾
0967	摺叶萱草	*H. plicata* Stapf	22	多年生草本	两性花	分株	根、嫩苗、花蕾
0968	麝香萱	*H. thunbergii* Bak.	22	多年生草本	两性花	分株	根、嫩苗、花蕾
0969	玉簪	*Hosta plantaginea* Aschers.	16	多年生草本	两性花	分株	花、根茎、叶
0970	丽江山慈菇	*Iphigenia indica* A. Gray.	22	多年生草本	两性花	种子、鳞茎	鳞茎
0971	百合	*Lilium brownii var. viridulum* Bak.	24	多年生草本	两性花	种子、鳞茎	鳞茎
0972	松叶百合	*L. cernuum* Kom.	24	多年生草本	两性花	鳞茎	鳞茎
0973	山丹	*L. concolor* Salisb	24	多年生草本	两性花	鳞茎	鳞茎
0974	高山卷丹	*L. davidii* Duche	24	多年生草本	两性花	鳞茎	鳞茎
0975	心叶百合	*L. giganteum* Wall	24	多年生草本	两性花	种子、鳞茎	鳞茎
0976	卷丹	*L. loncifolium* Thunb.	24、36	多年生草本	两性花	种子、鳞茎	鳞茎
0977	麝香百合	*L. longiflorum* Thunb.	24、48	多年生草本	两性花	鳞茎	鳞茎、花、种子
0978	野百合	*L. mariagon* L.	24	多年生草本	两性花	鳞茎	鳞片、叶、花、种子
0979	细叶百合	*L. pumilum* DC.	24	多年生草本	两性花	鳞茎	鳞茎
0980	阔叶短葶山麦冬	*Liriope muscari* Bailey var. *communis* P. C. Hsuet L. C. Li	36	多年生草本	两性花	种子、分根	全草、块根
0981	大叶麦冬	*L. spicata* Lour.	108	多年生草本	两性花	种子、分根	全草、块根
0982	扩叶舞鹤草	*Maianthemum dilatatum* Nels. et. Macbr	32	多年生草本	两性花	根茎、种子	全草

序号	中文名	学名	2n(X)	生活型	花性	繁殖方式	入药部位
0983	蚂蚁七	*Ophiopogon intermedius* D. Don.	36、38、72	多年生草本	两性花	种子、分株	块根
0984	厚叶沿阶草	*Ophropogon jaburan* (Kuntn) Lodd.	104	多年生草本	两性花	种子	块根
0985	沿麦草(麦冬)	*O. japonica* (Thunb.) Ker. Gawl.	72、76	多年生草本	两性花	种子、分株	块根
0986	七叶一枝花	*Paris polyphylla* Francb.	20	多年生草本	两性花	种子、根茎	根茎
0987	狭叶重楼	*P. polypnylla* var. *stenophylla* Franch.	10	多年生草本	两性花	种子、根茎	根茎
0988	轮叶王孙	*P. quadrifolia* L.	20	多年生草本	两性花	种子、根茎	根茎
0989	四叶王孙	*P. tetraphylla* A. Gray	10	多年生草本	两性花	根茎、种子	根茎
0990	卷叶黄精	*Polygonatum cirrhifolium* (Wall.) Ro－yle	36、38、56	多年生草本	两性花	种子、根茎	根茎
0991	囊丝黄精	*P. cyrtonema* Hua	18、20、22	多年生草本	两性花	种子、根茎	根茎
0992	长梗黄精	*P. filipes* Merr.	8	多年生草本	两性花	根茎	根茎
0993	玉竹	*P. officinale* All.	22	多年生草本	两性花	根茎	根茎
0994	黄精	*P. sibiricum* Redoute	24	多年生草本	两性花	根茎	根茎
0995	点花黄精	*P. punctatum* Royle ex Kunth.	30、32	多年生草本	两性花	种子根茎	根状茎、全草
0996	吉祥草	*Reineckia carnea* Kunth	38、42	多年生常绿草本	两性花	分株	全草
0997	万年青	*Rohdea japonica* (Trb.) Roth	14、28、36、38、72	多年生常绿草本	两性花	根茎、种子	根、根茎、叶、花
0998	锦枣儿	*Scilla scilloides* (Lindl.) Druce	16、18、26、27、34	多年生草本	两性花	鳞茎	鳞茎、全草
0999	管花鹿药	*Smilacina henryi* (Bak.) Wang et Tang	36	多年生草本	两性花	种子、根茎	芦根茎、根茎、根
1000	鹿药	*S. japonica* A. Gray	36	多年生草本	两性花	根茎、种子	根茎、根
1001	紫鹿药	*S. purpurea* Wall.	36	多年生草本	两性花	根茎、种子	根状茎
1002	百部	*Stemona japonica* Miq.	14	多年生草本	两性花	种子、分株	块根
1003	藏延龄草	*Trillium govanianum* Wall.	20	多年生草本	两性花	种子、分株	块根
1004	白花延龄草	*T. kamtschaticum* Pall.	10	多年生草本	两性花	种子、根茎	根茎
1005	延龄草	*T. tschonoskii* Maxim	20	多年生草本	两性花	种子、根茎	根茎
1006	油点草	*Tricyrtis macropoda* Miq.	26	多年生草本	两性花	种子、根茎	根
1007	郁金香	*Tulipa gesneriana* L.	24	多年生草本	两性花	种子、鳞茎	花、鳞茎、根
1008	黑藜芦	*Veratrum nigrum* L.	16	多年生草本	杂性花	种子、根茎	根、根茎
	石蒜科	*Amaryllidaceae*					
1009	西南文竹兰	*Crium latifolium* L.	22	多年生草本	两性花	鳞茎、种子	叶、根、根茎、果
1010	水鬼蕉	*H. americana* Roem.	46	多年生草本	两性花	鳞茎	叶
1011	小金梅草	*Hyporis aurea* Lour.	54	多年生草本	两性花	种子、根茎	全株

续表

序号	中文名	学名	2n(X)	生活型	花性	繁殖方式	入药部位
1012	石蒜	*Lycoris radiata*(L'Her.) Herb.	33	多年生草本	两性花	鳞茎、种子	鳞茎
1013	葱莲	*Zephyranthes candida* Herb.	38、39、40、48	多年生草本	两性花	鳞茎	全草
	薯蓣科	*Dioscoreaceae*					
1014	参薯	*Dioscorea alata* L.	20、30、40、50、60、70、80	多年生草本	单性花同株	种子、块茎、株芽	块茎
1015	蜀葵叶薯蓣	*D. althaeoides* R. Kunth	20	多年生草质藤本	单性花异株	种子	根茎
1016	黄独	*D. bulbifera* L.	36、40、54、60、80、100	多年生草质藤本	单性花同株	株芽、块茎	块茎、球芽
1017	薯莨	*D. cirrhosa* Lour.	40	多年生缠绕藤本	单性花同株	块茎、种子	块茎
1018	叉蕊薯蓣	*D. collettii* Hook. f.	20	多年生缠绕藤本	单性花异株	种子、根茎	根茎
1019	三角叶薯蓣	*D. deltoidea* Wall.	20、40	多年生缠绕草本	单性花异株	块茎、株芽	块茎
1020	甘薯(甜薯)蓣	*D. esculenta*(L.) Burkill	40、80	多年生藤本	单性花	块茎	块茎
1021	福州薯蓣	*D. futschauensis* R. Kunth	40	多年生缠绕藤本	单性花	根茎	根茎
1022	纤细薯蓣	*D. gracillima* Miq.	20、40	多年生缠绕藤本	单性花同株	种子、根茎	根茎
1023	白薯莨	*D. hispida* Dennst.	40、80	多年生草本	单性花同株	种子、块茎	块茎
1024	日本薯蓣	*D. japonica* Thunb.	40、100	多年生缠绕藤本	单性花异株	株芽、块茎	果实
1025	穿龙薯蓣	*D. nipponica* Makino	40	多年生缠绕藤本	单性花异株	根茎、种子	根茎
1026	薯蓣	*D. opposita* Thunb.	140、144	多年生缠绕藤本	单性花异株	块茎	块茎、株芽、藤
1027	黄山药	*D. panthaica* Prain et Burk.	40	多年生缠绕藤本	单性花	块茎、种子	根茎
1028	毛胶薯蓣	*D. subcalua* Pr. et Burk.	60	多年生缠绕草本	单性花异株	种子	块茎
1029	山草薢	*D. tokoro* Makino	20	多年生缠绕藤本	单性花异株	种子、块茎	块茎
1030	盾叶薯蓣	*D. zingiberensis* C. H. Wright	20	多年生缠绕藤本	单性花异株	种子、根茎	根茎
	鸢尾科	*Iridaceae*					
1031	射干	*Belamcanda chinensis*(L.) DC.	32	多年生草本	两性花	种子、分根	根茎
1032	番红花	*Crocus sativus* L.	14,16,24	多年生草本	两性花	种子、球茎	花柱
1033	唐菖蒲	*Gladiolus gandavensis* Van Hovtt.	30、60、64	多年生草本	两性花	球茎、种子	球茎
1034	豆豉草	*Iris sanguinea* Hornem.	28	多年生草本	两性花	种子、根茎	根茎、茎
1035	鸢尾	*I. tectorium* Maxim.	28	多年生草本	两性花	根茎、种子	根茎
1036	扭子药	*Tritonia crocosmaeflora* Lemoine	22,33,44	多年生草本	两性花	球茎、种子	球茎
	芭蕉科	*Musaceae*					
1037	芭蕉	*Musa basjoo* Sieb. et Zucc.	22	多年生草本	单性花	种子、根茎	根茎、叶、花、花蕾、种子、茎汁

序号	中文名	学名	2n(X)	生活型	花性	繁殖方式	入药部位
1038	香蕉	*M. paradisiaca* L. var. *sapientum* L.	22、33	多年生草本	单性花	芽、地下茎	果实、根茎、果皮
	姜科	*Zingiberaceae*					
1039	红豆蔻	*Alpinia galanga*(L.)Willd.	48	多年生草本	两性花	种子、根茎	根茎、果实
1040	高良姜	*A. officinarum* Hance	8	多年生草本	两性花	根茎、种子	根茎
1041	砂仁	*Amomwm villosum* Lour.	48	多年生草本	两性花	种子、分株	成熟的果实、种子
1042	闭鞘姜	*Costus speciosus*(Koen.)Smith	18、27	高大草本	两性花	种子、根茎	根茎
1043	郁金	*Curcuma aromatica* Salisb.	62、63	多年生草本	两性花	块根	根茎、种子
1044	姜黄	*C. domestica* Val.	32、62、63、64	多年生草本	两性花	分株、根茎	根、根茎
1045	莪术	*C. zedoaria*(Berg)Rosc.	63、64	多年生草本	两性花	种子、分株	根茎、块根
1046	小豆蔻	*Elettaria cardamomum* Maton.	48	多年生草本	两性花	种子、根茎	果实、花、果壳
1047	姜花	*Hedychium coronrium* Koen.	34	多年生草本	两性花	根茎	根茎
1048	白草果	*H. spicatum* Ham.	52	多年生草本	两性花	种子、根茎	果实、根茎
1049	山柰	*Kaempferia galanga* L.	22、45	多年生草本	两性花	根茎	根茎
1050	蘘荷	*Zingiber mioga* Rosc.	22、45	多年生草本	两性花	种子	根茎、叶、花穗、果实
1051	姜	*Z. officinals* Rosc.	22、24	多年生草本	两性花	根茎	根茎、栓皮、叶
	竹芋科	*Marantaceae*					
1052	竹芋(南椰)	*Maranta arundinacea* L.	18、48	多年生草本	两性花	块茎、种子	块茎
	兰科	*Orchhidaceae*					
1053	细萼无柱兰	*Amitostigma gracile*(Bl.)Schlchrt.	40	多年生小草本	两性花	种子	全草、根茎
1054	竹叶兰	*Arundina chinensis* Bl.	40	多年生草本	两性花	种子	全草、根茎
1055	白及	*Bletilla striata*(Thunb.)Reichb. f.	32	多年生草本	两性花	块茎、种子	块茎
1056	虾春兰	*Calanthe discolor* Lindl.	40	多年生草本	两性花	分株、种子	全草、根茎
1057	杜鹃兰	*Cremastra appendiculata*(D. Don.)Mak.	42	多年生草本	两性花	种子、假球茎	假球茎
1058	铜皮石斛	*Dendrobium crispulum* K. Kimura et Migo	38	多年生附生草本	两性花	种子、分株	茎
1059	细叶石斛	*D. hancockii* Rolfe	40	多年生附生草本	两性花	分株	茎、全草
1060	重唇石斛	*D. hercoglossum* Reichb. f.	67	多年生附生草本	两性花	分株	茎、全草
1061	虾背石斛	*D. jenkinsii Wall* et Lindl	38	多年生附生草本	两性花	种子、分株	全草
1062	短唇石斛	*D. linawianum* Reichb. f.	38	多年生附生草本	两性花	分株	茎、全草
1063	美花石斛	*D. loddigesii* Rolfe	38	多年生附生草本	两性花	分株	茎、全草
1064	罗河石斛	*D. lohohense* Tang et Wang	38	多年生附生草本	两性花	分株	茎、全草

序号	中文名	学名	2n(X)	生活型	花性	繁殖方式	入药部位
1065	细茎石斛	*D. moniliforme*(L.)Sw.	38	多年生附生草本	两性花	分株	茎、全草
1066	金钗石斛	*D. nobile* Lindl.	38	附生草本	两性花	分株	茎、全草
1067	铁皮石斛	*D. officinale* K. Kimura et Migo	38	多年生附生草本	两性花	分株	茎
1068	天麻	*Gastrodia elata* Bl.	30、36	多年生寄生草本	两性花	种子、块茎	根茎、茎叶、果实
1069	小斑叶兰	*Goodyera repens*(L.)R. Brown	30	多年生草本	两性花	种子	全草、根、根茎
1070	角盘兰	*Herminium monorchis*(L.) R. Br.	24、40、42	多年生草本	两性花	种子、块根	带根的全草
1071	脉羊耳兰	*Liparis nervosa*(Thunb.) Lindl.	42	多年生草本	两性花	假鳞茎、种子	全草
1072	小舌唇兰(小长距兰)	*Platanthera minor* Reichb. f.	42	多年生草本	两性花	种子	全草、带根全草
1073	独蒜兰	*Pleione bulbocodioides* (Granch.)Rolfe.	40	多年生草本	两性花	蒴果、种子	假球茎、叶、花
1074	香草兰	*Vanilla planifolia* Andr.	32	常绿蔓生草本	两性花	种子、扦插	全草

药用植物基本遗传繁殖特性一览表、文检索对照表

中文名	序号	中文名	序号	中文名	序号
A		百合	0971	藏延龄草	1003
阿尔泰银莲花	0135	百里香	0718	草木樨	0393
阿育魏实	0642	百两金	0648	草木樨状黄芪	0296
矮慈菇	0872	百脉根	0383	草原老鹳草	0449
安徽小檗	0165	柏木	0031	侧柏	0030
凹叶旌节花	0561	稗	0885	叉蕊薯蓣	1018
B		斑鸠菊	0866	茶	0552
八角	0175	斑叶地锦	0485	檫树	0193
八角莲	0168	板栗	0053	柴胡	0609
巴西含羞草	0396	半边莲	0810	菖蒲	0918
芭蕉	1037	半边旗	0005	长白柴胡	0610
霸王鞭	0490	杯苋	0102	长柄扁桃	0236
白车轴草	0431	北苍术	0821	长春花	0667
白草	0893	北京铁角蕨	0011	长萼鸡眼草	0375
白草果	1048	北马兜铃	0071	长梗黄精	0992
白刺花	0425	北欧百里香	0717	长果桑	0066
白花菜	0199	北乌头	0130	长荚油麻藤	0398
白花曼陀罗	0723	北野菊	0835	长柱沙参	0804
白花毛地黄	0747	鼻血草	0699	常绿油麻藤	0399
白花前胡	0638	闭鞘姜	1042	巢菜	0441
白花延龄草	1004	荜拔	0044	车前	0770
白及	1055	蓖麻	0495	柽柳	0557
白芥	0201	蝙蝠草	0327	匙叶茅膏菜	0221
白蜡树	0655	扁豆	0350	齿牙毛蕨	0012
白兰	0183	扁桃	0234	赤豆	0407
白亮独活	0625	扁轴木	0405	赤小豆	0408
白马骨	0779	变色白前	0675	虫实(绵莲)	0093
白皮松	0023	槟榔	0912	稠李	0252
白婆婆纳	0759	波斯菊	0840	川白芷	0598
白屈菜	0194	波叶大黄	0087	川谷	0880
白芍	0153	菠菜	0095	川梨	0260
白薯莨	1023	驳骨丹	0664	川芎	0631
白术	0824	博落回	0196	穿龙薯蓣	1025
白苏	0710	薄荷	0700	垂果南芥	0200
白鲜	0467	补骨脂	0413	垂丝海棠	0246
白薇	0672	**C**		慈菇	0873
白香草樨	0391	参薯	1014	刺果甘草	0364
白羽扇豆	0385	蚕豆	0438	刺果苏木	0304
百部	1002	苍耳	0868	刺槐(洋槐)	0419

续表

中文名	序号	中文名	序号	中文名	序号
刺梨	0271	大叶银背藤	0677	杜仲	0233
刺芒柄花	0401	单花扁桃木	0250	短唇石斛	1062
刺玫蔷薇	0267	单叶槐蓝	0369	短毛针毛蕨	0013
刺茄	0742	单叶升麻	0139	短尾铁线莲	0143
刺苋菜	0100	当归	0597	盾叶薯蓣	1030
粗茎鳞毛蕨	0019	当归	0606	多花木蓝	0367
从毛羊胡子草	0909	党参	0809	多花蔷薇	0269
葱	0939	刀豆	0310	多脉柴胡	0613
葱莲	1013	倒地铃	0507	多叶薯	0813
翠雀	0148	倒卵叶番泻	0323	多枝柽柳	0558
D		稻	0891	**E**	
达乎里黄芪	0294	灯笼草	0734	峨参	0607
打火草	0817	地肤	0094	峨嵋蔷薇	0270
大白菜	0208	地黄	0753	莪术	1045
大百合	0950	地榆	0274	鹅掌楸	0176
大苞雪莲花	0855	滇刺枣	0517	鄂报春	0652
大车前	0772	颠茄	0719	儿茶	0277
大车前	0773	点花黄精	0995	耳状决明	0318
大豆	0360	吊兰	0951	**F**	
大独活	0602	吊竹梅(水竹草)	0933	番红花	1032
大风艾	0828	钓樟	0192	番木	0567
大风子	0559	丁葵草	0446	番茄	0729
大花蒺藜	0458	丁香罗勒	0708	番石榴	0581
大花马齿苋	0108	顶羽菊(苦蒿)	0814	番杏	0107
大花洋地黄	0745	东北龙胆	0665	繁缕	0119
大火草根	0136	东北天南星	0922	饭包草	0929
大棘	0256	东苍术	0822	饭豇豆	0443
大箭	0870	冬瓜	0793	梵天花	0542
大麻	0060	冬葵	0539	防风	0628
大麦	0889	冬青卫茅	0170	飞机草	0845
大藻	0927	冬珊瑚	0741	飞来鹤	0673
大蒜	0940	豆瓣录	0042	肥皂草	0117
大叶柴胡	0611	豆豉草	1034	榧	0037
大叶胡枝子	0381	豆梨	0258	费菜	0225
大叶榉树	0057	豆薯	0404	风香	0231
大叶苦苣菜	0860	毒芹	0618	风丫蕨	0009
大叶麦冬	0981	独脚金	0755	蜂斗菜	0853
大叶千斤拔	0355	独蒜兰	0155	凤凰木	0338
大叶铁线莲	0144	独蒜兰	1073	凤仙花	0514
大叶小檗	0164	杜鹃兰	1057	扶桑	0534
大叶小蚂蝗	0343	杜香	0644	匐茎苦菜	0859

中文名	序号	中文名	序号	中文名	序号
匐茎五蕊梅	0275	**H**		胡枝子	0379
福寿草	0134	海岛棉	0530	湖北贝母	0957
福州薯蓣	1021	海带	0001	葫芦巴	0432
G		海红豆	0281	葫芦茶	0416
甘蓝	0207	海南黄檀	0334	蝴蝶花豆	0329
甘薯	0681	海南蒲桃	0582	虎尾铁角蕨	0010
甘薯(甜薯)蓣	1020	海桐花	0229	虎杖	0077
甘蔗	0897	海枣	0916	花葱	0686
橄榄	0475	海洲香薷	0694	花杆莲	0921
高良姜	1040	含羞草	0397	花木	0403
高粱	0904	蕹菜	0217	花木槐蓝	0370
高粱七	0903	旱金莲	0453	花苜蓿	0433
高山卷丹	0974	旱连草	0841	华东木蓝	0368
高乌头	0132	旱苗蓼	0079	华续断	0790
藁本	0633	合欢	0286	槐	0424
茖葱	0944	合萌	0282	槐叶决明	0324
葛	0417	何首乌	0080	槐叶平	0020
葛枣猕猴桃(木天蓼)	0548	黑贝母	0956	黄葵	0524
隔山香	0600	黑荆	0279	黄麻	0520
狗哇花	0848	黑藜芦	1008	黄蜀葵	0523
狗尾草	0902	黑麦	0898	黄柏	0473
狗牙根	0883	黑种草	0152	黄刺条	0311
狗蚁草	0289	黑足鳞毛蕨	0018	黄独	1016
狗枣猕猴桃	0547	红车轴草	0430	黄姑娘	0735
枸木缘	0463	红豆蔻	1039	黄瓜	0796
枸杞	0728	红花	0834	黄蒿	0616
古柯	0456	红花鹿蹄草	0643	黄花	0963
谷子	0900	红茴香	0173	黄花夹竹桃	0671
骨缘当归	0599	红蓼	0081	黄花苜蓿	0387
瓜木	0578	红毛丹	0512	黄花铁线莲	0146
挂兰	0952	红雀珊瑚	0491	黄花羊蹄甲	0301
管花鹿药	0999	红雀珊瑚	0493	黄槿	0537
贯叶连翘(赶山鞭)	0556	红松	0024	黄精	0994
贯众	0016	红枝蔷薇	0273	黄兰	0184
光果甘草	0362	厚朴	0181	黄连	0147
光叶子花	0103	厚叶沿阶草	0984	黄连花	0650
桄榔	0913	忽布	0064	黄连木	0501
广布野豌豆	0437	胡葱	0937	黄皮	0466
鬼箭锦鸡儿	0313	胡椒	0045	黄杞	0050
鬼针草	0825	胡桃(核桃)	0051	黄山药	1027
桂花	0663	胡颓子	0571	黄香草樨	0392

中文名	序号	中文名	序号	中文名	序号
黄杨	0498	角盘兰	1070	莙荙菜	0090
灰绿碱蓬	0096	接骨木	0783	**K**	
灰叶	0427	截叶胡枝子	0380	看娘麦	0874
辉葱	0942	芥菜	0205	榼藤	0352
活血丹	0695	芥果	0174	孔雀草	0864
火艾	0851	金钗石斛	1066	苦参	0423
藿香	0692	金弹	0468	苦豆子	0422
藿香蓟	0815	金凤花	0305	苦瓜	0801
J		金柑	0470	苦苣菜	0861
鸡蛋果	0565	金合欢	0285	苦楝	0477
鸡蛋花	0669	金甲豆	0409	苦荞麦	0073
鸡冠花	0101	金橘	0471	苦蘵	0733
鸡血藤	0395	金莲花	0160	苦槠	0054
鸡眼草	0376	金钱松	0027	宽叶香蒲	0869
鸡腰果	0499	金雀花	0333	魁蒿（黄花艾）	0820
鸡爪草	0140	金色狗尾草	0899	扩叶舞鹤草	0982
吉祥草	0996	金粟兰	0046	阔叶短葶山麦冬	0980
蒺藜	0459	金腰箭	0862	阔叶沙参	0803
鲫鱼草	0887	金樱子	0268	**L**	
家薄荷	0701	金鱼藻	0125	拉毛果	0791
嘉兰	0961	金盏菊	0832	腊肠树	0320
荚果蕨	0015	金针菜	0962	腊梅	0187
荚迷	0784	锦地罗	0219	蜡瓣花	0230
荚迷	0785	锦枣儿	0998	辣椒	0720
荚竹桃	0668	景天	0224	莱氏金鸡纳	0775
假地豆	0346	景天三七	0223	蓝桉	0580
假连翘	0690	九节木	0777	狼把草	0827
假木豆	0348	九里香	0472	莨菪	0726
假酸浆	0730	韭	0943	榔榆	0055
假香野豌豆	0440	桔	0464	类叶升麻	0133
尖萼耧斗菜	0137	桔梗	0812	离蕊节	0215
尖叶番泻	0319	菊	0837	狸尾草	0434
剪秋罗	0115	菊苣	0839	藜（灰菜）	0091
见霜黄（红头草）	0829	菊芋	0847	丽春花	0197
姜	1051	瞿麦	0113	丽江山慈菇	0970
姜花	1047	卷丹	0976	荔枝	0511
姜黄	1044	卷毛婆婆纳	0761	栗	0052
姜味草	0706	卷叶黄精	0990	莲	0123
豇豆	0444	决明	0325	练荚木	0402
降香檀	0336	蕨叶人字果	0149	两栖蓼	0075
交趾木	0497	君迁子	0654	亮叶腊梅	0186

中文名	序号	中文名	序号	中文名	序号
亮叶岩豆藤	0394	麻疯树	0492	猕猴桃	0544
量天尺	0568	**M**		秘鲁香胶树	0400
辽东楤木	0590	马鞭草	0691	绵毛红花	0833
辽藁本	0632	马齿苋	0109	棉团铁线莲	0145
裂叶荆芥	0716	马棘	0371	明党参	0617
林檎	0245	马铃薯	0744	膜荚黄芪	0295
菱	0584	马松子	0540	磨盘草	0526
留兰香	0705	马唐	0884	魔芋	0920
柳穿鱼	0749	马尾松	0025	茉莉	0660
柳兰	0585	马缨杜鹃	0645	茉栾藤	0682
柳叶旌节花	0562	麦家公	0687	牡丹	0154
六耳铃(走马风)	0830	脉羊耳兰	1071	木芙蓉	0532
六叶野木瓜	0163	芒	0890	木菠萝	0058
龙柏	0032	杧果	0500	木豆	0308
龙胆	0666	牻牛儿苗	0448	木瓜	0240
龙葵	0740	猫儿屎	0162	木荷	0553
龙芽花	0354	毛白杨	0048	木蝴蝶	0766
龙眼	0509	毛当归	0604	木荚豆	0339
龙珠果	0566	毛地黄	0748	木槿	0536
萎叶	0043	毛花杨桃	0546	木蓝	0374
露蕊乌头	0127	毛花洋地黄	0746	木麻黄	0040
芦荟	0945	毛剪秋罗	0114	木田菁	0283
芦苇	0895	毛胶薯蓣	1028	木香	0263
芦竹	0875	毛曼陀罗	0722	木绣球	0786
陆地棉	0531	毛木树	0554	牧地香豌豆	0378
鹿藿	0418	毛蕊花(黄花)	0756	**N**	
鹿药	1000	毛野扁豆	0351	内蒙古黄芪	0297
绿豆	0410	毛叶冬珊瑚	0736	南苍术	0823
绿化楼斗菜	0138	毛鱼藤	0340	南方红豆杉	0036
栾树	0510	毛毡苔	0220	南瓜	0797
轮叶沙参	0805	茅香	0888	南苜蓿	0388
轮叶王孙	0988	玫瑰	0272	南欧大戟	0487
罗汉果	0802	玫瑰茄	0535	南天竹	0172
罗汉松	0034	梅花草	0228	蘘荷	1050
罗河石斛	1064	美花石斛	1063	蘘丝黄精	0991
罗勒	0707	美花兔尾草	0435	拟蚕豆岩黄芪	0366
骆驼刺	0288	美口凌霄花	0763	茑萝	0685
骆驼莲	0457	美丽胡枝子	0382	镊猕猴桃	0549
落地生根	0222	美洲商陆	0106	宁夏枸杞	0727
落花生	0292	蒙古扁桃	0235	柠檬	0462
落葵	0111	迷迭香	0714	柠檬桉	0579

续表

中文名	序号	中文名	序号	中文名	序号
柠条	0312	窃衣	0641	森林千里光	0857
牛蒡子	0818	芹叶铁线莲	0142	沙冬青	0290
牛筋草	0886	青菜	0204	沙拐枣	0072
牛奶子	0572	青稞	0877	沙棘	0573
牛至	0709	秋水仙	0955	沙梨	0261
扭子药	1036	秋子梨	0262	沙枣	0570
女萎菜	0116	球茎甘蓝	0203	砂仁	1041
女贞	0661	球兰	0676	莎草(香附子)	0908
O		拳参	0076	山扁豆	0321
欧薄荷	0702	拳距瓜叶乌头	0128	山草薢	1029
欧薄荷	0703	**R**		山茶花	0550
欧当归	0629	人参	0591	山丹	0973
欧曼陀罗	0724	忍冬	0780	山梗菜	0811
欧小檗	0166	日本当归	0630	山合欢	0287
欧洲菘蓝	0214	日本柳杉	0028	山荷叶	0167
P		日本薯蓣	1024	山鸡椒	0041
披针叶黄华	0428	日本水杨梅	0244	山橘	0469
枇杷	0242	日本皂荚	0357	山萝卜	0792
平贝母	0960	柔毛艾纳香	0831	山毛樱桃	0255
平车前	0771	柔毛沼生山鮮豆	0377	山奈	1049
苹果	0248	肉豆蔻	0188	山牛蒡	0856
坡柳	0508	肉桂	0190	山葡萄	0518
葡萄	0519	乳浆大戟	0482	山萩	0816
蒲桃	0583	乳源木莲	0182	山桃草	0586
普洱茶	0555	软枣猕猴桃	0543	山莴苣	0849
Q		瑞香	0569	山羊豆	0356
七筋姑	0954	润鳞鲜毛蕨	0017	山杨	0047
七叶一枝花	0986	**S**		山野豌豆	0436
漆树	0505	撒尔维亚(鼠尾草)	0715	山皂荚	0358
祁州漏芦	0854	赛繁缕	0120	杉	0029
奇诺紫檀	0415	赛谷精草	0928	珊瑚菜	0624
荠苨	0806	三点金草	0349	商陆	0105
荠荠菜	0210	三角叶薯蓣	1019	少花红柴胡	0614
千层菜	0574	三七	0593	蛇根木	0670
千年不烂心	0737	三叶鬼针草	0826	射干	1031
牵牛	0683	三叶木通	0161	麝香百合	0977
芡	0122	三叶人参	0595	麝香萱	0968
茜草	0778	三叶五加	0589	神香草	0696
墙草	0068	三叶香茶菜	0712	升麻	0141
乔木刺桐	0353	三月花	0653	石菖蒲	0919
茄子	0739	桑	0065	石刁柏	0948

中文名	序号	中文名	序号	中文名	序号
石防风	0637	苏合香	0232	土荆芥	0092
石栗	0481	苏木	0306	土木香	0852
石榴	0575	苏铁	0021	土人参(栌兰)	0110
石南	0249	素馨花	0659	吐根	0774
石蒜	1012	酸橙	0460	团羽铁线蕨	0008
石竹	0112	酸豆	0426	**W**	
时萝	0596	酸浆	0732	歪头菜	0442
食用大黄	0086	酸模	0089	豌豆	0411
疏花吊兰	0953	碎来莎草	0907	万年青	0997
输叶马先蒿	0752	碎米荠	0211	万寿菊	0863
黍	0892	**T**		王不留行	0121
蜀葵	0528	塌棵菜	0206	望春花	0179
蜀葵叶薯蓣	1015	台湾相思	0278	望江南	0322
薯莨	1017	檀香	0070	尾穗苋	0098
薯蓣	1026	探春	0656	卫茅	0506
树棉	0529	唐菖蒲	1033	榅桲	0241
双梗柴胡	0608	棠梨	0257	文冠果	0513
双穗麻黄	0038	桃	0253	蕹菜	0680
双翼豆	0406	桃南瓜	0798	莴苣	0850
水芙蓉	0533	桃叶蓼	0082	乌桕	0496
水葱	0911	藤黄檀	0335	乌拉尔甘草	0365
水分蓟	0858	藤乌	0129	乌榄	0476
水鬼蕉	1010	藤五加	0587	乌头	0126
水葫芦	0934	梯氏木蓝	0373	无梗接骨木	0782
水黄皮	0412	天胡荽	0627	无梗五加	0588
水金风	0515	天蓝苜蓿	0389	无花果	0062
水苦荬(仙桃草)	0757	天麻	1068	无忧花	0420
水蓼	0078	天门冬	0947	芜菁	0209
水茄	0743	天竺葵	0452	蜈蚣七	0983
水芹	0635	田麻	0521	蜈蚣草	0006
水田芥	0218	田基豆	0421	五色草	0894
水杨梅	0243	田旋花	0679	舞草	0344
睡莲	0124	甜橙	0465	雾灵乌头	0131
顺顾马先蒿	0751	甜瓜	0795	**X**	
硕苞蔷薇	0264	铁海棠	0486	西伯利亚杏	0254
丝瓜	0800	铁筷子	0150	西藏列当	0768
思维树	0063	铁皮石斛	1067	西番莲	0564
四叶参羊乳	0808	通泉草	0750	西府海棠	0247
四叶王孙	0989	苘麻	0525	西瓜	0794
松叶百合	0972	茼蒿	0838	西康扁桃	0237
菘蓝	0213	铜皮石斛	1058	西南文竹兰	1009

中文名	序号	中文名	序号	中文名	序号
西洋参	0594	小果香椿	0478	沿麦草（麦冬）	0985
西洋接骨木	0781	小黄素馨	0657	盐肤木	0503
喜旱莲子草	0097	小茴香	0623	羊带归	0342
喜树	0576	小金梅草	1011	羊蹄甲	0299
细萼无柱兰	1053	小狼毒	0488	阳桃	0447
细茎石斛	1065	小麦	0905	杨梅	0049
细香葱	0941	小婆婆纳	0760	杨子毛茛	0158
细叶百合	0979	小沙冬青	0291	洋葱	0938
细叶百脉根	0384	小舌唇兰（小长距兰）	1072	洋刀豆	0309
细叶老鹳草	0450	小萱草	0966	洋蔷薇	0265
细叶木麻黄	0039	小叶锦鸡儿	0314	药蜀葵	0527
细叶石斛	1059	小叶女贞	0662	药蒲公英	0865
虾背石斛	1061	小叶三点金草	0347	药用大黄	0084
虾春兰	1056	肖梵天花	0541	椰子	0915
狭叶柴胡	0615	蝎子掌	0226	野百合	0978
狭叶番泻树	0317	缬草	0789	野大豆	0361
狭叶瓶尔小草	0003	心叶百合	0975	野胡萝卜	0621
狭叶重楼	0987	怵麻（麻叶荨麻）	0069	野火球	0429
夏枯草	0713	新疆阿魏	0622	野鸡尾	0004
夏腊梅	0185	新疆大黄	0088	野菊	0836
仙顶梨	0259	兴安白芷	0601	野马蹄草	0910
纤细薯蓣	1022	兴安薄荷	0704	野牡丹	0151
鲜黄连	0171	兴安毛茛	0159	野漆树	0504
苋	0099	猩猩木（一品红）	0489	野青树	0372
线纹香茶菜	0711	杏	0239	野燕麦	0876
线叶猪屎豆	0331	绣球	0227	野芋	0924
相思子	0276	徐长卿	0674	夜合花	0177
香草兰	1074	续随子	0484	夜香牛	0867
香椿	0479	蓿根亚麻	0454	一点红	0842
香蕉	1038	萱草	0964	一年蓬	0843
香茅	0881	玄参	0754	伊贝母	0958
香青兰	0693	血水草	0195	伊犁防风	0640
香叶天葵	0451	**Y**		仪花	0386
响铃豆	0330	鸭儿芹	0620	异叶败酱	0788
向日葵	0846	鸭舌草	0935	异叶茴芹	0639
小白蒿	0819	鸭皂树	0280	益母草	0697
小斑叶兰	1069	亚麻	0455	薏苡	0879
小报春	0651	烟草	0731	淫洋藿	0169
小刺蒴麻	0522	延龄草	1005	银柴胡	0118
小豆蔻	1046	延羽卵果蕨	0014	银粉背蕨	0007
小飞蓬	0844	芫荽	0619	银杏	0022

中文名	序号	中文名	序号	中文名	序号
印边大黄	0083	月桂	0191	皱叶狗尾草	0901
印度蒌菜	0216	月季花	0266	猪屎豆	0332
印度黄檀	0337	粤丝瓜	0799	楮实	0059
罂粟	0198	越橘	0647	竹柏	0035
鹰叶刺	0303	云南锦鸡儿	0315	竹节参	0592
鹰嘴豆	0328	云南旌节花	0563	竹节草	0878
迎春花	0658	云实	0307	竹节蓼	0074
迎红杜鹃	0646	芸香	0474	竹叶柴胡	0612
楹树	0284	芸香草	0882	竹叶兰	1054
硬毛果野豌豆	0439	**Z**		竹叶莲	0931
硬毛猕猴桃	0545	蕺菜	0698	竹芋(南椰)	1052
硬质早熟禾	0896	枣	0516	苎麻	0067
永宁独活	0626	皂荚	0359	姊妹树	0765
油柏	0033	泽漆	0483	梓	0764
油菜	0202	泽泻	0871	梓木草	0689
油茶	0551	窄叶败酱	0787	紫斑风铃草	0807
油点草	1006	窄叶鸭舌草	0936	紫背鹿衔草	0930
油松	0026	粘胶乳香树	0502	紫草	0688
油桐	0480	樟	0189	紫花曼陀罗	0725
柚	0461	掌叶白头翁	0156	紫花前胡	0636
有翅决明	0316	掌叶半夏	0926	紫花茄	0738
有梗瓶尔小草	0002	掌叶大黄	0085	紫茎独活	0603
余甘子	0494	胀果甘草	0363	紫茎芹	0634
鱼藤	0341	摺叶萱草	0967	紫荆	0326
鱼尾葵	0914	浙贝母	0959	紫矿	0302
禺毛茛	0157	珍珠花	0649	紫鹿药	1001
榆	0056	芝麻菜	0212	紫茉莉	0104
榆叶梅	0238	知母	0946	紫苜蓿	0390
玉兰	0178	脂麻	0767	紫树	0577
玉蜀黍	0906	栀子	0776	紫檀	0414
玉簪	0969	蜘蛛抱蛋	0949	紫藤	0445
玉竹	0993	直立黄芪	0293	紫万年青	0932
芋	0925	直立婆婆纳	0758	紫葳	0762
郁金	1043	枳树	0061	紫玉兰(辛夷)	0180
郁金香	1007	中国旌节花	0560	紫云英	0298
郁李	0251	中南星(土半夏)	0923	棕榈	0917
鸢尾	1035	衷篱椎	0769	总状花羊蹄甲	0300
圆叶锦葵	0538	重瓣曼陀罗	0721		
圆叶牵牛	0684	重瓣萱草	0965		
圆叶舞草	0345	重齿毛当归	0605		
月光花	0678	重唇石斛	1060		

参考文献

1. 潘家驹．作物育种学．北京：农业出版社，1980

2. 谭其猛．蔬菜育种．北京：农业出版社，1980

3. 秦泰辰．杂种优势利用原理和方法．南京：江苏科学技术出版社，1981

4. 浙江农业大学．遗传学．北京：中国农业出版社，1984

5. 蔡旭．植物遗传育种学（第二版）．北京：科学出版社，1988

6. 周希澄，等．遗传学（第二版）．北京：高等教育出版社，1989

7. 朱之悌．林木遗传学基础．北京：中国林业出版社，1990

8. 刘祖洞．遗传学（第二版）．北京：高等教育出版社，1990

9. Liang, G. H. 著．顾铭洪，黄铁城，等译．植物遗传学．北京：北京农业大学出版社，
1991

10. 中国医学科学院药用植物资源开发研究所．中国药用植物栽培学．北京：农业出版社，
1991

11. 庄文庆．药用植物育种学．北京：农业出版社，1993

12. 韩振海，等．落叶果树种质资源学．北京：中国农业出版社，1995

13. Snustad D. P. et al. Principles of Genetics. John Wiley and Sons Inc，1997

14. 刘宜柏．作物遗传育种原理．北京：中国农业科技出版社，1999

15. 周云龙．植物生物学．北京：高等教育出版社，1999

16. 朱军．遗传学．北京：中国农业出版社，2002

17. 朱之悌．林木遗传学基础．北京：中国林业出版社，1990

18. 王亚馥，戴灼华．遗传学．北京：高等教育出版社，2000

19. 景士西．园艺植物育种学总论．北京：中国农业出版社，2000

20. 王小佳．蔬菜育种学·各论．北京：中国农业出版社，2000

21. 王忠．植物生理学．北京：中国农业出版社，2000

22. 翟中和，王喜忠，丁明孝．细胞生物学．北京：高等教育出版社，2000

23. 桂建芳．RNA加工与细胞周期调控．北京：科学出版社，2000

24. Russell, P. J. Fundamentals of Genetics. 2nd ed. Addison Wesley Longman Inc，2000

25. 曹家树．园艺植物育种学．北京：中国农业大学出版社，2001

26. 王亚馥．遗传学．北京：高等教育出版社，2001

27. 杨晓红，等．园林植物育种学．北京：气象出版社，2001

28. 卢庆善．农作物杂种优势．北京：中国农业科技出版社，2001

29. 朱军．遗传学（第三版）．北京：中国农业出版社，2001

30. 朱玉贤，李毅．现代分子生物学．北京：高等教育出版社，2002

31. 朱之悌．林木遗传育种．北京：中国林业出版社，2002

32. 朱军. 遗传学. 北京：中国农业出版社，2002

33. 胡延吉. 植物育种学. 北京：高等教育出版社，2003

34. 王金发. 细胞生物学. 北京：科学出版社，2003

35. Elrod，S. L. 著. 田清涞等译. 遗传学. 北京：科学出版社，2004

36. 戴思兰. 园林植物遗传学. 北京：中国林业出版社，2005

37. 李惟基. 遗传学. 北京：中国农业出版社，2007